21世纪高等教育土木工程系列规划教材

混凝土结构设计

第2版

主　编　孙维东
副主编　袁志仁
主　审　程文瀼

机械工业出版社

本书为21世纪土木工程系列规划教材之一，遵照全国高校土木工程专业指导委员会审定通过的指导性专业规范编写，采用了新颁布的《混凝土结构设计规范》、《建筑结构荷载规范》和《建筑抗震设计规范》，主要内容包括钢筋混凝土现浇式楼盖、单层厂房、多层框架结构、高层建筑结构的结构设计。在编写过程中，本书密切结合现行结构规范，反映工程实际及发展动向，同时照顾到与前述专业课内容的衔接，又适当删减了与其他专业课程重复的内容，在讲清概念的基础之上，力求突出重点，文字简洁，深入浅出。每章最后附有思考题和习题，供学生巩固、提高。

本书既可作为土木工程专业建筑工程方向本科生专业课教材，也可作为从事混凝土结构设计、施工技术管理人员的参考书。

图书在版编目（CIP）数据

混凝土结构设计/孙维东主编．—2版．—北京：机械工业出版社，2013.2（2016.1重印）

21世纪高等教育土木工程系列规划教材

ISBN 978-7-111-41282-3

Ⅰ.①混… Ⅱ.①孙… Ⅲ.①混凝土结构－结构设计－高等学校－教材 Ⅳ.①TU370.4

中国版本图书馆CIP数据核字（2013）第016536号

机械工业出版社（北京市百万庄大街22号 邮政编码100037）
策划编辑：马军平 责任编辑：马军平 李 帅
版式设计：霍永明 责任校对：张 媛
封面设计：张 静 责任印制：李 洋
北京机工印刷厂印刷（三河市南杨庄国丰装订厂装订）
2016年1月第2版第2次印刷
184mm×260mm · 15.75印张 · 385千字
标准书号：ISBN 978-7-111-41282-3
定价：29.80元

凡购本书，如有缺页、倒页、脱页，由本社发行部调换

电话服务	网络服务
社服务中心：(010)88361066	教材网：http：//www.cmpedu.com
销售一部：(010)68326294	机工官网：http：//www.cmpbook.com
销售二部：(010)88379649	机工官博：http：//weibo.com/cmp1952
读者购书热线：(010)88379203	封面无防伪标均为盗版

序

随着21世纪国家建设对专业人才的需求，我国工程专门人才培养模式正在向宽口径方向转变，现行的土木工程专业包括建筑工程、交通土建工程、矿井建设、城镇建设等8个专业的内容。经过几年的教学改革和教学实践，组织编写一套能真正体现专业大融合、大土木的教材的时机已日臻成熟。

迄今为止，我国高等教育已为经济战线培养了数百万专门人才，为经济的发展作出了巨大贡献。但据IMD1998年的调查，我国“人才市场上是否有充足的合格工程师”指标世界排名在第36位，与我国科技人员总数排名第一的现状形成了极大的反差。这说明符合企业需要的工程技术人员，特别是工程应用型技术人才供给不足。

科学在于探索客观世界中存在的客观规律，它强调分析，强调结论的唯一性。工程是人们综合应用科学理论和技术手段去改造客观世界的客观活动，所以它强调综合，强调实用性，强调方案的优选。这就要求我们对工程应用型人才和科学研究型人才的培养实施不同的方案，采用不同的教学模式、使用不同的教材。

机械工业出版社为适应高素质、强能力的工程应用型人才培养的需要而组织编写了本套系列教材，编写的目的在于改革传统的高等工程教育教材，结合大土木的专业建设需要，富有特色、有利于应用型人才的培养。本套系列教材的编写原则是：

1）加强基础，确保后劲。在内容安排上，保证学生有较厚实的基础，满足本科教学的基本要求，使学生日后发展具有较强的后劲。

2）突出特色，强化应用。本套系列教材的内容、结构遵循“知识新、结构新、重应用”的方针。教材内容的要求概括为“精”、“新”、“广”、“用”。“精”指在融会贯通“大土木”教学内容的基础上，挑选出最基本的内容、方法及典型应用实例；“新”指在将本学科前沿的新技术、新成果、新应用、新标准、新规范纳入教学内容：“广”指在保证本学科教学基本要求前提下，引入与相邻及交叉学科的有关基础知识；“用”指注重基础理论与工程实践的融会贯通，特别是注重对工程实例的分析能力的培养。

3）抓住重点、合理配套。以土木工程教育的专业基础课、专业课为重点，做好实践教材的同步建设，做好与之配套的电子课件的建设。

我们相信，本套系列教材的出版，对我国土木工程专业教学质量的提高和应用型人才的培养，必将产生积极作用，为我国经济建设和社会发展作出一定的贡献。

江見鲸

第2版前言

混凝土结构设计为土木工程专业建筑工程方向的专业核心课程，本书按照全国高校土木工程专业指导委员会审定通过的《高等学校土木工程本科指导性专业规范》编写，采用了新颁布的《混凝土结构设计规范》、《建筑结构荷载规范》和《建筑抗震设计规范》，主要内容包括现浇式楼盖、单层厂房、多层框架结构、高层建筑结构。在编写过程中，密切结合现行结构规范，反映工程实际及发展动向，同时照顾到与前述专业课内容的衔接，又适当删减了与其他专业课程重复的内容，在讲清概念的基础之上，重点突出，文字简洁，深入浅出。现浇楼盖、单层厂房、多层框架结构部分都有相应设计实例供设计参考，每章最后附有思考题和习题，供学生巩固、提高。

参加编写本书的教师都具有多年教学经验并具有一定的工程实践经验，多数为双师型教师。本书绪论、第2、4章由长春工程学院孙维东编写；第1章1.1、1.2节由湖北工程学院朱锦章编写；第1章1.3～1.5节由河南城建学院王仪编写；第3章由长春工程学院袁志仁编写。本书由长春工程学院孙维东担任主编、袁志仁担任副主编。东南大学的程文瀼教授审阅了全部书稿，提出了宝贵意见，在此表示衷心的感谢。

限于水平，本书难免有不妥之处，敬请读者批评指正。

编　者

第1版前言

本书为21世纪土木工程系列规划教材之一，遵照全国高校土木工程专业指导委员会审定通过的教学大纲编写。本书内容包括现浇式楼盖、单层厂房、多层框架结构、高层建筑结构。在编写过程中，本书密切结合现行结构规范，反映工程实际及发展动向，同时照顾到与前述专业课内容的衔接，又适当删减了与其他专业课程重复的内容，在讲清概念的基础之上，力求突出重点，文字简洁，深入浅出。每章最后附有思考题和习题，供学生巩固、提高用。

本书既可作为土木工程专业建筑工程方向本科生专业课教材，也可作为从事混凝土结构设计、施工技术管理人员的参考书。

参加编写本书的教师都具有多年教学经验并具有一定的工程实践经验，本书由孙维东担任主编，朱锦章、袁志仁担任副主编。第1章1.1、1.2节及附录A由朱锦章编写；第1章1.3~1.5节及附录B由靳向红编写；第2、4章及附录C、D由孙维东编写；第3章3.1~3.3节及附录E由袁志仁编写；第3章3.4节由隋艳娥编写。全书由东南大学的程文瀼教授审阅，在此表示衷心的感谢。

限于水平，本教材难免有不妥之处，请读者批评指正。

编　者

目　录

绪论

混凝土结构设计总则

0.1 结构组成和类型

建筑结构是指建筑物中承受各种作用的平面或空间体系。合理的建筑结构设计是建筑物安全、适用、耐久的重要保证。

建筑结构因所用的建筑材料不同，可分为混凝土结构、砌体结构、钢结构、轻型钢结构、木结构和组合结构等。混凝土结构取材方便、节约钢材，耐久、耐火好，可模型性好，现浇式或装配整体式结构的整体性好，刚度大。因此，虽然混凝土结构迄今只有一百多年的历史，但它是目前应用最为广泛的一种结构形式，而且有着巨大的发展潜力。

按施工方法混凝土结构可分为：全现浇结构、装配式结构和装配整体式结构。全现浇结构因为其整体性好，应用较为广泛。

通常以室外地面为界，把混凝土结构房屋分为上部结构和下部结构两部分。

上部结构由水平结构体系和竖向结构体系组成。水平结构体系是指各层的楼盖和顶部的屋盖。它们一方面承受楼、屋面的竖向荷载，并将竖向荷载传递给竖向结构体系；另一方面将作用在各楼层处的水平力传递和分配给竖向结构体系。竖向结构体系是指排架、框架、剪力墙、框架-剪力墙和筒体结构等。竖向结构体系的作用是承受由楼、屋盖传来的竖向力和水平力并将其传给下部结构。由于整个结构抵抗侧向力的能力是十分重要的，所以常把竖向结构体系称为抗侧力结构体系，并且整个结构是以竖向结构的类型来命名的。

下部结构主要由地下室和基础组成，其主要作用是将上部结构传来的力传给天然地基或人工地基。

0.2 设计阶段和内容

大型建筑工程设计可分为三个阶段进行，即初步设计阶段、技术设计阶段和施工图设计阶段。对一般的工程，可按初步设计和施工图设计两阶段进行。对存在总体部署问题的项目，还应在设计前进行总体规划设计或总体设计。

0.2.1 初步设计阶段

初步设计阶段主要是进行建设项目可行性分析，确定基本规模、重要工艺和设备，以及进行项目的方案设计、核定概算总投资等。可行性研究主要是进行调查工作，调查内容包括环境状况；水、电、交通状况；地形、地质、气象情况；材料供应及施工条件等。土建专业需要完成的文件有：总平面图；建筑平面、立面、剖面图；结构形式和结构体系说明；结构平面布置及缝的划分；设备系统说明；工程概算等。

在此阶段，结构设计的工作内容包括：

（1）了解工程背景 了解项目的来源、投资规模；了解工程项目的建设规模、用途及使用要求；了解与项目建设有关的各单位及合作方式等。

（2）掌握结构设计所需原始资料 原始资料主要包括：建筑的位置和周围环境；工程地质条件和气象条件；建筑物的层数与高度；施工队伍的技术和机械化水平；当地材料供应和运输条件；工期条件等。

（3）收集设计参考资料 应收集国家和地方标准，如各种设计规范、规程、标准图集等，查找相关设计资料及参考文献，选择结构分析软件等。

（4）确定结构方案 结构方案确定包括两方面内容，结构形式及结构体系。进行多种结构方案的分析、比较，最终确定优选方案，同时确定是否设置结构缝及相应设置位置。绘制结构方案图，主要反映结构形式、结构布置、结构缝设置等。

0.2.2 技术设计阶段

在初步设计文件批准的基础上解决工艺技术标准、主要设备类型、主要工程项目的控制尺寸以及单项工程预算等主要技术问题。对技术关键问题应作出处理，协调并解决各专业存在的矛盾。

在此阶段，结构设计主要是调整建筑结构尺寸，满足工艺、设备控制尺寸要求，调整结构形式，协调与其他专业的相互矛盾。

0.2.3 施工图设计阶段

在技术设计文件批准的基础上，提出满足建筑工程施工要求的全部图样和文字资料。

在此阶段，结构设计的主要包括以下内容。

1. 结构布置和确定结构计算简图

（1）结构布置 在结构方案的基础上，确定各结构构件之间的相互关系，确定结构的传力路径，初步确定结构的各部分尺寸。

（2）确定结构计算简图 在对进行结构内力分析之前，应对实际结构进行简化，使之既能反映结构的主要受力特征，又能使结构内力计算大为简化。这种经过抽象和简化用来代替实际结构的力学模型称为结构计算简图。

2. 结构分析与设计计算

（1）建筑结构作用的计算 按照结构尺寸和建筑构造计算永久荷载和活荷载，并应考虑建筑可能存在的其他作用，如地震作用、基础的不均匀沉降、温度变化的影响等。

（2）内力的计算 混凝土结构应按结构类型、构件的布置和受力特点选择适当的内力分析方法。混凝土结构内力分析方法主要有以下几种：

1）弹性分析方法。一般情况下，混凝土结构的承载能力极限状态和正常使用极限状态的内力和变形的计算都采用线弹性分析方法。

2）塑性内力重分布分析方法。混凝土连续梁和连续单向板，可采用塑性内力重分布分析方法，其内力值可由弯矩调幅法确定；重力荷载作用下的框架、框架-剪力墙结构中的现浇梁以及双向板等，经过弹性分析求得内力后，也可对支座或节点弯矩进行适度调幅，并确定相应的跨中弯矩。按塑性内力重分布的分析方法设计的结构和构件，尚应满足正常使用极限状态要求且采取有效的构造措施。对于直接承受动力荷载的构件，以及要求不出现裂缝或处于三 a、三 b 类环境情况下的结构，不应采用考虑塑性内力重分布的分析方法。

3）弹塑性分析方法。重要或受力复杂的结构，宜采用弹塑性分析方法对结构整体或局部进行验算。

4）塑性极限分析方法。对不承受多次重复荷载作用的混凝土结构，当有足够的塑性变形能力时，可采用塑性极限理论的分析方法进行结构的承载力计算，同时应满足正常使用的要求。承受均布荷载的周边支承的双向矩形板，可采用塑性铰线法或条带法等塑性极限分析方法进行承载能力极限状态的分析与设计。

5）试验分析方法。体型复杂、受力特殊的混凝土结构或构件可采用试验方法对结构进行承载能力极限状态和正常使用极限状态复核。试验模型应采用能够模拟实际结构受力性能的材料制作。

（3）荷载效应组合和最不利活荷载的布置　结构上的恒荷载是一直作用在结构上，而活荷载则可能出现、也可能不出现。不同类型的活荷载的出现情况有多种不同的组合，根据规范和经验，可确定不同的荷载组合并计算相应组合值。活荷载除了在出现时间上是变化的，在空间位置上也是变化的。活荷载（如楼面活荷载）在结构上出现的位置不同，在结构中产生的荷载效应也不相同。因此，为得到结构某点处的最不利的荷载效应，应在空间上对活荷载进行多种不同的布置，找到最不利的活荷载布置和相应的荷载效应。

（4）截面设计　根据内力组合计算的最不利内力，对构件配筋起控制作用的截面进行配筋设计及必要的尺寸修改。如果尺寸修改较大，则应重新进行上述分析。

（5）构造设计　构造设计主要是指配置除计算所需之外的钢筋（如分布钢筋、架立钢筋等）、钢筋的锚固、截断的确定、构件支撑条件的正确实现以及腋角等细部尺寸的确定等，这些方面可参考规范和构造手册确定。

3. 结构设计成果

（1）结构方案说明书　应对结构方案予以说明，并解释理由。

（2）结构设计计算书　对结构的计算简图的选取、结构所承受的荷载、结构内力分析方法及结果、结构构件截面尺寸、配筋结果等予以说明。

（3）结构设计图样　所有设计成果，最后必须以施工图的形式反映出来。施工图是全部设计工作的最后成果，是施工的主要依据，是设计意图的最准确、最完整的体现，是保证工程质量的重要环节。结构施工图绘制应遵守一般的制图规定和要求，能完整准确表达反映设计意图，包括结构布置、选用的材料、构件尺寸、配筋、各构件的相互关系、施工方法、采用的有关标准和图集号等，同时，力求表达简明清楚、图样数量少。最终应做到按照施工图即可施工的要求。

施工图交付施工，并不意味着设计已经完成。在施工过程中，根据情况变化，还需不断修改设计。建筑物交付使用后，经过最关键的实践检验后，做出工程总结，设计工作才算最后完成。

0.3 结构设计一般原则

1. 遵循现行技术政策和规范、规程、标准

在建筑结构设计中，要严格贯彻执行国家、省、市的技术政策和现行的规范、规程、标准。结合工程具体情况，做到安全适用、技术先进、经济合理、确保质量，保护环境，要积极采用成熟的新技术、新结构、新工艺、新材料。结构设计中采用的新技术、新材料，可能影响建设工程质量和安全，对于没有国家技术标准的，应由国家认可的检测机构进行试验论证，出具检测报告，并经国务院有关部门组织的审查审定后方可使用。

2. 进行充分调查研究

设计前必须对建筑物的使用要求、工程特点、材料供应、施工技术条件、场地自然条件、地质地形等进行充分调查和研究分析，设计条件及设计要求应收集齐备，形成书面的设计任务书，并归档备查。

3. 注意设计标准的时效性、适用型

对结构设计所采用的标准图、试用图、单位内部通用图，必须使用有效版本，选择构件及节点，应进行必要的核算，并根据实际情况进行修改补充。

4. 要重视方案设计、结构分析和结构构造三个环节

结构方案设计是结构设计的首要环节，要进行多方案的比较，选用承载能力高，抗风力及抗震性能好，施工方便的结构体系和结构布置方案，选用的结构体系应受力明确，传力简捷，并进行概念设计阶段的估算。

结构分析或核算是结构设计的基础，要选择合适的计算假定、计算方法和计算程序，计算结果要进行分析，并与方案设计阶段的计算结果进行对照比较，判定结果的合理性。

结构构造是结构设计的保证，从概念设计入手，加强构件中连接构造，保证结构有较好的整体性和足够的强度、刚度，对抗震结构，尚应保证结构的弹塑性和延性，对结构的关键部位和薄弱部位应加强构造措施。

5. 结构设计应考虑施工方便

结构设计应与建筑专业密切配合，建筑的开间、进深、层高等尺寸尽量统一、规则，选用的构件类型应尽量减少，每一配筋构件尽量减少钢筋规格，这些做法有利于施工方便。

6. 结构设计选材应考虑建筑防火的需要

结构设计尚应符合建筑专业的防火设计规范中的有关条文的要求，与建筑专业配合，根据建筑物的耐火等级，材料的燃烧性、耐火极限，正确选用结构构件的材料，正确选择结构构件的保护层及保护做法。

0.4 建筑结构上的荷载

建筑结构上的荷载可分为永久荷载、可变荷载和偶然荷载。建筑结构设计时，对不同荷载应采用不同的代表值。对永久荷载应采用标准值作为代表值。对可变荷载应根据设计要求采用标准值、组合值、频遇值或准永久值作为代表值。对于偶然荷载，如地震作用由 GB 50011—2010《建筑抗震设计规范》具体规定，而其他类型的偶然荷载，如撞击、爆炸等是

由各部门依其专业本身特点，按经验采用，并在有关的标准中作了具体规定。

常用材料和构件标准值、可变荷载的标准值及其组合值、频遇值和准永久值系数，应按GB 50009—2012《建筑结构荷载规范》的规定采用。

0.4.1 永久荷载标准值

对结构自重，可按结构构件的设计尺寸与材料单位体积的自重计算确定。对于白重变异较大的材料和构件（如现场制作的保温材料、混凝土薄壁构件等），自重的标准值应根据对结构的不利状态，取上限值或下限值。

0.4.2 楼面和屋面活荷载

1. *楼面均布活荷载*

民用建筑楼面上的活荷载，不可能以标准值的大小同时布满在所有的楼面上，因此在设计梁、墙、柱和基础时，还要考虑实际荷载沿楼面分布的变异情况，即在确定梁、墙、柱和基础的荷载标准值时，还应按楼面活荷载标准值乘以折减系数。对于住宅、宿舍、旅馆、办公楼、医院病房、托儿所、幼儿园的楼面梁，当其从属面积大于25m^{2}时，折减系数为0.9；在设计住宅、宿舍、旅馆、办公楼、教学楼等墙、柱和基础时，楼面活荷载应乘以表0-1规定的折减系数。

表0-1 活荷载按楼层的折减系数

墙、柱、基础计算截面以上的层数	1	2~3	4~5	6~8	9~20	>20
计算截面以上各楼层活荷载总和的折减系数	1.00（0.90）	0.85	0.70	0.65	0.60	0.55

注：当楼面梁的从属面积超过25m^{2}时，应采用括号内的系数。

工业建筑楼面在生产使用或安装检修时，由设备、管道、运输工具及可能拆移的隔墙产生的局部荷载，均应按实际情况考虑，可采用等效均布活荷载代替。对于一般金工车间、仪器仪表生产车间、半导体器件车间、棉纺织车间、轮胎厂准备车间和粮食加工车间，当缺乏资料时，可按GB 50009—2012《建筑结构荷载规范》的规定采用。

2. *屋面活荷载*

作用在建筑屋面上的活荷载主要有屋面均布活荷载、积灰荷载、雪荷载。屋面均布活荷载主要是考虑屋面上人活动或检修时产生的荷载作用。设计屋面板、檩条、钢筋混凝土挑檐、雨篷和预制小梁时，除了考虑屋面均布活荷载外，还应另外验算在施工、检修时可能出现在最不利位置上，由人和工具自重形成的集中荷载。屋面积灰荷载是设计生产中有大量排灰的厂房及其邻近建筑时，其屋面水平投影面上的积灰荷载，积灰荷载是冶金、铸造、水泥等行业的建筑所特有的问题，对于具有一定除尘设施和保证清灰制度的机械、冶金、水泥等厂房屋面积灰荷载的取值GB 50009—2012《建筑结构荷载规范》作了具体的规定。对有雪地区，还应考虑屋面雪荷载，考虑有雪时屋面不便上人及检修，因此，屋面均布活荷载，不应与雪荷载同时组合，但积灰荷载应与雪荷载同时考虑。

0.4.3 风荷载

1. *单位面积上的风荷载值*

风荷载是空气流动对工程结构所产生的压力。作用在建筑物表面的单位面积上的风荷载

标准值可按下式计算

$$w_k = \beta_z \mu_z \mu_s w_0 \tag{0-1}$$

式中 w_k——风荷载标准值（kN/m^2）；

w_0——基本风压值（kN/m^2）；

μ_z——风压高度变化系数；

μ_s——风荷载体型系数；

β_z——高度 z 处的风振系数。

1）基本风压值 w_0。基本风压值与风速大小有关，应按《建筑结构荷载规范》规定的方法确定50年重现期的风压但不得小于 $0.3kN/m^2$。对于高层建筑、高耸结构以及对风荷载比较敏感的其他结构，基本风压的取值应适当提高，并符合有关结构设计规范的规定。

2）风压高度变化系数 μ_z。离地面的高度越大，风速也越大；越是空旷的地面，风速也越大。基本风压值是根据各地区空旷平坦地面上离地面10m处测出的10min平均最大风速计算得到的，因此在不同的地面上和不同的高度处，风压值要乘以 μ_z 系数。

3）风荷载体型系数 μ_s。风对建筑物表面的作用力并不等于基本风压值。当风经过房屋时，在迎风面产生压力，在背风面产生吸力，在侧面可能产生吸力或压力，而且风对各个表面的作用力也不均匀。在计算时，采用各个表面的平均风作用力，该平均风作用力与基本风压值的比值称为风荷载体型系数。

4）风振系数 β_z：由于风速、风向的不断变化，作用在建筑物表面上的风压（吸）力也在不停地变化，房屋会产生微小的振动。这种波动风压在建筑物中引起的动力效应与建筑物的柔度有关，高度较大、较柔的高层建筑的动力效应较大。基本风压值是取上下波动风压的平均值。在一般低层及多层建筑中，把风作用近似看成稳定风压，按静力方法计算其效应。在高层建筑中不可忽略风的动力效应，为了简化，计算时仍用静力方法，但用风振系数 β_z 把基本风压适当加大。对于高度大于30m且高宽比大于1.5的房屋，以及基本自振周期大于0.25s的各种高耸结构，应考虑风振系数 β_z 值，其余情况下取1.0。

2. 总体风荷载

总体风荷载是指某个方向的风在建筑物上产生风压力和吸力的合力。一般情况下，只需要分别计算在结构平面的两个主轴方向作用的总风荷载。某个方向风作用下的总体风荷载是建筑物各表面风压力（或吸力）在该方向分力的合成，它是沿高度变化的线荷载，在高度 z 处风载值按下式计算

$$w = \beta_z \mu_z w_0 (\mu_{s1} B_1 \cos\alpha_1 + \mu_{s2} B_2 \cos\alpha_2 + \cdots + \mu_{si} B_i \cos\alpha_i + \cdots + \mu_{sn} B_n \cos\alpha_n) \tag{0-2}$$

式中 n——建筑物外围的表面数（每一个平面作为一个表面）；

B_1，…，B_n——第1，…n 个表面的宽度；

μ_{s1}，…，μ_{sn}——第1，…n 个表面的体型系数；

α_1，…，α_n——第1，…n 个表面法线与风载作用方向的夹角。

3. 局部风荷载

总风荷载取各表面上的平均风压计算，但实际上风作用在建筑物表面的压力（吸力）是不均匀的（见图0-1）。在高层建筑较高的某些局部表面上，实际的风压力（吸力）可能很大，超过平均风压值，例如在迎风面的中部、背风面的边缘部位以及房屋侧面宽度为1/6墙面的角隅部分，在这些部位需要用局部风载验算围护结构（墙板或玻璃）的强度及连接

强度。

对于高层建筑中较高部位的阳台、遮阳板、雨篷、檐口等凸出墙面的悬挑构件，应验算向上的风漂浮力，当漂浮力超过自重时，会出现反向弯矩。单位面积上的漂浮力为

$$w_k = 2\beta_z\mu_z w_0 \tag{0-3}$$

此外，对于工业建筑还有吊车荷载作用，其计算方法详见第2章。

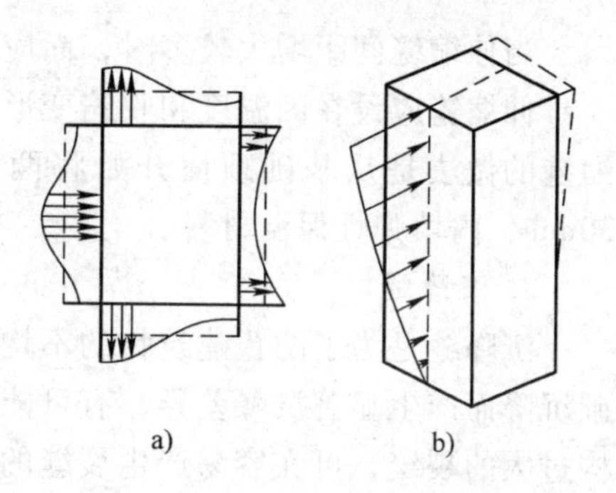

图 0-1 平均风压及总风荷载
——实际风压 ----平均风压

0.5 建筑结构的变形缝

在建筑结构设计中，常会遇到不同大小、不同体型、不同层高，建在不同地质条件上的建筑物，对某这些建筑物，如果不考虑温度影响、地基的不均匀沉降和地震的影响，就会使建筑产生裂缝，甚至破坏。建筑结构的变形缝就是在建筑物因温度变化、地基不均匀沉降以及地震而可能引起结构破坏的变形的敏感部位或其他必要的部位，预先设置的构造缝，以适应建筑变形的需要。

0.5.1 变形缝的分类

根据外界破坏因素的不同，把变形缝分三种，即伸缩缝、沉降缝和防震缝。

1. 伸缩缝

伸缩缝也叫温度缝，是考虑温度变化时对建筑物的影响而设置的。气候的冷热变化会使建筑材料和构配件产生胀缩变形，太长和太宽的建筑物都会由于这种胀缩而出现墙体开裂甚至破坏。因此，把太长和太宽的建筑物设置伸缩缝分割成若干个区段，保证各段自由胀缩，从而避免墙体的开裂。

由于影响结构温度、收缩裂缝的因素很多，许多因素的不确定性很大，很难进行定量分析，规范经过大量的调查研究和总结经验，用限制建筑物的长度，即规定结构伸缩缝的最大间距，来防止结构内应力聚集过大，从而达到控制裂缝的目的。钢筋混凝土结构伸缩缝的最大间距可按附录 A 定。

对于某些间接作用效应较大的不利情况，附录 A 中的伸缩缝最大间距宜适当减小：

1）柱高（从基础顶面算起）低于 8m 的排架结构。

2）屋面无保温、隔热措施的排架结构。

3）位于气候干燥地区、夏季炎热且暴雨频繁地区的结构或经常处于高温作用下的结构。

4）采用滑模类工艺施工的各类墙体结构。

5）混凝土材料收缩较大，施工期外露时间较长的结构。

近年许多工程实践表明，采取有效的综合措施，附录 A 中的伸缩缝间距可以适当增大：

1）采取减小混凝土收缩或温度变化的措施。

2）采用专门的预加应力或增配构造钢筋的措施。

3）采用低收缩混凝土材料，采取跳仓浇筑、后浇带、控制缝等施工方法，并加强施工养护。

当伸缩缝间距增大较多时，尚应考虑温度变化和混凝土收缩对结构的影响。

伸缩缝应设在因温度和收缩变形可能引起的应力集中、出现裂缝可能性最大的地方。伸缩缝的做法是从基础顶面开始将两个温度区段的上部结构完全分开。伸缩缝缝宽20~30mm，内填弹性保温材料。

2. 沉降缝

沉降缝是为了防止建筑物的不均匀沉降而设置的变形缝。当同一建筑物的各部分由于基础沉降而产生显著沉降差异，有可能产生结构难以承受的内力和变形，为避免由此而造成结构过大的裂缝，可在容易产生裂缝的部位设置沉降缝，将其分成两个独立的结构单元。

建筑物的荷载差异过大，地基不均匀、压缩性差异过大，长高比过大的建筑结构或基础类型不同时在其交接处都可能会使基础产生显著沉降差异。通常沉降缝用来划分同一建筑中层数相差很多、荷载相差很大的各部分，最典型的是用来分开主楼和裙房。

沉降缝的做法与伸缩缝不同，它要求将基础连同上部结构完全断开，自成独立单元，保证每个单元各自沉降，彼此不受制约。沉降缝的宽度一般为30~120mm。

3. 防震缝

建筑物防震缝的设置主要是为了避免在地震作用下结构产生过大的扭转、应力集中、局部严重破坏等。

抗震设计的建筑结构在下列情况下宜做防震缝：

1）平面长度和外伸长度尺寸超出了规范的限值而又没有采取加强措施时。

2）各部分刚度相差悬殊，采取不同材料和不同结构体系时。

3）各部分质量相差很大时。

4）各部分有较大错层，不能采取合理的加强措施时。

设置防震缝时，应将建筑物分隔成独立、规则的结构单元。防震缝应沿房屋全高设置，上部结构应完全分开，防震缝两侧应布置墙。防震缝的宽度可根据建筑结构类型、高度和抗震设防烈度确定，沉降缝的宽度尚应考虑基础内倾使缝宽减小后仍能满足防震缝的宽度。防震缝宽一般为50~100mm。

此外，防震缝可兼作伸缩缝和沉降缝，一般防震缝的基础可不断开，只有兼作沉降缝时才将基础断开。

0.5.2 变形缝的结构做法

变形缝的结构做法有很多，工程中的主要做法有如下几种。

1. 在变形缝的两侧设双墙或双柱方案

1）双墙做法，即在缝两侧均为承重墙，其做法如图0-2所示。这种做法较为简单，但易使缝两边的结构基础产生偏心。这种方式多用于一般荷载较小、层数不高的建筑结构中。它要求地基土承载力比较高，这样基础断面尺寸不很大，基础适度的偏心不致影响整个结构。

2）双柱做法，即在缝两侧设柱，如图0-3所示。当设置伸缩缝时，框架、排架结构的双柱基础可不断开，所以无基础偏心问题。

2. 悬挑做法

悬挑做法即在变形缝的两侧用水平构件向变形缝的方向挑出，如图0-4所示。这种做法

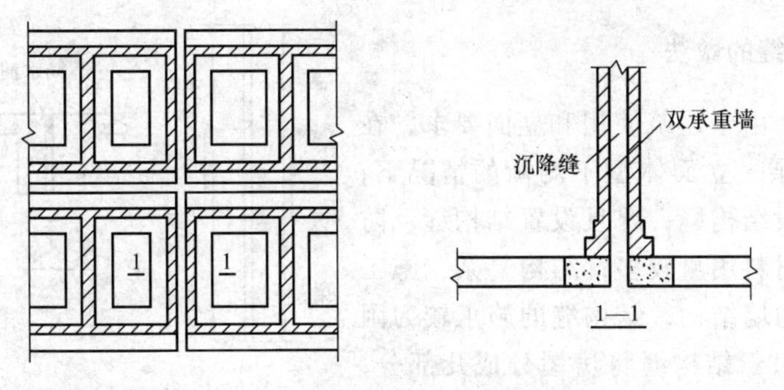

图 0-2　变形缝的两侧设双墙示意图

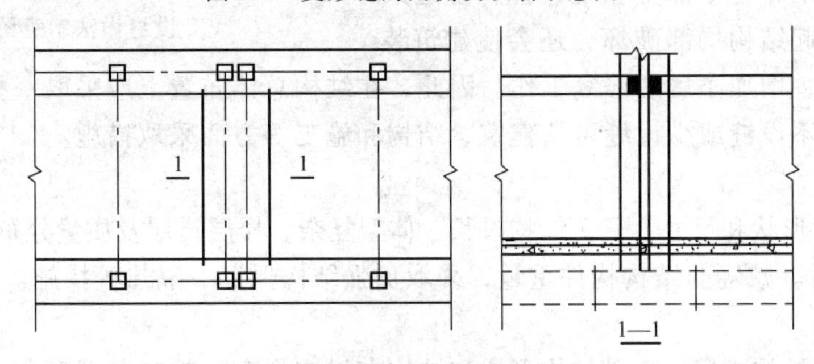

图 0-3　变形缝的两侧双柱方案示意图

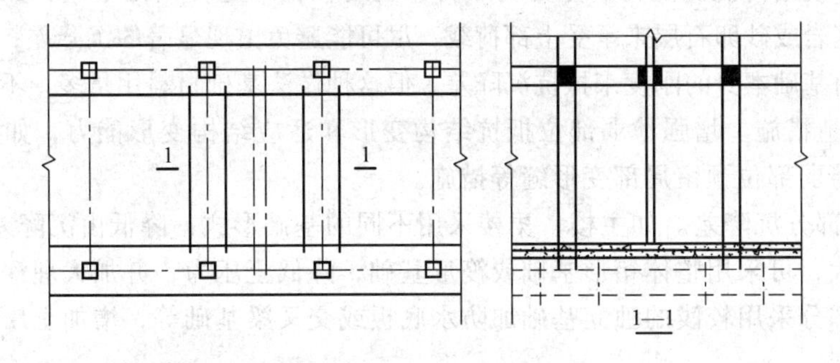

图 0-4　变形缝悬挑做法示意图

基础部分容易脱开，设缝较方便，特别适用于沉降缝。

3. 简支做法

用一段简支的水平构件做过渡处理，这种做法多用于连接两个建筑物的架空走道（见图 0-5）等，但在抗震设防地区需谨慎使用，以防止简支构件脱落。

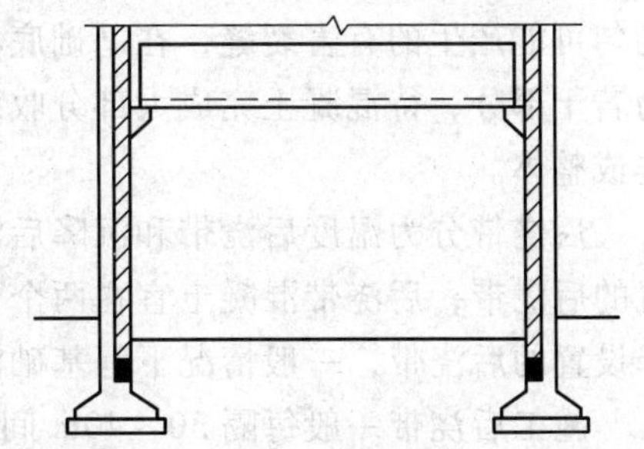

图 0-5　变形缝简支做法示意图

4. 单柱双梁设缝法

对于超长屋盖可在结构中间某一列柱上设双梁，使楼板分开 30mm，并在柱纵向梁该缝处设 30mm 凹缝，如图 0-6 所示。

这种做法在双梁设缝，不影响框架整体计算，较为理想地解决了钢筋混凝土屋盖混凝土收缩和温度变形影响，而且施工方便。

0.5.3 减少变形缝的做法

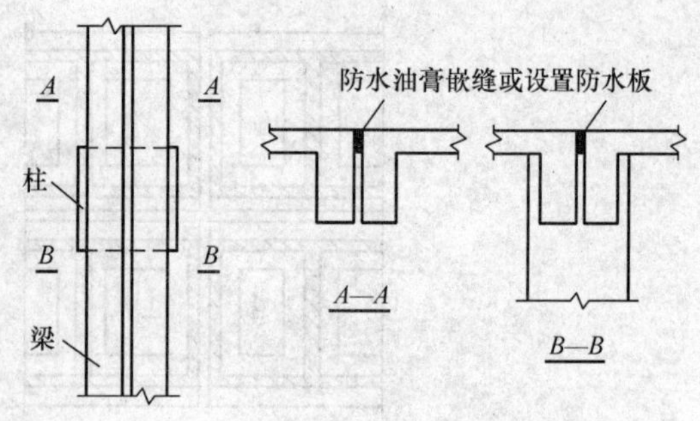

图 0-6 超长框架屋面单柱双梁设缝做法示意图

现代建筑中，由于建筑使用和立面要求，在尽管平面形状复杂、立面体型不均衡的情况下，也要求不设或少设结构缝，况且设置结构缝，防水处理较困难，材料用量较多，结构复杂，施工困难，特别是剪力墙结构，结构缝的施工较为困难。在地震区，由于结构缝将房屋分成几部分，在地震力的作用下，各个部分相互碰撞，易造成震害，不但会引起结构局部破坏，还会使建筑装饰材料造成破坏，增加了震后修复工作。因此，在结构总体布置上应采取一些相应措施，不设缝或少设缝。不设缝或少设缝可从建筑、结构和施工等方面采取措施。

1. 建筑措施

1）调整平面形状和尺寸。避免结构过长、体型复杂、楼层错层及质量分布不均匀等问题。

2）合理选材。减轻非结构构件重量，采取加强结构保温、隔热等措施。

2. 结构措施

1）合理选择结构方案。上部结构形式和结构布局应合理，减少薄弱环节；平面和竖向刚度分布宜均匀，使结构抗侧能力和重力荷载分布均匀。合理选择基础形式：如采用端承桩基础，由坚硬的基岩或砂卵石层来承受上部荷载，尽可能避免出现显著的沉降差；采用刚度较大的基础形式，由基础本身的刚度来抵抗沉降差，但这种做法基础材料用量多，不是很经济。

2）加强构造措施。增强薄弱部位抵抗结构变形和适应结构变形能力，如采取加强薄弱部位配筋或在薄弱部位预留局部变形缝等措施。

3）调整各部分沉降差。如主楼、裙楼采用不同的基础形式，降低由沉降差产生的内力。主楼部分荷载大，可采用整体箱形基础或筏形基础，降低土压力，并加大埋深，减少附加压力；低层裙楼部分采用较浅的独立基础加防水底板或交叉梁基础等，增加土压力，使两部分沉降尽可能接近。

3. 施工措施

1）调整施工顺序。当建筑各部分高度和荷载差异很大时，应先施工结构高、重的部分，待其沉降完成大部分后，再施工低、轻的结构部分，并注意两部分相间隔的合适时间。

2）设置后浇带。后浇带是在建筑施工中为防止现浇钢筋混凝土结构由于温度、收缩不均匀可能产生的有害裂缝，在基础底板、墙、梁相应位置留设临时施工缝，将结构暂时划分为若干部分，待混凝土完成大部分收缩和不均匀沉降后，再浇捣该施工缝处混凝土，将结构连成整体。

后浇带分为温度后浇带和沉降后浇带。温度后浇带是当建筑物超过规范规定的长度时设置的后浇带，后浇带混凝土宜在两个月后浇灌；沉降后浇带是为了解决建筑物地基不均匀沉降设置的后浇带，一般情况下等基础沉降稳定后才浇筑后浇带混凝土。

施工后浇带一般每隔 30 ~ 40m 间距设置，带宽 800 ~ 1000mm。后浇带应通过建筑物的整个横截面，分开全部墙、梁和楼板，使得两边都可自由伸缩。后浇带可选择在结构受力影响较小、结构截面简单、施工方便的位置曲折通过，后浇带的位置宜设置在距主楼边柱外的第二跨内，设在框架梁和楼板的1/3跨处；设在剪力墙洞口上方连梁的跨中或内外墙连接处。后浇带一般钢筋贯通不切断。

综上所述，变形缝可从建筑、结构、施工方面综合考虑，采取相应措施，尽量不设缝，即便是需要设缝，也应进行综合考虑，尽可能做到“三缝合一”。

0.6　对本课程的几点说明

混凝土结构设计课程所要讨论的是混凝土结构设计理论和方法。由于这种结构形式是我国目前建筑中应用最为广泛的结构类型，因此，它是土木工程专业学生，不论将来是从事设计、科研工作或施工工作，还是在工程管理部门工作，都将与之密切接触的技术领域，它是土木工程专业主干课程中的一门重要的课程。

本课程主要讨论现浇混凝土楼盖结构、单层工业厂房结构、多层框架结构以及高层建筑结构的结构布置、内力分析方法和构造处理内容。通过这些内容的学习，主要掌握这几种结构设计所必须的理论知识，然后再通过课程设计和毕业设计等实践性教学环节，初步学会如何运用这些理论知识来正确设计和解决工程中的技术问题。

需要强调的是，结构设计知识不仅对今后从事结构设计的人员至关重要，对于从事施工和管理的人员也是必不可少的知识，因为只有具备了较为完整的结构设计知识，才能正确理解各类结构的受力性能和设计要求，从而才能在制定技术政策、理解设计意图、审核设计方案、确定施工工艺以及处理工程事故等方面作出正确的判断。

这门课程综合性很强。在学习的过程中，将应用高等数学、力学、建筑材料、房屋建筑学、建筑施工等课程知识，所讨论的问题往往涉及的因素较多，因此，要求学生注重培养对问题的综合分析和归纳能力。在分析问题时，既要看到影响问题的各种因素，又要抓住问题的核心和实质。

此外，这门课程还具有实践性较强的特点。因为一方面结构设计理论是从试验中获得对结构性能的认识和前人的经验为基础建立起来的；另一方面，在一个人的设计能力中，除去理论知识外，还有一个必不可少的方面，就是在方案选择、细部处理手法等方面的经验积累，而这些知识只能从大量的工程实践中获得。因此，在学习的过程中，不但要有扎实的理论基础，还要注重实践经验的积累。

现代科学技术发展日新月异，新理论、新材料、新技术不断地被纳入建筑设计领域，因此，在学习的过程中要善于从变化和发展的观点思考和理解问题，不断地吐故纳新，只有这样，才能在这一领域长足发展、有所建树。

思考题

0-1　建筑上部水平和竖向结构体系主要作用是什么？

0-2　建筑工程设计可分为几个阶段？各阶段主要任务是什么？

0-3　混凝土结构内力分析有哪些方法？各适合于什么情况下应用？

0-4　结构设计一般原则包括哪几方面？

0-5　作用在建筑结构上的荷载主要有哪几种？各种荷载值如何确定？

0-6　建筑结构变形缝的作用是什么？变形缝的结构做法有哪些？减少变形缝可采取哪些措施？

1

第1章

现浇式楼盖

1.1 概述

楼盖是房屋结构中的重要组成部分，在整个房屋的材料用量和造价中所占比重较大，因此，合理选择楼盖形式，并正确进行设计，将会对整个房屋的使用和技术经济指标带来有利的影响。此外，楼盖的设计概念和方法也被广泛用于土木工程中诸如挡土墙、梁板式基础等的结构设计。

整体现浇式楼盖的整体刚度和抗震性能都很好，在楼盖结构中应用广泛。现浇楼盖的形式主要有单向板肋梁楼盖、双向板肋梁楼盖和无梁楼盖等，本章将对几种常见的现浇楼盖形式加以介绍。

1.1.1 单向板与双向板

混凝土结构中常用板的形式可根据其受力特点分为单向板和双向板。只在一个方向弯曲或主要在一个方向弯曲的板称为单向板；如在两个方向均存在弯曲，且不能忽略任一方向弯曲的板称为双向板。

如图1-1所示的承受竖向均布荷载 q 的四边简支矩形板，其短跨、长跨方向的计算跨度分别为 l_{01}、l_{02}。现在分别取出跨度中点两个相互垂直的宽度为1的板带来分析竖向均布荷载 q 在短跨、长跨方向的传递情况。设沿短跨、长跨方向传递的荷载分别为 q_1、q_2，则 $q_1+q_2=q$。当不计相邻板带对它们的影响时，这两条板带如同简支梁，且其跨度中点 A 处的挠度 f_A 相同，根据弹性理论，有 $5q_1l_{01}^4/384EI=5q_2l_{02}^4/384EI$，由此可求得两个方向传递的荷载的比值 $q_1/q_2=(l_{02}/l_{01})^4$。故

$$q_1=\frac{l_{02}^4}{l_{01}^4+l_{02}^4}q=\eta_1 q,\quad q_2=\frac{l_{01}^4}{l_{01}^4+l_{02}^4}q=\eta_2 q$$

式中 η_1、η_2——短跨、长跨方向荷载分配系数。

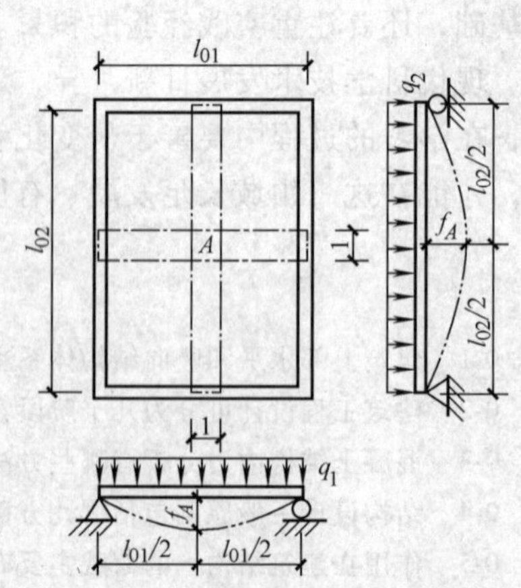

图1-1 四边支承板的荷载传递

当 $l_{02}/l_{01}=2$ 时，$\eta_1=0.941$，$\eta_2=0.059$，此时由长跨方向传递的荷载不超过6%。可见，当 $l_{02}/l_{01}>2$ 时，荷载绝大部分由短跨方向传递，如忽略荷载沿长跨方向的传递，可近似地将板视为单向板。GB 50010—

2010《混凝土结构设计规范》规定：

1）两对边支承的板，应按单向板计算。

2）四边支承的板，应按下列规定计算：当长边与短边长度之比不大于2.0时，应按双向板计算；当长边与短边长度之比大于2.0，但小于3.0时，宜按双向板计算；当长边与短边长度之比不小于3.0时，宜按短方向受力的单向板计算，并沿长边方向布置构造钢筋。

1.1.2　楼盖的类型

楼盖的结构类型有三种分类方法：

按结构形式，可分为单向板肋梁楼盖、双向板肋梁楼盖、无梁楼盖、密肋楼盖、井字楼盖和扁梁楼盖等，分别如图1-2a、b、c、d、e和f所示。其中单、双向板肋梁楼盖应用最为普遍。

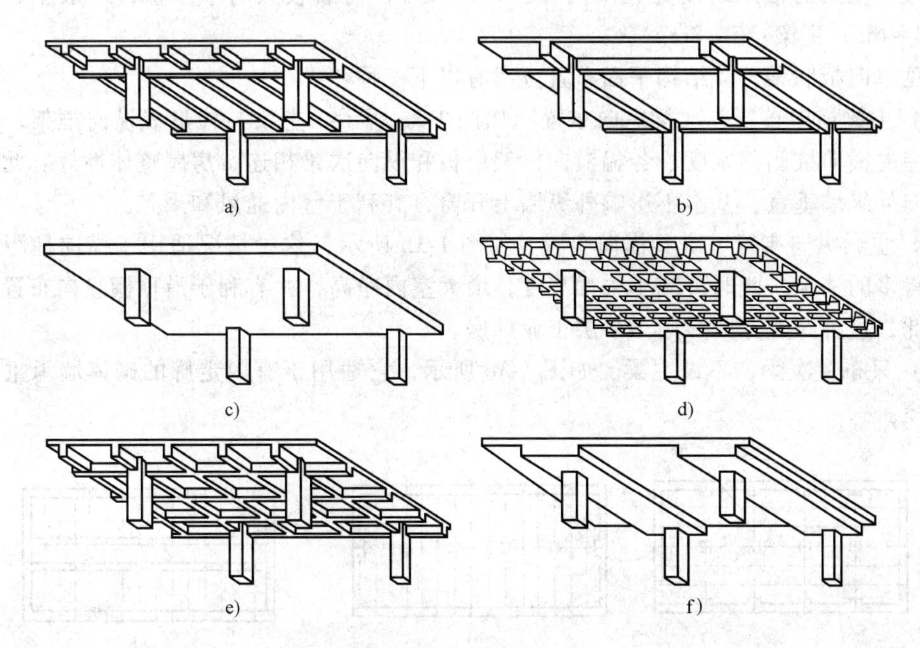

图1-2　楼盖的结构形式

a）单向板肋梁楼盖　b）双向板肋梁楼盖　c）无梁楼盖

d）密肋楼盖　e）井字楼盖　f）扁梁楼盖

按预加应力，可分为钢筋混凝土楼盖和预应力混凝土楼盖。在预应力混凝土楼盖中，使用最普遍的是无粘结预应力混凝土平板楼盖，当柱网尺寸较大时，可有效减小板厚以降低层高和减小自重。

按施工方法，可分为现浇式楼盖、装配式楼盖和装配整体式楼盖三种。现浇式楼盖的刚度大，整体性好，抗震抗冲击性好，防水性好，易于开洞，对不规则平面适应性强。其缺点是模板消耗量大，施工工期长。装配式楼盖主要用于多层房屋，特别是多层住宅中。因其整体性较差，故在抗震设防区有限制使用装配式楼盖的趋势。装配整体式楼盖是对装配式楼盖的一种改进，它是在装配式楼盖的板面做配筋细石混凝土现浇层，以提高楼盖的刚度、整体性和抗震性能。

1.2 单向板肋梁楼盖

单向板肋梁楼盖以其传力明确、计算简单、荷载不大时相对较经济而被广泛应用于一般工业与民用建筑的楼、屋面。其设计计算步骤为：①结构平面布置，并确定板厚及主、次梁截面尺寸和所用材料；②确定梁、板的计算简图；③荷载计算及梁、板内力分析；④截面承载力计算，配筋及构造，必要时进行梁、板变形和裂缝验算；⑤绘制施工图。

1.2.1 结构平面布置

单向板肋梁楼盖是由板、次梁、主梁组成的，整个楼盖支承于墙、柱等竖向承重构件上。其中，柱网尺寸决定主梁跨度，主梁间距决定次梁跨度，次梁间距决定板的跨度。单向板、次梁、主梁的常用跨度为：单向板：1.8～2.7，荷载较大时取小值，一般不超过3m；次梁：4～6m；主梁：5～8m。

常见单向板肋梁楼盖结构平面布置方案有以下三种：

（1）主梁横向布置，次梁纵向布置　如图1-3a所示，主梁与柱形成横向框架，有利于增强房屋的横向抗侧移刚度，各榀横向框架由板和纵向次梁相连，房屋整体性好。此外，由于主梁与外纵墙垂直，基本不影响外纵墙上开窗，有利于室内通风和采光。

（2）主梁纵向布置，次梁横向布置　如图1-3b所示，这种情况适用于横向柱距比纵向柱距大得多的情况。此时可减小主梁高度，增大室内净高，并有利于沿顶棚纵向布置工艺管线。因此，这种布置方案多用于多层工业厂房。

（3）只布置次梁，不设主梁　如图1-3c所示，它适用于有内走廊的砌体墙承重的混合结构房屋。

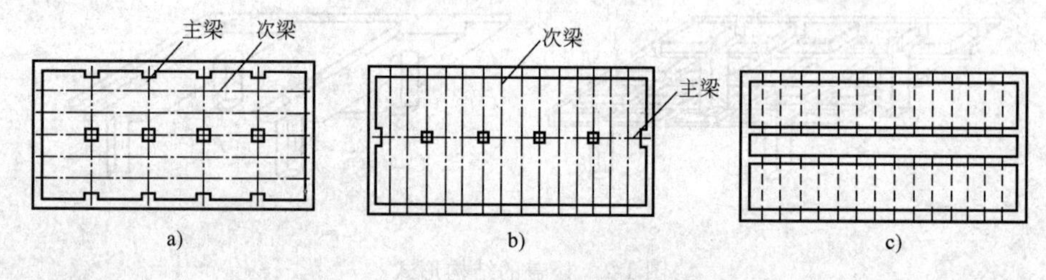

图1-3　梁的布置

a）主梁沿横向布置　b）主梁沿纵向布置　c）有中间走廊

在进行楼盖结构布置时，应注意以下几个问题：

（1）传力明确，受力合理　荷载传递要简捷；梁应连续贯通，尽可能避免将梁搁置在门、窗洞口上；主梁跨内尽可能不只布置一根次梁；在楼盖上有较大集中荷载处应设置次梁；楼板上开有较大洞口时，应在洞口边设置加劲小梁。

（2）考虑建筑效果　阳台、厨房、卫生间的板面标高宜低于其他部位板面30～50mm；不做吊顶时，房间平面内设梁应考虑顶棚的美观。

（3）规则整齐，方便施工　梁的布置尽可能规则，梁距及截面的尺寸尽可能统一并符合模数。

（4）尽量减小板厚　现浇楼盖中，板的混凝土用量约占混凝土总用量的50%～60%，所以在满足楼盖隔声、防水等建筑效果的前提下，尽量减小板厚。

1.2.2　计算简图

结构计算简图包括确定计算单元、计算模型及计算荷载等内容。

1. 计算单元及负荷范围

为简化计算，在进行结构内力分析时，并非必须对整个结构进行分析，而是从实际结构中选取有代表性的一部分作为计算对象，这就是计算单元。

如图1-4所示，对单向板可取1m宽板带作为其计算单元。图中阴影线即表示了板的计算单元及其负荷范围。主、次梁的负荷范围如图1-4中阴影所示。次梁承受板传来的均布线荷载及自重，主梁承受次梁传来的集中荷载，主梁自重通常换算成集中荷载加到次梁传来的集中恒荷载中。

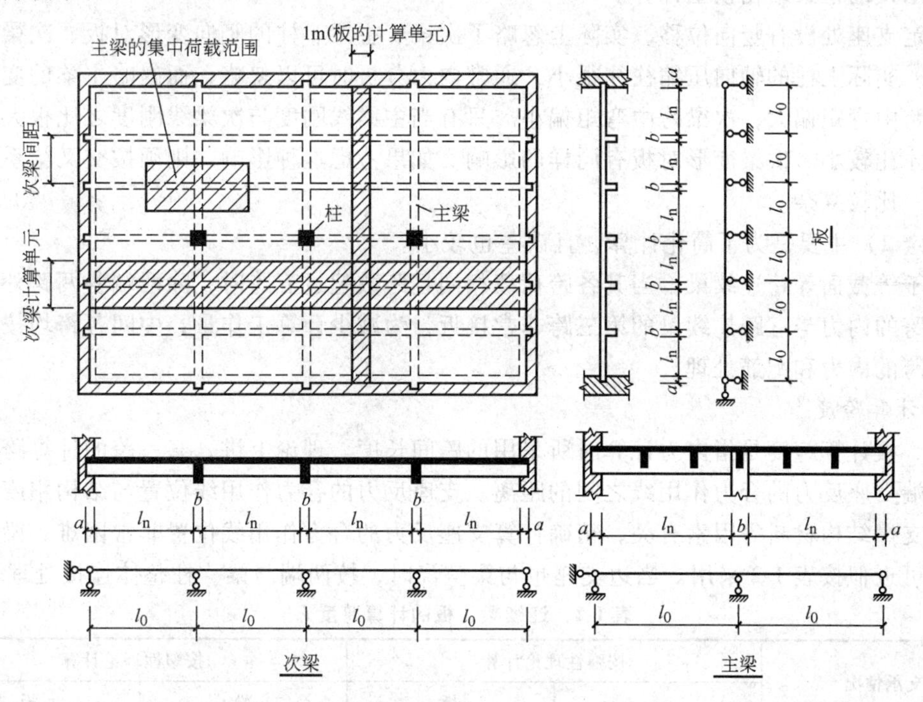

图1-4　板、梁的计算单元和计算模型

2. 计算模型及简化假定

现浇单向板肋梁楼盖中主、次梁及板的计算模型为连续梁或连续板。其墙或柱支承主梁，主梁支承次梁，次梁支承板。为简化计算，通常假定如下：

1）支座可以自由转动，但没有竖向位移。梁、板支座可以按表1-1采用。

2）在确定板传给次梁以及次梁传给主梁荷载时，分别忽略板、次梁的连续性的影响而按简支传递考虑。

3）跨数超过五跨的连续梁、板，当各跨荷载相同，且跨度差不超过10%时，可按五跨的等跨连续梁、板计算。

假定支座可以自由转动，实际上忽略了次梁对板、主梁对次梁、柱对主梁的支座弯曲转动约束能力。由此假定带来的误差将通过荷载折算的方式来修正。

表1-1 连续梁、板的支座

构件类型	边支座		中间支座	
	砌体	梁或柱	梁或砌体	柱
板	铰支座	铰支座	滚轴支座	—
次梁	铰支座	铰支座	滚轴支座	
主梁	铰支座	$i_l/i_c>5$ 铰支座	—	$i_l/i_c>5$ 滚轴支座
		$i_l/i_c\leqslant5$ 框架梁		$i_l/i_c\leqslant5$ 框架梁

注：i_l、i_c 分别为主梁和柱的线刚度。

通常柱与主梁是刚接的，柱对主梁支座弯曲转动也是有约束的。分析认为，当主梁线刚度与柱线刚度之比大于5时，约束作用基本可以忽略，可按连续梁模型计算主梁，否则应按梁、柱刚接的框架结构模型计算。

假定支座处没有竖向位移，实际上忽略了次梁、主梁、柱的竖向变形对板、次梁、主梁的影响。实际上柱的轴向压缩往往很小，通常内力分析时可以忽略，而忽略主梁的变形将导致主梁跨中弯矩偏大，次梁跨中弯矩偏小。只有当主梁线刚度与次梁线刚度之比很大时，这种影响才比较小。次梁变形对板有同样的影响。如果考虑这种影响，则须按交叉梁系进行内力分析，比较复杂。

假定2）主要是为了简化计算，且误差也较小。

对于等截面等跨连续梁，当其各跨荷载相同且跨数超过五跨时，除两端各两跨外，其余中间各跨的内力与五跨连续梁的第三跨非常接近，为减少计算工作量，中间各跨均按五跨梁的第三跨的内力和配筋处理。

3. 计算跨度

梁、板计算跨度是指内力计算时所采用的跨间长度。理论上讲，某一跨的计算跨度应取该跨两端支座反力的合力作用线之间的距离。支座反力的合力作用线位置与结构刚度、支撑长度及支撑结构材料等因素有关，精确计算支座反力的合力作用线位置非常困难，梁、板计算跨度可近似按表1-2采用。当边支座也与梁整浇时，按两端与梁、柱整体连接处理。

表1-2 连续梁、板的计算跨度 l_0

支承情况	按弹性理论计算		按塑性理论计算	
	梁	板	梁	板
两端与梁（柱）整体连接	l_c	l_c	l_n	l_n
两端搁置在墙上	$\min(1.05l_n, l_c)$	$\min(l_n+h, l_c)$	$\min(1.05l_n, l_c)$	$\min(l_n+h, l_c)$
一端与梁整体连接，另一端搁置在墙上	$\min(1.025l_n+b/2, l_c)$	$\min(l_n+b/2+h/2, l_c)$	$\min(1.025l_n, l_n+a/2)$	$\min(l_n+h/2, l_n+a/2)$

注：表中的 l_c 为支座中心线间的距离，l_n 为净跨，h 为板的厚度，a 为板、梁在墙上的支承长度，b 为板、梁在梁或柱上的支承长度。$\min(x, y)$ 表示取 x，y 中的最小值。

4. 计算荷载

楼盖上的荷载有恒荷载和活荷载两大类。恒荷载标准值按其截面尺寸和材料重度计算。

活荷载标准值可从 GB 50009—2012《建筑结构荷载规范》中直接查得。

在确定连续板计算简图时，假定支座可自由转动（见图 1-5a），而实际上板与次梁整浇在一起，板的转动将引起次梁扭转，反过来，次梁的抗扭能力将限制板的自由转动，使板支座转角减小（$\theta'<\theta$），如图 1-5 所示，这样就减小了板的内力。为了使板的内力计算值更接近于实际，可采用折算荷载进行调整。这种处理方法也适用于支承于主梁上的次梁。

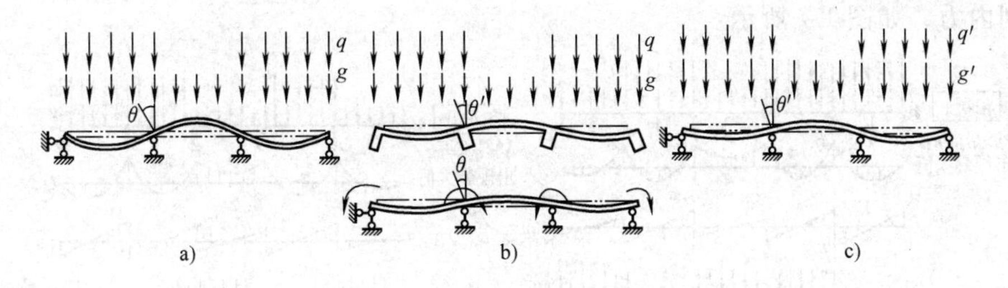

图 1-5　次梁抗扭刚度对板的影响

由于板、次梁支座转动主要是由活荷载不利布置产生的，因此采用保持总荷载不变、增大恒荷载、减小活荷载这种比较简单方便的方法来进行修正，即在计算板、次梁的内力时，采用折算荷载

连续板　$g'=g+\frac{q}{2}$，$q'=\frac{q}{2}$　(1-1)

连续梁　$g'=g+\frac{q}{4}$，$q'=\frac{3}{4}q$　(1-2)

式中　g、q——单位长度上恒荷载、活荷载设计值；

g'、q'——单位长度上折算恒荷载、活荷载设计值。

当板、次梁搁置在砌体或钢结构上，支座不能形成对它们的转动约束时，荷载不予折算。

1.2.3　连续梁、板按弹性理论的内力计算

1. *活荷载的最不利布置*

为了确定连续梁、板各控制截面可能产生的最不利内力，需要研究活荷载如何布置将使连续梁、板内某一截面内力绝对值最大，这种布置称为活荷载的最不利布置。

以五跨连续梁为例，由力学知识可知，在其某一单跨布置活荷载时的弯矩 M 和剪力 V 图如图 1-6 所示。

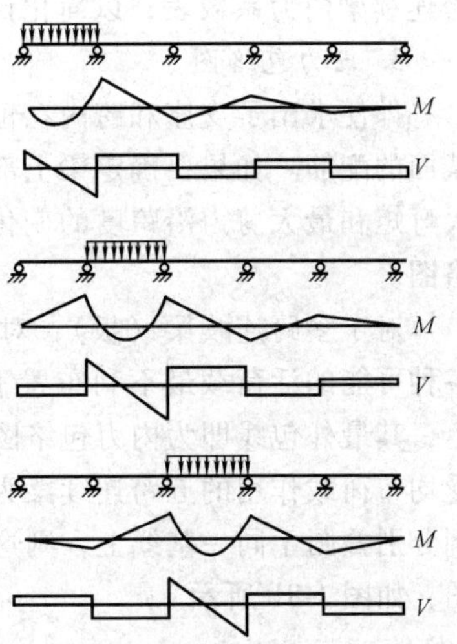

图 1-6　单跨承载时的内力图

研究图 1-6 的弯矩和剪力分布规律以及不同组合后的效果，不难发现活荷载最不利布置规律：

1）求某跨跨内活荷载最大正弯矩时，应在该跨布置活荷载，然后隔跨布置活荷载。

2）求某跨跨内活荷载最大负弯矩时，该跨不布置活荷载，而在该跨左、右邻跨布置活荷载，然后隔跨布置活荷载。

3）求某支座活荷载最大（绝对值）负弯矩时，应在该支座左、右两侧跨内布置活荷载，然后隔跨布置活荷载。同时可得到该支座左、右两侧截面活荷载最大（绝对值）剪力。

2. 内力计算

经上述活荷载不利布置后，即可按“结构力学”中的方法求出相应截面的活荷载最不利内力，然后与恒荷载作用下的对应截面内力叠加即可得到恒、活荷载共同作用下所求截面的最不利内力，如图1-7所示。

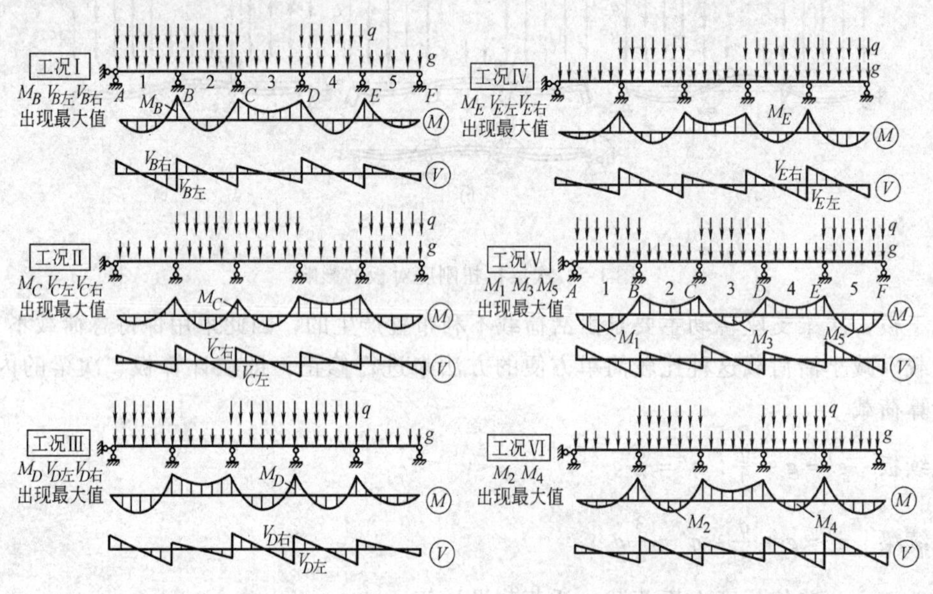

图1-7 五跨连续梁（板）各截面的最不利内力与荷载布置图

对于等截面等跨连续梁（板），可方便地利用附录 B 求出各截面在恒、活荷载作用下的最不利内力。对于非等跨连续梁（板），跨度差不超过10%的连续梁（板）也可以借助等跨连续梁内力系数表，以简化计算。

3. 内力包络图

即便求出了支座和跨内在恒、活荷载共同作用下的最不利内力，也只能确定支座和跨内截面的配筋。如果要确定梁上部纵向钢筋的截断和下部纵筋的弯起位置还应知道每一跨内最大弯矩和最大剪力沿跨度的变化情况，这就要求画出内力包络图，包括弯矩包络图和剪力包络图。

对于多跨连续梁（板），对应于不同的截面将可能有不同的活荷载最不利布置。将所有各种可能的活荷载最不利布置下的恒、活荷载共同作用的内力图按同一比例画在同一基线上，其最外包线即为内力包络图。它完整地给出了各截面可能出现的内力上、下限值。以承受均布荷载作用的五跨连续梁为例，如图1-8a所示，将图1-7中六种工况的弯矩图按同一比例分别叠画于同一基线上，则这一族曲线的外轮廓线就是弯矩包络图。同理可作出剪力包络图，如图1-8b所示。

1.2.4 考虑塑性内力重分布的内力计算

1.2.4.1 混凝土受弯构件的塑性铰

如图1-9所示，跨中承受集中荷载的简支梁，当加载到使跨中受拉钢筋屈服时，截面屈

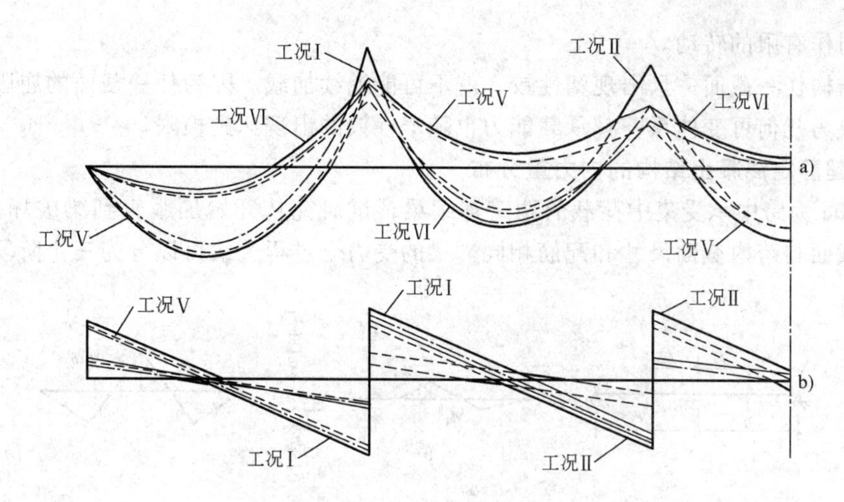

图 1-8 五跨连续梁在均布荷载作用下的内力包络图

a）弯矩包络图 b）剪力包络图

服弯矩为 M_y，相应的截面曲率为 ϕ_y。随着荷载的少许增加，钢筋应力虽维持屈服应力不变，但中和轴在上移，内力臂略有增加，当受压区边缘混凝土达到极限压应变时，构件达到极限承载能力，截面弯矩增加至极限弯矩 M_u，相应的截面曲率为 ϕ_u。从图中可以看出，在这一过程中，弯矩增量（$M_u - M_y$）很小，而截面曲率增值（$\phi_u - \phi_y$）却很大。这样，在弯矩基本不变的情况下，截面曲率激增，使截面沿弯矩作用方向产生一定限度的塑性转动，当与跨中部位相邻的一些截面也进入“屈服”并沿弯矩方向产生塑性转动时，梁犹如出现一个能承担一定弯矩的“铰”，工程中把这种“铰”称为塑性铰。

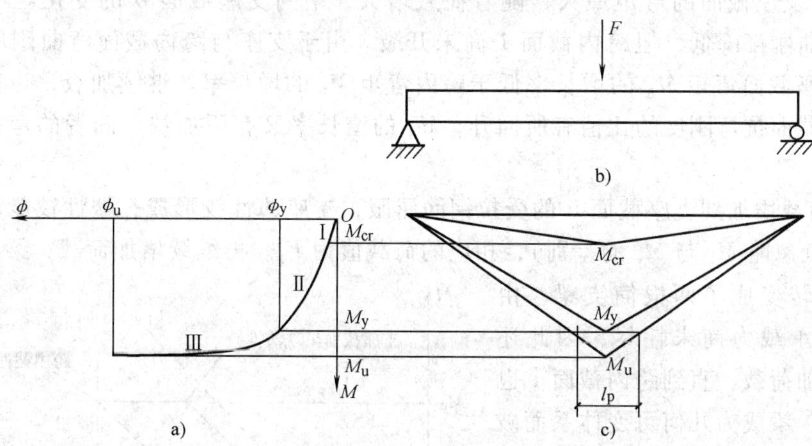

图 1-9 受集中荷载作用的简支梁的 M 图及 M-ϕ 图

在图 1-9 中，$M \geqslant M_y$ 的部分是塑性铰的区域（由于钢筋与混凝土间粘结力的局部破坏，实际的塑性铰区域更大）。该区域的长度称为塑性铰长度 l_p，所产生的转角称为塑性铰的转角 θ_p。通常把这一塑性变形集中产生的区域理想化为集中于一个截面上的塑性铰。

与结构力学中的理想铰相比较，塑性铰有三个主要区别：

1）理想铰不能承受任何弯矩，而塑性铰能承受变化不大的弯矩（$M_y \sim M_u$）。

2）理想铰集中于一点，而塑性铰有一定的长度。

3）理想铰在两个方向都可产生无限的转动，而塑性铰是有限转动的单向铰，只能沿弯矩作用方向作有限的转动。

静定结构任一截面一旦出现塑性铰，就不可能继续加载。因为任一截面的屈服都将导致静定结构成为几何可变体系，其承载能力也随塑性铰的出现达到极限。

1.2.4.2 超静定混凝土结构的内力重分布

图1-10a为跨中承受集中荷载的两跨连续梁，试研究从开始加载直到梁破坏的全过程。假定支座截面与跨内截面尺寸和配筋相同。梁的受力全过程大致可以分为三个阶段：

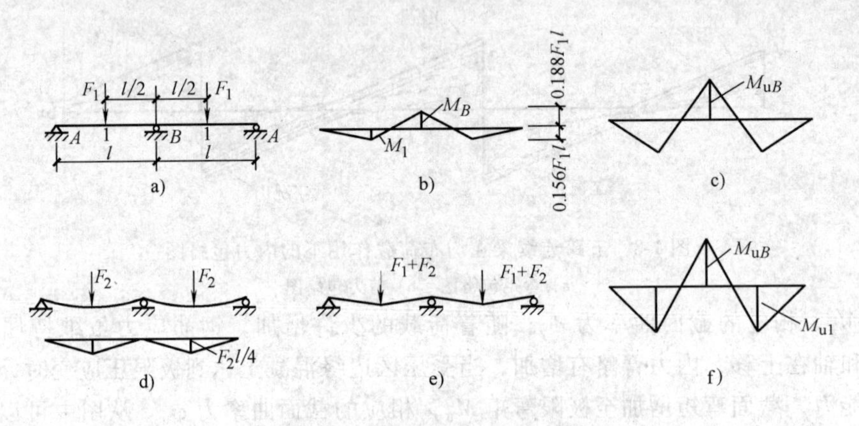

图1-10 梁上弯矩分布及破坏机构形成

1）当集中力 F_1 很小时，混凝土尚未开裂，梁长范围内各截面弯曲刚度的比值未改变，结构接近弹性体系，弯矩分布由弹性理论确定，如图1-10b所示。

2）由于支座截面的弯矩最大，随着荷载增大，中间支座截面 B 的受拉区混凝土先开裂，截面弯曲刚度降低，但跨内截面1尚未开裂。由于支座与跨内截面弯曲刚度的比值降低，致使支座截面弯矩 M_B 的增长率低于跨内弯矩 M_1 的增长率。继续加载，当截面1也出现裂缝时，截面抗弯刚度的比值有所回升，M_B 的增长率又有所加快。两者的弯矩比值不断发生变化。

3）当荷载增加到支座截面 B 的受拉钢筋屈服，支座塑性铰形成，塑性铰能承受的弯矩为 M_{uB}（此处忽略 M_u 与 M_y 的差别），相应的荷载值为 F_1。再继续增加荷载，梁从一次超静定的连续梁转变成了两根简支梁。由于跨内截面承载力尚未耗尽，因此还可以继续增加荷载，直到跨内截面1也出现塑性铰，梁成为几何可变体系而破坏。设后加的那部分荷载为 F_2，则梁承受的总荷载为 $F=F_1+F_2$（见图1-11）。

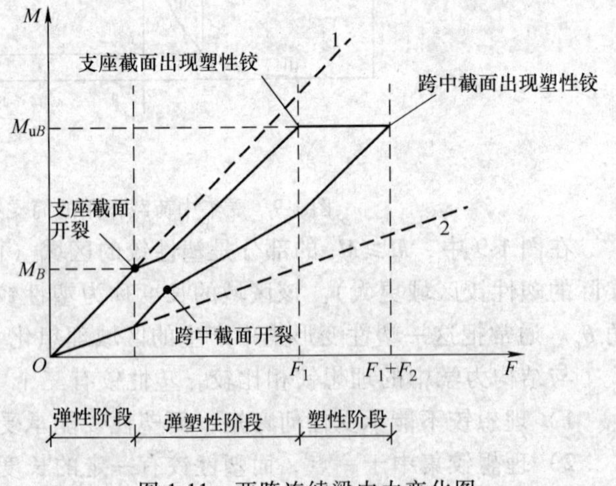

图1-11 两跨连续梁内力变化图

在 F_2 作用下，应按简支梁来计算跨内弯矩。设 F_2 作用下简支梁跨内弯矩为 M_2，则在 F_2 作用下梁跨内弯矩增加了 M_2。支座弯矩不变，仍维持在 M_{uB}。若按弹性理论，M_B 与 M_1 的大小应始终与外荷载成线性关系。然而，当支座出现塑性铰后，荷载的增加并未使支座弯矩得到增加，只使跨内弯矩增加了 M_2。此时整个梁上的内力不再符合弹性分布规律，即出现了内力重分布。

由上述分析可知，超静定钢筋混凝土结构的内力重分布可概括为两个过程：第一过程发生在受拉混凝土开裂到第一个塑性铰形成之前，主要是由于结构各部分弯曲刚度比值的改变而引起的内力重分布；第二过程发生在第一个塑性铰形成以后直到结构形成机动体系而破坏，是由于塑性铰的出现使结构计算简图发生改变而引起的内力重分布。显然，第二过程的内力重分布比第一过程显著得多。严格地说，第一过程称为弹塑性内力重分布，第二过程才是塑性内力重分布。

若超静定结构中各塑性铰都具有足够的转动能力，保证结构加载后能按照预期的顺序，先后形成足够数目的塑性铰，以致最后形成机动体系而破坏，这种情况称为充分的内力重分布。但是，塑性铰的转动能力是有限的，如果完成充分的内力重分布过程所需要的转角超过了塑性铰的转动能力，则在尚未形成预期的破坏机构以前，早出现的塑性铰已经因为受压区混凝土达到极限压应变值而“过早”被压碎，这种情况属于不充分的内力重分布。另外，如果在形成破坏机构之前，截面因受剪承载力不足而破坏，内力也不可能充分地重分布。因此，结构构件必须要有足够的受剪承载力，以使内力能够充分地重分布。此外，在设计中除了要考虑承载能力极限状态外，还要考虑正常使用极限状态。结构在正常使用阶段，裂缝宽度和挠度也不宜过大。因此，在考虑内力重分布时，应对塑性铰的允许转动量予以控制，也就是要控制内力重分布的幅度，一般要求在正常使用阶段不出现塑性铰。

塑性铰的转动能力主要取决于纵筋的配筋率、钢材品种和混凝土的极限压应变值。截面的极限曲率 $\phi_u=\varepsilon_{cu}/x$，配筋率越低，受压区高度 x 就越小，故 ϕ_u 就越大，塑性铰转动能力越强；混凝土的极限压应变值 ε_{cu}越大，ϕ_u 大，塑性铰转动能力也越强。混凝土强度等级较高时，极限压应变值减小，转动能力下降；钢材有明显屈服台阶，伸长率越大，塑性铰的转动能力也就越强。

要注意内力重分布与应力重分布两者的区别。应力重分布是指截面上各纤维层间的应力变化规律不同于弹性理论而言的，并且不论对静定的还是超静定的混凝土结构都存在。内力重分布则是指结构上各个截面间内力变化规律不同于弹性理论而言的，并且只有超静定结构才有内力重分布现象，对静定结构是没有的，因为静定结构的内力与截面刚度无关，而且出现一个塑性铰就意味着结构的破坏。

1.2.4.3 考虑塑性内力重分布的意义及适用范围

目前在超静定混凝土结构设计中，结构的内力分析与构件截面设计是不相协调的，结构的内力分析仍采用传统的弹性理论，而构件的截面设计考虑了材料的塑性性能。实际上，超静定混凝土结构在承载过程中，由于混凝土的非弹性变形、裂缝的出现和发展、钢筋的锚固滑移，以及塑性铰的形成和转动等因素的影响，结构构件的刚度在各受力阶段不断发生变化，从而使结构的实际内力与变形明显地不同于按刚度不变的弹性理论算得的结果。所以在设计混凝土连续梁、板时，恰当地考虑结构的内力重分布，不仅可以使结构的内力分析与截面设计相协调，而且具有以下优点：

1）能更正确地估计结构的承载力和使用阶段的变形、裂缝。

2）利用结构内力重分布的特性，合理调整钢筋布置，可以缓解支座钢筋拥挤现象，简化配筋构造，方便混凝土浇捣，从而提高施工效率和质量。

3）根据结构内力重分布规律，在一定条件和范围内可以人为控制结构中的弯矩分布，从而使设计得以简化。

4）可以使结构在破坏时有较多的截面达到其极限承载力，从而充分发挥结构的潜力，有效地节约材料。

考虑内力重分布是以形成塑性铰为前提的，构件的变形和抗弯能力调小部位的裂缝宽度均较大，因此按考虑塑性内力重分布分析方法设计的结构和构件所采用的钢筋应具有较好的塑性，并应满足正常使用极限状态要求且采取有效地构造措施。

下列情况不应采用考虑塑性内力重分布的分析方法：

1）直接承受动力和重复荷载的结构。

2）在使用阶段不允许出现裂缝或三 a、三 b 类环境的结构。

1.2.4.4 连续梁、板按调幅法的内力计算

1. 调幅法的概念和原则

在广泛的试验研究基础上，国内外学者曾先后提出过多种超静定混凝土结构考虑塑性内力重分布的计算方法，如极限平衡法、塑性铰法、变刚度法、强迫转动法、弯矩调幅法以及非线性全过程分析方法等。但是上述方法大多数计算繁冗。目前，只有弯矩调幅法为多数国家的设计规范所采用。我国颁布的 CECS 51：93《钢筋混凝土连续梁和框架考虑内力重分布设计规程》也推荐用弯矩调幅法来计算钢筋混凝土连续梁、板和框架的内力。该方法概念明确，计算方便，在我国积累有较多的工程实践经验，为设计人员所熟悉，有利于保证设计质量。

所谓弯矩调幅法，就是对结构按弹性理论所算得的弯矩值和剪力值进行适当的调整，以考虑结构塑性内力重分布的影响。通常是对那些弯矩绝对值较大的截面弯矩进行调整，然后按调整后的内力进行截面设计和配筋构造，是一种实用设计方法。

截面弯矩的调整幅度用弯矩调幅系数 β 来表示，即

$$\beta = \frac{M_e - M_a}{M_e} = 1 - \frac{M_a}{M_e} \tag{1-3}$$

式中 M_e——按弹性理论算得的弯矩值；

M_a——调幅后的弯矩值。

钢筋混凝土连续梁、板考虑内力重分布进行弯矩调整时应遵循以下原则：

1）采用的钢筋在最大力下的总伸长率应满足表 1-3 要求；混凝土强度等级宜在 C20 ~ C45 范围内选用。

表 1-3 普通钢筋在最大应力下的总伸长率限值

钢筋品种	HPB300	HRB335、HRBF335、HRB400 HRBF400、HRB500、HRBF500	RRB400
δ_{gt}（%）	10.0	7.5	5.0

注：δ_{gt} 钢筋在最大应力下的总伸长率。

2）截面的弯矩调幅系数 β 不宜超过 0.25，不等跨连续梁、板不宜超过 0.2。

3）弯矩调幅后的截面相对受压区高度应满足 $0.1 \leqslant \xi \leqslant 0.35$。

4）不等跨连续梁、板各跨中截面的弯矩不宜调整。

5）结构在正常使用阶段不应出现塑性铰，且变形和裂缝宽度应符合 GB 50010—2010《混凝土结构设计规范》的规定。

6）在可能产生塑性铰的区段，考虑弯矩调幅后，连续梁下列区段内按《混凝土结构设计规范》计算得到的箍筋用量，一般应增大20%，增大的范围为：对于集中荷载，取支座边至最近一个集中荷载之间的区段；对于均布荷载，取支座边 $1.05h_0$ 的区段（h_0 为截面的有效高度）。

7）考虑弯矩调幅后，箍筋的配箍率应满足下式要求

$$\rho_{sv} \geqslant 0.3f_t/f_{yv} \tag{1-4}$$

8）为使结构满足静力平衡条件并有一定的安全储备，结构跨中截面处的弯矩应满足

$$M_0 - \frac{|M_A| + |M_B|}{2} \leqslant M_C \tag{1-5}$$

式中　M_A、M_B——连续梁或板任一跨调整后支座 A、B 截面弯矩值；

M_C——调整后的跨中 C 截面弯矩值；

M_0——该跨按简支梁计算跨中截面弯矩值。

2. 用调幅法计算等跨连续梁、板内力

（1）均布荷载作用　在相等均布荷载作用下，等跨连续梁、板各跨跨中和支座截面的弯矩设计值 M 可按下列公式计算

$$M = \alpha_m(g+q)l_0^2 \tag{1-6}$$

式中　g——沿梁或板单位长度上的恒荷载设计值；

q——沿梁或板单位长度上的活荷载设计值；

α_m——连续梁、板考虑塑性内力重分布的弯矩计算系数，按表1-4采用；

l_0——计算跨度，按表1-2采用。

表1-4　连续梁和连续单向板考虑塑性内力重分布的弯矩计算系数 α_m

支承情况		截面位置					
		边支座	边跨跨中	第一内支座	第二跨跨中	中间支座	中间跨跨中
		A	Ⅰ	B	Ⅱ	C	Ⅲ
梁、板搁支在墙上		0	1/11	二跨连续： -1/10 三跨以上连续： -1/11	1/16	-1/14	1/16
板	与梁整浇连接	-1/16	1/14				
梁	与梁整浇连接	-1/24					
梁与柱整浇连接		-1/16	1/14				

注：1. 表中系数适用于荷载比 $q/g>0.3$ 的等跨连续梁和连续单向板。

2. 连续梁或连续单向板的各跨长度不等，但相邻两跨的长跨与短跨之比值小于1.10时，仍可采用表中弯矩系数值。计算支座弯矩时应取相邻两跨中的较长跨度值，计算跨中弯矩时应取本跨长度。

在均布荷载荷载作用下，等跨连续梁支座边缘的剪力设计值 V 可按下列公式计算

$$V = \alpha_v(g+q)l_n \tag{1-7}$$

式中　α_v——考虑塑性内力重分布梁的剪力计算系数，按表1-5采用；

l_n——净跨度。

（2）集中荷载作用　等跨连续梁在间距相同、大小相等的集中荷载下，各跨跨中和支

座截面的弯矩设计值 M 可分别按下列公式计算

$$M = \eta\alpha_{m}(G+Q)l_{0} \tag{1-8}$$

式中 η——集中荷载修正系数，按表 1-6 采用；

G——一个集中恒荷载设计值；

Q——一个集中活荷载设计值。

等跨连续梁在间距相同、大小相等的集中荷载下，支座截面的剪力设计值 V 可按下列公式计算

$$V = \alpha_{v}n(G+Q) \tag{1-9}$$

式中 n——跨内集中荷载的个数。

表 1-5 连续梁考虑塑性内力重分布的剪力计算系数 α_v

<table>
<tr><th rowspan="2">荷载情况</th><th rowspan="2">边支座情况</th><th colspan="5">截 面 位 置</th></tr>
<tr><th>边支座右侧</th><th>第一内支座左侧</th><th>第一内支座右侧</th><th>中间支座左侧</th><th>中间支座右侧</th></tr>
<tr><td rowspan="2">均布荷载</td><td>搁置在墙上</td><td>0.45</td><td>0.6</td><td rowspan="2">0.55</td><td rowspan="2">0.55</td><td rowspan="2">0.55</td></tr>
<tr><td>梁与梁或梁与柱整体连接</td><td>0.50</td><td>0.55</td></tr>
<tr><td rowspan="2">集中荷载</td><td>搁置在墙上</td><td>0.42</td><td>0.65</td><td rowspan="2">0.60</td><td rowspan="2">0.55</td><td rowspan="2">0.55</td></tr>
<tr><td>与梁整体连接</td><td>0.50</td><td>0.60</td></tr>
</table>

表 1-6 集中荷载修正系数 η

<table>
<tr><th rowspan="2">荷 载 情 况</th><th colspan="6">截 面</th></tr>
<tr><th>A</th><th>Ⅰ</th><th>B</th><th>Ⅱ</th><th>C</th><th>Ⅲ</th></tr>
<tr><td>当在跨中中点处作用一个集中荷载时</td><td>1.5</td><td>2.2</td><td>1.5</td><td>2.7</td><td>1.6</td><td>2.7</td></tr>
<tr><td>当在跨中三分点处作用两个集中荷载时</td><td>2.7</td><td>3.0</td><td>2.7</td><td>3.0</td><td>2.9</td><td>3.0</td></tr>
<tr><td>当在跨中四分点处作用三个集中荷载时</td><td>3.8</td><td>4.1</td><td>3.8</td><td>4.5</td><td>4.0</td><td>4.8</td></tr>
</table>

下面以承受均布荷载的五跨连续梁为例，简要说明表 1-4 中弯矩计算系数 α_m 的确定方法。

假定梁的边支座为砖砌体，并取 $q/g=3$。可以写成 $g+q=q/3+q=4q/3$ 和 $g+q=g+3g=4g$。于是

$$q=\frac{3}{4}(g+q)；\ g=\frac{1}{4}(g+q)$$

次梁的折算荷载

$$g'=g+\frac{q}{4}=\frac{1}{4}(g+q)+\frac{3}{16}(g+q)=0.4375(g+q)$$

$$q'=\frac{3}{4}q=\frac{9}{16}(g+q)=0.5625(g+q)$$

按弹性理论，边跨支座 B 弯矩最大（绝对值）时，活荷载应布置一、二、四跨（见图1-12中曲线1），相应的弯矩

$$M_{B\max}=-0.105g'l_0^2-0.119q'l_0^2=-0.1129\ (g+q)\ l_0^2$$

初步考虑调幅0.2，则

$$M_B=0.8M_{B\max}=-0.0903\ (g+q)\ l_0^2$$

表1-3中取 $\alpha_m=1/11=0.0909$，相当于支座调幅为0.195。

当 $M_{B\max}$ 下调后，根据第一跨的静力平衡条件，相应的跨内最大弯矩出现在距端支座 $x=0.409l_0$ 处，其值为（见图1-12曲线2）

$$M_1=\frac{1}{2}\ (0.409l_0)^2\ (g+q)$$

$$=0.0836\ (g+q)\ l_0^2$$

按弹性理论，活荷载布置在一、三、五跨时，边跨跨内出现最大正弯矩（见图1-12曲线3）

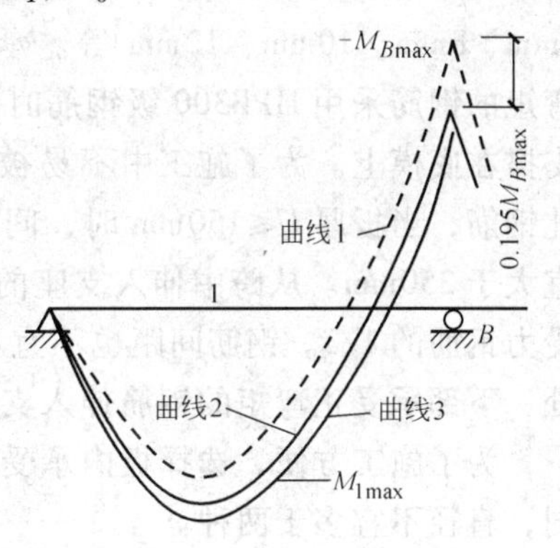

图1-12 弯矩计算算例

$$M_{1\max}=0.078g'l_0^2+0.1ql_0^2=0.0904\ (g+q)\ l_0^2$$

取 $M_{1\max}$、M_1 两者中的大值，作为跨中弯矩设计值，为方便起见，弯矩计算系数 α_m 取为1/11。

其余系数可按类似方法确定。

1.2.5 单向板肋梁楼盖的截面设计与构造

1.2.5.1 单向板的截面设计与构造

1. 板厚

现浇钢筋混凝土单向板的厚度 h 除应满足建筑功能外，还应符合下列要求：

屋面板 $h\geqslant60$mm

民用建筑楼板 $h\geqslant60$mm

工业建筑楼板 $h\geqslant70$mm

行车道下的楼板 $h\geqslant80$mm

现浇板在砌体墙上的支承长度不宜小于120mm。考虑结构安全和刚度的要求，单向板的厚度宜不小于计算跨度的1/30，当板的荷载和跨度较大时，板厚宜适当加大，一般在此情况下，板可不进行挠度验算。

2. 截面承载力计算

对于一般工业与民用建筑楼盖，仅混凝土就足以承担剪力，可不必进行斜截面受剪承载力计算，仅需进行正截面受弯承载力计算。

连续单向板在支座处承受负弯矩，跨内承受正弯矩，当板中受拉区混凝土开裂后，使板内各截面的实际中和轴连线为拱形。如图1-13所示，当板四周均与梁整浇时，板的支座不能水平移动，周边梁能对板拱提供水平推力，使板跨内形成拱作用。这种拱作用使板的实际弯矩值低于计算值。因此，对于周边与梁整体连接的板，考虑拱作用的有利原则，可将板的弯矩设计值适当减少。对于中间区隔的单向板，其中间跨的跨中截面弯矩及支座截面弯矩可

折减20%，但边跨的跨中截面及第一内支座截面弯矩则不折减。

3. 配筋构造

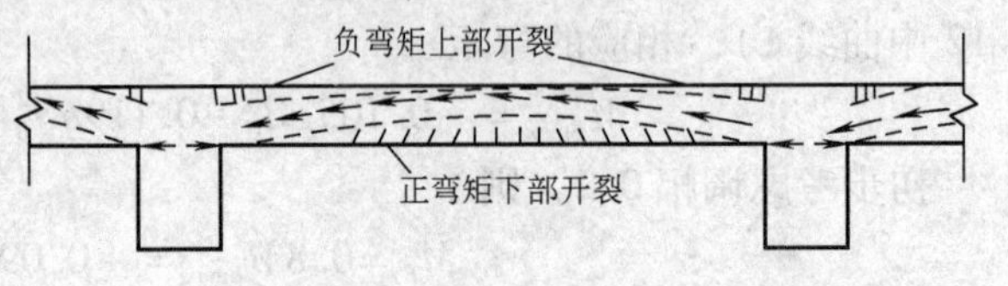

图1-13 板的内拱作用

（1）板中受力钢筋 由计算确定的受力钢筋有承受负弯矩的板面钢筋和承受正弯矩的板底钢筋两种。常用直径为6mm、8mm、10mm、12mm等。承受正弯矩的钢筋采用HPB300级钢筋时，端部采用半圆弯钩，承受负弯矩的钢筋端部应做成直钩支撑在底模上。为了施工中不易被踩塌，承受负弯矩的钢筋直径一般不小于8mm。对于绑扎钢筋，当板厚$h\leqslant150$mm时，间距不宜大于200mm；$h>150$mm时，不宜大于$1.5h$，且不宜大于250mm。从跨中伸入支座的受力钢筋间距不应大于400mm，且截面积不得少于跨中受力钢筋的1/3。钢筋间距也不宜小于70mm。在简支板支座处或连续板端支座及中间支座处，下部承受正弯矩的钢筋伸入支座的长度不应小于$5d$。

为了施工方便，选择板内承受正、负弯矩的钢筋时，一般宜使它们的间距相同而直径不同，直径不宜多于两种。

连续板受力钢筋的配筋方式有弯起式和分离式两种（见图1-14）。弯起式配筋可先按跨内正弯矩的需要确定所需钢筋的直径和间距，然后在支座附近弯起1/2~2/3，弯起角一般为30°，当板厚$h>120$mm时，可采用45°。如果还不满足所要求的支座承受负弯矩的钢筋需要，再另加直的钢筋，通常取相同的间距。弯起式配筋的钢筋锚固较好，可节省钢材，但施工较复杂。

分离式配筋的钢筋锚固稍差，耗钢量略高，但设计和施工都比较方便，是目前最常用的方式。当板厚超过120mm且承受的动荷载较大时，不宜采用分离式配筋。

连续单向板内受力钢筋的弯起和截断，一般可以按图1-14确定，图中a的取值为：当板上均布活荷载q与均布恒荷载g的比值$q/g\leqslant3$时，$a=l_n/4$；当$q/g>3$时，$a=l_n/3$，l_n为板的净跨长。当连续板的相邻跨度之差超过20%，或各跨荷载相差很大时，则钢筋的弯起与切断应按弯矩包络图确定。

（2）板中构造钢筋 连续单向板除了按计算配置受力钢筋外，通常还应布置以下4种构造钢筋。

1）分布钢筋。在平行于单向板的长跨，与受力钢筋垂直的方向设置分布钢筋，分布钢筋放在受力钢筋的内侧。单位宽度上分布钢筋的截面面积不宜小于单位宽度上受力钢筋的15%，且配筋率不宜小于0.15%；分布钢筋直径不宜小于6mm，间距不宜大于250mm；当集中荷载较大时，分布钢筋的面积尚应增加，间距不宜大于200mm。分布钢筋具有以下主要作用：①浇筑混凝土时固定受力钢筋的位置；②承受混凝土收缩和温度变化所产生的内力；③承受并分布板上局部荷载产生的内力；④对四边支承板，可承受在计算中未计入但实际存在的长跨方向的弯矩。

2）与主梁垂直的附加钢筋。如图1-15所示，力总是按最短距离传递的，所以靠近主梁的竖向荷载，大部分是传给主梁而不是往单向板的跨度方向传递。所以主梁梁肋附近的板面存在一定的负弯矩，因此必须在主梁上部的板面配置附加短钢筋。其数量不少于每米$5\phi8$，且沿主梁单位长度内的总截面面积不少于板中单位宽度内受力钢筋截面积的1/3，伸入板中的长度从主梁梁肋边算起每边不小于板计算跨度l_0的1/4。

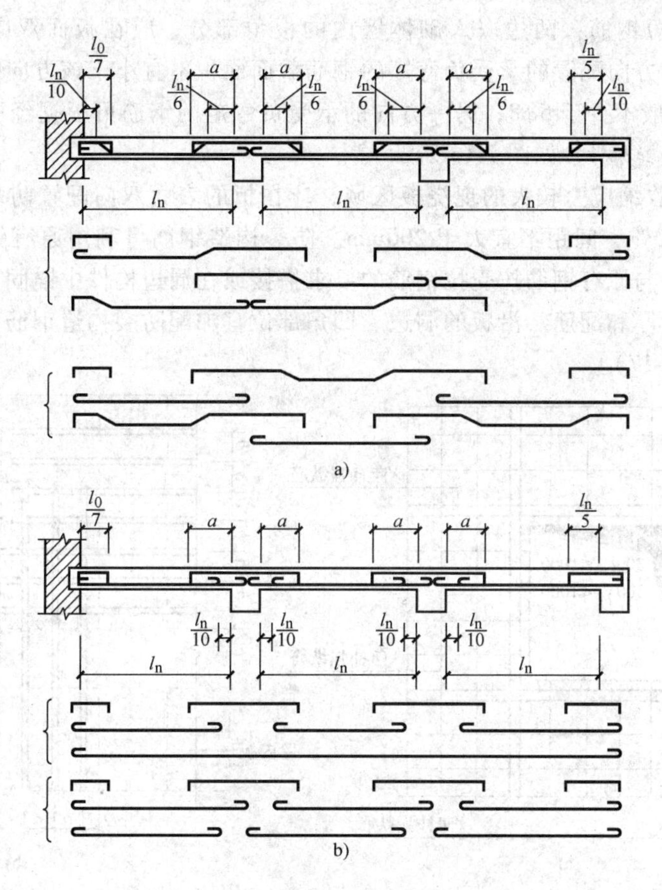

图 1-14　多跨连续单向板的配筋方式

a）弯起式　b）分离式

3）与承重砌体墙垂直的附加钢筋。嵌入承重砌体墙内的单向板，计算时按简支考虑，但实际上有部分嵌固作用，将产生局部负弯矩。为此，应沿承重砌体墙每米配置不少于5ϕ8的附加短钢筋，伸出墙边长度$\geqslant l_0/7$，如图1-16所示。

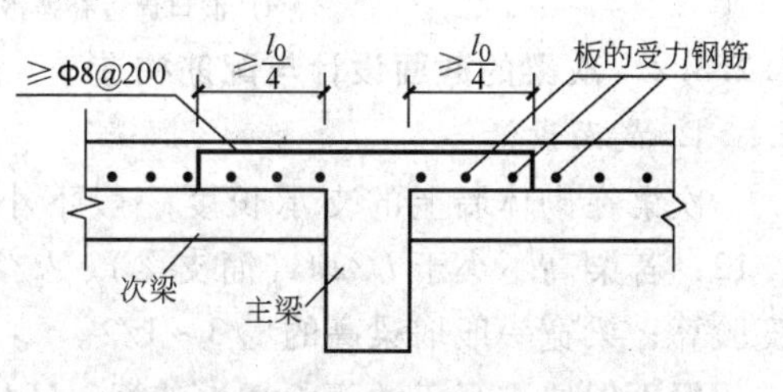

图 1-15　与主梁垂直的附加短负筋

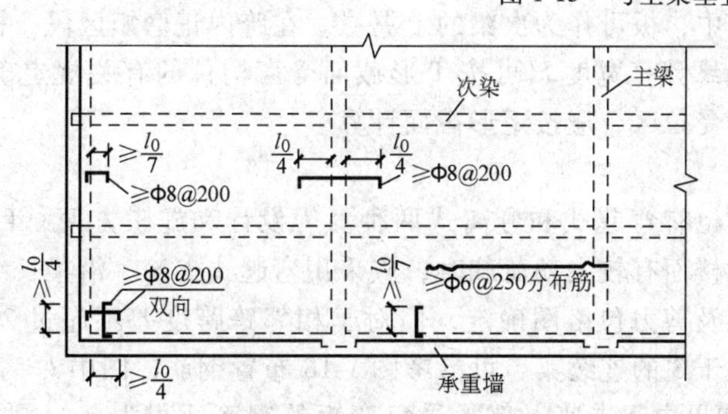

图 1-16　连续单向板的构造钢筋

4）板角附加短钢筋：两边嵌入砌体墙内的板角部分，应在板面双向配置附加的短钢筋。其中，沿受力方向配置的承受负弯矩的钢筋截面面积不宜小于该方向跨中受力钢筋截面面积的1/3，且一般不少于5ϕ8；另一方向的承受负弯矩的钢筋可根据经验适当减少。每一方向伸出墙边长度≥$l_0/4$，如图1-16所示。

5）在温度和收缩应力较大的现浇板区域，应在板的表面双向配置防裂构造钢筋。配筋率均不宜小于0.10%，间距不宜大于200mm。防裂构造钢筋可利用原有钢筋贯通布置，也可另行布置钢筋并与原有钢筋按受拉钢筋的要求搭接或在周边构件中锚固。楼盖平面的瓶颈部位宜适当增加板厚和配筋。沿板的洞边、凹角部位宜加配防裂构造钢筋，并采取可靠的锚固措施（参见图1-17）。

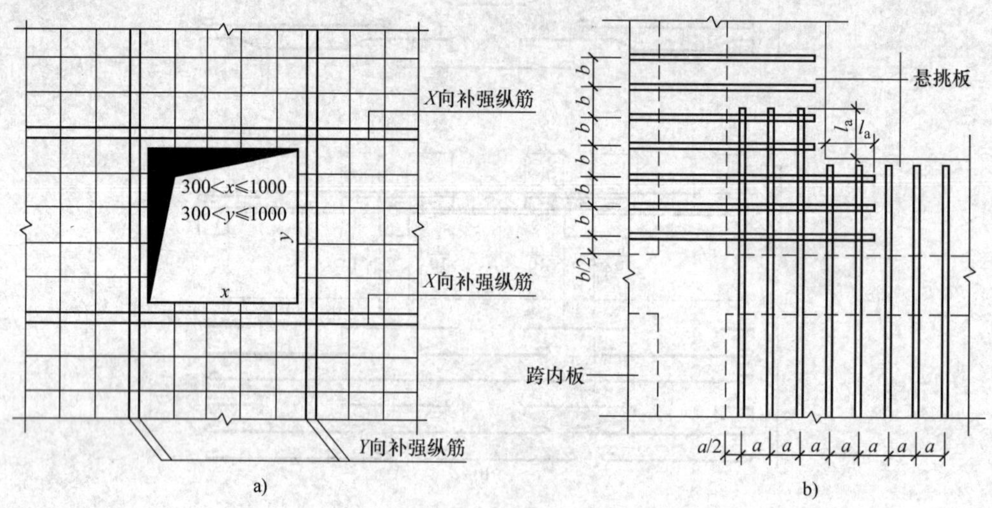

图1-17 洞口周边补强及悬挑板阴角构造措施

a）洞口周边补强钢筋构造 b）悬挑板阴角构造

1.2.5.2 次梁的截面设计与配筋构造

1. 截面设计

次梁在砌体墙上的支承长度一般不小于240mm，次梁截面高度一般取跨度的1/18～1/12，若梁高不小于$l_0/20$（简支梁）、$l_0/25$（连续梁）、$l_0/8$（悬臂梁），一般可不作梁挠度验算；梁宽一般取梁高的1/3～1/2。

梁不但要进行正截面承载力计算，还应进行斜截面承载力计算。

在现浇肋梁楼盖中，板可作为次梁的上翼缘。在跨内正弯矩区段，板位于受压区，故应按T形截面计算，翼缘计算宽度b_f'可按T形截面受弯构件的有关规定确定；在支座附近的负弯矩区段，板处于受拉区，应按矩形截面计算。

2. 次梁构造

次梁的配筋方式也有弯起式和分离式两种。为设计和施工方便，目前多采用分离式配筋，但当跨度较大或楼面有较大动荷载时，应采用弯起式配筋。沿梁长纵向钢筋的截断和弯起，原则上应按弯矩及剪力包络图确定，但对于相邻跨跨度差不超过20%，且活荷载和恒荷载的比值q/g不大于3的连续梁，可参考图1-18布置钢筋，图中l_n为净跨度。

在图1-18中，如果中间支座上部承受负弯矩的钢筋面积为A_s，则从支座边缘算起左、右各h范围内须保证A_s不被减少；距支座边缘$l_n/5+20d$（d为伸至该处钢筋的直径）范围

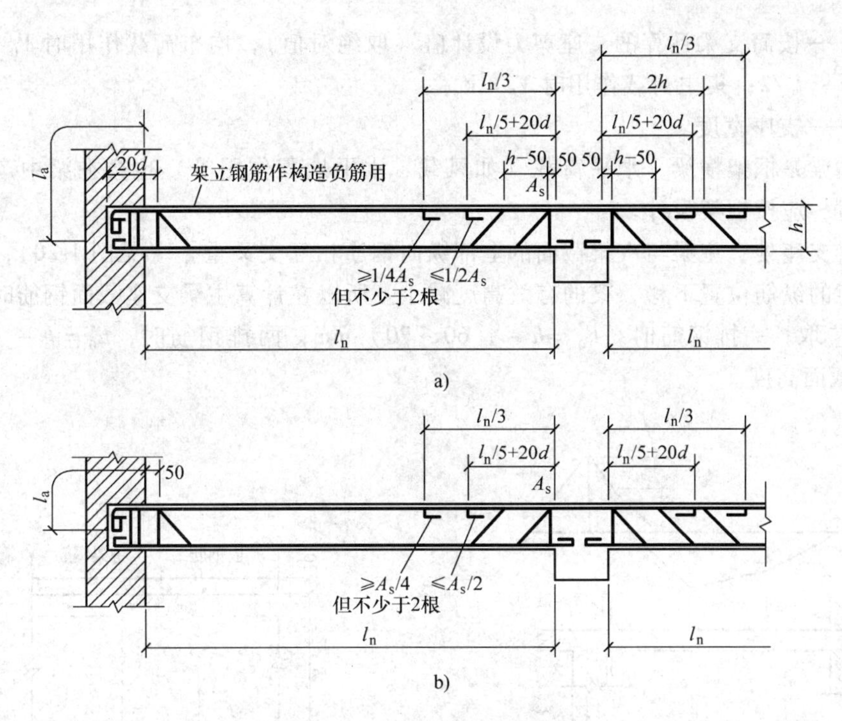

图 1-18　次梁的钢筋布置图

a）有弯起钢筋　b）无弯起钢筋

内，钢筋面积不得少于 $A_s/2$；伸至距支座边缘 $l_n/3$ 处的钢筋面积不得少于 $A_s/4$，且不少于两根。当采用分离式配筋时，也可按上述原则配置支座承受负弯矩的钢筋，见图 1-18b。

位于次梁下部的纵向钢筋除弯起筋外，应全部伸入支座，且满足纵筋伸入支座的锚固长度。

连续次梁因截面上、下均配置受力钢筋，所以一般均沿梁全长配置封闭式箍筋，第一根箍筋可距支座边缘 50mm 处开始布置，同时在简支端的支座范围内，应配置不少于 2 根箍筋。

当梁腹板高度大于等于 450mm 时，在梁的两侧面应沿高度配置纵向构造钢筋，每侧的截面面积（不包括梁上、下部受力钢筋及架立钢筋）不应小于腹板截面面积的 0.1%，且其间距不宜大于 200mm。

次梁的其他构造要求与一般受弯构件的构造相同。

1.2.5.3　主梁的截面设计与配筋构造

主梁在砌体墙上的支承长度一般不小于 370mm，梁高为计算跨度的 1/15 ~ 1/10。为满足刚度要求，主梁梁高不宜小于 $l_0/12$（简支梁）、$l_0/15$（连续梁）、$l_0/6$（悬臂梁）。因梁、板整体浇筑，故主梁跨内截面按 T 形截面计算，支座截面按矩形截面计算。

单向板肋梁楼盖中，主梁一般应按弹性理论设计。按弹性理论计算连续主梁内力时，中间跨的计算跨度为支座中心线间的距离，故所求得的支座弯矩和支座剪力都是指支座中心线的内力。实际上，正截面受弯承载力和斜截面受剪承载力的控制截面应在支座边缘（见图 1-19），内力设计值应以支座边缘截面内力值 M_b'为准，故取

弯矩设计值
$$M_b' = M_b - V_0 \frac{b}{2} \tag{1-10}$$

式中　M_b——支座中心处的弯矩设计值；

V_0——按简支梁计算的支座剪力设计值（取绝对值），均布荷载作用时 $V_0 = (g+q)l_0/2$；集中荷载作用时 $V_0 = V_b$；

b——支座宽度。

如果主梁是框架横梁，水平荷载（如风载、水平地震作用等）也会在梁中产生弯矩和剪力，此时，应按框架设计。

在主梁支座处，主梁与次梁截面的上部纵向钢筋相互交叉重叠（见图1-20），致使主梁承受负弯矩的纵筋位置下移，梁的有效高度减小。所以在计算主梁支座截面钢筋时，截面有效高度 h_0 应取：一排钢筋时，$h_0 = h-(60\sim70)$ mm；两排钢筋时，$h_0 = h-(80\sim90)$ mm；h 是截面高度。

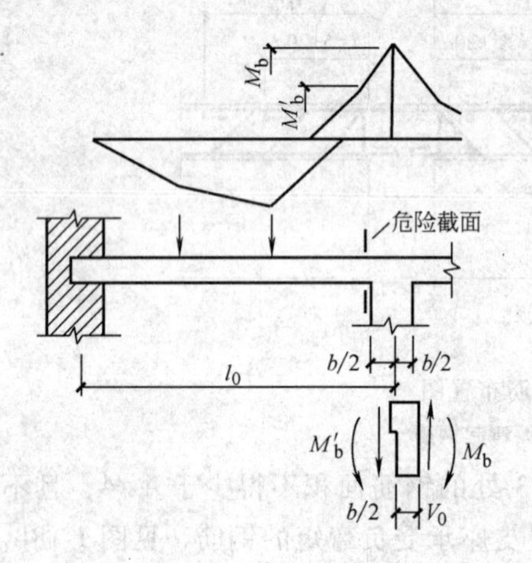

图1-19 支座中心与柱边缘的弯矩

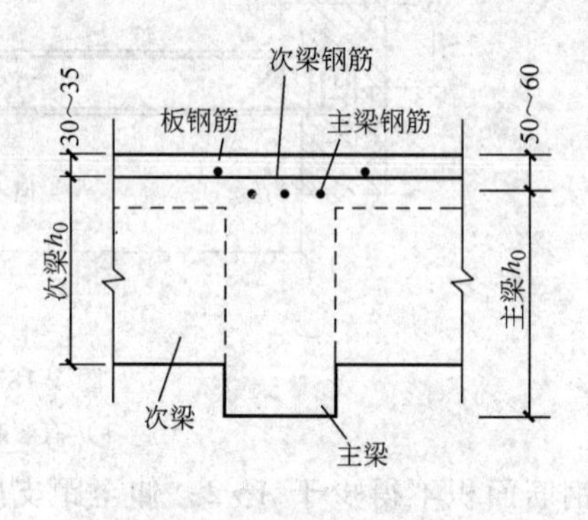

图1-20 主梁支座截面的钢筋位置

次梁与主梁相交处，在主梁高度范围内受到次梁传来的集中荷载的作用。此集中荷载并非作用在主梁顶面，而是靠次梁的剪压区传递至主梁的腹部。所以在主梁局部长度上将引起主拉应力，特别是当集中荷载作用在主梁的受拉区时，会在梁腹部产生斜裂缝，而引起局部破坏，如图1-21所示。为此，需设置附加横向钢筋，把此集中荷载传递到主梁顶部受压区。

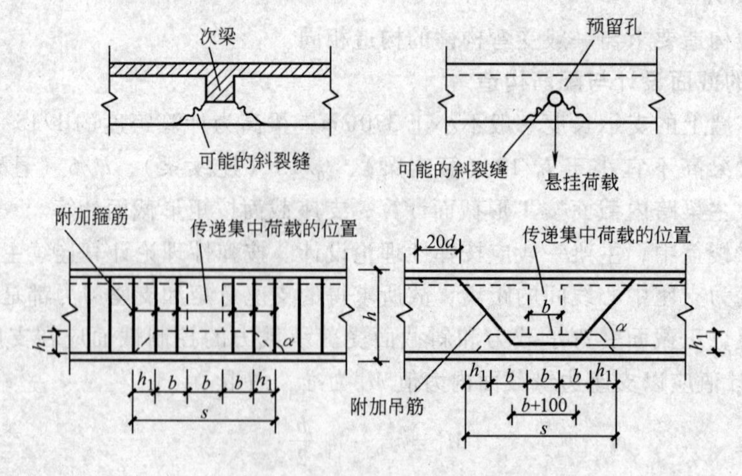

图1-21 附加横向钢筋布置

附加横向钢筋应布置在长度为 $s = 2h_1 + 3b$ 的范围内，以便能充分发挥作用。附加横向钢筋可采用附加箍筋和吊筋，宜优先采用附加箍筋。附加箍筋和吊筋的总截面面积应符合下式要求

$$F_l \leqslant 2f_y A_{sb}\sin\alpha + mnf_{yv}A_{sv1} \tag{1-11}$$

式中 F_l——由次梁传递的集中力设计值；

f_y——吊筋的抗拉强度设计值；

f_{yv}——附加箍筋的抗拉强度设计值；

A_{sb}——一根吊筋的截面积；

A_{sv1}——单肢箍筋的截面积；

m——附加箍筋的排数；

n——在同一截面内附加箍筋的肢数；

α——吊筋与梁轴线间的夹角。

主梁的梁侧构造钢筋如次梁构造部分所述，其他配筋构造同一般受弯构件。

当主梁搁置在砌体上时，应设置梁垫，并进行砌体的局部受压承载力计算。

主梁纵向钢筋的弯起和切断，原则上应按弯矩包络图和剪力包络图确定，即根据弯矩包络图和剪力包络图作抵抗弯矩图（材料图）确定。

1.2.6 单向板肋梁楼盖设计例题

某多层框架结构厂房，安全等级为二级，环境类别为一类，其建筑平面尺寸如图1-22所示，采用现浇钢筋混凝土肋梁楼盖，楼面活荷载、材料及构造等设计资料如下：

（1）楼面活荷载标准值　楼面活荷载标准值 q_k 为 8.0kN/m^2。

（2）楼面做法　楼面面层用30mm厚普通水磨石（重度 $\gamma_c = 24\text{kN/m}^3$），板底及梁用15mm厚混合砂浆抹底（$\gamma_c = 17\text{kN/m}^3$）。

（3）材料　混凝土强度等级用C25，钢筋除主梁和次梁的纵向受力钢筋采用HRB400级钢筋外，其余均用HPB300级钢筋。

（4）建筑层高为4m，柱的截面尺寸为400mm×400mm，混凝土等级为C40。

【解】

1. 楼盖的结构平面布置

（1）确定梁、板跨度　主梁的跨度为7.5m，次梁的跨度为7.2m，主梁每跨内布置两根次梁，板的跨度为2.5m。板块长边与短边之比为2.88，按单向板肋梁楼盖设计。

（2）确定板厚　按高跨比条件，要求板厚 $h \geqslant 2500\text{mm}/30 = 83\text{mm}$，对工业建筑的楼盖板，要求 $h \geqslant 70\text{mm}$，取板厚 $h = 90\text{mm}$。

（3）确定次梁截面尺寸　次梁截面高度应满足 $h = l/18 \sim l/12 = 7200\text{mm}/18 \sim 7200\text{mm}/12 = 400\text{mm} \sim 600\text{mm}$，考虑到楼面活荷载比较大，取 $h = 550\text{mm}$，截面宽度取为 $b = 200\text{mm}$。

（4）确定主梁截面尺寸　主梁的截面高度应满足 $h = l/15 \sim l/10 = 7500\text{mm}/15 \sim 7500\text{mm}/10 = 500\text{mm} \sim 750\text{mm}$，取 $h = 700\text{mm}$，截面宽度取为 $b = 300\text{mm}$。

（5）楼盖结构平面布置如图1-22所示。

2. 板的设计

（1）荷载　板的恒荷载标准值：

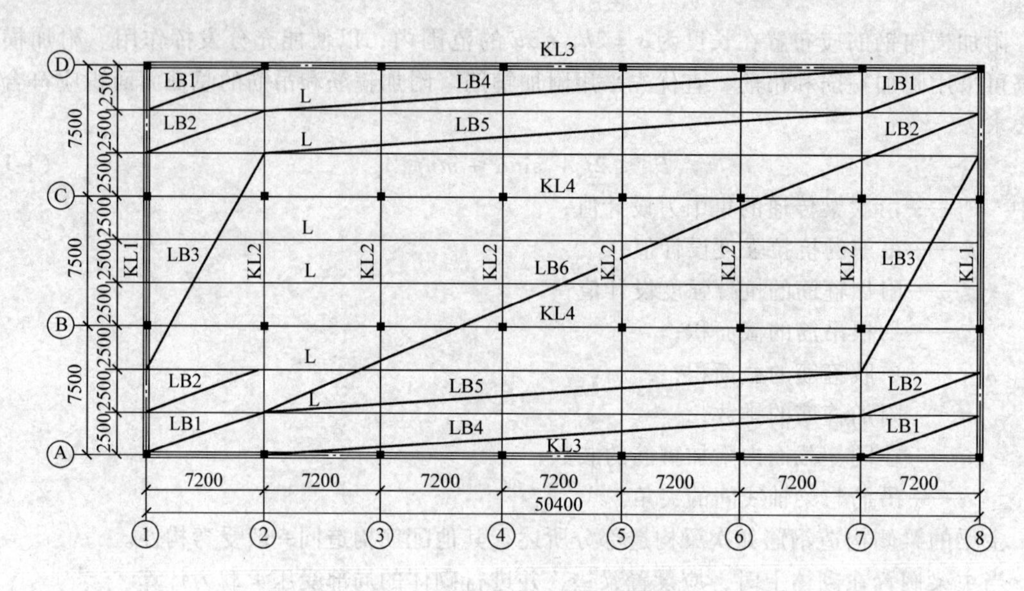

图1-22 楼盖结构平面布置图

30mm 普通水磨石 $0.03\text{m}\times24\text{kN/m}^3=0.72\text{kN/m}^2$

90mm 钢筋混凝土板 $0.09\text{m}\times25\text{kN/m}^3=2.25\text{kN/m}^2$

15mm 板底混合砂浆 $0.015\text{m}\times17\text{kN/m}^3=0.26\text{kN/m}^2$

小计 $g_\text{k}=3.23\text{kN/m}^2$

板的活荷载标准值 $q_\text{k}=8.0\text{kN/m}^2$

因为是工业建筑楼盖，且楼面活载标准值大于4.0kN/m^2，所以活荷载分项系数取1.3，板在由可变荷载效应控制的组合下，恒载分项系数为1.2，于是板的荷载：

恒荷载设计值 $g=3.23\text{kN/m}^2\times1.2=3.88\text{kN/m}^2$

活荷载设计值 $q=8.0\text{kN/m}^2\times1.3=10.4\text{kN/m}^2$

荷载总设计值 $g+q=3.88\text{kN/m}^2+10.4\text{kN/m}^2=14.28\text{kN/m}^2$

近似取为 $g+q=14.3\text{kN/m}^2$

由于楼面活荷载较大，经计算，板在由永久荷载效应控制的组合下的荷载效应不起控制作用，舍去。

(2) 计算简图 次梁截面为200mm×550mm，取1m宽板带作为计算单元，并按内力重分布进行设计，板的计算跨度为：

中间跨 $l_0=l_\text{n}=2500\text{mm}-200\text{mm}=2300\text{mm}$

1m宽板上线荷载 $g+q=14.3\text{kN/m}^2\times1\text{m}=14.3\text{kN/m}$。

板的计算简图如图1-23所示。

(3) 弯矩设计值 由表1-4查得板的弯矩系数α_m分别为：边支座 $-1/16$；边跨跨中 $1/14$；第一内支座 $-1/11$；中间跨跨中 $1/16$；中间支座 $-1/14$。

故 $M_A=-(g+q)l_0^2/16=-14.3\text{kN/m}\times2.3^2\text{m}^2/16=-4.73\text{kN}\cdot\text{m}$

$M_1=(g+q)l_0^2/14=14.3\text{kN/m}\times2.3^2\text{m}^2/14=5.40\text{kN}\cdot\text{m}$

$M_B=-(g+q)l_0^2/11=-14.3\text{kN/m}\times2.3^2\text{m}^2/11=-6.88\text{kN}\cdot\text{m}$

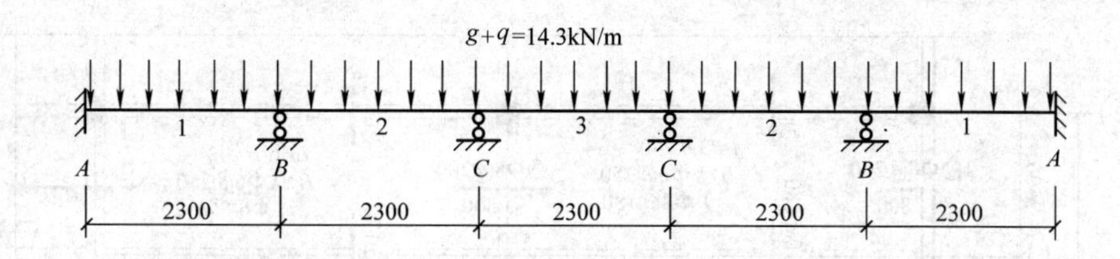

图1-23　板的计算简图

$$M_2 = M_3 = (g+q)\,l_0^2/16 = 14.3\text{kN/m} \times 2.3^2\text{m}^2/16 = 4.73\text{kN}\cdot\text{m}$$

$$M_C = -(g+q)\,l_0^2/14 = -14.3\text{kN/m} \times 2.3^2\text{m}^2/14 = -5.40\text{kN}\cdot\text{m}$$

（4）正截面受弯承载力计算　板厚90mm，$h_0 = 90\text{mm} - 25\text{mm} = 65\text{mm}$，C25混凝土，$\alpha_1 = 1.0$，$f_c = 11.9\text{N/mm}^2$，HPB300级钢筋，$f_y = 270\text{N/mm}^2$，取1m宽板带作为计算单元，$b = 1\text{m}$。板配筋的计算过程列于表1-7中。

表1-7　板的配筋计算表

截面位置	边支座	边跨跨中		第一内支座		中间跨跨中		中间支座	
在图中位置	①～⑧	①～② ⑦～⑧ 轴间	②～⑦ 轴间	①～② ⑦～⑧ 轴间	②～⑦ 轴间	①～② ⑦～⑧ 轴间	②～⑦ 轴间	①～② ⑦～⑧ 轴间	②～⑦ 轴间
$M/(\text{kN}\cdot\text{m})$	−4.73	5.40		−6.88		4.73	0.8×4.73 =3.78	−5.40	0.8×(−5.40) =−4.32
$\alpha_s = \dfrac{M}{\alpha_1 f_c b h_0^2}$	0.094	0.107		0.137		0.094	0.075	0.107	0.086
$\xi = 1 - \sqrt{1-2\alpha_s}$	0.099 取0.1	0.113		0.148		0.099	0.078	0.113	0.090 取0.1
$A_s = \dfrac{\alpha_1 f_c b \xi h_0}{f_y}/\text{mm}^2$	286	324		424		284	223	324	286
选配钢筋	Φ8 @170	Φ8/10 @180	Φ8/10 @170	Φ10 @180	Φ10 @170	Φ8 @180	Φ6/8 @170	Φ8/10 @180	Φ8 @170
实配钢筋面积/mm^2	296	358	379	436	462	279	231	358	296

注：1. 考虑塑性内力重分布要求 $0.1 \leqslant \xi \leqslant 0.35$。

2. 对轴线②～⑦间的板带，由于考虑四边与梁整体连接的中间区格单向板拱作用的有利因素，其中间跨的跨中截面弯矩及除第一内支座外的其他中间支座截面弯矩可各折减20%。

3. 经验算板的配筋率均能满足板最小配筋率要求。

（5）配筋图绘制　板的配筋图如图1-24所示。

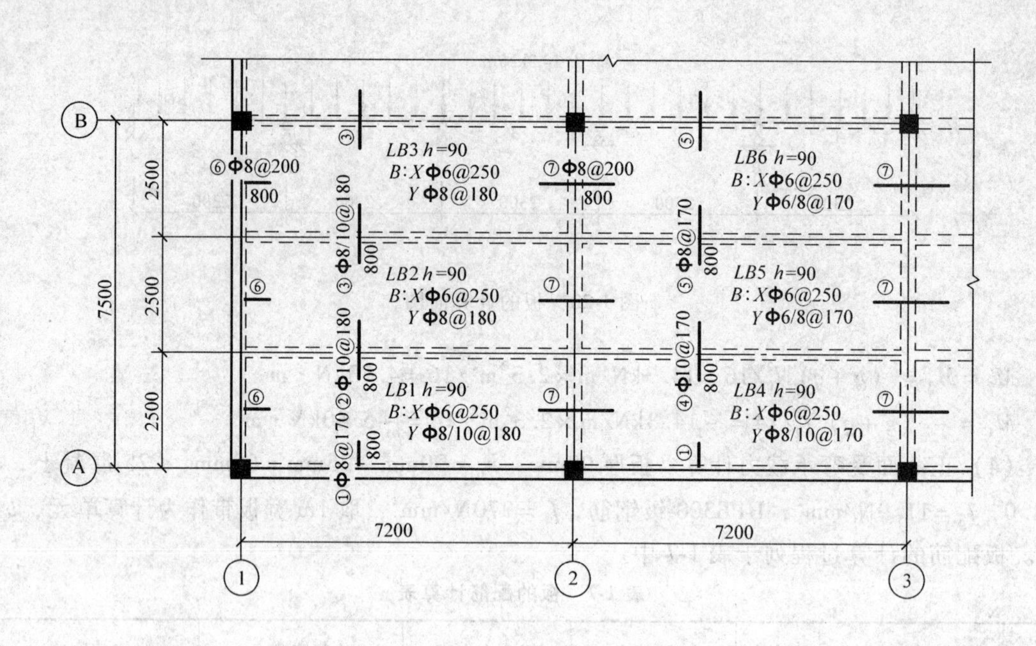

图 1-24 $B1\sim B6$ 板配筋图

3. 次梁设计

次梁按考虑塑性内力重分布设计。根据本多层厂房楼盖的实际使用情况，楼盖次梁的活荷载不考虑从属面积的荷载折减。

(1) 荷载设计值 对由可变荷载效应控制的组合。

恒荷载设计值:

板传来的恒荷载 $3.88\text{kN/m}^2\times 2.5\text{m}=9.70\text{kN/m}$

次梁自重 $0.2\text{m}\times(0.55\text{m}-0.09\text{m})\times 25\text{kN/m}^3\times 1.2=2.76\text{kN/m}$

次梁两侧粉刷 $0.015\text{m}\times(0.55\text{m}-0.09\text{m})\times 2\times 17\text{kN/m}^3\times 1.2=0.28\text{kN/m}$

小计 $g=12.74\text{kN/m}$

活荷载设计值 $q=10.4\text{kN/m}^2\times 2.5\text{m}=26.0\text{kN/m}$

荷载总设计值 $g+q=12.74\text{kN/m}+26.0\text{kN/m}=38.74\text{kN/m}$

近似取 $g+q=38.7\text{kN/m}$

与板同理，无需再计算由永久荷载效应控制的组合。

(2) 计算简图 次梁的计算跨度:

$$l_{01}=l_{n1}=7200\text{mm}-100\text{mm}-150\text{mm}=6950\text{mm}=6.95\text{m}$$

$$l_{02}=l_{03}=l_{n2}=7200\text{mm}-300\text{mm}=6900\text{mm}=6.9\text{m}$$

因跨度相差小于10%，可按等跨连续梁计算。

次梁计算简图如图 1-25 所示。

(3) 内力计算 由表 1-4 和表 1-5 可分别查得弯矩系数和剪力系数。

弯矩设计值

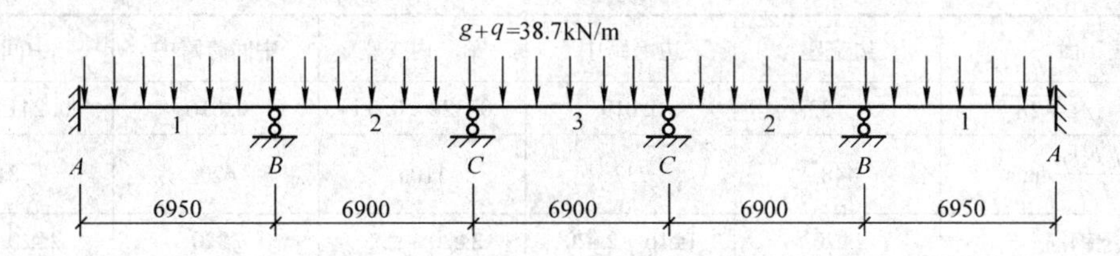

图1-25　次梁计算简图

$$M_A = -(g+q)\ l_{01}^2/24 = 38.7\text{kN/m} \times 6.95^2\text{m}^2/24 = -76.9\text{kN} \cdot \text{m}$$

$$M_1 = (g+q)\ l_{01}^2/14 = 38.7\text{kN/m} \times 6.95^2\text{m}^2/14 = 133.5\text{kN} \cdot \text{m}$$

$$M_B = -(g+q)\ l_{01}^2/11 = -38.7\text{kN/m} \times 6.95^2\text{m}^2/11 = -169.9\text{kN} \cdot \text{m}$$

$$M_2 = M_3 = (g+q)\ l_{02}^2/16 = 38.7\text{kN/m} \times 6.9^2\text{m}^2/16 = 115.2\text{kN} \cdot \text{m}$$

$$M_C = -(g+q)\ l_{02}^2/14 = -38.7\text{kN/m} \times 6.9^2\text{m}^2/14 = -131.6\text{kN} \cdot \text{m}$$

剪力设计值

$$V_A = 0.5\ (g+q)\ l_{n1} = 0.5 \times 38.7\text{kN/m} \times 6.95\text{m} = 134.5\text{kN}$$

$$V_{Bl} = 0.55\ (g+q)\ l_{n1} = 0.55 \times 38.7\text{kN/m} \times 6.95\text{m} = 147.9\text{kN}$$

$$V_{Br} = V_C = 0.55\ (g+q)\ l_{n2} = 0.55 \times 38.7\text{kN/m} \times 6.9\text{m} = 146.9\text{kN}$$

（4）承载力计算　次梁的计算内容包括正截面受弯承载力计算和斜截面受剪承载力计算。

1）正截面受弯承载力。次梁混凝土等级为C25，$\alpha_1 = 1$，$f_c = 11.9\text{N/mm}^2$，$f_t = 1.27\text{N/mm}^2$；纵向钢筋采用HRB400，$f_y = 360\text{N/mm}^2$；箍筋采用HPB300，$f_{yv} = 270\text{N/mm}^2$。

次梁支座截面按矩形截面计算，跨内按T形截面计算，因 $h_f'/h_0 = 90/510 > 0.1$，因此，翼缘宽度 b_f' 取值

$b_f' = l/3 = 6900\text{mm}/3 = 2300\text{mm}$；又 $b_f' = b + s_n = 200\text{mm} + 2300\text{mm} = 2500\text{mm}$

故取 $b_f' = 2300\text{mm}$。

各截面纵向钢筋按一排布置，$h_0 = 550\text{mm} - 40\text{mm} = 510\text{mm}$。

判断跨内截面类型：

由 $\alpha_1 f_c b_f' h_f' \left(h_0 - \dfrac{h_f'}{2}\right) = 1.0 \times 11.9\text{N/mm}^2 \times 2300\text{mm} \times 90\text{mm} \times (510\text{mm} - 90\text{mm}/2)$

$$= 1145.4\text{kN} \cdot \text{m} > 133.5\text{kN} \cdot \text{m}$$

故属于第一类型T形截面，即跨内按宽度为 b_f' 的矩形截面计算。

次梁正截面配筋计算过程列于表1-8中。

表1-8　次梁正截面受弯承载力计算

截　面	边支座	边跨跨中	第一内支座	中间跨跨中	中间支座
弯矩设计值 M/（kN·m）	−76.9	133.5	−169.9	115.2	−131.6
b/mm	200	2300	200	2300	200
$\alpha_s = \dfrac{M}{\alpha_1 f_c b h_0^2}$	0.124	0.019	0.274	0.016	0.212

（续）

截　面	边支座	边跨跨中	第一内支座	中间跨跨中	中间支座
$\xi = 1 - \sqrt{1 - 2\alpha_s}$	0.133	0.019	0.328 < 0.35	0.016	0.241 < 0.35
$A_s = \dfrac{\alpha_1 f_c b \xi h_0}{f_y}$/mm²	448	737	1106	620	813
选配钢筋	2Φ20	1Φ16 + 2Φ20	2Φ20 + Φ25	2Φ20	2Φ20 + Φ16
实配钢筋面积/mm²	628	829	1119	628	829

注：1. 考虑塑性内力重分布要求满足 $0.1 \leqslant \xi \leqslant 0.35$。

2. 经验算所有截面均能满足梁最小配筋率要求。

2）斜截面受剪承载力计算。验算截面尺寸

$$h_w = h_0 - h'_f = 510\text{mm} - 90\text{mm} = 420\text{mm},\ h_w/b = 420\text{mm}/200\text{mm} = 2.1 < 4.0。$$

混凝土采用C25，$\beta_c = 1.0$。故对 B 支座左边截面尺寸按下式验算

$$\begin{aligned} 0.25\beta_c f_c b h_0 &= 0.25 \times 1.0 \times 11.9\text{N/mm}^2 \times 200\text{mm} \times 510\text{mm} = 303.5 \times 10^3\text{N} \\ &= 303.5\text{kN} > V_{max} = 147.9\text{kN} \end{aligned}$$

故截面尺寸满足要求。

验算是否需要计算配置箍筋（对 A 支座截面）：

$$\begin{aligned} 0.7 f_t b h_0 &= 0.7 \times 1.27\text{N/mm}^2 \times 200\text{mm} \times 510\text{mm} \\ &= 90678\text{N} = 90.7\text{kN} < V_{max} = 134.5\text{kN} \end{aligned}$$

故各支座截面均需要进行配箍计算。

仅考虑箍筋抗剪，计算所需箍筋。

采用Φ8 双肢箍筋，按 B 支座左截面剪力进行受剪承载力计算。

由 $V_{cs} = 0.7 f_t b h_0 + f_{yv}\dfrac{A_{sv}}{s}h_0$，得

$$\begin{aligned} s &= \frac{f_{yv}A_{sv}h_0}{V_B - 0.7 f_t b h_0} = \frac{270\text{N/mm}^2 \times 2 \times 50.3\text{mm}^2 \times 510\text{mm}^2}{147900\text{N} - 0.7 \times 1.27\text{N/mm}^2 \times 200\text{mm} \times 510\text{mm}} \\ &= 242\text{mm} \end{aligned}$$

若取箍筋间距为240mm，则配箍率 $\rho_{sv} = \dfrac{A_{sv}}{bs} = \dfrac{2 \times 50.3\text{mm}^2}{200\text{mm} \times 240\text{mm}} \times 100\% = 0.21\%$

因次梁是按考虑塑性内力重分布方法计算的内力，因此，调幅截面受剪承载力应加强，梁支座局部范围内将计算的箍筋用量增加20%。那么，取 $s = 200\text{mm}$，此时配箍率 $\rho_{sv} = \dfrac{A_{sv}}{bs}$ $= \dfrac{2 \times 50.3\text{mm}^2}{200\text{mm} \times 200\text{mm}} \times 100\% = 0.25\% = 1.2 \times 0.21\% = 0.25\%$。

因梁长范围各支座截面设计剪力相差较小，故取梁通长范围箍筋间距均为200mm。

验算配箍率下限值：

弯矩调幅时要求的配箍率下限为 $0.3 f_t/f_{yv} = 0.3 \times (1.27\text{N/mm}^2) / (270\text{N/mm}^2) = 1.4 \times 10^{-3} < 2.5 \times 10^{-3}$，满足要求。

（5）次梁配筋图　次梁配筋图如图1-26所示。

4. 主梁设计

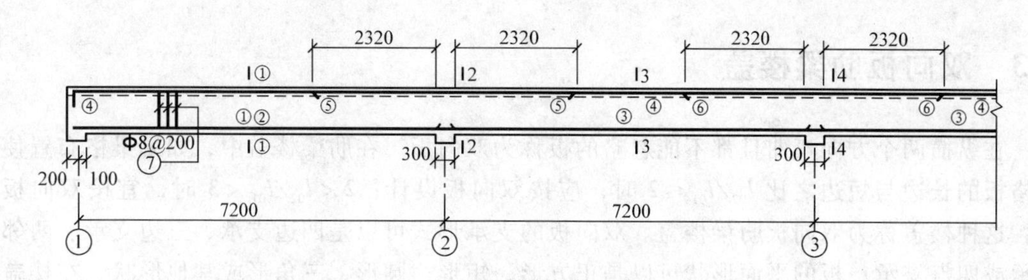

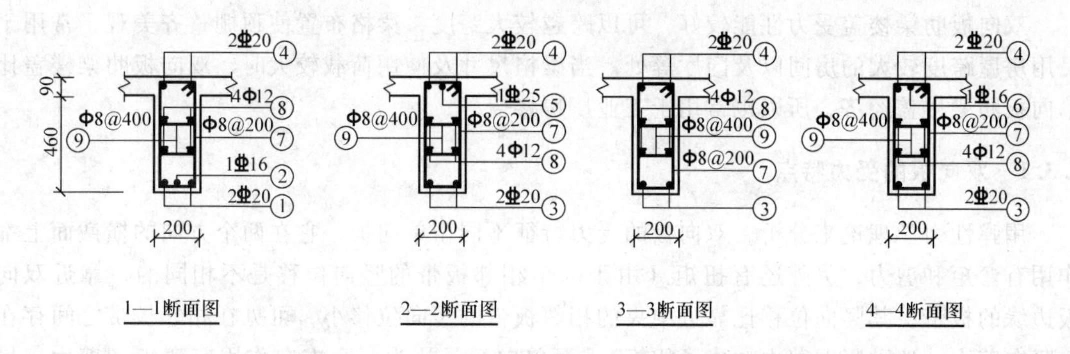

图 1-26 次梁配筋图

主梁线刚度 $i_{梁}$ 为

$$i_{梁}=\frac{E_c I}{l}=\frac{2.8\text{N/mm}^2\times10^4\times300\text{mm}\times700^3\text{mm}^3\times2/12}{7.5\times10^3\text{mm}}=6.40\times10^{10}\text{N}\cdot\text{mm}$$

柱线刚度 $i_{柱}$ 为

$$i_{柱}=\frac{E_c I}{l}=\frac{3.25\text{N/mm}^2\times10^4\times400\text{mm}\times400^3\text{mm}^3/12}{4\times10^3\text{mm}}=1.73\times10^{10}\text{N}\cdot\text{mm}$$

$i_{梁}/i_{柱}=6.40/1.73=3.68<5$，故主梁应按框架梁设计，框架梁设计方法参见第3章。此处，只做主次梁相交处构造钢筋计算。

（1）次梁传递的荷载　次梁传递的集中力设计值：

恒荷载设计值　$G=12.7\text{kN/m}\times7.2\text{m}=91.73\text{kN}$

活荷载设计值　$Q=26\text{kN/m}\times7.2\text{m}=187.2\text{kN}$

同前，无须考虑由永久荷载效应控制的组合。

（2）次梁两侧附加横向钢筋的计算　次梁传来的集中力 $F_l=91.73\text{kN}+187.2\text{kN}=278.93\text{kN}$，$h_1=660\text{mm}-550\text{mm}=110\text{mm}$，附加箍筋布置范围 $s=2h_1+3b=2\times110\text{mm}+3\times200\text{mm}=820\text{mm}$，取附加箍筋Φ8@100双肢，从距次梁边50mm处开始布置，每边三道，左右共6道，全部附加箍筋均在 s 范围内。另加吊筋1Φ20，$A_{sb}=314.2\text{mm}^2$。

$2f_yA_{sb}\sin\alpha+m\cdot nf_{yv}A_{sv1}=2\times360\text{N/mm}^2\times314.2\text{mm}^2\times0.707+6\times2\times270\text{N/mm}^2\times50.3\text{mm}^2=322912\text{N}=322.9\text{kN}>F_l=278.93\text{kN}$，满足要求。

主次梁相交处配筋图如图1-27所示。

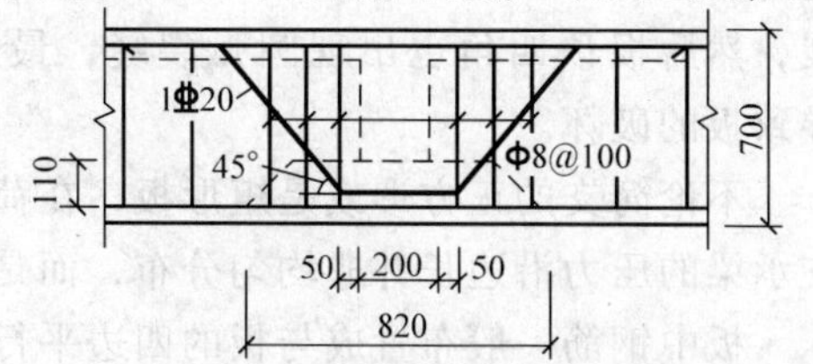

图 1-27 主次梁相交处配筋图

1.3 双向板肋梁楼盖

在纵横两个方向弯曲且都不能忽略的板称为双向板。在肋梁楼盖中，如果梁格布置使各区格板的长边与短边之比 $l_{02}/l_{01} \leqslant 2$ 时，应按双向板设计；$2 < l_{02}/l_{01} < 3$ 时，宜按双向板设计，这种楼盖称为双向板肋梁楼盖。双向板的支承形式可以是四边支承、三边支承、两邻边支承或四点支承；板的平面形状可以是正方形、矩形、圆形、三角形或其他形状。在楼盖设计中，最常见的是四边支承的正方形和矩形板。

双向板肋梁楼盖受力性能较好，可以跨越较大跨度，梁格布置使顶棚整齐美观，常用于民用房屋跨度较大的房间以及门厅等处。当梁格尺寸及使用荷载较大时，双向板肋梁楼盖比单向板肋梁楼盖经济，所以也常用于工业厂房楼盖。

1.3.1 双向板的受力特点

用弹性力学理论来分析，双向板的受力特征不同于单向板，它在两个方向的横截面上都作用有弯矩和剪力，另外还有扭矩（由于两个相邻板带的竖向位移是不相同的，靠近双向板边缘的板带，其竖向位移比靠近中央的相邻板带的竖向位移小，可见在相邻板带之间存在着竖向剪力，这种竖向剪力构成了扭矩）；而单向板是认为一个方向作用有弯矩和剪力，另一方向不传递荷载。双向板中因有扭矩的存在，使板的四角有翘起的趋势，受到墙的约束后，使板的跨中弯矩减少，板的刚度增大。因此双向板的受力性能比单向板优越，其跨度可达5m左右。

钢筋混凝土双向板的受力情况较为复杂，试验研究表明：

在承受均布荷载的四边简支正方形板中（见图1-28a），当荷载逐渐增加时，首先在板底中央出现裂缝，然后沿着对角线方向向四角扩展，在接近破坏时，板的顶面四角附近出现了圆弧形裂缝，它促使板底对角线方向裂缝进一步扩展，最终由于跨中钢筋屈服导致板的破坏。

在承受均布荷载的四边简支矩形板中（见图1-28b），第一批裂缝出现在板底中央且平行于长边方向；当荷载继续增加时，这些裂缝逐渐延伸，并沿45°方向向四周扩展，然后板顶四角也出现圆弧裂缝，最后导致板的破坏。

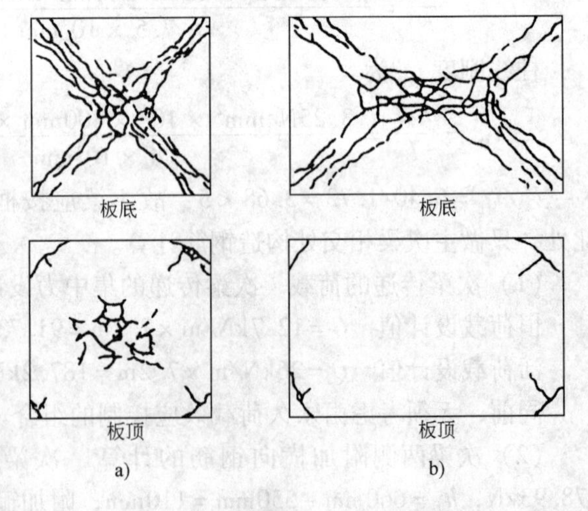

图1-28 钢筋混凝土板的破坏裂缝

a）正方形板 b）矩形板

不论简支的正方形或是矩形板，在荷载作用下，板的四角都有翘起的趋势，板传给四边支承梁的压力沿边长并非均匀分布，而是中部较大，两端较小。

板中钢筋一般布置成与板的四边平行，以便于施工。在同样配筋率时，采用较细钢筋较为有利；在同样数量的钢筋时，将板中间部分排列较密些，要比均匀放置有利。

以上试验结果表明，双向板的计算和构造都是非常重要的。

1.3.2 双向板按弹性理论的内力计算

1.3.2.1 单区格双向板的内力计算

当板厚远小于板短边边长的1/30，且板的挠度远小于板的厚度时，双向板可按弹性薄板理论计算。双向板按弹性理论方法计算属于弹性理论小挠度薄板的弯曲问题，由于内力分析很复杂，在实际设计工作中，为了简化计算，通常是直接应用根据弹性理论编制的计算用表（见附录C表）进行内力计算。在该附录表中，按边界条件选列了6种计算简图，分别给出了在均布荷载作用下的跨内弯矩系数（泊松比 $\nu_c=0$ 时）、支座弯矩系数和挠度系数，则可算出有关弯矩和挠度。

$$M=\text{表中弯矩系数}\times(g+q)\ l^2 \tag{1-12}$$

$$f=\text{表中挠度系数}\times\frac{(g+q)\ l^4}{B_c} \tag{1-13}$$

式中 M——单位宽度中央板带跨内或支座处截面最大弯矩设计值；

f——中央板带处跨内最大挠度值；

g、q——板上均布恒荷载及活荷载设计值；

B_c——板带截面的抗弯刚度；

l——取用 l_{01} 和 l_{02} 中之较小者，l_{01} 和 l_{02} 为两方向的计算跨度。

但对于跨内弯矩尚需考虑横向变形的影响，按下式计算

$$m_1^{(\nu_c)}=m_1+\nu_c m_2 \tag{1-14}$$

$$m_2^{(\nu_c)}=m_2+\nu_c m_1 \tag{1-15}$$

式中 $m_1^{(\nu_c)}$、$m_2^{(\nu_c)}$——考虑 ν_c 的影响 l_{01} 及 l_{02} 方向单位宽度板带跨内弯矩设计值；

m_1、m_2——$\nu_c=0$ 时，l_{01} 及 l_{02} 方向单位宽度板带跨内弯矩设计值；

ν_c——泊松比，对于钢筋混凝土 $\nu_c=0.2$。

1.3.2.2 多区格等跨连续双向板的内力计算

连续双向板内力的精确计算更为复杂，对于同一方向等跨或跨度差小于20%时，一般采用实用计算方法。该方法假定双向板支承梁抗弯刚度很大，梁的竖向变形忽略不计；支承梁抗扭刚度很小，可以转动。在此基础之上，对双向板上活荷载的最不利布置以及支承情况等作合理的简化，将多区格连续板转化为单区格板进行计算。

1. 各区格板跨中最大弯矩的计算

多区格连续双向板与多跨连续单向板类似，也需要考虑活荷载的最不利布置。当求某区格板跨中最大弯矩时，应在该区格布置活荷载，然后在其左右前后分别隔跨布置活荷载，通常称为棋盘式布置（见图1-29）；此时在活荷载作用的区格内，将产生跨中最大弯矩。

在图1-29所示的荷载作用下，任一区格板的边界条件为既非完全固定又非理想简支的情况。为了能利用单区格双向板的内力计算系数计算连续双向板，可以采用下列近似方法：把棋盘式布置的荷载分解为各跨满布的对称荷载和各跨向上向下相间作用的反对称荷载（见图1-29a、b）。

对称荷载 $$g'=g+\frac{q}{2}$$

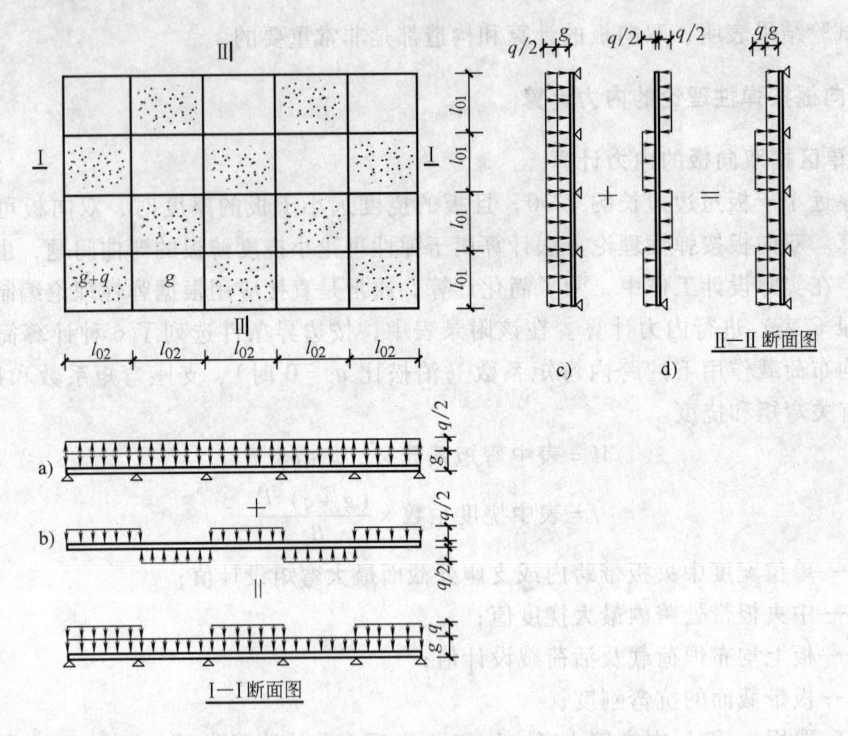

图 1-29 连续双向板楼盖活荷载的最不利布置

反对称荷载 $$q' = \pm\frac{q}{2}$$

在对称荷载 $g' = g + q/2$ 作用下，所有中间支座两侧荷载相同、跨度相等（或相近），若忽略远跨荷载的影响和梁的竖向变形，可以近似地认为支座截面处转角为零，将所有支座均可视为固定支座，从而所有中间区格板均可视为四边固定双向板；边角区格板的外边界条件按实际情况确定，如楼盖周边视为简支，则其边区格可视为三边固定一边简支双向板；而角区格板可视为两邻边固定两邻边简支双向板。这样，根据各区格板的四边支承情况，即可分别求出在 $g' = g + q/2$ 作用下的各跨中弯矩。

在反对称荷载 $q' = \pm q/2$ 作用下，在中间支座处相邻区格板的转角方向一致，大小基本相同，即相互没有约束影响，若忽略梁的扭转作用，则可近似认为支座截面弯矩为零，即将所有中间支座均可视为简支支座，如楼盖周边视为简支，则所有各区格板均可视为四边简支板，于是可以求出在 $q' = \pm q/2$ 作用下的各跨中弯矩。

最后将各区格板在上述两种荷载作用下的跨中弯矩叠加，即得到各区格板的跨中最大弯矩。

2. 支座最大弯矩的计算

为求支座最大弯矩，还应考虑活荷载的最不利布置，为简化计算，可近似认为恒荷载和活荷载皆满布在连续双向板所有区格时支座产生最大弯矩。此时，可采用前述在对称荷载作用下的同样方法简化，即各中间支座均视为固定，各周边支座视为简支，则可利用附录 C 求得各区格板中各固定边的支座弯矩。但对某些中间支座，由相邻两个区格板求出的支座弯矩并不相等，则可近似地取其平均值作为该支座弯矩值。

1.3.3　双向板按塑性铰线法的内力计算

钢筋混凝土为弹塑性体，因而按弹性理论计算与实际结果存在一定的差异，并且双向板是一种超静定结构，在受力过程中将发生塑性内力重分布，所以应考虑材料的塑性性能来计算双向板的内力才能符合实际受力情况，并能节约材料（可节约钢筋约20%～30%）。

双向板按塑性理论计算内力的方法很多，目前常用的计算方法有塑性铰线法、条带法及采用计算机分析的最佳配筋法等。本书仅介绍塑性铰线法。

钢筋混凝土双向板，随板面荷载的不断增加，裂缝不断出现与开展。当裂缝处受拉钢筋屈服时，截面承受一定的弯矩并发生转动，这种塑性转动面所连成的线称为塑性铰线。塑性铰线在板面的上部和下部裂缝处陆续出现，在板内截面发生塑性内力重分布，直至板形成破坏机构，此时塑性铰线将双向板分割成若干板块。塑性铰线法是根据板的破坏机构而建立求解方程的一种方法。

1.3.3.1　塑性铰线法基本假定

1）沿塑性铰线单位长度上的弯矩为常数，等于相应配筋板的极限弯矩值。

2）形成破坏机构时，整块板是由若干条塑性铰线分割成的若干个刚性板块组成，忽略各刚性板块的弹性变形和塑性铰线上的剪切变形及扭转变形，即整块板仅考虑塑性铰线上的弯曲转动变形。

1.3.3.2　破坏机构的确定

确定板的破坏机构，就是要确定塑性铰线的位置。判别塑性铰线的位置可以依据以下四个原则进行：

1）对称结构具有对称的塑性铰线分布，如图1-30a中的四边固定正方形板，在两个方向都对称，因而塑性铰线也应该在两个方向对称。

2）承受正弯矩部位出现正塑性铰线（出现在板底）；承受负弯矩区域出现负塑性铰线（出现在板顶），如图1-30b中四边固定双向板的支座边。

3）塑性铰线应满足转动要求。每一条塑性铰线都是相邻刚性板块的公共边界，应能随两相邻板块一起转动，因而塑性铰线必须通过相邻刚性板块转动轴的交点。在图1-30b中，板块Ⅰ和Ⅱ、Ⅱ和Ⅲ、Ⅲ和Ⅳ以及Ⅳ和Ⅰ的转动轴交点分别在四角，因而塑性铰线1、2、3、4需通过这些点，塑性铰线5与长向支承边（即板块Ⅰ、Ⅲ的转动轴）平行，意味着它们在无穷远处相交。

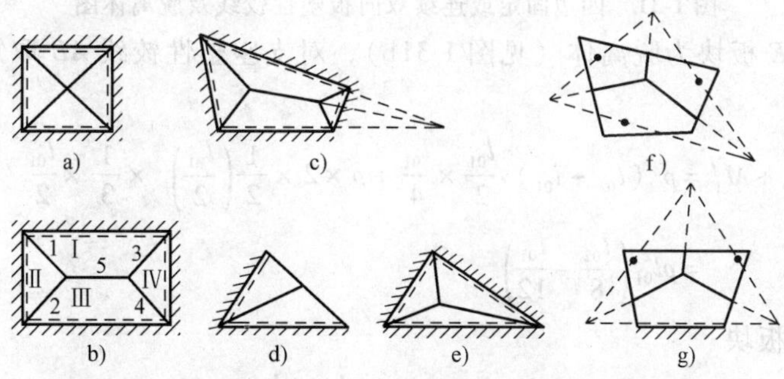

图1-30　不同板块的塑性铰线

正塑性铰线——　负塑性铰线┈┈

4）塑性铰线的数量应使整块板成为一个几何可变体系。

有时，破坏机构不止一个，这时需要研究各种破坏机构，求出最小的承载力。当不同的破坏机构可以用若干变量来描述时，可通过承载力对变量求导数的方法得到最小承载力。

1.3.3.3 塑性铰线法基本方程

按塑性铰线理论计算有两种途径：第一种方法称板块平衡法，该方法考虑形成破坏机构的独立板块的平衡，从而导出一组联立方程，可解出未知的几何参数以及作用荷载和抵抗弯矩之间的关系；第二种方法是虚功原理法，即当给预先确定的破坏机构一个微小的虚位移时，塑性铰处所做的内功等于外荷载做的外功。两种途径得出的计算公式是一致的，现以板块平衡法为例介绍基本方程。

如图1-31a所示，一承受均布荷载 p 的四边固定（或连续）的矩形双向板，短边及长边跨长分别为 l_{01} 及 l_{02}。从工程实用出发，可近似地假定其破坏图形如图1-31a所示，即四周支承边形成负塑性铰线，跨中形成正塑性铰线呈对称型并沿 $\theta=45°$ 方向向四角发展。这样，计算工作将大为简化，而计算结果与理论分析误差很小（一般在5%以内）。此时，塑性铰线将整块板划分为四个板块，而每个板块将满足各自的内外力平衡条件，计算时仅考虑塑性铰线上的弯矩，而忽略其扭转剪力。

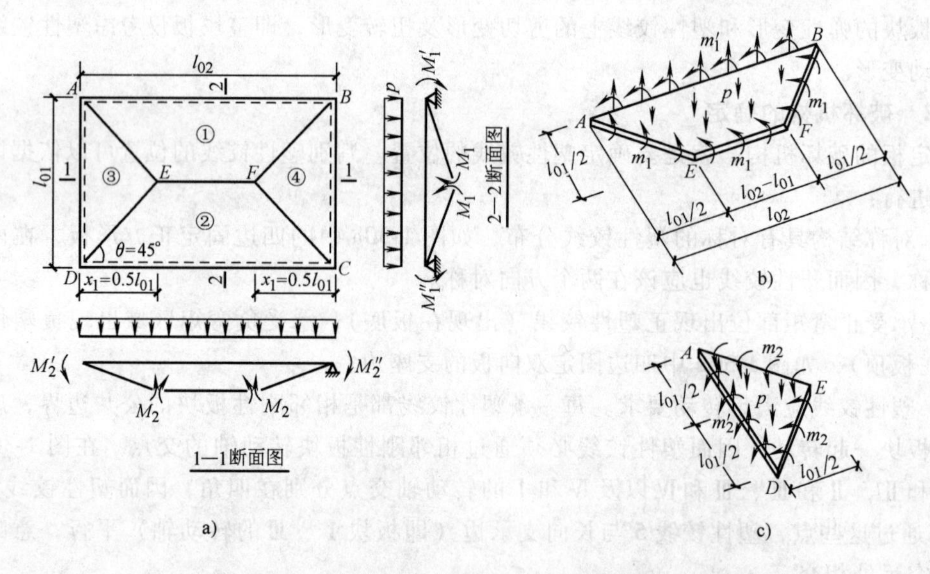

图1-31 四边固定或连续双向板塑性铰线及脱离体图

现取梯形 $ABFE$ 板块为脱离体（见图1-31b），对支座塑性铰线 AB 取矩，其力矩平衡方程式为

$$M_1+M_1'=p\ (l_{02}-l_{01})\ \frac{l_{01}}{2}\times\frac{l_{01}}{4}+p\times2\times\frac{1}{2}\left(\frac{l_{01}}{2}\right)^2\times\frac{1}{3}\times\frac{l_{01}}{2}$$

$$=pl_{01}^2\left(\frac{l_{02}}{8}-\frac{l_{01}}{12}\right) \tag{1-16}$$

同理，对于 $CDEF$ 板块

$$M_1+M_1''=pl_{01}^2\left(\frac{l_{02}}{8}-\frac{l_{01}}{12}\right) \tag{1-17}$$

同理，对于 ADE 板块

$$M_2 + M_2' = p \times \frac{1}{2} \times \frac{l_{01}}{2} l_{01} \times \frac{1}{3} \times \frac{l_{01}}{2} = \frac{p l_{01}^3}{24} \quad (1\text{-}18)$$

同理，对于 BCF 板块

$$M_2 + M_2' = \frac{p l_{01}^3}{24} \quad (1\text{-}19)$$

将以上四式相加即得

$$2M_1 + 2M_2 + M_1' + M_1'' + M_2' + M_2'' = \frac{p l_{01}^2}{12}(3l_{02} - l_{01}) \quad (1\text{-}20)$$

式中　M_1、M_2——垂直于板跨 l_{01} 及 l_{02} 的跨中截面全部宽度上的极限弯矩；

M_1'、M_1''——垂直于板跨 l_{01} 的支座截面全部宽度上的极限弯矩；

M_2'、M_2''——垂直于板跨 l_{02} 的支座截面全部宽度上的极限弯矩；

式（1-20）为塑性铰线法基本方程。

若板块某支承边为简支时，上式相应支座的弯矩为零。如四边简支时，式（1-20）应为

$$M_1 + M_2 = \frac{p l_{01}^2}{24}(3l_{02} - l_{01})$$

设沿跨中塑性铰线 l_{01} 及 l_{02} 方向的单位宽度弯矩分别为 m_1、m_2；沿支座塑性铰线上 l_{01} 及 l_{02} 方向的单位宽度弯矩分别为 m_1'、m_1''、m_2'、m_2''，则由式（1-20）可得

$$2l_{02}m_1 + 2l_{01}m_2 + l_{02}m_1' + l_{02}m_1'' + l_{01}m_2' + l_{01}m_2'' = \frac{p l_{01}^2}{12}(3l_{02} - l_{01}) \quad (1\text{-}21)$$

1.3.3.4　塑性计算法的配筋计算

设板内配筋两个方向均为等间距布置，则跨中承受正弯矩的钢筋沿 l_{01}、l_{02} 方向塑性铰线上单位板宽内的极限弯矩分别为

$$m_1 = A_{s1} f_y \gamma_s h_{01} \quad (1\text{-}22)$$

$$m_2 = A_{s2} f_y \gamma_s h_{02} \quad (1\text{-}23)$$

支座上承受负弯矩的钢筋沿 l_{01}、l_{02} 方向塑性铰线上单位板宽内的极限弯矩分别为

$$m_1' = m_1'' = A_{s1}' f_y \gamma_s h_{01}' = A_{s1}'' f_y \gamma_s h_{01}' \quad (1\text{-}24)$$

$$m_2' = m_2'' = A_{s2}' f_y \gamma_s h_{02}' = A_{s2}'' f_y \gamma_s h_{02}' \quad (1\text{-}25)$$

式中　A_{s1}、A_{s2}——沿 l_{01}、及 l_{02} 方向跨中单位板宽内的纵向受拉钢筋截面面积；

A_{s1}'、A_{s1}''——沿 l_{01} 方向支座单位板宽内的纵向受拉钢筋截面面积；

A_{s2}'、A_{s2}''——沿 l_{02} 方向支座单位板宽内的纵向受拉钢筋截面面积；

h_{01}、h_{02}——沿 l_{01} 及 l_{02} 方向跨中截面有效高度，$h_{01} = h - a_s$，$h_{02} = h_{01} - 10\text{mm}$，式中 h 为截面高度，a_s 为保护层厚度；

h_{01}'、h_{02}'——沿 l_{01} 及 l_{02} 方向支座截面有效高度，$h_{01}' = h_{02}' = h - a_s$；

γ_s——内力臂系数，一般取 0.9～0.95。

双向板设计时，通常已知板的设计荷载 $p = (g + q)$ 和计算跨度 l_{01}、l_{02}，要求确定内力和配筋。由于一个方程无法同时确定多个变量，为此，需要补充附加条件。

令

$$n = \frac{l_{02}}{l_{01}},\ \alpha = \frac{m_2}{m_1};\ \beta = \frac{m_1'}{m_1} = \frac{m_1''}{m_1} = \frac{m_2'}{m_2} = \frac{m_2''}{m_2}$$

于是，各截面受弯承载力的总值可以用 n、α、β 和 m_1 来表示。

由于长短跨比值 n 为已知，这时只要选定 α 和 β 值，即可按式（1-21）求出 m_1，再根据选定的 α 与 β 值，求出其余的正截面受弯承载力设计值 m_2、m_1'、m_1''、m_2'、m_2''。进而由式（1-22）~式（1-25）求得板的跨中及支座截面所需要的钢筋面积。根据两方向板带在跨中交点挠度相等的条件，可近似地确定四边简支或嵌固的双向板 $\alpha=1/n^2$，对于其他边界条件，α 也可近似按 $1/n^2$ 值计算；考虑到节省钢材及配筋方便，根据经验，宜取 $\beta=1.5\sim2.5$，通常取 $\beta=2$。

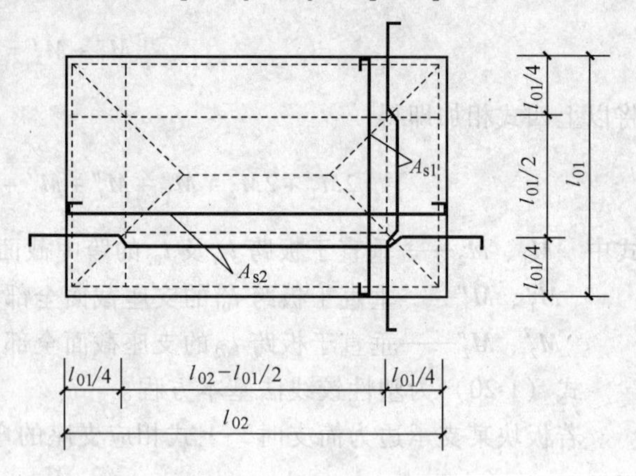

图1-32　跨中钢筋弯起意图

为了合理利用钢筋，参考弹性理论的内力分析结果，通常将两个方向的跨中承受正弯矩钢筋在距支座 $l_{01}/4$ 处弯起50%，弯起钢筋可以承担部分支座负弯矩。这样在距支座 $l_{01}/4$ 以内的正塑性铰线上单位板宽的极限弯矩值分别为 $m_1/2$ 和 $m_2/2$（见图1-32），故此时两个方向的跨中总弯矩分别为

$$M_1=\left(l_{02}-\frac{l_{01}}{2}\right)m_1+2\times\frac{l_{01}}{4}\times\frac{m_1}{2}=\left(l_{02}-\frac{l_{01}}{4}\right)m_1 \tag{1-26}$$

$$M_2=\frac{l_{01}}{2}m_2+2\times\frac{l_{01}}{4}\times\frac{m_2}{2}=\frac{3}{4}l_{01}m_2=\frac{3}{4}\alpha l_{01}m_1 \tag{1-27}$$

支座上承受负弯矩钢筋仍各自沿全长布置，亦即各负塑性铰线上的总弯矩值没有变化。

若双向板采用分离式配筋形式，各塑性铰线上总弯矩为

$$M_1=l_{02}m_1 \tag{1-28}$$

$$M_2=l_{01}m_2=\alpha l_{01}m_1 \tag{1-29}$$

从理论上讲，塑性铰线法得到的是一个上限解，即板的承载力小于等于该解。实际上由于穹隆作用等有利因素，试验结果得到的板的破坏荷载都超过按塑性铰线算得的值。

1.3.4　双向板的构造

1.3.4.1　截面设计

1. 双向板的厚度

双向板的厚度不宜小于80mm。为满足刚度要求，双向板的板厚与短跨跨度的比值 h/l_{01} 宜满足大于1/40。

2. 弯矩折减

双向板在荷载作用下由于支座的约束，整块板存在着穹隆作用，从而使板的跨中弯矩减小；因此截面设计时考虑这种有利的影响，对于周边与梁整体连结的板，其计算弯矩可根据下列情况予以减少：

1）中间区格的跨中截面及中间支座上减少20%。

2）边区格的跨中截面及从楼板边缘算起的第二个支座上：

当 $l_b/l<1.5$ 时　　　减少20%

当 $1.5 \leq l_b/l < 2.0$ 时　减少10%

式中　l——垂直于板边缘方向的计算跨度（见图1-33）；

l_b——沿板边缘方向的计算跨度。

3）角区格板截面弯矩值不应减少。

1.3.4.2　钢筋配置

双向板的受力钢筋沿纵横两个方向配置，配置形式类似于单向板，有弯起式和分离式两种。

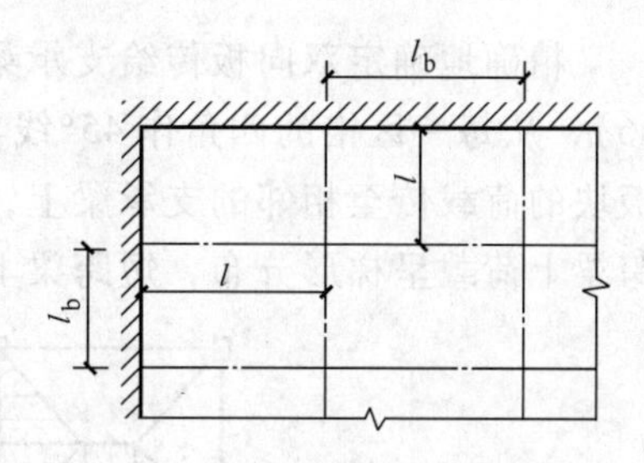

图1-33　双向板的计算跨度

按弹性理论计算时，板底钢筋数量是根据跨中最大弯矩求得的，而跨中弯矩沿板宽向两边逐渐减小，故配筋也应向两边逐渐减少。考虑到施工方便，可将板在两个方向各划分成三个板带（见图1-34），边缘板带的宽度为较小跨度的1/4，其余为中间板带。在中间板带内按最大弯矩配筋，而边缘板带配筋减少一半，但每米宽度内不得少于4根。连续板支座承受负弯矩的钢筋，则按各支座最大负弯矩求得，沿全支座均匀布置而不在边缘板带内减少。

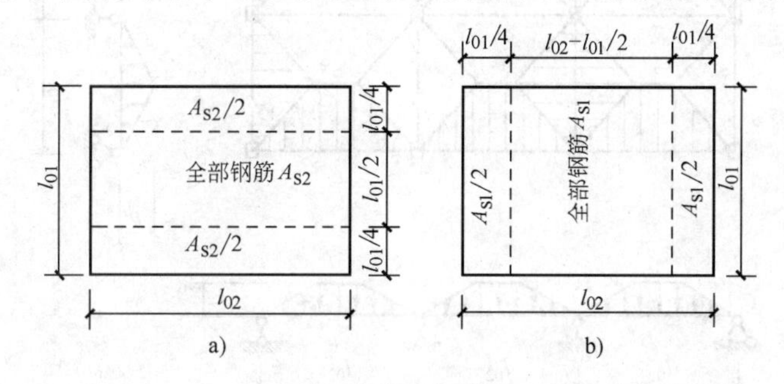

图1-34　双向板配筋时板带的划分

受力钢筋的直径、间距及弯起点、切断点的位置等规定，与单向板的有关规定相同（见图1-35）。

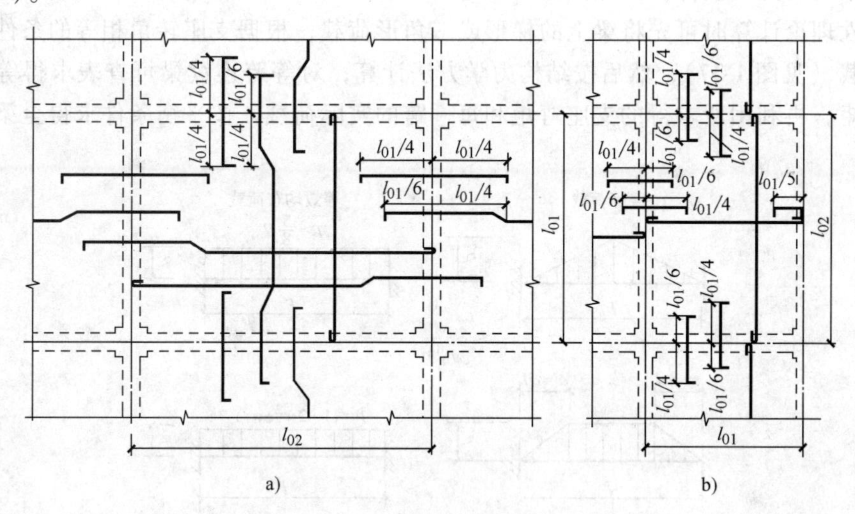

图1-35　双向板的配筋方式

a）弯起式　b）分离式

对于支承在砌体上的双向板简支边，考虑墙体的约束作用，应配置板边与板角构造钢筋，其数量、尺寸要求与单向板相同。

1.3.5 双向板支承梁

精确地确定双向板传给支承梁的荷载较为复杂，通常采用下述近似方法求得（见图1-36），从每一区格的四角作45°线与平行于长边的中线相交，将整块板分成四个板块，每个板块的荷载传至相邻的支承梁上，因此，作用在双向板支承梁上的荷载不是均匀分布的，长跨梁上荷载呈梯形分布，短跨梁上的荷载呈三角形分布。

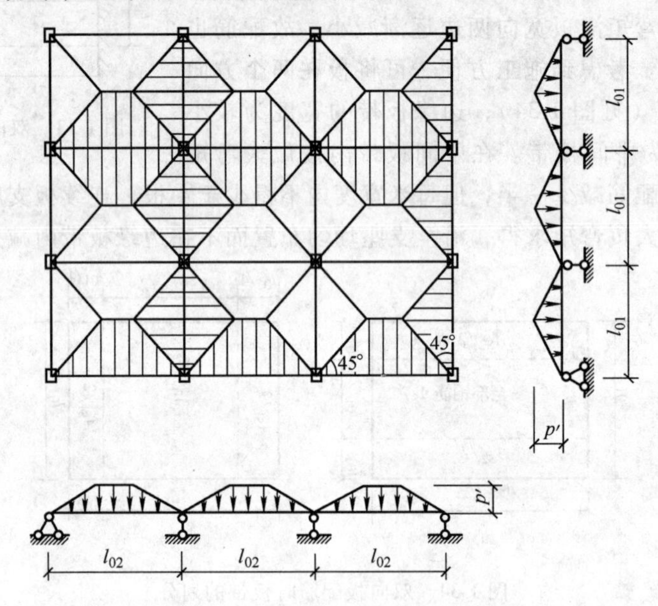

图1-36 双向板支承梁的荷载分配

支承梁的内力可按弹性理论或塑性理论计算。

按弹性理论计算时可先将梁上的梯形或三角形荷载，根据支座转角相等的条件换算为等效均布荷载（见图1-37），然后按结构力学方法计算；对等跨连续梁可查表求得等效荷载下的支座弯矩，再利用所求得的支座弯矩和每一跨的实际荷载，按平衡条件求得全梁弯矩。

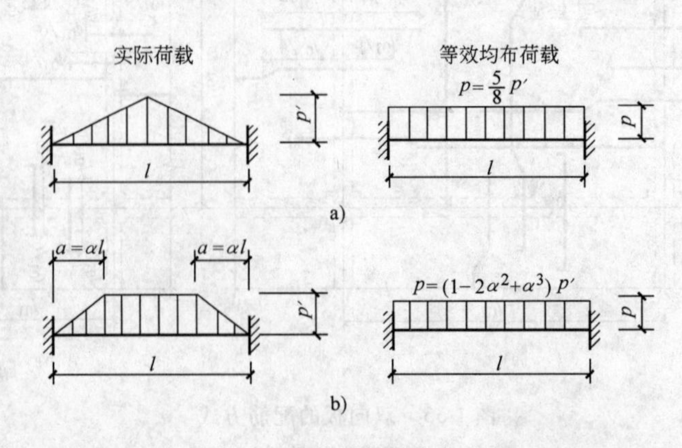

图1-37 换算的等效均布荷载

按塑性理论计算，可在弹性理论计算所得的支座弯矩基础上，应用调幅法选定支座弯矩，再按实际荷载求得跨中弯矩。

双向板支承梁的截面设计及构造要求与单向板肋梁楼盖的支承梁相同。

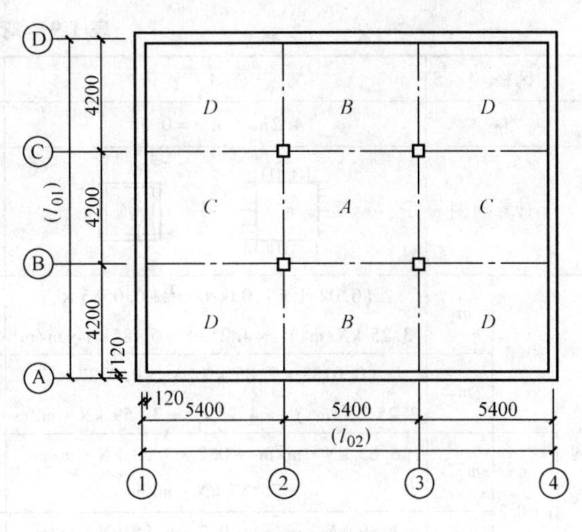

图 1-38 双向板例题附图

1.3.6 双向板设计例题

某厂房双向板肋梁楼盖的结构布置如图 1-38 所示，结构安全等级为二级，环境类别为一类。板厚选用 100mm（按连续双向板 $h \geqslant l_{01}/40$ 计算并取整），20mm 厚水泥砂浆面层，15mm 厚混合砂浆顶棚抹灰，楼面活荷载标准值 $q = 5.0\text{kN/m}^2$，混凝土为 C25（$f_c = 11.9\text{N/mm}^2$），钢筋为 HPB300 级（$f_y = 270\text{N/mm}^2$），梁截面尺寸为 $b \times h = 200\text{mm} \times 500\text{mm}$。

【解】

1. 荷载计算

20mm 水泥砂浆面层	$0.02\text{m} \times 20\ \text{kN/m}^3 = 0.40\text{kN/m}^2$
板自重	$0.10\text{m} \times 25\ \text{kN/m}^3 = 2.5\text{kN/m}^2$
15mm 混合砂浆顶棚抹灰	$0.015\text{m} \times 17\ \text{kN/m}^3 = 0.26\ \text{kN/m}^2$
恒荷载标准值 g_k	$= 3.16\text{kN/m}^2$
恒荷载设计值 g	$3.16\ \text{kN/m}^2 \times 1.2 = 3.8\ \text{kN/m}^2$
活荷载设计值 q	$5.0\ \text{kN/m}^2 \times 1.3 = 6.5\ \text{kN/m}^2$
荷载设计值合计 p	$g + q = 10.3\ \text{kN/m}^2$

2. 按弹性理论计算

在求各区格板跨内正弯矩时，按恒荷载满布及活荷载棋盘式布置计算，取荷载

$$g' = g + \frac{q}{2} = 3.8\ \text{kN/m}^2 + \frac{6.5}{2}\text{kN/m}^2 = 7.05\ \text{kN/m}^2$$

$$q' = \frac{q}{2} = \frac{6.5}{2}\ \text{kN/m}^2 = 3.25\ \text{kN/m}^2$$

在 g' 作用下，各内支座均可视为固定，某些区格板跨内最大正弯矩不在板的中心处；在 q' 作用下，各区格板四边均可视为简支，跨内最大正弯矩则在板的中心处，计算时可近似取两者之和作为跨内最大正弯矩值。

在求各中间支座最大负弯矩时，按恒荷载及活荷载均满布各区格板计算，取荷载

$$p = g' + q' = (7.05 + 3.25)\ \text{kN/m}^2 = 10.3\ \text{kN/m}^2$$

按附录 C 表进行内力计算，计算简图及计算结果见表 1-9。

由该表可见，板间支座弯矩是不平衡的，实际应用时可近似取相邻两区格板支座弯矩的平均值，即

表 1-9 弯矩计算

区格			A	B
l_{01}/l_{02}			4.2m/5.4m = 0.78	4.13m/5.4m = 0.77
跨内	计算简图		g' + q'	g' + q'
	$\nu=0$	m_1	(0.0281 × 7.05kN/m² + 0.0585 × 3.25 kN/m²) × 4.2² m² = 6.85kN·m/m	(0.0337 × 7.05 kN/m² + 0.0596 × 3.25 kN/m²) × 4.13² m² = 7.36 kN·m/m
		m_2	(0.0138 × 7.05 kN/m² + 0.0327 × 3.25 kN/m²) × 4.2² m² = 3.59 kN·m/m	(0.0218 × 7.05 kN/m² + 0.0324 × 3.25 kN/m²) × 4.13² m² = 4.42 kN·m/m
	$\nu=0.2$	$m_1^{(\nu)}$	6.85 kN·m/m + 0.2 × 3.59 kN·m/m = 7.57 kN·m/m	7.36 kN·m/m + 0.2 × 4.42 kN·m/m = 8.24 kN·m/m
		$m_2^{(\nu)}$	3.59 kN·m/m + 0.2 × 6.85 kN·m/m = 4.96 kN·m/m	4.42 kN·m/m + 0.2 × 7.36 kN·m/m = 5.89 kN·m/m
支座	计算简图		$g+q$	$g+q$
		m_1'	0.0679 × 10.3 kN/m² × 4.2² m² = 12.34 kN·m/m	0.0811 × 10.3 kN/m² × 4.13² m² = 14.25 kN·m/m
		m_2'	0.0561 × 10.3 kN/m² × 4.2² m² = 10.19 kN·m/m	0.0720 × 10.3 kN/m² × 4.13² m² = 12.65 kN·m/m

区格			C	D
l_{01}/l_{02}			4.2m/5.33m = 0.79	4.13m/5.33m = 0.78
跨内	计算简图		g' + q'	g' + q'
	$\nu=0$	m_1	(0.0318 × 7.05 kN/m² + 0.0573 × 3.25 kN/m²) × 4.2² m² = 7.24 kN·m/m	(0.0375 × 7.05 kN/m² + 0.0585 × 3.25 kN/m²) × 4.13² m² = 7.75 kN·m/m
		m_2	(0.0145 × 7.05 kN/m² + 0.0331 × 3.25 kN/m²) × 4.2² m² = 3.70 kN·m/m	(0.0213 × 7.05 kN/m² + 0.0327 × 3.25 kN/m²) × 4.13² m² = 4.37 kN·m/m
	$\nu=0.2$	$m_1^{(\nu)}$	7.24 kN·m/m + 0.2 × 3.70 kN·m/m = 7.98 kN·m/m	7.75 kN·m/m + 0.2 × 4.37 kN·m/m = 8.62 kN·m/m
		$m_2^{(\nu)}$	3.70 kN·m/m + 0.2 × 7.24 kN·m/m = 5.15 kN·m/m	4.37 kN·m/m + 0.2 × 7.75 kN·m/m = 5.92 kN·m/m
支座	计算简图		$g+q$	$g+q$
		m_1'	0.0728 × 10.3 kN/m² × 4.2² m² = 13.23 kN·m/m	0.0905 × 10.3 kN/m² × 4.13² m² = 15.90 kN·m/m
		m_2'	0.0570 × 10.3 kN/m² × 4.2² m² = 10.36 kN·m/m	0.0753 × 10.3 kN/m² × 4.13² m² = 13.23 kN·m/m

$A\text{-}B$ 支座　$m_1' = \frac{1}{2}$（$-12.34\ \text{kN}\cdot\text{m/m} - 14.25\ \text{kN}\cdot\text{m/m}$）$= -13.30\text{kN}\cdot\text{m/m}$

$A\text{-}C$ 支座　$m_2' = \frac{1}{2}$（$-10.19\ \text{kN}\cdot\text{m/m} - 10.36\ \text{kN}\cdot\text{m/m}$）$= -10.28\ \text{kN}\cdot\text{m/m}$

$B\text{-}D$ 支座　$m_2' = \frac{1}{2}$（$-12.65\ \text{kN}\cdot\text{m/m} - 13.23\ \text{kN}\cdot\text{m/m}$）$= -12.94\ \text{kN}\cdot\text{m/m}$

$C\text{-}D$ 支座　$m_1' = \frac{1}{2}$（$-13.23\ \text{kN}\cdot\text{m/m} - 15.90\ \text{kN}\cdot\text{m/m}$）$= -14.57\ \text{kN}\cdot\text{m/m}$

各跨中、支座弯矩既已求得（考虑 A 区格板四周与梁整体连接，乘以折减系数0.8）即可近似按 $A_s = \frac{m}{f_y 0.90 h_0}$ 算出相应的钢筋截面面积，取跨中及支座截面 $h_{01} = 75\text{mm}$，$h_{02} = 65\text{mm}$，具体计算不赘述。

3. 按塑性理论计算

（1）弯矩计算

1）中间区格板 A：

计算跨度　$l_{01} = 4.2\text{m} - 0.2\text{m} = 4.0\text{m}$

$$l_{02} = 5.4\text{m} - 0.2\text{m} = 5.2\text{m}$$

$$n = \frac{l_{02}}{l_{01}} = \frac{5.2\text{m}}{4.0\text{m}} = 1.3\text{，取 } \alpha = 0.6 \approx \frac{1}{n^2}\text{，}\beta = 2$$

采取分离式配筋，得跨中及支座塑性铰线上的总弯矩为

$$M_1 = l_{02} m_1 = 5.2\text{m} \times m_1$$

$$M_2 = \alpha l_{01} m_1 = 0.6 \times 4.0 m_1 = 2.4m \times m_1$$

$$M_1' = M_1'' = \beta l_{02} m_1 = 2 \times 5.2\text{m} \times m_1 = 10.4\text{m} \times m_1$$

$$M_2' = M_2'' = \beta\alpha l_{01} m_1 = 2 \times 0.6 \times 4.0\text{m} \times m_1 = 4.8\text{m} \times m_1$$

代入式（1-20），由于区格板 A 四周与梁整体连结，内力折减系数为0.8，

$$2M_1 + 2M_2 + M_1' + M_1'' + M_2' + M_2'' = \frac{pl_{01}^2}{12} \times (3l_{02} - l_{01})$$

$$2 \times 5.2\text{m} \times m_1 + 2 \times 2.4\text{m} \times m_1 + 2 \times 10.4\text{m} \times m_1 + 2 \times 4.8\text{m} \times m_1$$

$$= \frac{0.8 \times 10.3\text{kN/m}^2 \times 4.0^2\text{m}^2(3 \times 5.2\text{m} - 4.0\text{m})}{12}$$

解得

$$m_1 = 2.79\text{kN}\cdot\text{m/m}$$

$$m_2 = \alpha m_1 = 0.6 \times 2.79\text{kN}\cdot\text{m/m} = 1.67\text{kN}\cdot\text{m/m}$$

$$m_1' = m_1'' = \beta m_1 = 2 \times 2.79\text{kN}\cdot\text{m/m} = 5.58\text{kN}\cdot\text{m/m}$$

$$m_2' = m_2'' = \beta m_2 = 2 \times 1.67\text{kN}\cdot\text{m/m} = 3.34\text{kN}\cdot\text{m/m}$$

2）边区格板 B：

$$l_{01} = 4.2\text{m} - \frac{0.2}{2}\text{m} - 0.12\text{m} + \frac{0.1}{2}\text{m} = 4.03\text{m}$$

$$l_{02} = 5.2\text{m}$$

$$n = \frac{5.2\text{m}}{4.03\text{m}} = 1.29$$

由于B区格为三边连续一边简支板，无边梁，内力不作折减，又由于长边支座弯矩为已知，$m_1' = 5.58\text{kN} \cdot \text{m/m}$，则

$$M_1 = l_{02} \times m_1 = 5.2\text{m} \times m_1$$

$$M_2 = 0.6 \times 4.03\text{m} \times m_1 = 2.42\text{m} \times m_1$$

$$M_1' = 5.58\text{kN} \cdot \text{m/m} \times 5.2\text{m} = 29.0\text{kN} \cdot \text{m}; M_1'' = 0$$

$$M_2' = M_2'' = 2 \times 0.6 \times 4.03\text{m} \times m_1 = 4.84\text{m} \times m_1$$

代入公式（1-20）

$$2 \times 5.2\text{m} \times m_1 + 2 \times 2.42\text{m} \times m_1 + 29.0\text{kN} \cdot \text{m} + 0 + 2 \times 4.84\text{m} \times m_1 = \frac{10.3\text{kN/m}^2 \times 4.03^2\text{m}^2}{12}(3 \times 5.2\text{m} - 4.03\text{m})$$

解得

$$m_1 = 5.31\text{kN} \cdot \text{m/m}$$

$$m_2 = 0.6 \times 5.31\text{kN} \cdot \text{m/m} = 3.19\text{kN} \cdot \text{m/m}$$

$$m_2' = m_2'' = \beta m_2 = 2 \times 3.19\text{kN} \cdot \text{m/m} = 6.38\text{kN} \cdot \text{m/m}$$

3）边区格板C（计算过程略）

$$m_1 = 4.04\text{kN} \cdot \text{m/m}$$

$$m_2 = 0.6 \times 4.04\text{kN} \cdot \text{m/m} = 2.42\text{kN} \cdot \text{m/m}$$

$$m_1' = m_1'' = 2 \times 4.04\text{kN} \cdot \text{m/m} = 8.08\text{kN} \cdot \text{m/m}$$

4）角区格板D（计算过程略）

$$m_1 = 6.19\text{kN} \cdot \text{m/m}$$

$$m_2 = 0.6 \times 6.19\text{kN} \cdot \text{m/m} = 3.71\text{kN} \cdot \text{m/m}$$

（2）配筋计算　各区格板跨中及支座弯矩既已求得，取截面有效高度 $h_{0x} = 75\text{mm}$，$h_{0y} = 65\text{mm}$，近似按 $A_s = \dfrac{m}{0.95 f_y h_0}$ 计算钢筋截面面积，计算结果见表1-10。

表1-10　双向板配筋计算

截面			m/(kN·m)	h_0/mm	A_s/mm²	选配钢筋	实配面积/mm²
跨中	A区格	l_{01}方向	2.79	75	145	Φ8@200	251
		l_{02}方向	1.67	65	100	Φ8@200	251
	B区格	l_{01}方向	5.31	75	276	Φ8@150	335
		l_{02}方向	3.19	65	192	Φ8@200	251
	C区格	l_{01}方向	4.04	75	210	Φ8@200	251
		l_{02}方向	2.42	65	145	Φ8@200	251
	D区格	l_{01}方向	6.19	75	322	Φ8@150	335
		l_{02}方向	3.71	65	223	Φ8@200	251
支座	A-B		5.58	75	290	Φ8@150	335
	A-C		3.34	75	174	Φ8@200	251
	B-D		6.38	75	332	Φ8@150	335
	C-D		8.08	75	420	Φ8@110	457

求板最小钢筋配筋率 ρ

$$\rho = 0.45f_t/f_y = 0.45 \times 1.27\text{N/mm}^2/270\text{N/mm}^2 = 0.21\% > 0.2\%$$

按最小配筋率要求 $A_s = 0.21\% \times 1000\text{mm} \times 100 = 210\text{mm}^2$

板配筋图如图 1-39 所示。

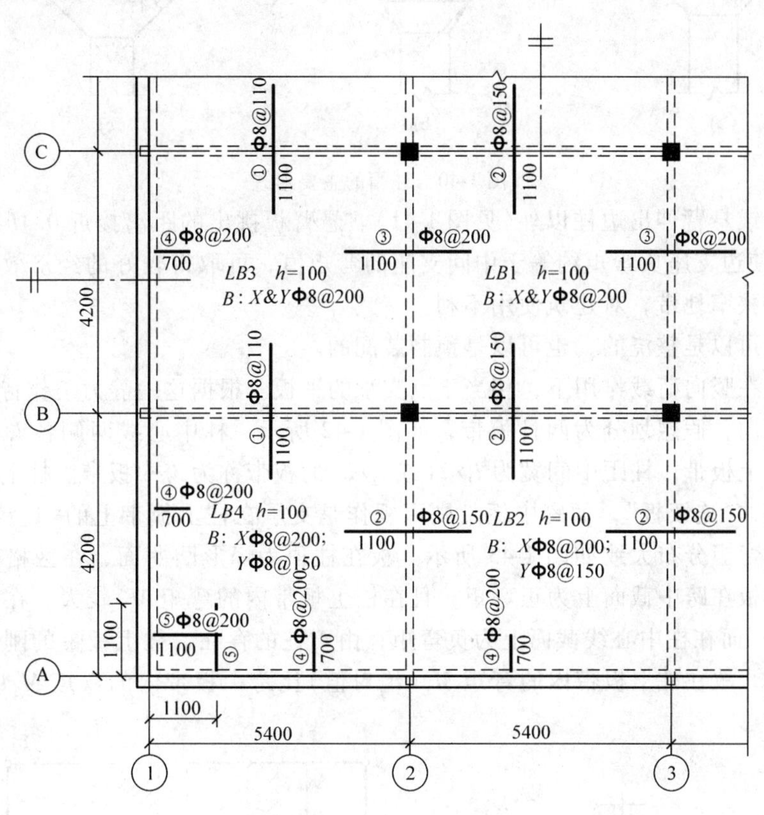

图 1-39 双向板例题配筋图

1.4 无梁楼盖

1.4.1 结构组成与受力特点

无梁楼盖不设梁，是一种板、柱框架体系。由于完全取消了肋梁，将钢筋混凝土板直接支承在柱上，故与相同柱网尺寸的肋梁楼盖相比，其板厚要大些。为了提高柱顶平板的受冲切承载力以及减少板的计算跨度，往往在柱的上端与板的连接处，尺寸加大，形成柱帽(见图 1-40)；但当荷载不太大时，也可采用无柱帽的形式。

无梁楼盖的优点是结构体系简单，传力途径短捷，建筑构造高度较肋梁楼盖为小，因而可以减小房屋的层高，降低房屋的总高度；顶棚平整，可以大大改善采光、通风和卫生条件，并可节省模板，简化施工。一般说来，当楼面有效荷载在 5kN/m^2 以上，跨度在 6m 以内时，无梁楼盖较肋梁楼盖经济，因而无梁楼盖常用于多层厂房仓库、商场、冷藏库等建筑。

无梁楼盖的柱网通常布置成正方形和矩形，以正方形最为经济。楼盖的四周可支承在墙

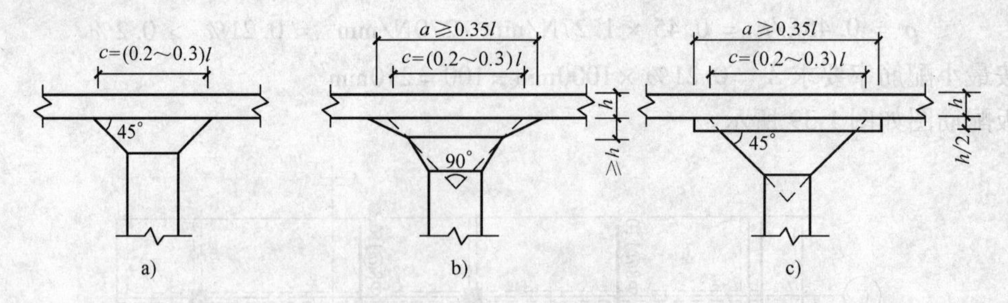

图 1-40　柱帽的主要形式

上和边梁上，或悬臂伸出边柱以外(见图 1-41)。悬臂板挑出的距离接近 $0.4l$ 时(l 为中间区格跨度)，能使边支座负弯矩约等于中间支座的弯矩值，可取得较好的经济效果，但这将使房屋周边形成狭窄地带，对建筑使用不利。

无梁楼盖可以是整浇的，也可以是预制装配的。

无梁楼盖在竖向荷载作用下，相当于点支承的平板。根据这一静力工作特点，可将楼板在纵横两个方向，假想划分为两种板带，如图 1-42 所示，柱中心线两侧各 $l_1/4$(或 $l_2/4$)宽的板带称为柱上板带；柱距中间宽为 $l_1/2$(或 $l_2/2$)的板带称为跨中板带。柱上板带可以视作是支承在柱上的"连续板"，而跨中板带则可视作是支承在柱上板带上的"连续板"。各板带的弯曲变形和弯矩分布大致如图 1-43 所示。板在柱顶为峰形凸曲面，在区格中部为碗形凹曲面。显然，板在跨中截面上为正弯矩，且在柱上板带内的弯矩 M_2 较大，在跨中板带内的弯矩 M_4 较小；而在柱中心线截面上为负弯矩，由于柱的存在，柱上板带的刚度比跨中板带的刚度大的多，故在柱上板带内的弯矩 M_1(绝对值)比跨中板带内的弯矩 M_3(绝对值)大的多。

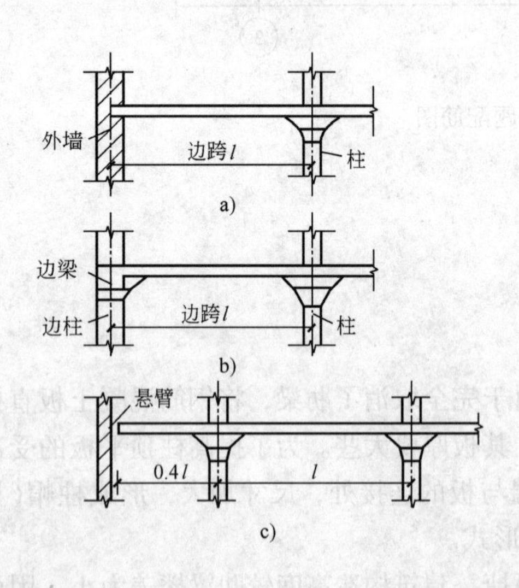

图 1-41　无梁楼盖板的四周支承情况

a)周边支承在墙上　b)周边支承在边梁上

c)周边板悬挑式

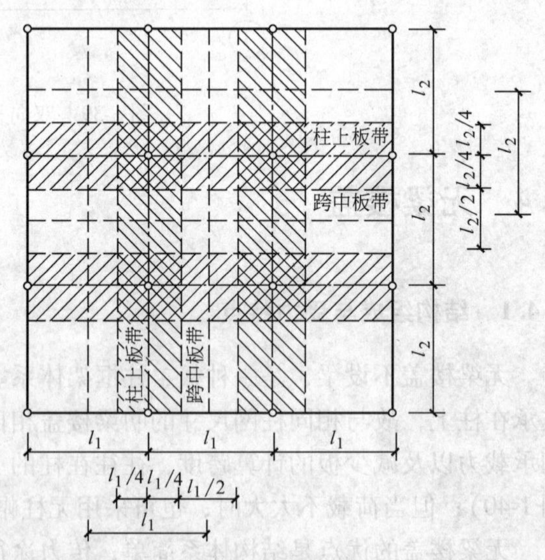

图 1-42　无梁楼盖板带的划分

试验研究表明，在均布荷载作用下，柱帽顶面边缘上出现第一批裂缝。继续加荷时柱顶沿柱列轴线也出现裂缝。随着荷载的增加，在板顶裂缝不断发展的同时，跨中板底出现互相

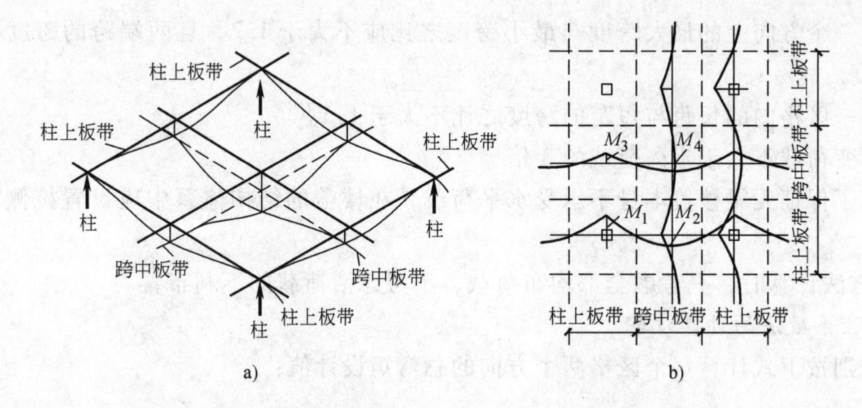

图1-43 无梁楼盖板带的弯曲变化和弯矩分布

垂直且平行于柱列轴线的裂缝并不断发展。当楼板即将破坏时，在柱帽顶面上和柱列轴线的板顶及跨中板底的裂缝中出现一些特别大的主裂缝。在这些裂缝处，受拉钢筋达到屈服，裂缝处塑性铰线相继出现，楼盖产生塑性内力重分布，至塑性铰线处受压区混凝土被压碎，此时楼板即告破坏。破坏时裂缝分布如图1-44所示。

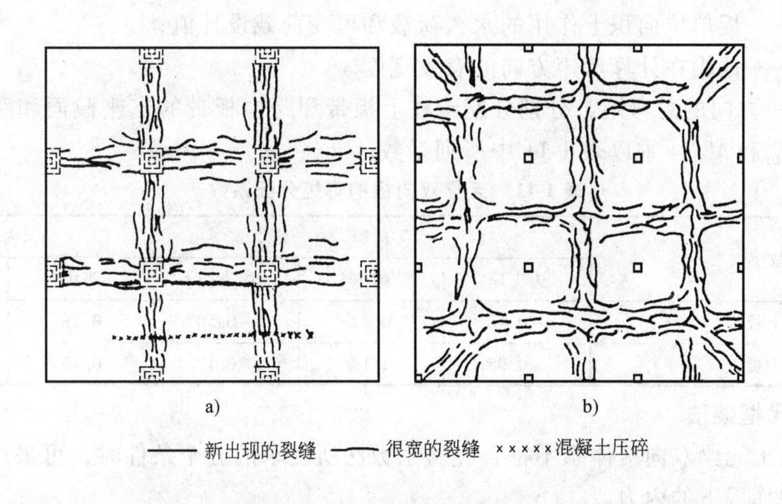

图1-44 无梁楼盖在均布荷载作用下出现的裂缝

a) 板顶 b) 板底

1.4.2 无梁楼盖的内力计算

无梁楼盖的内力计算也有弹性理论和塑性铰线法两种计算方法。按弹性理论的计算方法中，有精确计算法、经验系数法、等代框架法等。下面简单介绍工程设计中常用的经验系数法和等代框架法。

1.4.2.1 经验系数法

此法是在试验研究和实践经验基础上，提出了一整套弯矩分配系数，计算时，先算出两个方向板的截面总弯矩再乘以弯矩分配系数即可得出各截面的弯矩。因为采用的是“经验系数”，故又称经验系数法。

1. 经验系数法的适用条件

1）无悬臂跨，每个方向至少应有3个连续跨。

2）同一个方向上的最大跨度与最小跨度之比应不大于1.2，且两端跨的跨度不大于相邻跨的跨度。

3）任一区格内的长跨与短跨的跨度之比不大于1.5。

4）可变荷载不大于永久荷载的3倍。

5）为了保证无梁楼盖本身不承受水平荷载，在楼盖的结构体系中应设置抗侧力支撑或剪力墙。

用该方法计算时，只考虑全部均布荷载，不考虑活荷载的不利布置。

2. 经验系数法的计算步骤

1）分别按下式计算每个区格两个方向的总弯矩设计值：

l_1 方向
$$M_{01}=\frac{1}{8}(g+q)\,l_2\left(l_1-\frac{2}{3}c\right)^2 \tag{1-30}$$

l_2 方向
$$M_{02}=\frac{1}{8}(g+q)\,l_1\left(l_2-\frac{2}{3}c\right)^2 \tag{1-31}$$

式中　l_1、l_2——两个方向的柱间距；

g、q——板单位面积上作用的永久荷载和可变荷载设计值；

c——柱帽在计算弯矩方向的有效宽度。

2）将每一方向的总弯矩，分别分配给柱上板带和跨中板带的支座截面和跨中截面，即将总弯矩（M_{01}和M_{02}）乘以表1-11中所列系数。

表1-11　无梁双向板的弯矩分配系数

截 面	边跨			内跨	
	边支座	跨中	内支座	跨中	支座
柱上板带	-0.48	0.22	-0.50	0.18	-0.50
跨中板带	-0.05	0.18	-0.17	0.15	-0.17

1.4.2.2　等代框架法

钢筋混凝土无梁双向板体系不符合经验系数法所要求的五个条件时，可采用等效框架法确定均布荷载作用下的内力。

等代框架法是将整个结构分别沿纵、横柱列方向划分为具有“等代框架柱”和“等代框架梁”的纵向与横向等代框架。等代框架梁的宽度为：当竖向荷载作用时，取与梁跨方向相垂直的板跨中心线间的距离（l_1 或 l_2）；当水平荷载作用时，取与梁跨方向相垂直的板跨中心线距离的1/2较为适宜。等代框架梁的高度即为板的厚度。等代框架梁的跨度，两个方向分别取等于 $l_2-2c/3$ 和 $l_1-2c/3$。等代框架柱的计算高度为：对于各楼层，取层高减去柱帽的高度；对底层，取基础顶面至该层楼板底面的高度减去柱帽的高度。

当仅有竖向荷载时，等代框架可按分层法简化计算，即所计算的上、下层楼板均视作上层柱与下层柱的固定远端。这样，就将一个等代的多层框架计算变为简单的二层和一层（顶层）框架的计算。

按等代框架计算时，应考虑活荷载的最不利布置，将最后算得的等代框架梁的弯矩值，根据实际受力情况，按表1-12或表1-13中所列的分配系数进行柱上板带和跨中板带的弯矩计算。等代框架法的适用范围为任一区格的长跨与短跨之比不大于2。

表 1-12 方形板的柱上板带和跨中板带的弯矩分配系数

截面	边跨			内跨	
	边支座	跨中	内支座	跨中	支座
柱上板带	0.90	0.55	0.75	0.55	0.75
跨中板带	0.10	0.45	0.25	0.45	0.25

表 1-13 矩形板的柱上板带和跨中板带的弯矩分配比值

l_1/l_2	0.50～0.60		0.60～0.75		0.75～1.33		1.33～1.67		1.67～2.0	
弯矩	$-M$	M	$-M$	M	$-M$	M	$-M$	M	$-M$	M
柱上板带	0.55	0.50	0.65	0.55	0.70	0.60	0.80	0.75	0.85	0.85
跨中板带	0.45	0.50	0.35	0.45	0.30	0.40	0.20	0.25	0.15	0.15

1.4.3 截面设计与构造要求

1.4.3.1 截面的弯矩设计值

当竖向荷载作用时，有柱帽的无梁楼盖内跨，具有明显的穹隆作用，这时截面的弯矩设计值可以适当折减。除边跨及边支座外，所有其余部位截面的弯矩设计值均为内力分析得到的弯矩乘以0.8。

1.4.3.2 板厚及板的截面有效高度

无梁楼盖通常是等厚的。对板厚的要求，除要满足承载力要求外，还需满足刚度的要求。由于目前对其挠度无完善的计算方法，所以，用板厚 h 与长跨 l_2 的比值来控制其挠度。此控制值为：

有顶板柱帽时，$h/l_2 \geqslant 1/35$，无顶板柱帽时，$h/l_2 \geqslant 1/32$；而且均应满足 $h \geqslant 150\text{mm}$。

当采用无柱帽时，柱上板带可适当加厚，加厚部分的宽度可取相应跨度的0.3倍。

板的有效高度取值与双向板类同。同一部位的两个方向弯矩同号时，由于纵横向钢筋叠置，应分别取各自的截面有效高度。

1.4.3.3 板的配筋

板的配筋通常采用绑扎钢筋的双向配筋方式。为减少钢筋类型，又便于施工，一般采用一端弯起、另一端直线段的弯起式配筋。钢筋弯起和切断点的位置，必须满足图1-45的构造要求。对于支座上承受负弯矩的钢筋，为使其在施工阶段具有一定的刚性，其直径不宜小于12mm。

1.4.3.4 边梁

无梁楼盖的周边应设置边梁，其截面高度应不小于板厚的2.5倍，与板形成倒L形截面。边梁除承受荷载产生弯矩和剪力之外，还承受由垂直边梁方向各板带传来的扭矩，所以应按协调扭转的弯剪扭构件进行设计，由于扭矩计算比较复杂，故可按构造要求，配置附加抗扭纵筋和箍筋。

1.4.3.5 柱帽配筋构造要求

无梁楼盖全部楼面荷载是通过板柱连接面上的剪力传给柱的。柱帽的配筋应根据板的受冲切承载力确定。计算所需的箍筋应配置在冲切破坏锥体范围内。此外，尚应按相同的箍筋直径和间距向外伸至不小于 $0.5h_0$ 范围内。箍筋宜为封闭式，并应箍住架立钢筋，箍筋直径

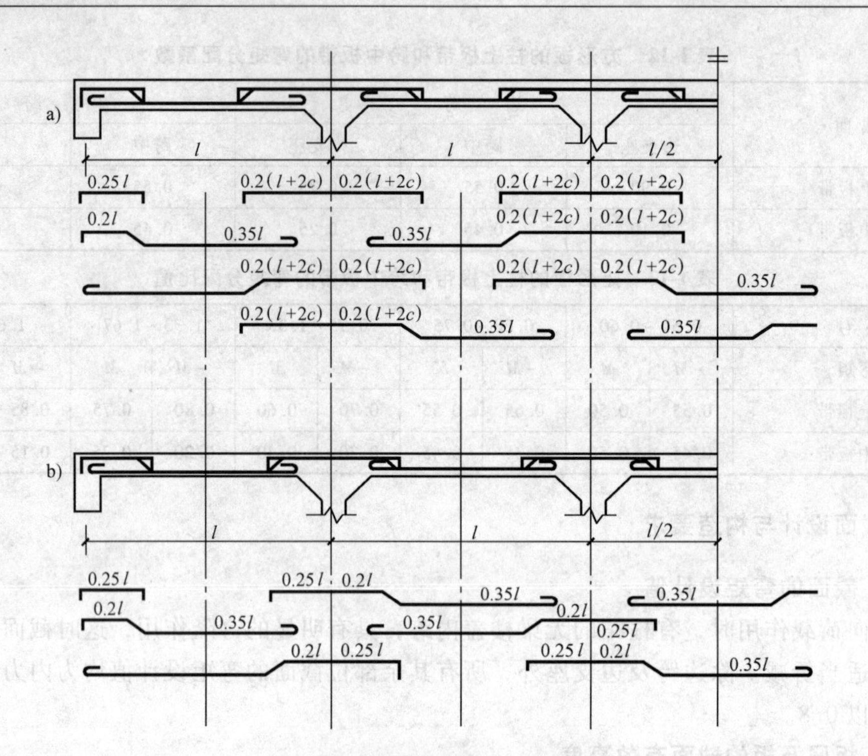

图1-45 无梁楼盖板的配筋构造

a）柱上板带配筋 b）跨中板带配筋

不应小于6mm，其间距不应大于 $h_0/3$，如图1-46a所示。

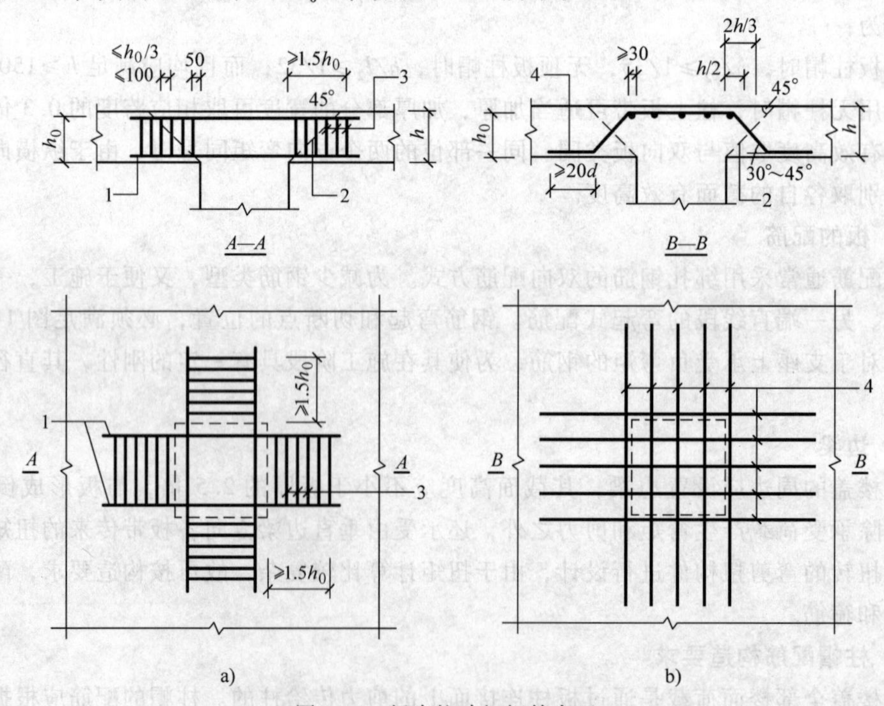

图1-46 板中抗冲切钢筋布置

a）用箍筋作抗冲切钢筋 b）用弯起钢筋作抗冲切钢筋

1—架立钢筋 2—冲切破坏锥面 3—箍筋 4—弯起钢筋

计算所需要的弯起钢筋，可由一排或两排组成，其弯起角度可根据板的厚度在30°~45°之间选取，弯起钢筋的倾斜段应与冲切破坏斜截面相交，其交点应在离集中反力作用面积周边以外 $h/2 \sim h/3$ 的范围内，如图1-46b所示。弯起钢筋不应小于12mm，且每一方向不应少于三根。

不同类型柱帽的一般构造要求，如图1-47所示。

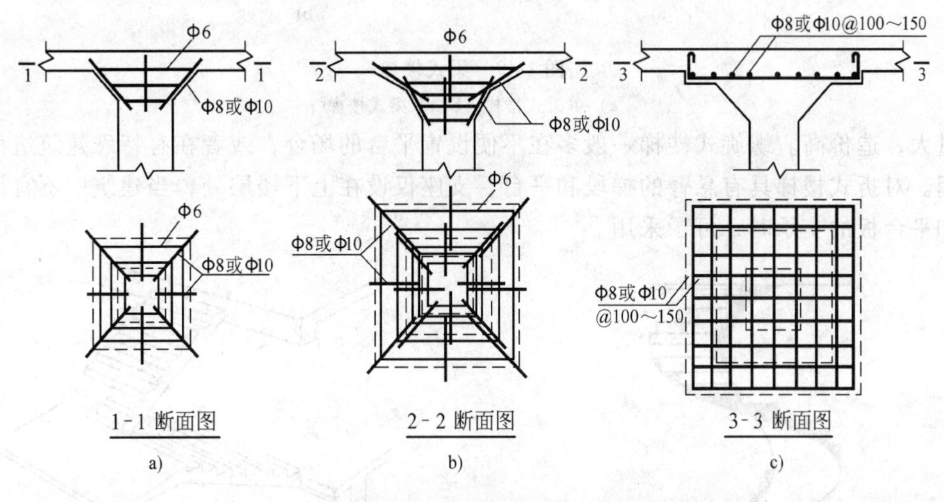

图1-47 柱帽的配筋构造

1.5 板式楼梯

楼梯的结构形式较多，按施工方法的不同，可分为整体式楼梯和装配式楼梯。按梯段结构形式的不同，主要分为板式和梁式两种。

板式楼梯由梯段板、平台板和平台梁组成（见图1-48)。梯段板是一块带有踏步的斜板，两端支承在上、下平台梁上。其优点是下表面平整，支模施工方便，外观也较轻巧，应用广泛。其缺点是梯段跨度较大时，斜板较厚，材料用量较多。因此，当活荷载较小，跨度不大于3m时，宜采用板式楼梯。

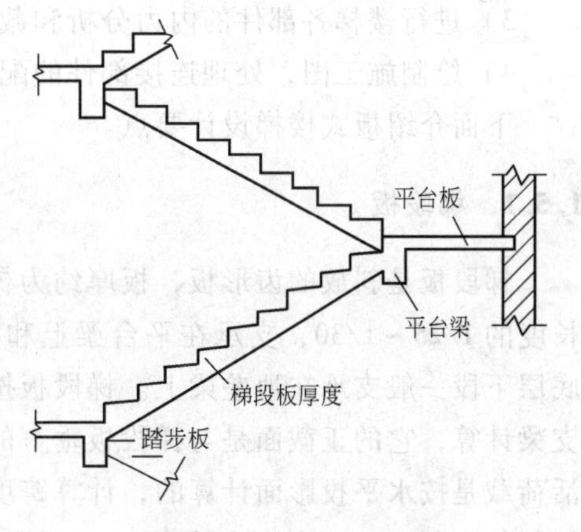

图1-48 板式楼梯的组成

梁式楼梯由踏步板、梯段梁、平台板和平台梁组成（见图1-49)，踏步板支承在两边斜梁（双梁式）或中间一根斜梁（单根式）或一边斜梁另一边承重墙上；斜梁再支承在平台梁上，斜梁可设在踏步下面或上面，也可用现浇拦板代替斜梁。当梯段跨度大于3m时，采用梁式楼梯较为经济，但支模及施工复杂，而且外观也显得比较笨重。

除了上述两种基本形式外，还有几种形式楼梯。如螺旋式（见图1-50）和对折式（见图1-51）楼梯，造型新颖、轻巧，常在公共建筑中采用，但它是空间受力体系，计算复杂，

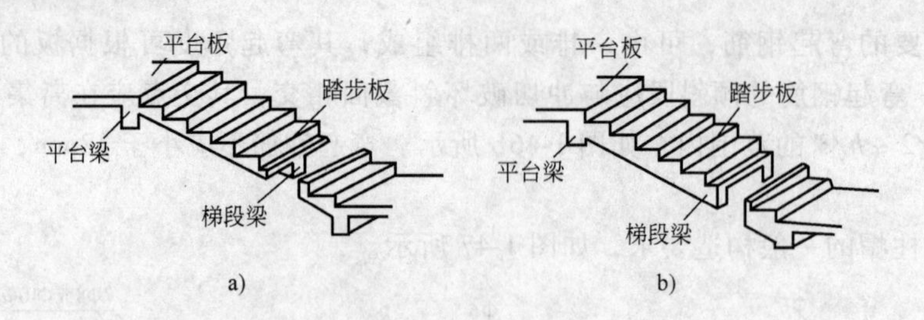

图1-49 梁式楼梯

a）单梁式楼梯 b）双梁式楼梯

用钢量大，造价高。螺旋式楼梯一般多在不便设置平台的场合，或者在有特殊建筑造型需要时采用。对折式楼梯具有悬臂的梯段和平台，支座仅设在上下楼层处，当建筑中不宜设置平台梁和平台板的支承时，可予采用。

图1-50 螺旋式楼梯图

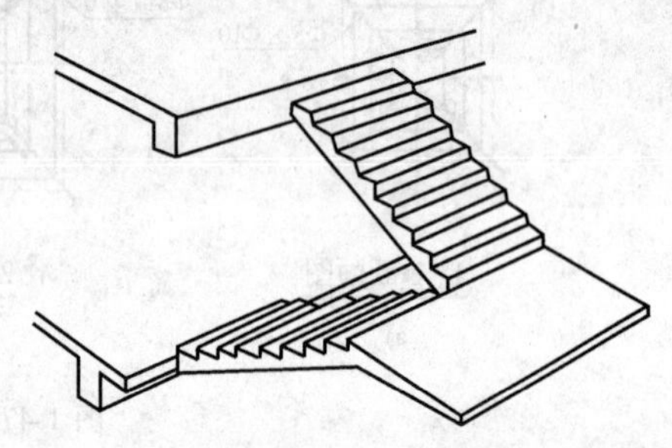

图1-51 对折式楼梯

楼梯的结构设计步骤包括：

1）根据建筑要求和施工条件，确定楼梯的结构形式和结构布置。

2）根据建筑类型，确定楼梯的活荷载标准值。

3）进行楼梯各部件的内力分析和截面设计。

4）绘制施工图，处理连接部件的配筋构造。

下面介绍板式楼梯设计要点。

1.5.1 梯段板

梯段板是斜放的齿形板，板厚约为梯段板水平长度的1/25～1/30，支承在平台梁上和楼层梁上，底层下段一般支承在地垄梁上。梯段板按斜放的简支梁计算，它的正截面是与梯段板垂直的。楼梯的活荷载是按水平投影面计算的，计算跨度取平台梁间斜长净距 l_n'，计算简图如图1-52所示。设梯段板单位水平长度上的竖向均布荷载为 p，则沿斜板单位长度上的竖向均布荷载为 $p'=p\cos\alpha$，此时 α 为梯段板与水平线间的夹角。再将竖向的 p' 沿 x、y 分解为

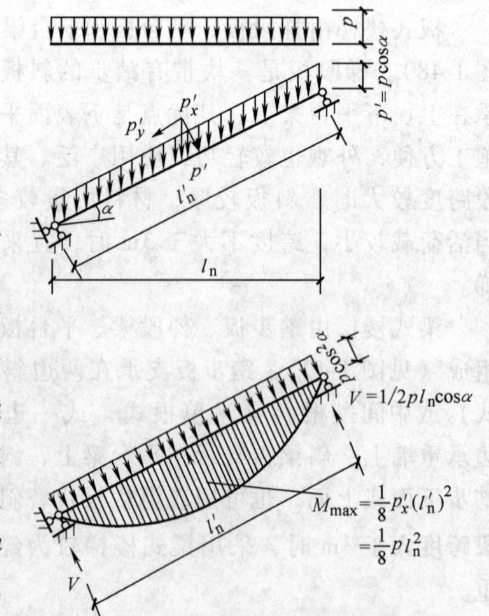

图1-52 梯段板的计算简图

$$p_x'=p'\cos\alpha=p\cos\alpha\cos\alpha$$

$$p_y' = p'\sin\alpha = p\cos\alpha\sin\alpha$$

此处 p_x'、p_y'分别为 p'在垂直于斜板方向及斜板方向的分力。其中 p_y'对斜板的弯矩和剪力没有影响。

设 l_n 为梯段板的水平净跨长，则 $l_n = l_n'\cos\alpha$，于是斜板的跨中最大弯矩和支座最大剪力可以表示为

$$M_{\max} = \frac{1}{8}p_x'\ (l_n')^2 = \frac{1}{8}pl_n^2 \tag{1-32}$$

$$V_{\max} = \frac{1}{2}p_x'l_n' = \frac{1}{2}pl_n\cos\alpha \tag{1-33}$$

可见，简支斜梁在竖向均布荷载 p 作用下的最大弯矩，等于其水平投影长度的简支梁在 p 作用下的最大弯矩；最大剪力为水平投影长度的简支梁在 p 作用下的最大剪力值乘以 $\cos\alpha$。

考虑到梯段板与平台及平台梁整浇，平台对斜板的转动变形有一定的约束作用，故计算板的跨中正弯矩时，常近似取 $M_{\max} = pl_n^2/10$。

截面承载力计算时，斜板的截面高度应垂直于斜面量取，并取齿形的最薄处。

为避免斜板在支座处产生过大的裂缝，应在板面配置一定数量的钢筋，一般取Φ 8@200，长度为 $l_n/4$。斜板内分布钢筋可采用Φ 6mm 或Φ 8mm，每级踏步不少于 1 根，放置在受力钢筋的内侧。

当楼梯下净高不够时，可将楼层梁向内移动（见图 1-53)，这样板式楼梯的梯段板成为折线形。此时，设计应注意两个问题：

1）梯段板中的水平段，其板厚应与梯段斜板相同，不能和平台板同厚。

2）折角处的下部受拉钢筋应避免沿板底弯折时，产生向外的合力，将该处保护层混凝土崩脱，应将此处的纵筋断开，各自延伸至上面再行锚固。若板的弯折位置靠近楼层梁，板内可能出现负弯矩，则板上面还应配置承担负弯矩的短钢筋（见图 1-54)。

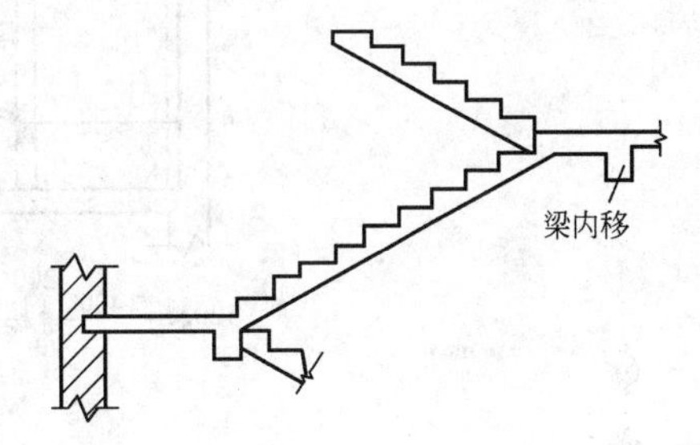

图 1-53　楼层梁内移

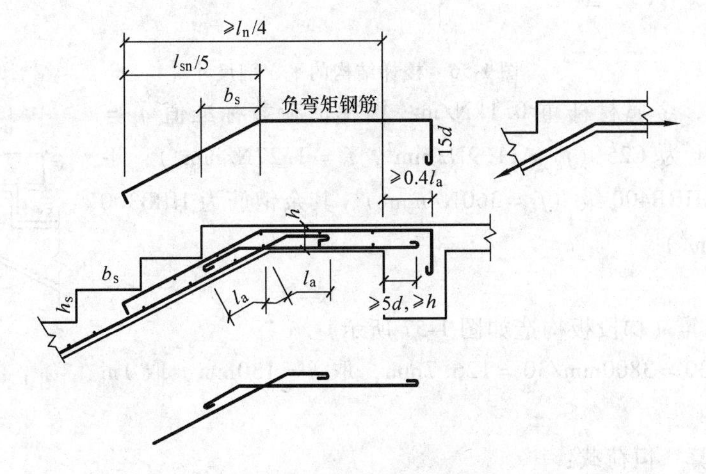

图 1-54　板内折角处配筋

注：踏步段水平净长为 l_{sn}

1.5.2 平台板和平台梁

平台板一般为单向板，可取1m宽板带进行计算，平台板一端与平台梁整体连接，另一端可能支承在砖墙上，也可能与过梁整浇。跨中弯矩可近似取 $M=pl^2/8$，或 $M\approx pl^2/10$。考虑到板支座的转动会受到一定约束，一般应将板下部钢筋在支座附近弯起一半，或在板面支座处另配置短钢筋，伸出支承边缘长度为 $l_n/4$，图1-55为平台板的配筋布置图。

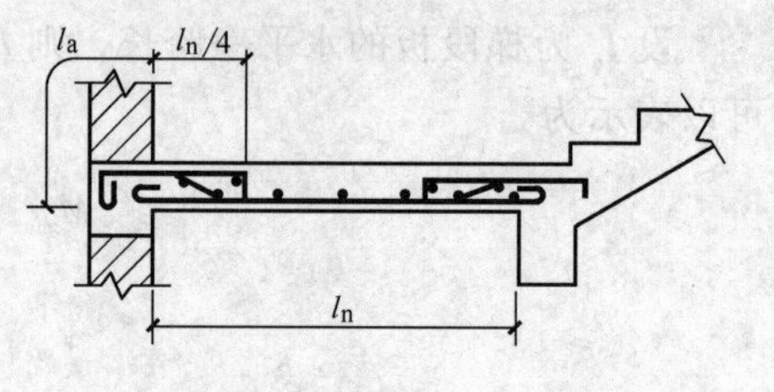

图1-55 平台板配筋布置图

平台梁的设计与一般梁相似。

1.5.3 板式楼梯设计例题

某板式楼梯结构布置如图1-56所示。踏步面层为20mm厚水泥砂浆抹灰，底面为20mm厚混合砂浆抹灰，金属栏杆重0.1kN/m，楼梯活荷载标准值 $q_k=2.5\text{kN/m}$，混凝土为C25（$f_c=11.9\text{N/mm}^2$，$f_t=1.27\text{N/mm}^2$），平台梁纵向钢筋为HRB400级（$f_y=360\text{N/mm}^2$），其余钢筋为HPB300级（$f_y=270\text{N/mm}^2$）。

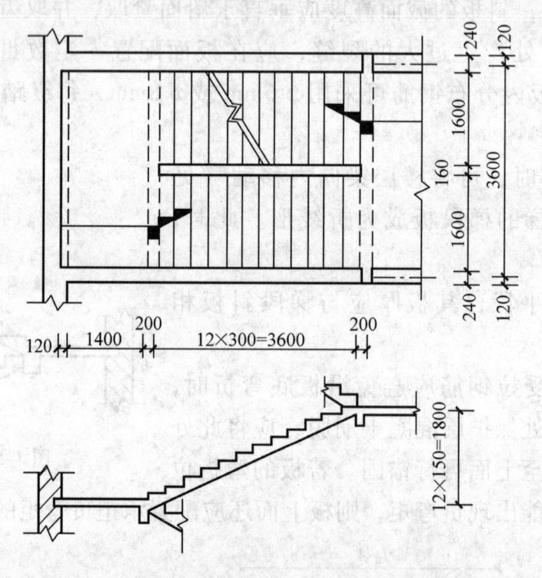

图1-56 楼梯结构的平、剖尺寸

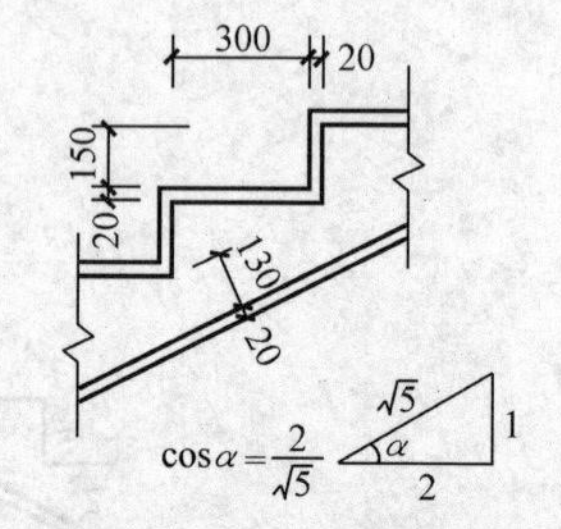

图1-57 梯段板构造

【解】

1. 梯段板计算（梯段板构造如图1-57所示）

板厚 $h=l_0/30=3800\text{mm}/30=126.7\text{mm}$，取 $h=130\text{mm}$，取1m宽作为计算单元。

(1) 荷载计算 恒荷载：

梯段板自重 $$1\text{m}\times\left(\frac{1}{2}\times0.15\text{m}+\frac{0.13}{2/\sqrt5}\text{m}\right)\times25\text{kN/m}^3=5.51\text{kN/m}$$

踏步板抹灰重 $1\text{m}\times(0.3\text{m}+0.15\text{m})\times0.02\text{m}\times\dfrac{1}{0.3\text{m}}\times20\text{kN/m}^3=0.60\ \text{kN/m}$

板底抹灰重 $1\text{m}\times\dfrac{0.02}{2/\sqrt{5}}\text{m}\times17\ \text{kN/m}^3=0.38\ \text{kN/m}$

金属栏杆重 $0.1\ \text{kN/m}\times\dfrac{1\text{m}}{1.6\text{m}}=0.06\ \text{kN/m}$

恒荷载标准值 g_k $=6.55\ \text{kN/m}$

恒荷载设计值 g $=1.2\times6.55\ \text{kN/m}=7.86\ \text{kN/m}$

活荷载：活荷载设计值 $q=1.4\times2.50\ \text{kN/m}=3.50\ \text{kN/m}$。

恒荷载和活荷载合计 $g+q=11.36\text{kN/m}$。

（2）内力计算 水平投影计算跨度为

$$l_0=l_n+b=3.6\text{m}+0.2\text{m}=3.8\text{m}$$

跨中最大弯矩

$$M=\frac{1}{10}(g+q)l_0^2=\frac{1}{10}\times11.36\text{kN/m}\times3.8^2\text{m}^2=16.4\text{kN}\cdot\text{m}$$

（3）截面计算

$$h_0=h-a_s=130\text{mm}-25\text{mm}=105\text{mm}$$

$$\alpha_s=\frac{M}{\alpha_1 f_c b h_0^2}=\frac{16.4\times10^6\text{N}\cdot\text{mm}}{1.0\times11.9\text{N/mm}^2\times1000\text{mm}\times105^2\text{mm}^2}=0.125$$

$$\xi=1-\sqrt{1-2\alpha_s}=1-\sqrt{1-2\times0.125}=0.134<\xi_b=0.567$$

$$A_s=\frac{\alpha_1 f_c b\xi h_0}{f_y}=\frac{1.0\times11.9\text{N/mm}^2\times1000\text{mm}\times0.134\times105\text{mm}}{270\text{N/mm}^2}=620\text{mm}^2$$

$$\rho=\frac{620\text{mm}^2}{1000\text{mm}\times130\text{mm}}=0.48\%>0.45\frac{f_t}{f_y}=0.45\frac{1.27}{270}=0.21\%>0.2\%$$

选用Φ12@170（$A_s=665\text{mm}^2$）。

2. 平台板计算

取1m宽板带作为计算单元。

（1）恒载计算 恒荷载：

平台板自重 $0.06\text{m}\times25\ \text{kN/m}^3\times1.0\text{m}=1.50\text{kN/m}$

板面抹灰重 $0.02\text{m}\times20\ \text{kN/m}^3\times1.0\text{m}=0.40\ \text{kN/m}$

板底抹灰重 $0.02\text{m}\times17\ \text{kN/m}^3\times1.0\text{m}=0.34\ \text{kN/m}$

恒荷载标准值 g_k $=2.24\ \text{kN/m}$

恒荷载设计值 g $=1.2\times2.24\ \text{kN/m}=2.69\ \text{kN/m}$

活荷载：活荷载设计值 $q=1.4\times2.5\ \text{kN/m}=3.50\ \text{kN/m}$

恒荷载和活荷载合计 $g+q=6.19\ \text{kN/m}$

(2) 内力计算 计算跨度为

$$l_0 = l_n + \frac{h}{2} + \frac{b}{2} = 1.4\text{m} + \frac{0.06}{2}\text{m} + \frac{0.2}{2}\text{m} = 1.53\text{m}$$

跨中最大弯矩

$$M = \frac{1}{8}(g+q)l_0^2 = \frac{1}{8} \times 6.19\text{kN/m} \times 1.53^2\text{m}^2 = 1.81\ \text{kN} \cdot \text{m}$$

(3) 截面计算

$$h_0 = h - a_s = 60\text{mm} - 25\text{mm} = 35\text{mm}$$

$$\alpha_s = \frac{M}{\alpha_1 f_c b h_0^2} = \frac{1.81 \times 10^6 \text{N} \cdot \text{mm}}{1.0 \times 11.9\text{N/mm}^2 \times 1000\text{mm} \times 35^2\text{mm}^2} = 0.124$$

$$\xi = 1 - \sqrt{1 - 2\alpha_s} = 1 - \sqrt{1 - 2 \times 0.124} = 0.132 < \xi_b = 0.567$$

$$A_s = \frac{\alpha_1 f_c b \xi h_0}{f_y} = \frac{1.0 \times 11.9\text{N/mm}^2 \times 1000\text{mm} \times 0.132 \times 35\text{mm}}{270\text{N/mm}^2} = 204\text{mm}^2$$

$$\rho = \frac{204\text{mm}^2}{1000\text{mm} \times 60\text{mm}} = 0.34\% > 0.45\frac{f_t}{f_y} = 0.45\frac{1.27}{270} = 0.21\% > 0.2\%$$

选用Φ 8@200 ($A_s = 251\text{mm}^2$)。

3. 平台梁计算

计算跨度为

$$l_0 = 1.05 l_n = 1.05 \times 3.36\text{m} = 3.53\text{m} < l_n + a = 3.36\text{m} + 0.24\text{m} = 3.60\text{m}$$

估算截面尺寸

$$h = \frac{l_0}{12} = \frac{3530}{12}\text{mm} = 294\text{mm}$$

取 $b \times h = 200\text{mm} \times 400\text{mm}$。

(1) 荷载计算

梯段板传来	$11.36\ \text{kN/m}^2 \times \frac{3.6}{2}\text{m} = 20.45\ \text{kN/m}$
平台板传来	$6.19\ \text{kN/m}^2 \times \left(\frac{1.4\text{m}}{2} + 0.2\text{m}\right) = 5.57\ \text{kN/m}$
平台梁自重	$1.2 \times 0.2\text{m} \times (0.4\text{m} - 0.06\ \text{m}) \times 25\ \text{kN/m}^3 = 2.04\ \text{kN/m}$
平台梁侧抹灰	$1.2 \times 2 \times (0.4\text{m} - 0.06\text{m}) \times 0.02\text{m} \times 17\ \text{kN/m}^3 = 0.28\ \text{kN/m}$
合计 $g+q$	$= 28.34\ \text{kN/m}$

(2) 内力计算 跨中最大弯矩

$$M = \frac{1}{8}(g+q)l_0^2 = \frac{1}{8} \times 28.34\text{kN/m} \times 3.53^2\text{m}^2 = 44.14\ \text{kN} \cdot \text{m}$$

支座最大剪力

$$V = \frac{1}{2}(g+q)l_n = \frac{1}{2} \times 28.34\text{kN/m} \times 3.36\text{m} = 47.61\ \text{kN}$$

(3) 截面计算

1) 受弯承载力计算：按倒L形截面计算，受压翼缘计算宽度取下列数值中的较小值。

$$b_f' = \frac{1}{6}l_0 = \frac{1}{6} \times 3530\text{mm} = 588\text{mm}$$

$$b_f' = b + \frac{s_0}{2} = 200\text{mm} + \frac{1400}{2}\text{mm} = 900\text{mm}$$

故取 $b_f' = 588\text{mm}$，$h_0 = h - a_s = 400\text{mm} - 40\text{mm} = 360\text{mm}$。

$$\alpha_1 f_c b_f' h_f' \left(h_0 - \frac{h_f'}{2}\right) = 1.0 \times 11.9\text{N/mm}^2 \times 588\text{mm} \times 60\text{mm} \times \left(360\text{mm} - \frac{60\text{mm}}{2}\right)$$

$$= 138.54 \times 10^6\text{N} \cdot \text{mm} = 138.54\text{kN} \cdot \text{m} > M = 44.14\ \text{kN} \cdot \text{m}$$

属于第一类T形截面

$$\alpha_s = \frac{M}{\alpha_1 f_c b_f' h_0^2} = \frac{44.14 \times 10^6\text{N} \cdot \text{mm}}{1.0 \times 11.9\text{N/mm}^2 \times 588\text{mm} \times 360^2\text{mm}^2} = 0.049$$

$$\xi = 1 - \sqrt{1 - 2\alpha_s} = 1 - \sqrt{1 - 2 \times 0.049} = 0.05 < \xi_b = 0.518$$

$$A_s = \frac{\alpha_1 f_c b \xi h_0}{f_y} = \frac{1.0 \times 11.9\text{N/mm}^2 \times 588\text{mm} \times 0.05 \times 365\text{mm}}{360\text{N/mm}^2} = 355\text{mm}^2$$

$$\rho = \frac{355\text{mm}^2}{200\text{mm} \times 400\text{mm}} = 0.44\% > 0.45\frac{f_t}{f_y} = 0.45\frac{1.27}{270} = 0.21\%$$

选用2Φ16 ($A_s = 402\text{mm}^2$)

2) 受剪承载力计算：

$$0.25\beta_c f_c b h_0 = 0.25 \times 1.0 \times 11.9\text{N/mm}^2 \times 200\text{mm} \times 360\text{mm} = 214.2 \times 10^3\text{N} = 214.2\text{kN} > V$$

截面尺寸满足要求，

$$0.7 f_t b h_0 = 0.7 \times 1.27\text{N/mm}^2 \times 200\text{mm} \times 360\text{mm} = 64.0 \times 10^3\text{N} = 64.0\ \text{kN} < V$$

仅需按构造要求配置箍筋，选用双肢Φ8@300。配筋示意图如图1-58和图1-59所示。

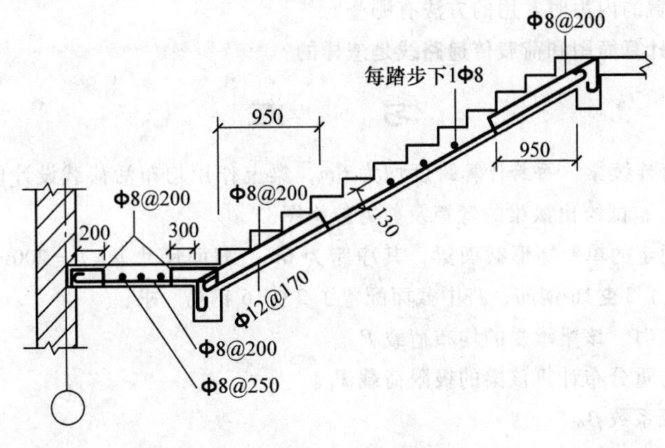

图1-58 梯段板、平台板配筋示意图

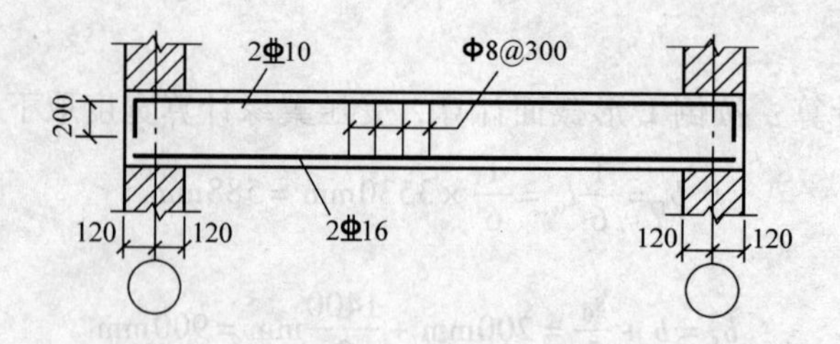

图 1-59 平台梁配筋示意图

思 考 题

1-1 何谓单向板？何谓双向板？两种板如何划分？它们的受力和变形有何异同？

1-2 钢筋混凝土现浇楼盖有哪几种类型？分别说明它们的受力特点和适用范围。

1-3 现浇单向板肋形楼盖在结构布置时，应注意哪些方面的问题？

1-4 按弹性理论计算现浇单向板肋形楼盖中的连续板、次梁、主梁时，如何选取计算单元和确定计算简图及计算跨度？如何计算荷载及在什么情况下和为什么要进行荷载折算？控制截面位置及其内力如何确定？

1-5 按弹性理论计算多跨连续梁时，为求得各控制截面最不利内力，如何进行活荷载最不利布置？如何绘制主梁内力包络图？

1-6 什么叫“塑性铰”？钢筋混凝土结构中的“塑性铰”与结构力学中的“理想铰”有何异同？“塑性铰”的转动能力与哪些因素有关？

1-7 什么叫“内力重分布”？钢筋混凝土结构中的“塑性铰”与“内力重分布”有何关系？

1-8 何谓“弯矩调幅”？考虑塑性内力重分布计算钢筋混凝土连续梁时，为什么要控制“弯矩调幅”系数？

1-9 考虑塑性内力重分布计算钢筋混凝土连续梁时，为什么要限制截面受压区高度？

1-10 在现浇钢筋混凝土单向板肋形楼盖设计中，为什么允许对板的某些截面弯矩进行折减？哪些截面弯矩允许折减？

1-11 按弹性理论进行连续双向板的跨中弯矩计算时，荷载如何布置？内力如何计算？

1-12 如何按塑性铰线法计算双向板内力？

1-13 双向板支承梁上的荷载怎样计算？支承梁上的梯形荷载或三角形荷载折算为均布荷载的原则是什么？其跨中弯矩如何计算？

1-14 计算无梁楼盖的内力时常用的方法有哪些？

1-15 板式楼梯的计算简图和荷载传递路线是怎样的？

习 题

1-1 某等截面两跨连续梁，每跨计算跨度均为6m，梁上作用均布活荷载设计值 $q=40\text{kN/m}$，均布恒荷载设计值 $g=20\text{kN/m}$，试绘出该梁的弯矩及剪力包络图。

1-2 已知一两端固定的单跨矩形截面梁，其净跨为6m，截面尺寸 $b\times h=200\text{mm}\times500\text{mm}$，采用C20混凝土，支座截面配置了3Φ16钢筋，跨中截面配置了2Φ16钢筋。求：

1）支座出现塑性铰时，该梁承受的均布荷载 P_1。

2）按考虑塑性内力重分布计算该梁的极限荷载 P_u。

3）支座的弯矩调幅系数 β。

1-3 双向板楼盖平面尺寸如图1-60所示，板厚80mm，板面20mm厚水泥砂浆抹面，天棚抹灰采用15mm厚混合砂浆，楼面活荷载标准值为3kN/m²，混凝土采用C25，采用HPB300级钢筋，试按弹性理论

方法计算 B_1、B_2 和 L_1 配筋。

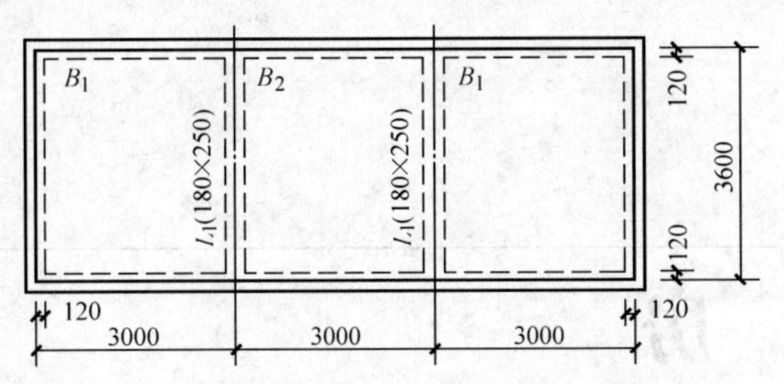

图 1-60 习题 1-3 图

1-4 某教学楼现浇板式楼梯平、剖尺寸如图 1-61 所示，楼面活荷载标准值 2.5 kN/m^2，采用 C25 混凝土，HPB300 级钢筋，踏步面层为 20mm 厚水泥砂浆，板底为 12mm 厚混合砂浆抹灰，采用金属栏杆，试设计此楼梯。

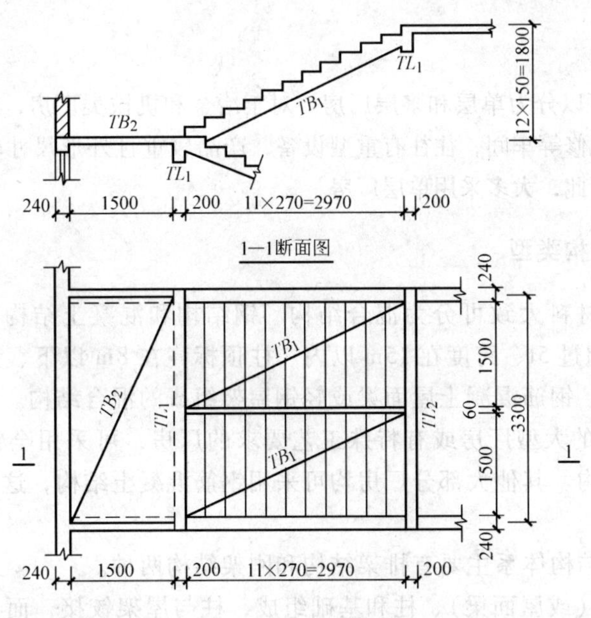

图 1-61 习题 1-4 图

第2章 单层厂房

2

2.1 概述

工业厂房按层数可以分为单层和多层厂房。对于冶金和机械类厂房，如炼钢、铸铁、锻压、金工、装配、铆焊、机修等车间，往往有重型设备，产品较重且外形尺寸较大，既不便于搬动，又会增加楼面荷载，因此，大多采用单层厂房。

2.1.1 单层厂房的结构类型

单层厂房按结构材料大致可分为混合结构、钢结构和混凝土结构。一般来说，无起重机[⊖]或起重机吨位不超过5t、跨度在15m以内、柱顶标高在8m以下、无特殊工艺要求的小型厂房，可采用砖柱、钢筋混凝土屋面梁或轻钢屋架组成的混合结构。当起重机吨位在250t以上、跨度大于36m的大型厂房或有特殊工艺要求的厂房，可采用全钢结构或钢筋混凝土柱与钢屋架组成的结构。其他大部分厂房均可采用钢筋混凝土结构，这时应优先采用装配式和预应力混凝土结构。

单层厂房常用的结构体系主要有排架结构和刚架结构两种。

排架结构由屋架（或屋面梁）、柱和基础组成，柱与屋架铰接，而与基础刚接。根据厂房生产工艺和使用要求的不同，排架结构可做成等高（见图2-1a）、不等高（见图2-1b）和

图2-1 排架类型
a）等高排架 b）不等高排架

⊖ 《总图制图标准》（GB/T 50103—2010）中表3.0.1使用的是“桥式起重机”、“门式起重机”；而《建筑结构设计术语和符号标准》（GB/T 50083—1997）中使用的是“吊车”、“吊车梁”、“吊车荷载”等；另国家标准“吊车”均使用的是“起重机”，故本书为统一，除“吊车梁”外，“吊车”均使用“起重机”表述。

锯齿形（见图2-2）等多种形式，后者通常用于单向采光的纺织厂。排架结构是目前单层厂房结构的基本形式，其跨度可超过30m，高度可达20~30m或更高，起重机吨位可达150t甚至更大。排架结构传力明确，构造简单，便于定型设计，使构配件标准化，生产工厂化，便于机械化施工。

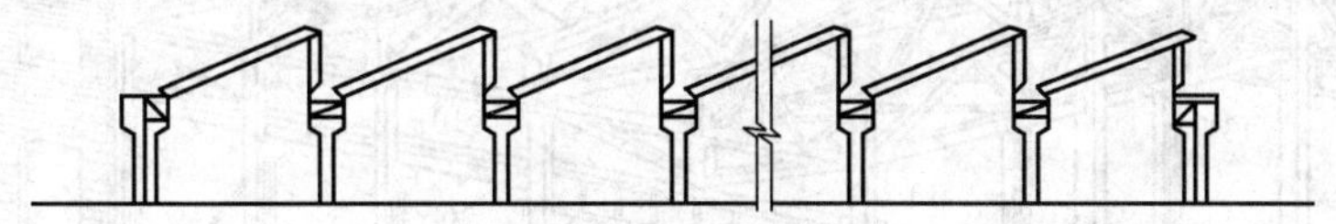

图2-2 锯齿形厂房

目前常用的刚架结构是装配式钢筋混凝土门式刚架（以下简称门架）。门架的特点是柱和横梁刚接成一个构件，柱与基础通常为铰接。门架顶节点做成铰接的，称为三铰门架（见图2-3a），做成刚接的称为两铰门架（见图2-3b）。前者是静定结构，后者是超静定结构。为便于施工吊装，两铰门架通常做成三段，在横梁中弯矩为零（或很小）的截面处设置接头，用焊接或螺栓联接成整体。门架横梁的形式一般为人字形（见图2-3a 、b），也有做成弧形的（见图2-3c）。门架立柱和横梁的截面高度都是随内力（主要是弯矩）的增减而沿轴线方向做成变高的，以节约材料。构件截面一般采用矩形，但当跨度和高度均较大时，为减轻自重，也有做成工字形或空腹截面形式。门架的优点是梁柱合一，构件的种类少，制作较简单，且结构轻巧，跨度和高度较小时，其经济指标稍优于排架结构。门架的缺点是刚度较差，承载后会产生跨变，梁柱转角处易产生早期裂缝，所以在有较大吨位起重机的厂房中门架的应用受到了一定的限制。此外，由于门架构件呈“Γ”形或“Y”形，使构件的翻身、起吊和对中就位等都比较麻烦，跨度大时尤为严重。

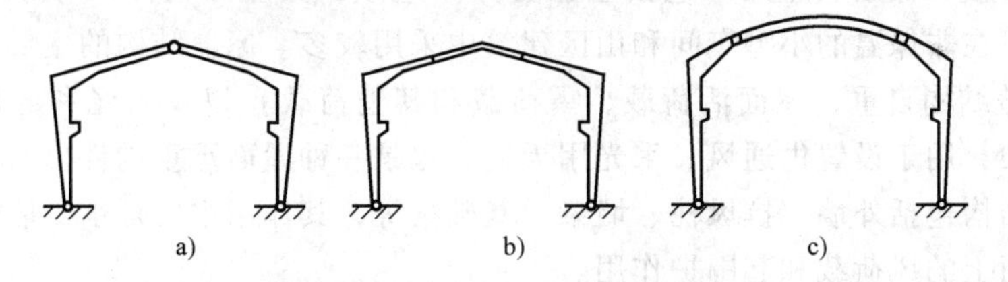

图2-3 单层厂房门式刚架结构体系

a)、b) 人字形门架 c) 弧形门架

我国从20世纪60年代初期以来，门架已广泛地用于屋盖较轻、无起重机或起重机吨位不大（一般不超过10t、个别用至20t）、跨度一般不超过18~24m（国内已建成的两铰门架最大跨度达38m）、立柱高度6~10m（最高达14m）的金工、机修、装配等车间或仓库。目前已发展成为单层厂房中的一种结构体系。

本章主要讲述装配式钢筋混凝土排架结构设计中的主要问题。

2.1.2 单层厂房的结构组成和结构布置

2.1.2.1 结构组成

单层厂房排架结构是由多种构件组成的，其中主要承重构件是屋架（屋面梁）、柱、吊车梁和基础，次要构件有屋面板、支撑、门窗过梁、连续梁等（见图2-4），这些构件构成了一个空间受力结构，按其受力情况可将其划分为三个受力体系。

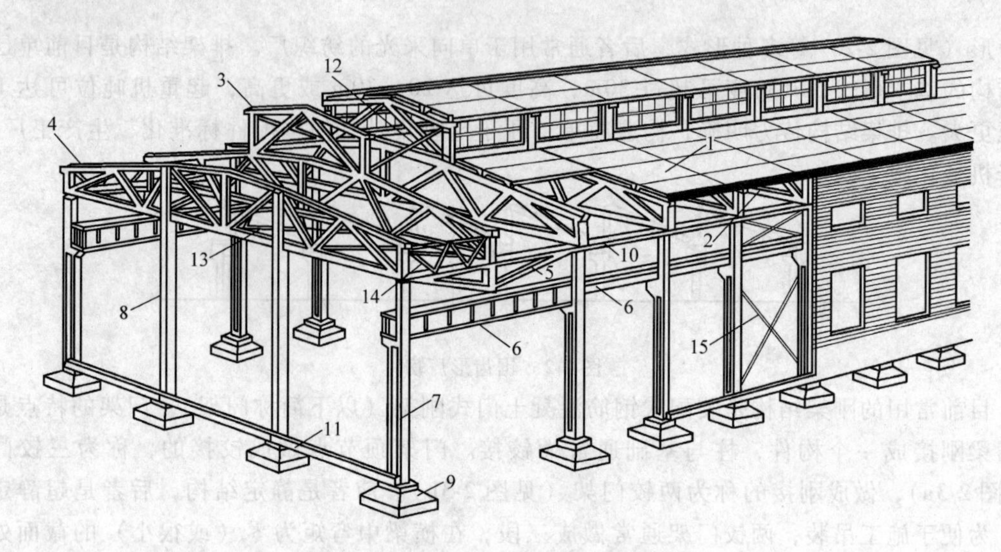

图2-4 单层厂房的结构组成

1—屋面板 2—天沟板 3—天窗架 4—屋架 5—托架 6—吊车梁 7—排架柱 8—抗风柱 9—基础 10—连系梁 11—基础梁 12—天窗架垂直支撑 13—屋架下弦横向水平支撑 14—屋架端部垂直支撑 15—柱间支撑

1. 屋盖和墙体围护结构体系

屋盖结构分无檩和有檩两种体系。无檩体系由大型屋面板、屋面梁或屋架（包括屋盖支撑）组成，其屋面采用的大型屋面板和屋架焊接在一起，使厂房结构具有较好的整体性和刚度，这种体系由于构件的种类和数量较少，施工速度快，适用于大中型单层厂房；有檩体系由小型屋面板、檩条、屋架（包括屋盖支撑）组成，其屋面构件尺寸小，重量轻，便于运输和安装，在非保温的小型车间和山区建筑中采用较多。屋盖结构的主要作用是围护和承重（承受屋盖结构自重、屋面活荷载、雪荷载和其他荷载）以及采光和通风。屋盖结构有时还有天窗架，用于设置供通风、采光用天窗，也是一种屋面承重构件。

墙体围护结构包括外墙、抗风柱、墙梁、基础梁等，其作用主要是承受墙体和构件自重以及作用在墙面上的风荷载和起围护作用。

2. 横向排架结构体系

横向平面排架由屋面梁或屋架、横向柱列和基础等组成（见图2-5），它是厂房的基本承重结构。厂房横向排架承受的竖向荷载有结构自重、屋面活荷载、雪荷载和起重机竖向荷载等；承受的横向水平荷载有风荷载、起重机横向制动力和地震作用等，并将竖向和水平荷载传给地基。横向排架上主要荷载传递路径如图2-6a、b所示。

3. 纵向排架结构体系

纵向平面排架是由纵向柱列和基础、连系梁、吊车梁和柱间支撑等组成（见图2-7），其作用是保证厂房结构的纵向稳定和承重。厂房纵向排架主要承受纵向水平荷载，如纵向风荷载、起重机纵向制动力、纵向地震作用和温度应力等。纵向排架结构上的主要荷载传递路径如图2-6c所示。

2.1.2.2 结构布置

1. 柱网布置

单层厂房承重柱的纵向和横向定位轴线在平面上形成的网络称为柱网。柱网布置就是确

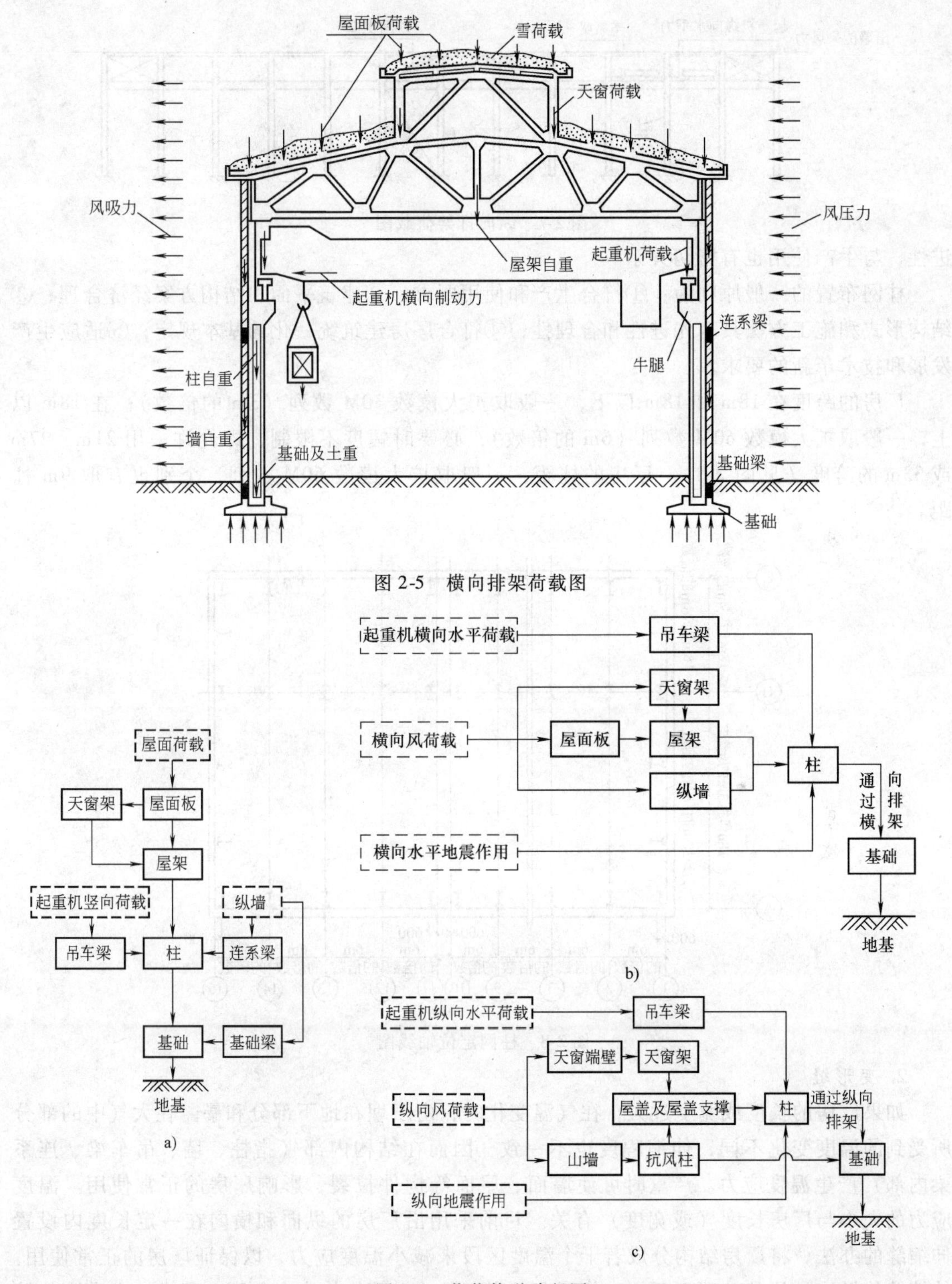

图 2-5 横向排架荷载图

图 2-6 荷载传递路径图

定纵向定位轴线之间（跨度）和横向定位轴线之间（柱距）的尺寸。

确定了柱网尺寸，即确定柱的位置，同时也就确定了屋面板、屋架和起重机梁等构件的跨度并涉及厂房结构构件的布置。柱网布置合理与否，直接影响厂房结构的经济合理性和先

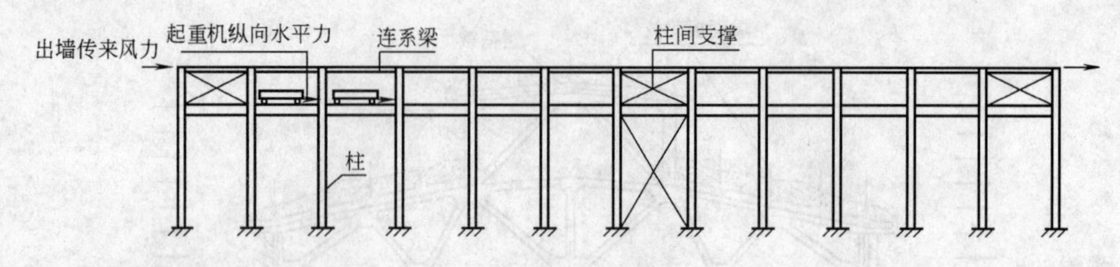

图 2-7 纵向排架荷载图

进性，与生产使用也有密切关系。

柱网布置的一般原则为：①符合生产和使用要求；②建筑平面和结构方案经济合理；③结构形式和施工方法具有先进性和合理性；④符合厂房建筑统一化的基本规定；⑤适应生产发展和技术革新的要求。

厂房的跨度在18m和18m以下，一般取扩大模数30M数列（3m的倍数）；在18m以上，一般取扩大模数60M数列（6m的倍数），必要时幅度不限制，即允许采用21m，27m或33m的跨度（见图2-8）。厂房的柱距，一般取扩大模数60M数列，个别也有取9m柱距。

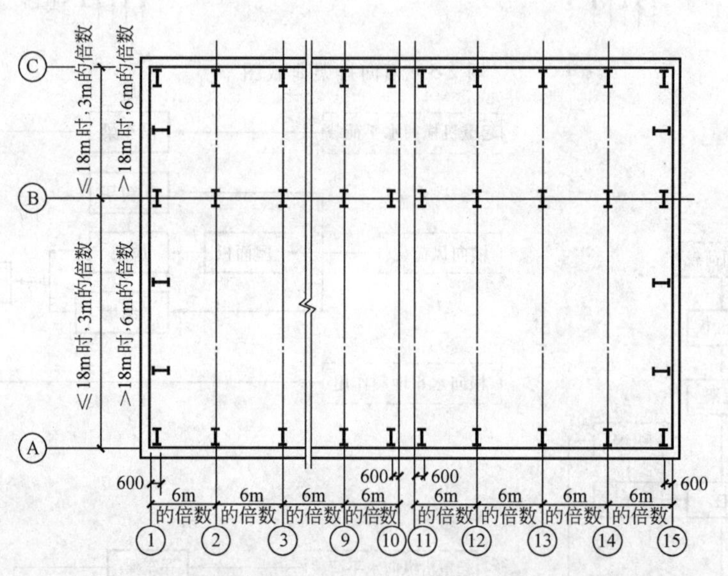

图 2-8 柱网定位轴线图

2. 变形缝

如果厂房的长度或宽度过大，在气温变化时，由于埋在地下部分和暴露在大气中的部分所受到的温度变化不同，伸缩程度也不一致，因而在结构内部（指柱、墙、吊车梁、连系梁内部）产生温度应力。严重时可使墙面、屋面等构件拉裂，影响厂房的正常使用。温度应力的大小与厂房长度（或宽度）有关。目前采用沿厂房的纵向和横向在一定长度内设置伸缩缝的办法，将厂房结构分成若干个温度区段来减小温度应力，以保证厂房的正常使用。伸缩缝的做法是从基础顶面开始，将两个温度区段的上部结构完全分开，留出一定宽度的缝隙，使得在温度变化时，结构可自由地胀缩，从而减小温度应力。

温度区段的长度取决于厂房结构类型和温度变化的情况，《混凝土结构设计规范》（GB50010—2010）中规定：装配式单层厂房结构（指排架结构）伸缩缝最大间距，室内或土中时为100m，露天时为70m。

厂房横向伸缩缝一般采用双柱处理，如图2-9a所示，将两边柱子和屋架的中心线都自定位轴线向两边移600mm；纵向伸缩缝一般采用单柱处理，如图2-9b、c所示，将伸缩缝一侧的屋架搁置在活动支座上，也可采用双柱处理，如图2-9d所示，此时应设置两条纵向定位轴线，并加设插入距。

沉降缝是用于相邻厂房高差很大，两跨间起重机起重量相差悬殊，地基上压缩性有显著差异，厂房结构类型有明显差别处。沉降缝是将两侧厂房结构全部分开（包括基础），并可兼作伸缩缝。

防震缝是减轻厂房震害的措施之一，当厂房体型复杂或有贴建的房屋和构筑物时，宜设防震缝，在厂房纵横跨交接处、大柱网厂房或不设柱间支撑的厂房，防震缝宽度可采用100~150mm，其他情况可采用50~90mm。两个主厂房之间的过渡跨至少应有一侧采用防震缝与主厂房脱开。

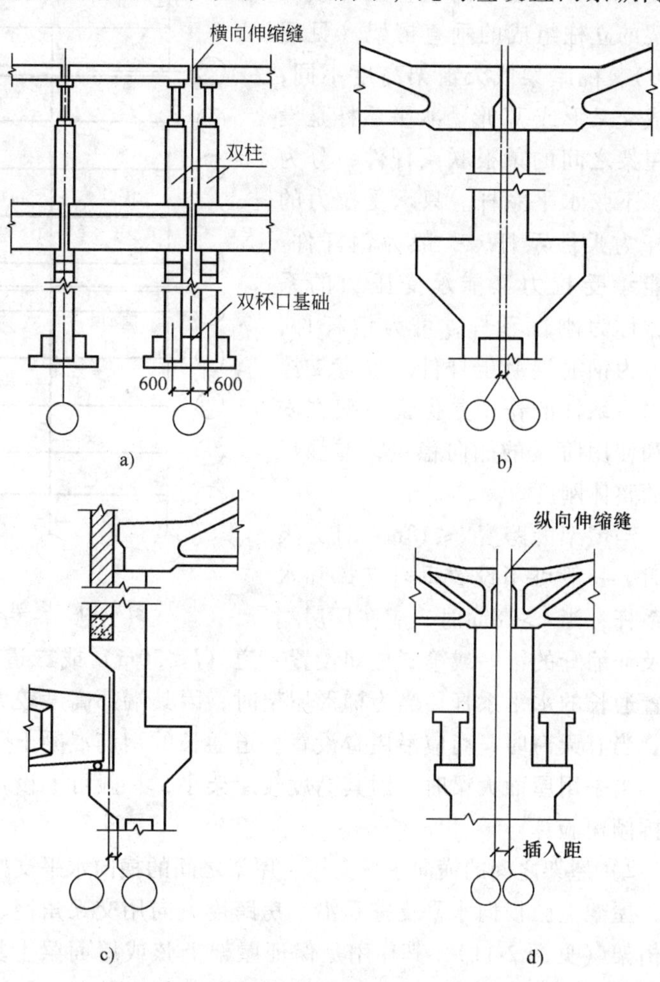

图2-9 厂房伸缩缝
a）横向双柱伸缩缝 b）等高厂房纵向单柱伸缩缝
c）不等高厂房纵向单柱伸缩缝 d）等高厂房纵向双柱伸缩缝

3. 支撑的布置

在装配式钢筋混凝土单层工业厂房结构中，支撑是联系屋架、柱等主要构件，并使其构成整体的重要组成部分，在抗震设计中尤为重要。支撑布置不当，不仅会影响厂房的正常使用，甚至可能引起主要承重结构的破坏。

支撑的主要作用是：

1）保证厂房结构的纵向和横向水平刚度以及空间整体性。

2）在施工和使用阶段，保证厂房结构的几何稳定性。

3）将水平荷载（如风荷载、纵向起重机制动力、纵向地震作用等）传给主要承重结构和基础。

4）为主体结构构件提供适当的侧向支承点，改善它们的侧向稳定性。

单层厂房的支撑包括屋盖支撑和柱间支撑两部分。

（1）屋盖支撑 屋盖支撑包括屋架之间的垂直支撑和水平系杆、屋架之间的横向和纵向水平支撑及天窗架支撑。

1）屋架之间的垂直支撑和水平系杆。屋架之间的垂直支撑一般是由角钢杆件与屋架的垂直腹杆或天窗架的立柱组成的垂直桁架（见图2-10）。视屋架或天窗架高度不同，做成交叉形或W形。水平系杆是设于屋架之间的单根联系杆件，分为上、下弦水平系杆。只承受拉力的系杆为柔性系杆，一般为钢杆件。既能承受拉力又能承受压力的系杆，称为刚性系杆，可为钢杆件，也可为钢筋混凝土杆件。垂直支撑和水平系杆的作用是保证屋架在安装和使用阶段的侧向稳定，增强厂房的整体刚度。

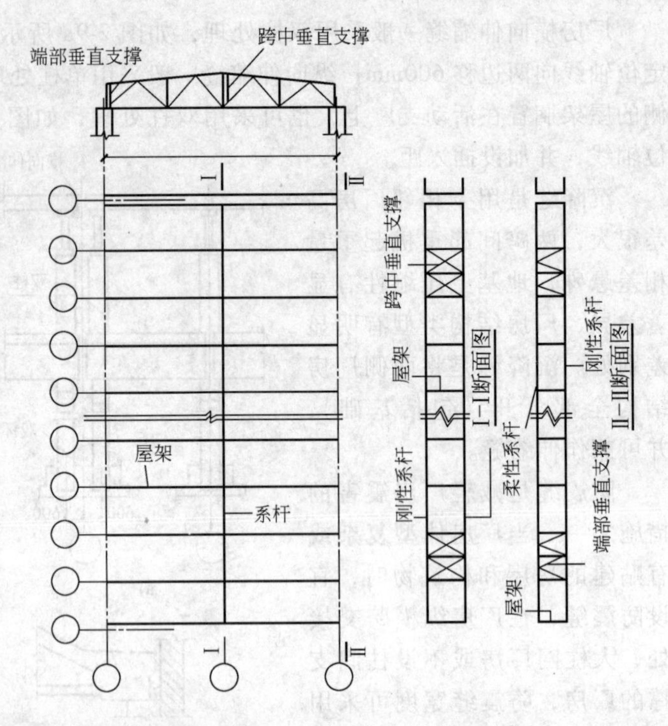

图2-10 屋架之间的垂直支撑与水平系杆

当屋架的跨度 $l \leqslant 18$m，且无天窗时，一般可不设置垂直支撑和水平系杆；当 $l > 18$m 时，应在厂房端部及伸缩缝的第一或第二柱间设置一道（$l \leqslant 30$m）或二道（$l > 30$m）垂直支撑，并在下弦设置通长的水平系杆。当为梯形屋架时，因其端部高度较大，应增设端部垂直支撑与水平系杆。当有天窗时，尚应沿屋脊设置一道通长的钢筋混凝土受压水平系杆。

当采用屋面大梁时，因其高度较屋架小，一般可不设置垂直支撑，但应对梁在支座处进行抗倾覆验算。

2）屋架之间的横向水平支撑。屋架之间的横向水平支撑通常设置在屋架的上弦或下弦。

屋架上弦横向水平支撑是沿厂房跨度方向用交叉角钢、直腹杆和屋架上弦共同构成的水平桁架（见图2-11），其作用是保证屋架上弦或屋面梁上翼缘的侧向稳定，增强屋面刚度。同时将由山墙抗风柱传来的纵向水平风力或纵向地震力传递到纵向排架柱。

当为大型屋面板无檩体系屋面时，若其构造具有足够的刚性（屋面板与屋架或屋面梁间至少保证在三个角点焊，板肋之间的拼缝用C15～C20细石混凝土灌实），且无天窗时，则可认为屋面板能起上弦横向水平支撑的作用而不需另设置。

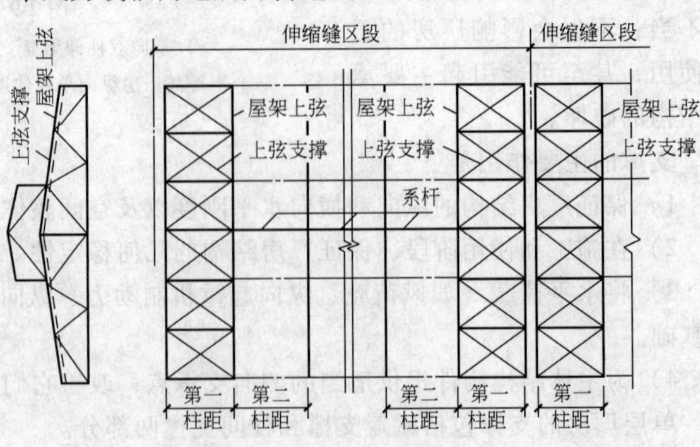

图2-11 屋架上弦横向水平支撑

当为有檩体系屋面，或为大型屋面板而不能满足上述刚性构造要求或有天窗时，均应在伸缩缝区段两端的第一或第二柱间设置上弦横向水平支撑。

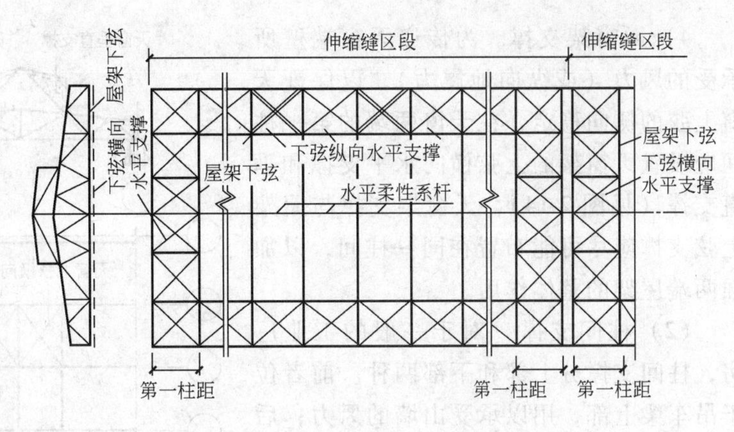

图 2-12 屋架下弦横向、纵向水平支撑

屋架下弦横向水平支撑是在屋架下弦平面内，由交叉角钢、直腹杆和屋架下弦杆组成的水平桁架（见图 2-12），其作用是将作用在屋架下弦的纵向水平力（风力、地震力或有悬挂起重机时的起动、制动力）传递到纵向排架柱，保证屋架下弦的侧向稳定。

当屋架下弦设有悬挂起重机，或山墙抗风柱与屋架下弦连接，或厂房起重机吨位大、振动荷载大时，均应设置屋架下弦横向水平支撑。

3）屋架之间的纵向水平支撑。屋架之间的纵向水平支撑是由交叉角钢和屋架下弦组成的水平桁架，常设置在屋架下弦的端部节间，并与下弦横向水平支撑组成封闭的支撑体系（见图 2-12），以加强厂房的整体性。

屋架之间纵向水平支撑的作用是使起重机起动、制动时产生的柱顶横向水平力分散传递到邻近的排架，提高厂房的空间作用与刚度。当厂房设有托架时，则需承担由中间屋架传来的横向风力，并保证托架上弦的侧向稳定（见图 2-13）。

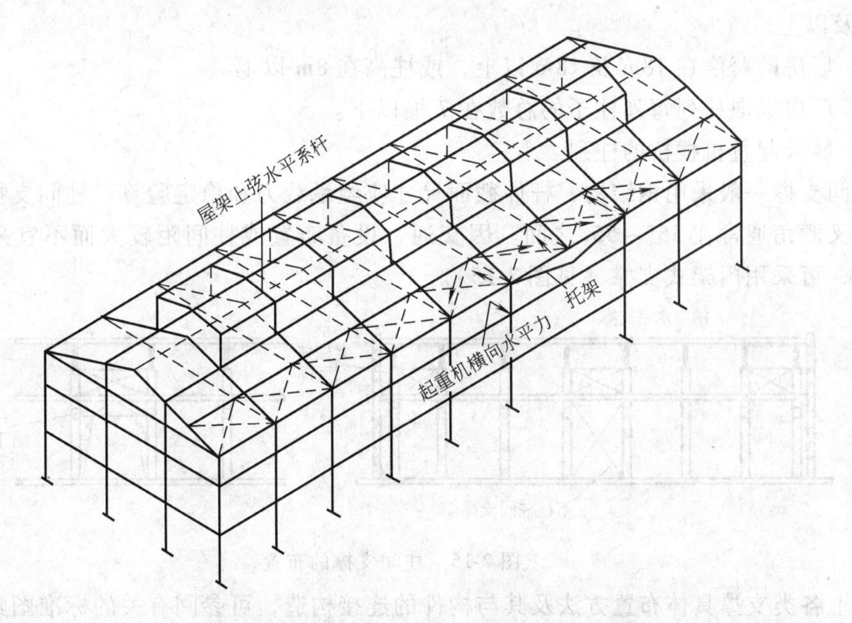

图 2-13 屋架之间纵向水平支撑的作用示意图

当厂房设有托架时，应在托架所在柱间及两端各延伸一个柱间设纵向水平支撑；当厂房有 50kN 以上的壁行起重机，或起重机吨位大（特别是工作制级别为 $A_5 \sim A_8$ 级起重机）、振动荷载大时，均必须设置屋架之间的纵向水平支撑。

4）天窗架支撑。为传递天窗端壁所承受的风力（或纵向地震力），以保证天窗上弦的侧向稳定，在天窗两端的第一柱间应设置天窗架的上弦横向水平支撑和垂直支撑（见图2-14），天窗架支撑与屋架上弦支撑应尽可能布置在同一柱间，以加强两端屋架的整体作用。

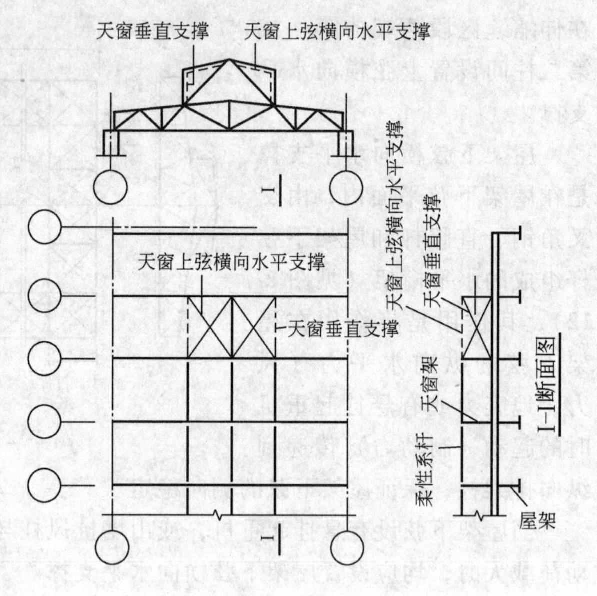

图2-14 天窗架支撑

（2）柱间支撑 对于一般的工业厂房，柱间支撑分上部和下部两种。前者位于吊车梁上部，用以承受山墙的风力；后者位于吊车梁的下部，用以承受上部支撑传来的力和吊车梁传来的纵向制动力，并把它们传至基础。柱间支撑还起到增强厂房的纵向刚度和稳定的作用。

柱间支撑应布置在厂房伸缩缝区段的中部，这样，当温度变化时，厂房可向两端自由伸缩，以减小温度应力，上柱的柱间支撑可设置在厂房两端的第一柱间，以便能直接传递山墙风力（见图2-15）。

非地震区的单层厂房，凡属下列情况之一者，均应设置柱间支撑：

1）设有3t及3t以上的悬挂式起重机。

2）设有工作级别为A_6～A_8级起重机，或设有工作级别为A_1～A_5级起重机，其起重量在10t及以上。

3）厂房的跨度在18m及18m以上，或柱高在8m以上。

4）厂房纵向柱列每列柱子的总数在7根以下。

5）露天起重机栈桥的柱列。

柱间支撑一般采用钢结构，杆件截面尺寸应经承载力和稳定验算。柱间支撑宜用交叉形式，交叉倾角通常在35°～55°之间。因交通、设备布置或柱间距较大而不宜采用交叉形式支撑时，可采用门架式支撑（见图2-15）。

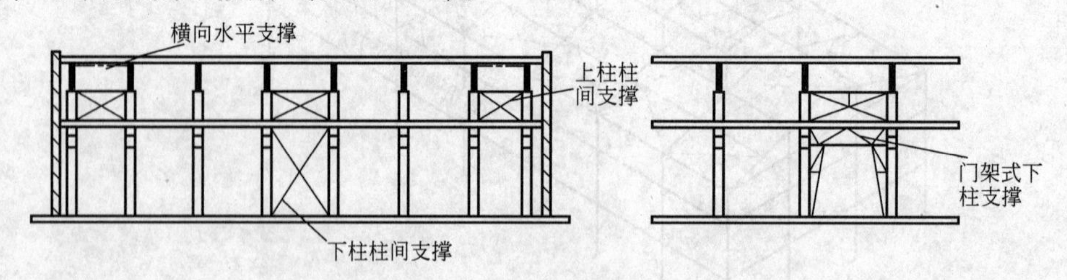

图2-15 柱间支撑的布置

以上各类支撑具体布置方法及其与构件的连接构造，可参阅有关的标准图集。

4. 围护结构布置

（1）抗风柱 厂房山墙受风面积较大，一般需设置抗风柱将山墙分成几个区段，使墙面所受到的风荷载一部分（靠近纵向柱列区段）直接传给纵向柱列，另一部分则经抗风柱下端传给基础，上端通过屋盖系统传给纵向柱列。

当厂房高度和跨度均不大（如柱顶在8m以下，跨度为9～12m）时，可在山墙设置砖壁柱作为抗风柱；当高度和跨度较大时，一般都设置钢筋混凝土抗风柱。在很高的厂房中，为不使抗风柱的截面尺寸过大，可加设水平抗风梁（见图2-16a）或钢抗风桁架，作为抗风柱的中间铰支座。

抗风柱一般与基础刚接，与屋架上弦铰接，也可根据具体情况与屋架上、下弦同时铰接。抗风柱与屋架连接应满足两个要求：一是在水平方向必须与屋架有可靠的连接以保证有效地传递风荷载；二是在竖向应允许两者之间有一定的相对位移，以防厂房与抗风柱沉降不均匀时产生不利影响。所以抗风柱与屋架连接一般采用竖向可以移动，水平方向又有较大刚度的弹簧板连接（见图2-16b）。如厂房沉降较大时，则宜采用螺栓联接（见图2-16c）。

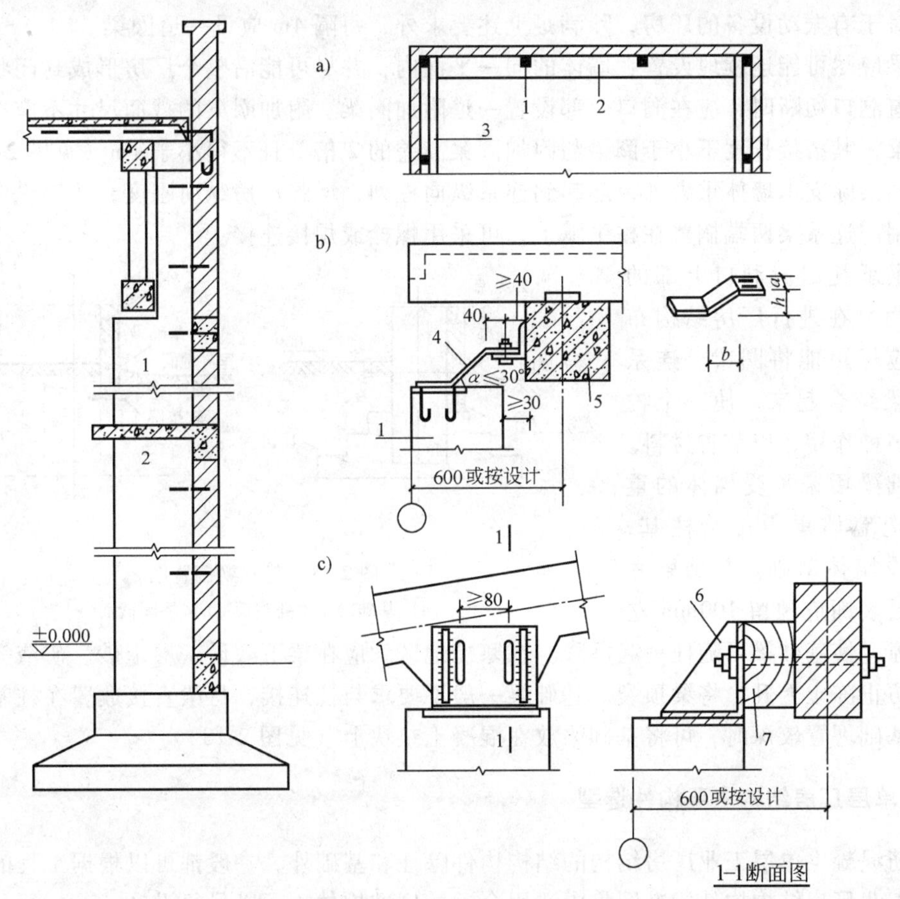

图2-16 抗风柱及其连接

1—抗风柱 2—抗风梁 3—吊车梁 4—弹簧板 5—屋架上弦 6—加劲板 7—硬木块

（2）圈梁、连系梁、过梁和基础梁 当用砖墙作为围护墙体时，一般要设置圈梁、连系梁、过梁和基础梁。

设置圈梁的目的是将墙体和排架柱、抗风柱等箍在一起，增加厂房的整体刚性，防止由于地基发生过大的不均匀沉降或较大振动荷载引起的不利影响。圈梁与柱子仅起拉结作用，不承受墙体重量，故柱上不设支撑圈梁的牛腿。

圈梁的布置与墙体高度、对厂房刚度的要求以及地基情况有关。对无桥式起重机的厂房，柱高不足8m时，应在檐口附近设置一道圈梁；当檐高大于8m时，宜在墙体适当部位增设一道圈梁。对有桥式起重机的厂房，除檐口附近或窗顶处设置一道圈梁外，尚应在起重机梁标高处或墙体适当部位增设一道圈梁；当外墙高度在15m以上时还应根据墙体高度适当增设。对于有振动设备的厂房，除满足上述要求外，每隔4m应设一道圈梁。

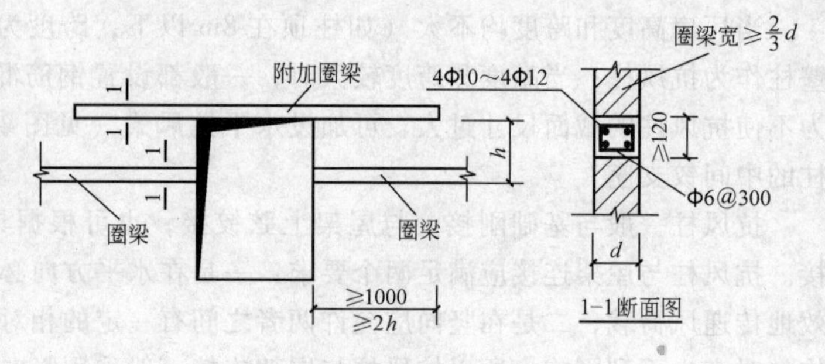

图2-17 圈梁搭接图

圈梁应尽可能连续地设置在墙体的同一平面内，并尽可能沿整个厂房形成封闭状。当圈梁被门窗洞口切断时，应在洞口上部设置一道附加圈梁。附加圈梁的截面尺寸不应小于被切断的圈梁，其搭接长度不小于圈梁与附加圈梁高差的2倍，且不得小于1m（见图2-17）。

连系梁除支承墙体重力外，还起到连系纵向柱列，增强厂房纵向刚度，传递纵向水平荷载的作用。连系梁两端搁置在柱牛腿上，可采用螺栓或焊接连接。

过梁承托门窗洞口上部的墙体重力。在进行厂房结构布置时，应尽可能将圈梁、连系梁和过梁结合起来，使一个构件能起多种作用，以节省材料。

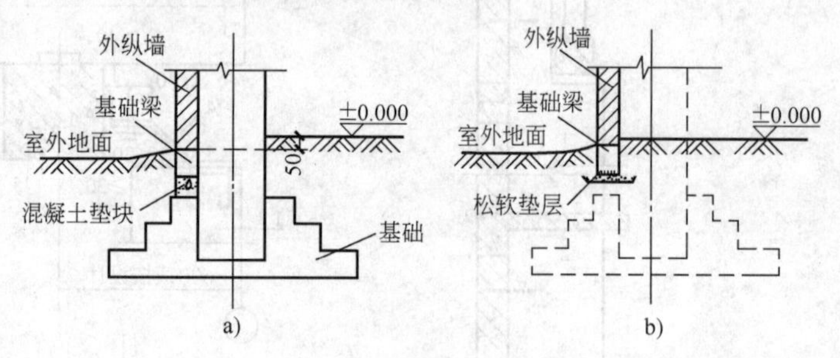

图2-18 基础梁搁置图

a）基础梁支承处截面 b）柱间截面

基础梁用来承受墙体的重力，并把墙体重力传给柱基，而不另设墙体基础。基础梁底部距土层表面应预留100mm左右的空隙，使基础梁可随柱一起沉降。在寒冷地区，应在梁下敷设一层干砂、矿渣等松软材料，以防止冻土上升，将梁顶裂。基础梁一般不要求与柱连接，将梁直接放置在柱基的杯口上。当基础埋置较深时，可将基础梁放在混凝土垫块上（见图2-18）。

2.1.3 单层厂房结构主要构件选型

钢筋混凝土单层工业厂房结构的结构构件除柱和基础外，一般都可以根据工程的具体情况，从工业厂房结构构件标准图集中选用合适的标准构件，不必另行设计。

工业厂房结构构件标准图有三类：经国家建设部审定的全国通用标准图集，经地区或工业部门审定的通用图集以及经某设计单位审定的定型图集。这些图集一般包括设计和施工说明、构件选用表、结构布置图、连接大样图、模板图、配筋图、预埋件详图、钢筋及钢材用量表等。

选用构件时，应注意构件的适用范围和规定，了解其主要计算依据和计算方法，以及编制本构件标准图集时所用荷载的含义，尚应注意所选构件的技术经济指标先进的标准构件。

2.1.3.1 屋盖结构构件选型

在一般单层厂房中，屋盖结构的材料用量和造价所占的比例都比较大，且其自身重力也是厂房结构的一项主要荷载，所以在选择屋盖结构形式时，应尽可能减轻其自身重力，这不仅可节省其本身的材料用量，也同时节约支承它的柱和基础的材料用量，对抗震亦有利。

1. *屋面构件*

无檩体系屋盖主要屋面板形式、特点和适用条件见表 2-1。钢筋混凝土有檩体系屋盖结构应用较少，其屋面板、檩条类型在此不再赘述。

表 2-1 无檩体系屋盖主要屋面板类型

构件名称（图集编号）	形式	标准板尺寸（宽×长×高）/mm	特点及适用条件
预应力混凝土屋面板（G410-1～2）		1500×6000×240	屋面刚度好，耐受温度高、抗震性能好。厂房环境无侵蚀性介质、为一类环境。屋面适于坡度 1:10 或 1:5 的厂房
轻质复合保温大型屋面板（辽2010G703）		1500×6000×240～440	重量轻，保温、节能效果好，可泄爆。适用于一、二 a 类环境及卷材防水屋面，使用环境温度不超过 60°

2. *屋架和屋面梁*

屋架和屋面梁是屋盖体系的主要承重构件，除承受屋面板传来的屋面荷载外，有时还有悬挂起重机和高架管道等荷载，并和屋盖支撑系统一起，保证屋盖水平和垂直方向的刚度和稳定。表 2-2 列举了几种钢筋混凝土屋面梁和屋架的形式、特点和适用条件。

表 2-2 钢筋混凝土常用屋面梁和屋架

构件名称（图集编号）	截面形式	跨度/m	特点及适用条件
预应力混凝土工字形屋面梁（05G415-1～2）		9 单坡 12 单坡	自重较大，适用于跨度不大，柱距为 6m，采用 1.5m×6m 预应力混凝土屋面板，屋面坡度为 1/10，环境类别为一类的厂房
预应力混凝土工字形屋面梁（05G415-3～5）		12 双坡 15 双坡 18 双坡	
钢筋混凝土折线形屋架（04G314）		15 18	外形较合理，屋面坡度合适，适用于卷材和非卷材防水屋面，屋架间距为 6m，屋盖采用 1.5m×6m 的混凝土屋面板的厂房
预应力混凝土折线形屋架（04G415-1）		18 21 24 27 30	

3. 天窗架和托架

目前天窗架主要为钢材制作，跨度一般为6m或9m。

当厂房局部柱距为12m，而屋架间距仍为6m时，需要在柱顶设托架，以支承中间屋架。托架主要为钢材制作，跨度一般为12m，此时厂房屋盖宜采用钢屋架。

2.1.3.2 吊车梁选型

吊车梁是有起重机厂房的重要承重构件，它直接承受起重机传来的竖向和纵、横向水平荷载，并将它们传给厂房柱列。由于吊车梁承受反复作用的动荷载，因而对构件的承载力、抗裂度计算要考虑反复荷载作用下的疲劳验算。吊车梁的选用一般按起重机的起重能力、跨度和起重机工作级别的不同，可采用不同形式。常用钢筋混凝土吊车梁见表2-3。对于跨度超过6m的吊车梁一般采用钢梁。

表2-3 常用钢筋混凝土吊车梁

构件名称（图集编号）	形式	构件跨度/m	适用工作级别
钢筋混凝土吊车梁（04G323-1~2）		6	A_4、A_5、A_6
后张法预应力混凝土吊车梁（04G426）		6	A_4、A_5、A_6

2.1.3.3 柱

1. 柱的形式

柱是厂房结构中的主要承重构件，单层厂房钢筋混凝土柱的截面形式主要有矩形、工字形和管柱等，如图2-19所示。

矩形截面柱构造简单，施工方便，适用范围广；工字形截面柱截面形式合理，可减轻自重、节省材料，在柱截面高度较大（截面高度$h \geqslant 700$mm）时可采用，但在工字形截面柱受力较大或由于构造需要的高度范围仍做成矩形（见图2-20）。管柱是采用高速离心法生产

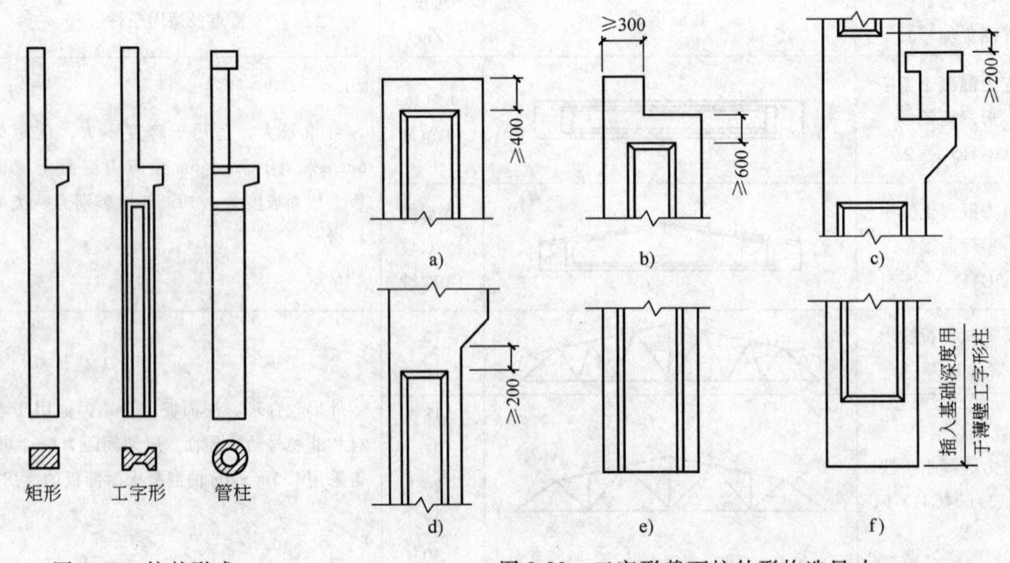

图2-19 柱的形式

图2-20 工字形截面柱外形构造尺寸

的，机械化程度高，混凝土质量好，自重轻，但其节点构造复杂，应用较少。

由于生产工艺要求的不同，厂房的高度、跨度、跨数、截面形状和起重机起重量的不同，因而要实现单层厂房柱完全定型化和标准化是极其困难的。目前标准图集05G335给出了一些柱的标准设计，但大多数情况还需要设计者自行设计。

2. *柱的截面尺寸及外形尺寸*

排架柱的截面尺寸是根据截面承载力和截面刚度两个条件决定的，后者是保证起重机正常运行避免起重机轮和轨道过早磨损的重要条件。目前保证厂房刚度的办法不是靠计算而主要是根据工程经验和实测实验资料来控制截面尺寸，一般可参考表2-4来确定。

对于工字形截面柱，当截面高度和宽度确定以后，可参考表2-5确定腹板和翼缘尺寸。

表2-4　柱截面尺寸参考表（柱距6m）

柱的类型	截面尺寸			
	b	h		
		$Q\leqslant10\text{t}$	$10\text{t}<Q<30\text{t}$	$30\text{t}\leqslant Q\leqslant50\text{t}$
有起重机厂房下柱	$\geqslant\frac{H_l}{22}$	$\geqslant\frac{H_l}{14}$	$\geqslant\frac{H_l}{12}$	$\geqslant\frac{H_l}{10}$
露天起重机柱	$\geqslant\frac{H_l}{25}$	$\geqslant\frac{H_l}{10}$	$\geqslant\frac{H_l}{8}$	$\geqslant\frac{H_l}{7}$
单跨无起重机厂房	$\geqslant\frac{H}{30}$	$\geqslant\frac{1.5H}{25}$		
多跨无起重机厂房	$\geqslant\frac{H}{30}$	$\geqslant\frac{1.25H}{25}$		
山墙柱（仅承受风载及自重）	$\geqslant\frac{H_b}{40}$	$\geqslant\frac{H_l}{25}$		
山墙柱（同时承受连系梁传来墙重）	$\geqslant\frac{H_b}{30}$	$\geqslant\frac{H_l}{25}$		

注：H_l——从基础顶面至装配式吊车梁底面或现浇式起重机梁顶面的柱下部高度；

H——从基础顶面算起的柱全高；

H_b——山墙柱从基础顶面至平面外（柱宽 b 方向）支撑点的距离。

表2-5　工字形柱截面的细部尺寸

截面宽度	b_f/mm	300～400	400	500	600	图　注
截面高度	h/mm	500～700	700～1000	1000～2500	1500～2500	
腹板厚度 b/mm $\frac{b}{h}\geqslant\frac{1}{10}\sim\frac{1}{14}$		60	80～100	100～120	120～150	
翼板厚度 h_f/mm		80～100	100～150	150～200	200～250	

2.2　排架计算

单层工业厂房结构是一个空间结构，但为了计算方便，一般按纵、横向平面排架结构计算。纵向排架在承受起重机纵向制动力和山墙传来的纵向风荷载作用时，由于厂房纵向长度比宽度大得多，纵向排架柱往往较多，并有吊车梁、联系梁等多道联系，又有柱间支撑作用，纵向刚度较好，因此每根柱引起的内力值较小，故纵向排架一般可以不必计算，只需进行纵向排架在地震作用下的内力分析。横向排架承受厂房主要荷载的作用，而且柱较少，刚度亦较差，因此厂房结构设计时，必须对横向排架进行内力分析。

排架内力分析的目的主要是为了求得在各种荷载作用下起控制作用的截面的最不利内力，以此作为设计柱子和基础的依据。

2.2.1 计算简图

2.2.1.1 计算单元

由厂房相邻柱距中线截取如图2-21a所示阴影部分作为计算单元，除起重机等移动荷载外，阴影部分为一个排架的负荷范围。

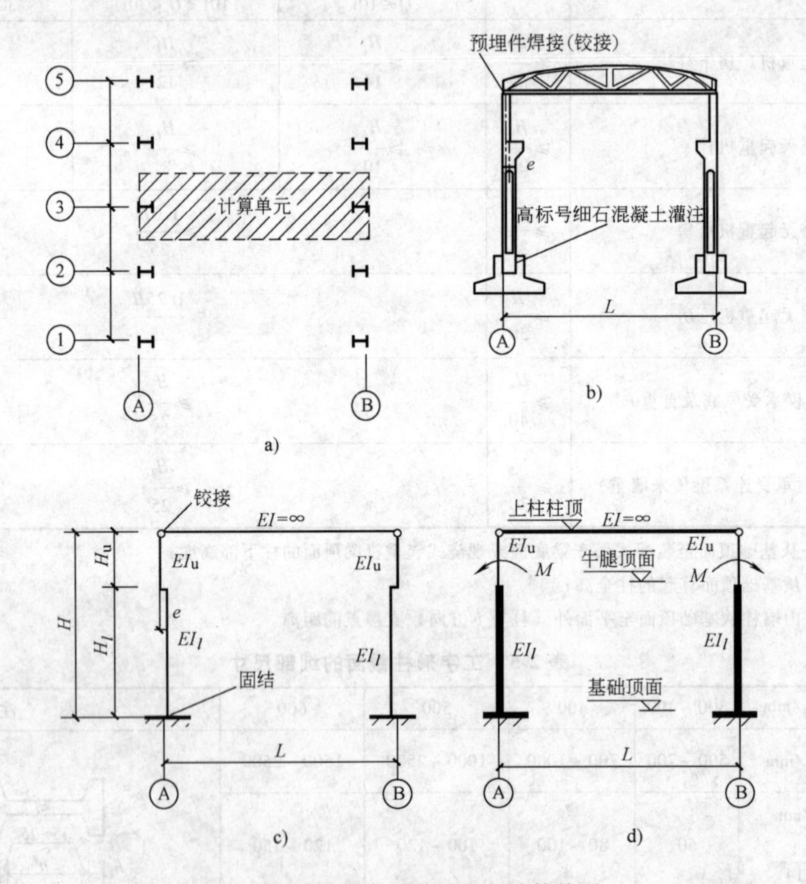

图2-21 横向排架计算单元与计算简图

2.2.1.2 排架的计算假定

排架的计算简图根据厂房结构的实际构造和实践经验来确定。一般钢筋混凝土排架通常作如下假定：

1）柱下端固定于基础顶面，柱上端与横梁（屋架或屋面梁）铰接。

2）横梁为没有轴向变形的刚杆。

由于钢筋混凝土柱插入基础杯口有一定的深度，并用细石混凝土和基础紧密地浇捣成一体，且基础下地基土的变形有限制，因而基础的转动一般很小，可作为固端考虑。但当地基土质较差、变形较大或有大面积堆载等，则应考虑基础位移和转动对排架内力的影响。在柱的上端，屋架搁置在柱顶上，用螺栓连接或用预埋件焊接，这种连接抵抗转动的能力很弱，因此，柱顶和屋架可作为铰接考虑。

排架横梁为钢筋混凝土屋架或屋面梁时，由于这类构件的刚度较大，在受力后长度变化很小，可以略去不计，因此可认为横梁是刚性连杆，即横梁两端柱的侧向位移相等。但当横梁为组合式屋架或三铰拱、二铰拱等屋架时，由于轴向变形大，则应考虑屋架轴向变形对排架内力的影响，这种排架称为“跨变排架”。

2.2.1.3 排架计算简图

排架的计算简图，如图2-21c所示，图中柱的计算轴线为柱的几何中心线，当柱为变截面柱时，排架柱的轴线为一折线，排架的跨度以厂房的轴线为准。

各部分柱截面的抗弯刚度 EI 由预先假定的柱截面尺寸和形状确定。

2.2.2 荷载计算

作用在排架上的荷载分恒荷载和活荷载两类（见图2-22）。

2.2.2.1 恒荷载

恒荷载包括屋盖、柱、吊车梁及轨道连接件、围护结构等自重重力荷载，其值可根据构件的设计尺寸和材料重度计算。若选用标准构件，则可直接由相应的构件标准图集中查得。

1. 屋盖恒载 G_1

屋盖恒荷载包括屋面构造层（找平层、保温层、防水层等）、屋面板、天窗架、屋架或屋面梁、屋盖支撑以及与屋架连接的各种设备管道等的重力荷载。计算单元范围内屋盖的总重力荷载是通过屋架或屋面梁的端部以竖向集中力 G_1 的形式传至柱顶，其作用点位于屋架上、下弦几何中心线汇交处（或屋面梁梁端垫板中心线处），一般在厂房纵向定位轴线内侧150mm处，如图2-23a所示。由图可见，G_1 对上柱截面几何中心存在偏心距 e_1，对下柱截面几何中心又增加一偏心距 e_0。

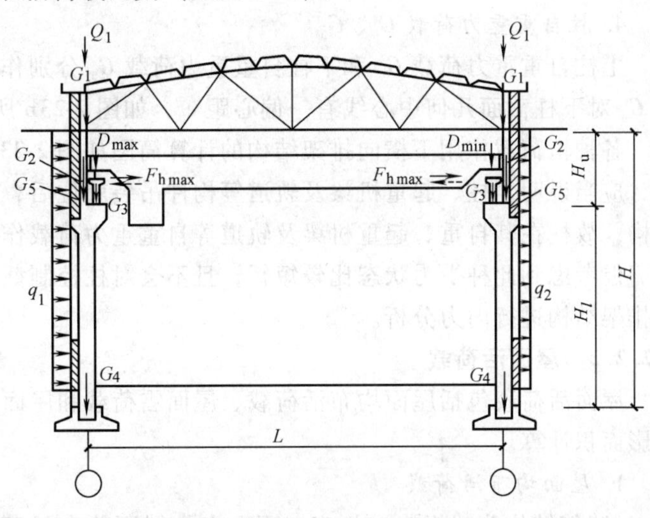

图2-22 排架上的荷载

2. 悬墙自重重力荷载 G_2

当设有连系梁支承围护墙体时，计算单元范围内的悬墙重力荷载以竖向集中力 G_2 的形式通过连系梁传给支承连系梁的柱牛腿顶面，其作用点通过连系梁或墙体截面的形心轴，距下柱截面几何中心的距离为 e_2，如图2-23b所示。

3. 起重机梁和轨道及连接件重力荷载 G_3

起重机梁和轨道及连接件重力荷载可从有关标准图中直接查得，轨道及连接件重力荷载

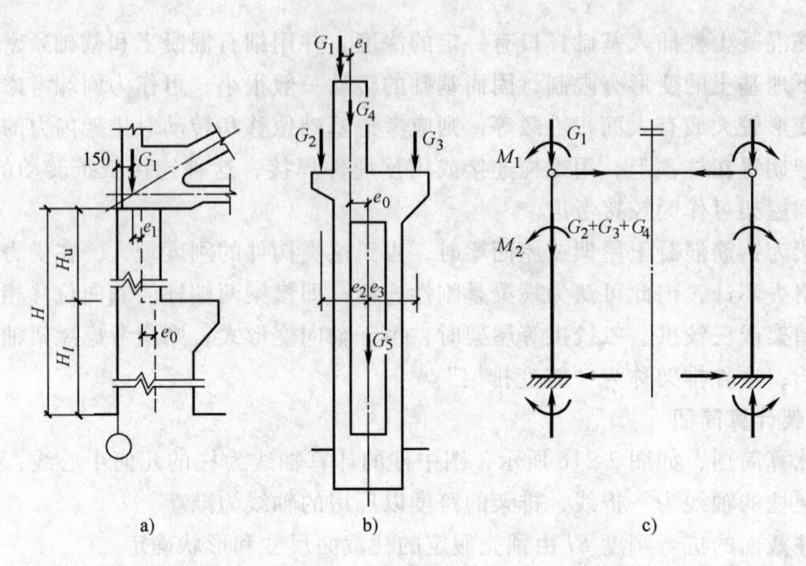

图 2-23 恒载作用位置及相应的排架计算简图

也可按 0.8～1.0 kN/m 估算。G_3 的作用点一般距纵向定位轴线750mm，它对下柱截面几何中心线的偏心距为 e_3，如图 2-23b 所示。

4. *柱自重重力荷载* G_4、G_5

上柱自重重力荷载 G_4 和下柱自重重力荷载 G_5 分别作用于各自截面的几何中心线上，其中 G_4 对下柱截面几何中心线有一偏心距 e_0，如图 2-23b 所示。

各种恒荷载作用下横向排架结构的计算简图如图 2-23c 所示。

应当说明，柱、起重机梁及轨道等构件吊装就位后，屋架尚未安装，此时还形不成排架结构，故柱在其自重、起重机梁及轨道等自重重力荷载作用下，应按竖向悬臂柱进行内力分析。但考虑到此种受力状态比较短暂，且不会对柱控制截面内力产生较大影响，因此通常仍按排架结构进行内力分析。

2.2.2.2 屋面活荷载

屋面活荷载包括屋面均布活荷载、屋面雪荷载和屋面积灰荷载三部分，均按屋面的水平投影面积计算。

1. *屋面均布活荷载*

《建筑结构荷载规范》规定：不上人的屋面均布活荷载标准值取 0.5kN/m²；上人的屋面取 2.0 kN/m²。其中不上人的屋面均布活荷载主要指厂房在使用阶段作为维修所必需的荷载，当维修荷载较大时，则按实际情况采用。

2. *雪荷载*

雪荷载是积雪重力，屋面雪荷载标准值 S_k 计算式为

$$S_k = \mu_r S_0 \tag{2-1}$$

式中 S_0——某地区的基本雪压值（kN/m²），是以当地一般空旷平坦地面上统计所得 50 年一遇最大积雪的自重确定，可从《建筑结构荷载规范》（附图 E.6.1）中全国基本雪压分布图上查得；

μ_r——屋面积雪分布系数，根据不同屋面形式确定，可查《荷载规范》表 6.2.1。

3. *积灰荷载*

对生产中有大量排灰的厂房及其邻近建筑物应考虑积灰荷载，可查《建筑结构荷载规范》表 5.4.1-1。

排架计算时，屋面均布活载不与雪荷载同时考虑，两者中仅取较大值；同样积灰荷载只应与雪荷载或屋面均布活载两者中的较大值同时考虑。

屋面活荷载 Q_1 与屋盖自重 G_1 的作用点相同。当厂房为多跨排架结构时，必须考虑它们在排架结构上的不利布置（见图 2-24）。

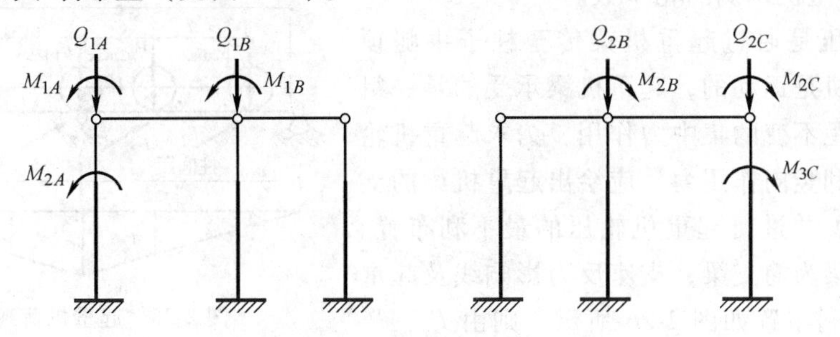

图 2-24 屋面活荷载作用下排架计算简图

2.2.2.3 起重机荷载

桥式起重机按其工作繁重程度分级时，区分了起重机的利用次数和荷载大小两种情况。按起重机在使用期内要求的总工作循环次数分成 10 个利用等级，又按起重机荷载达到其额定值的频繁程度分成 4 个荷载状态（轻、中、重、特重）。根据要求的利用等级和荷载状态，确定起重机的工作制，共分 8 个级别作为起重机设计依据。表 2-6 表示原起重机的工作制等级与现行规范起重机工作级别的对应关系。

表 2-6 原起重机的工作制等级与现行规范起重机工作级别的对应关系

工作制等级	轻级	中级	重级	超重级
工作级别	A1 ~ A3	A4、A5	A6、A7	A8

起重机按吊钩种类分为软钩起重机和硬钩起重机。软钩起重机指采用钢索通过滑轮组带动吊钩起吊重物；硬钩起重机指起重机用刚臂起吊重物或进行操作。

1. 起重机竖向荷载

起重机荷载通过起重机轮压作用于起重机梁上。当起重机满载，卷扬机小车到达桥梁一端的极限位置时，靠近小车端的轮压为最大轮压用 F_{pmax} 表示；另一端轮压为最小轮压用 F_{pmin} 表示，两者同时出现（见图 2-25）。设计起重机梁及柱子时所需的起重机基本参数，如 F_{pmax}、F_{pmin} 以及起重机桥宽 B、轮距 K、小车重 g、起重机总重 G 等，可根据起重机的规格，从起重机产品说明书中查得。附表 D 列出了一般用途电动桥式起重机的基本参数和主要尺寸。

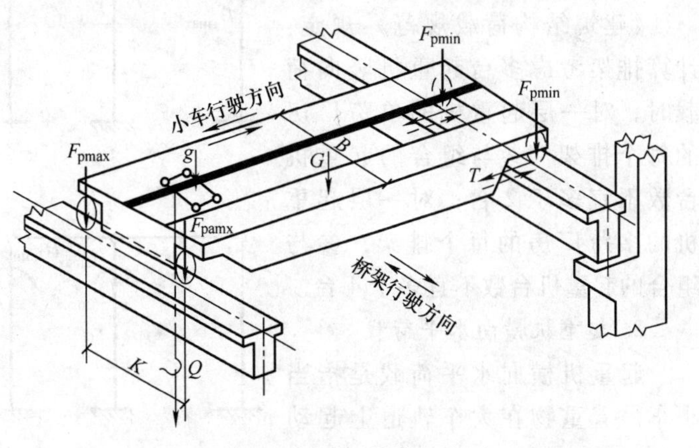

图 2-25 起重机荷载示意图

若 Q 表示起重机的额定起重量，取大车为受力分析隔离体，

则有

$$n(F_{pmax}+F_{pmin})=G+Q+g$$

即

$$F_{pmin}=\frac{G+Q+g}{n}-F_{pmax} \tag{2-2}$$

式中 n——起重机每侧的轮子数。

起重机轮压是通过起重机梁传至柱子牛腿顶面，由于起重机是运动的，起重机梁承受的是一组可移动的、间距不变的集中力作用，为求起重机轮压产生的最不利竖向作用力，应绘出起重机梁的支座反力影响线，并进行起重机轮压的最不利布置。每一跨起重机梁为简支梁，支座反力影响线及起重机轮压的最不利布置如图2-26所示，则由 F_{pmax} 产生的支座最大竖向反力 D_{max} 及而另一侧是由 F_{pmin} 产生的竖向反力 D_{min} 计算式为

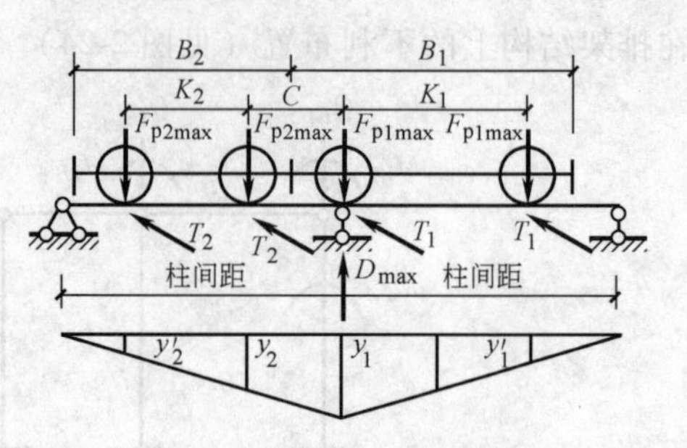

图2-26 起重机荷载作用下支座反力影响线图

$$D_{max}=\sum F_{pimax}y_i \tag{2-3a}$$

$$D_{min}=\sum F_{pimin}y_i \tag{2-3b}$$

式中 y_i——在轮压最不利布置情况下，轮子所在相应位置影响线的坐标值。

D_{max} 和 D_{min} 就是作用在排架上的最不利起重机竖向荷载，D_{max} 和 D_{min} 同时产生。将 D_{max} 和 D_{min} 换算成作用于下柱顶面的轴力和力矩（见图2-27），其力矩为

$$M_{max}=D_{max}e_3 \tag{2-4a}$$

$$M_{min}=D_{min}e_3 \tag{2-4b}$$

式中 e_3——起重机梁中心线和下柱中心线之间的距离。

在进行排架内力分析时，要考虑起重机竖向荷载的作用有两种可能，既可能 D_{max} 和 M_{max} 作用于排架某跨的左柱（见图2-27），这时作用于排架右柱的为 D_{min} 和 M_{min}；也可能 D_{max} 和 M_{max} 作用于排架的右柱，这时作用于排架左柱的为 D_{min} 和 M_{min}。

《建筑结构荷载规范》规定：计算排架考虑多台起重机竖向荷载时，对一层起重机的单跨厂房的每个排架，参与组合的起重机台数不宜多于2台；对一层起重机的多跨厂房的每个排架，参与组合的起重机台数不宜多于4台。

2. 起重机横向水平荷载

起重机横向水平荷载是指当小车吊着重物在大车轨道上起动和制动时所产生的惯性力，它通

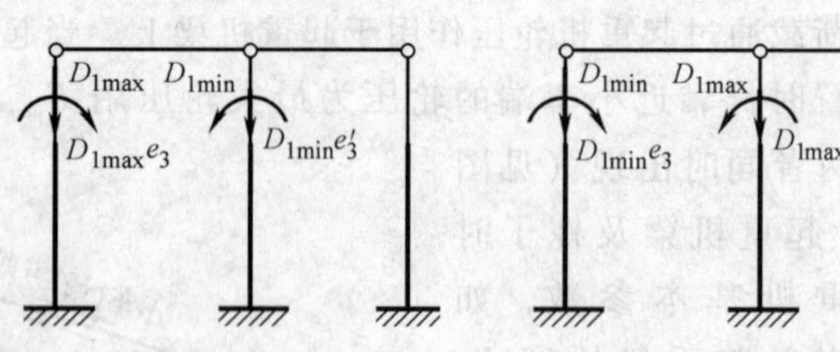

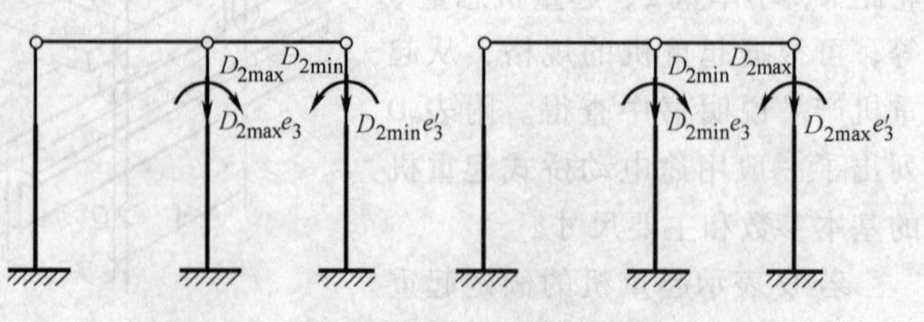

图2-27 起重机竖向荷载作用于排架示意图

过小车制动轮与大车上的轨道之间的摩擦力传给大车，再经过大车轮由轨顶经埋设在起重机梁顶面的连接件传给上柱。因此横向制动力作用在起重机梁顶面标高处（见图2-28a）。横向制动力应等分作用在排架的两侧柱子上，它的方向有左右两种可能性（见图2-28b）。

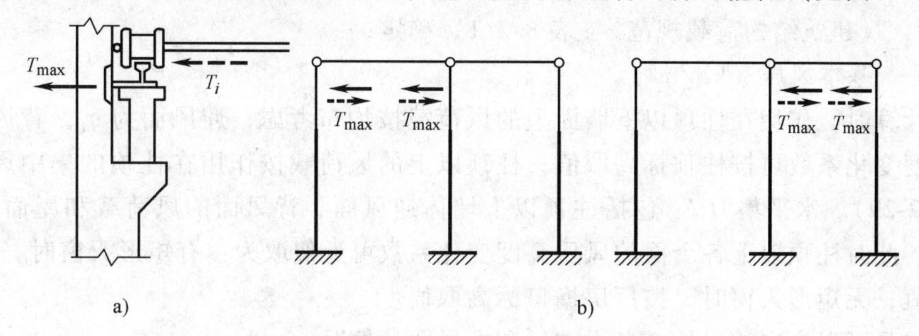

图2-28 起重机横向水平荷载作用示意图

设起重机横向水平制动力系数取为 α 时，则小车总的制动力 T_0 按下式计算

$$T_0 = \alpha\ (Q + g)$$

若其大车总轮数为4，即一侧的轮数为2，因此通过一个大车轮子传递的横向制动力 T 为

$$T = \frac{T_0}{4} = \frac{\alpha}{4}(Q + g) \tag{2-5}$$

起重机横向水平制动力系数 α 按下述规定取值：

对软钩起重机：当 $Q \leqslant 10\text{t}$ 时，取 $\alpha = 0.12$；当 $Q = 16\text{t} \sim 50\text{t}$ 时，取 $\alpha = 0.10$；当 $Q \geqslant 75\text{t}$ 时，取 $\alpha = 0.08$。

对硬钩起重机：取 $\alpha = 0.20$。

起重机对排架产生的最不利横向水平荷载 T_{max} 的位置（见图2-28）和求解方法与 D_{max} 和 D_{min} 相同，则

$$T_{max} = \sum T_i y_i \tag{2-6}$$

《建筑结构荷载规范》规定：考虑多台起重机水平荷载时，对单跨或多跨厂房的每个排架，参与组合的起重机台数不应多于2台。

排架计算时，考虑多台起重机同时达到满载的可能性较小，因此起重机竖向荷载和水平荷载应乘以表2-7中规定的折减系数。

表2-7 多台起重机的荷载的折减系数

参与组合的起重机台数	起重机工作级别	
	$A_1 \sim A_5$	$A_6 \sim A_8$
2	0.9	0.95
3	0.85	0.90
4	0.8	0.85

注：对于多层起重机的单跨和多跨厂房，计算排架时，参与组合的起重机台数及荷载折减系数应按实际情况考虑。

2.2.2.4 风荷载

垂直于建筑物表面上的风荷载标准值应按下式计算

$$w_k = \beta_z \mu_s \mu_z w_0 \tag{2-7}$$

式中 w_k——风荷载标准值（kN/m^2）；

β_z——高度 z 处的风振系数；

μ_s——风荷载体型系数，可按《建筑结构荷载规范》（表8.3.1）的规定采用，其中正值表示风压力，负值表示吸力（见图2-29a）；

μ_z——风压高度变化系数，应根据地面粗糙度类别和所求风压值处离地面的高度按《建筑结构荷载规范》（表8.2.1）确定；

w_0——基本风压（kN/m^2）。

排架计算时，作用在柱顶以下墙面上的风荷载按均布考虑，迎风面为q_1，背风面为q_2，其风压高度变化系数可按柱顶标高取值；柱顶以上的风荷载按作用在柱顶的集中风荷F_w考虑（见图2-29）。水平集力F_w包括柱顶以上墙体迎风面、背风面的风荷载和屋面风荷载的水平分力。此时柱顶以上各个面的风压高度变化系数可近似取为：有矩形天窗时，按天窗檐口标高取值；无矩形天窗时，按厂房檐口标高取值。

风荷载是可以变向的，故应考虑左风和右风两种情况。

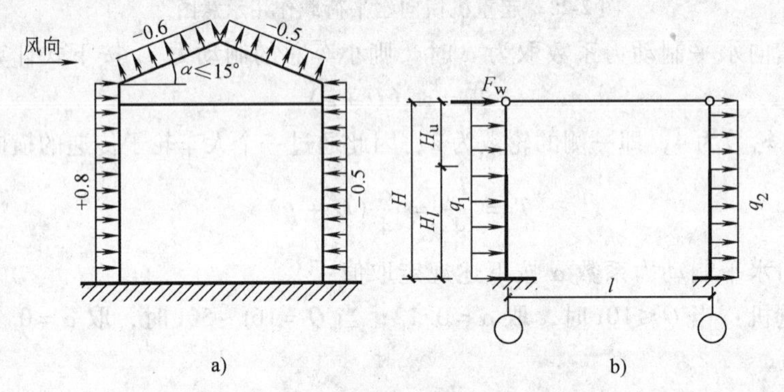

图2-29 风荷载作用下排架计算简图

2.2.3 剪力分配法

排架结构为超静定结构，可采用结构力学中的力法或位移法进行排架的内力分析，但对于等高排架，为简单起见，可采用剪力分配法求排架内力。

所谓等高排架是指各柱顶标高相同或柱顶标高不同，但柱顶由倾斜横梁贯通相连的排架。这类排架由于假定横梁刚度无穷大，横梁本身没有变形，当排架发生水平位移时，各柱顶位移相同，如图2-30所示。

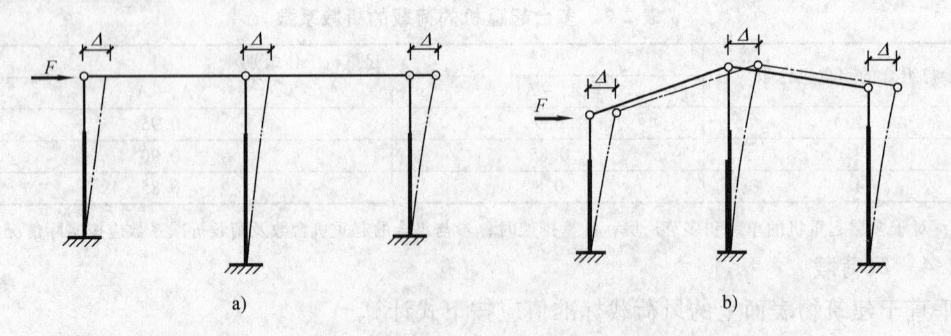

图2-30 等高排架

2.2.3.1 等高排架在柱顶集中力作用下的内力分析

如图2-31所示，等高排架在柱顶集中力作用下，各柱顶侧移Δ相等，且各柱中都会产

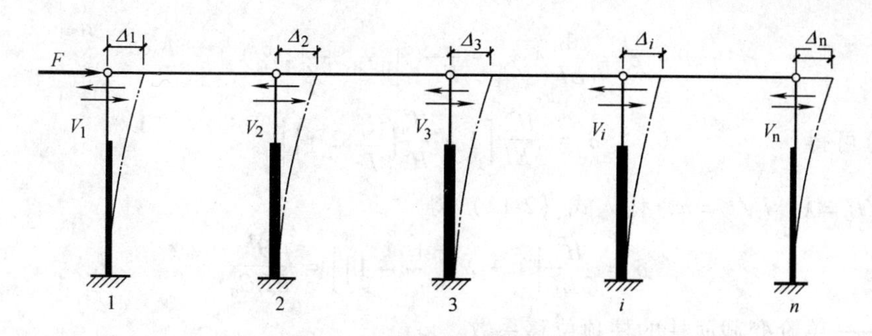

图 2-31 等高排架在柱顶集中力作用下的变形与内力

生一定的内力，如果沿横梁与柱的连接部位将横梁与柱切开，则在各柱与横梁间将出现一组剪力 V_1，V_2，…，V_n。根据内、外力平衡条件，列出力的平衡方程及各柱顶的变形协调方程

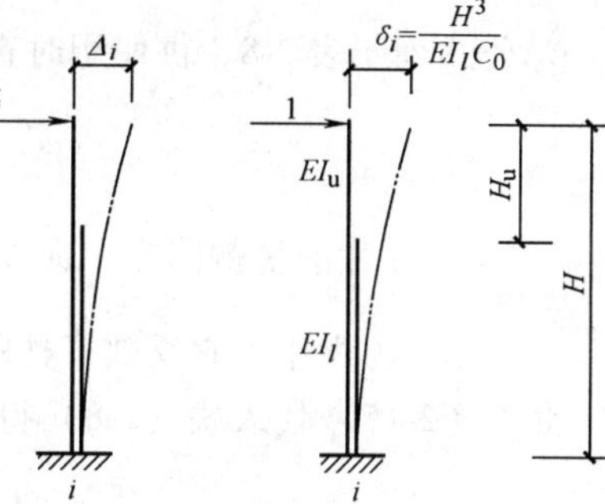

图 2-32 柱力与变形的关系

$$F = V_1 + V_2 + \cdots + V_i + V_n = \sum_{i=1}^{n} V_i \quad (2\text{-}8)$$

$$\Delta_1 = \Delta_2 = \cdots = \Delta_i = \cdots = \Delta_n = \Delta \quad (2\text{-}9)$$

然后分析其中某根柱力与变形关系（见图 2-32），可建立物理方程

$$V_i\delta_i = \Delta_i \quad (2\text{-}10)$$

式中 δ_i——柱的柔度系数，即悬臂柱在柱顶单位水平力作用下柱顶处的侧移值。柱的柔度系数越大，柱子越柔，抗侧移能力越小。

由结构力学可知，当单位水平力作用于单阶悬臂柱顶时（见图 2-33），其柱顶侧移 δ 可根据虚功原理推导出的计算公式求得

$$\delta = \int_0^H \frac{M_i M_p}{EI} dx$$

式中 M_p——外荷载（在此等于单位力 1）作用于柱顶所引起的弯矩；

M_i——在所求位移位置处，作用一个与位移方向一致的单位力所引起的弯矩。

由于柱子为变截面柱，上下柱刚度 EI 不等，因此计算时要采用分段积分，即

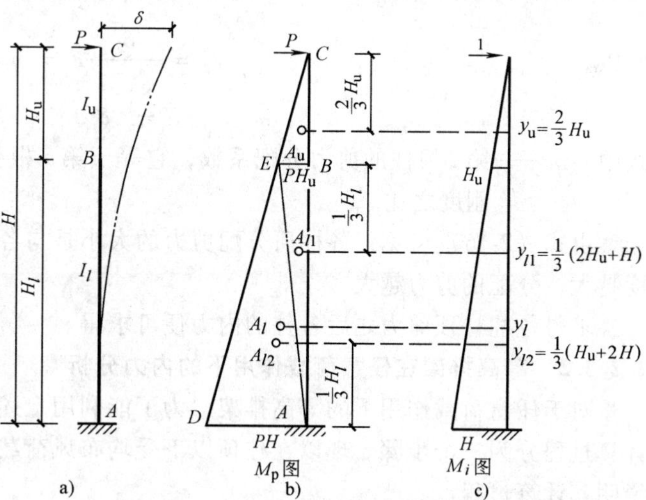

图 2-33 柱顶位移 δ 计算图

$$\delta = \int_0^H \frac{M_i M_p}{EI} dx = \frac{1}{EI_l}\int_0^{H_l} M_i M_p dx + \frac{1}{EI_u}\int_{H_l}^{H} M_i M_p dx \quad (2\text{-}11)$$

式（2-11）中各分段积分可用分段图乘法求得

$$\delta = \frac{1}{EI_u}A_u y_u + \frac{1}{EI_l}(A_{l1}y_{l1} + A_{l2}y_{l2})$$

经计算可得

$$\delta = \frac{H^3}{3EI_l}\left[1 + \frac{H_u^3}{H^3}\left(\frac{I_l}{I_u} - 1\right)\right] \tag{2-12}$$

令 $H_u/H = \lambda$，$I_u/I_l = n$，代入式（2-12）得

$$\delta = \frac{H^3}{3EI_l}\left[1 + \lambda^3\left(\frac{1}{n} - 1\right)\right] = \frac{H^3}{EI_l C_0} \tag{2-13}$$

式中 C_0——单阶变截面柱的柱顶位移系数。

$$C_0 = \frac{3}{1 + \left(\frac{1}{n} - 1\right)\lambda^3} \tag{2-14}$$

C_0 公式列于表2-8，供使用时查用。由式（2-10）得

$$V_i = \frac{1}{\delta_i}\Delta_i = \frac{1}{\delta_i}\Delta \tag{2-15}$$

式中 $\frac{1}{\delta_i}$——i 柱的抗侧刚度，即欲使悬臂柱柱顶产生单位侧移时，需要在柱顶施加的水平力大小，它反映了柱的抗侧移能力，柱抗侧刚度越大，抗侧移能力越强。

将式（2-15）代入式（2-8）得

$$F = \sum_1^n \frac{1}{\delta_i}\Delta_i = \Delta\sum_1^n \frac{1}{\delta_i}$$

则有

$$\Delta = \frac{F}{\sum_1^n \frac{1}{\delta_i}}$$

所以

$$V_i = \frac{\frac{1}{\delta_i}}{\sum_1^n \frac{1}{\delta_i}}F = \eta_i F \tag{2-16}$$

式中 η_i——第 i 根柱的剪力分配系数，它等于第 i 根柱自身的抗侧刚度与所有柱的总抗侧刚度之比。

由式（2-16）可见，各柱所分配剪力的大小是与各柱抗侧刚度大小成正比的，柱抗侧刚度越大，分配的剪力越大。

求得各柱柱顶剪力之后各柱的内力便可求得。

2.2.3.2 等高排架在任意荷载作用下的内力分析

对于任意荷载作用下的等高排架，为了能利用上述剪力分配系数进行内力分析，必须把计算过程分为三个步骤。现以在柱顶以下受均布风荷载作用的等高排架为例（见图2-34a），说明其计算过程。

1）在排架柱的顶端附加一个铰支座以阻止其水平侧移，则各柱为单阶一次超静定柱（见图2-34b），求出各柱顶支座反力 R_i 及相应的柱顶剪力，柱顶虚加铰支座反力 $R = \sum R_i$。图2-34b中 $R = R_1 + R_4$。

2）撤除虚加的铰支座，且加反向作用力 R 于排架柱顶（见图2-34c），以恢复到实际情况。应用剪力分配法可求出柱顶水平力 R 作用下各柱顶剪力 $\eta_i R$。

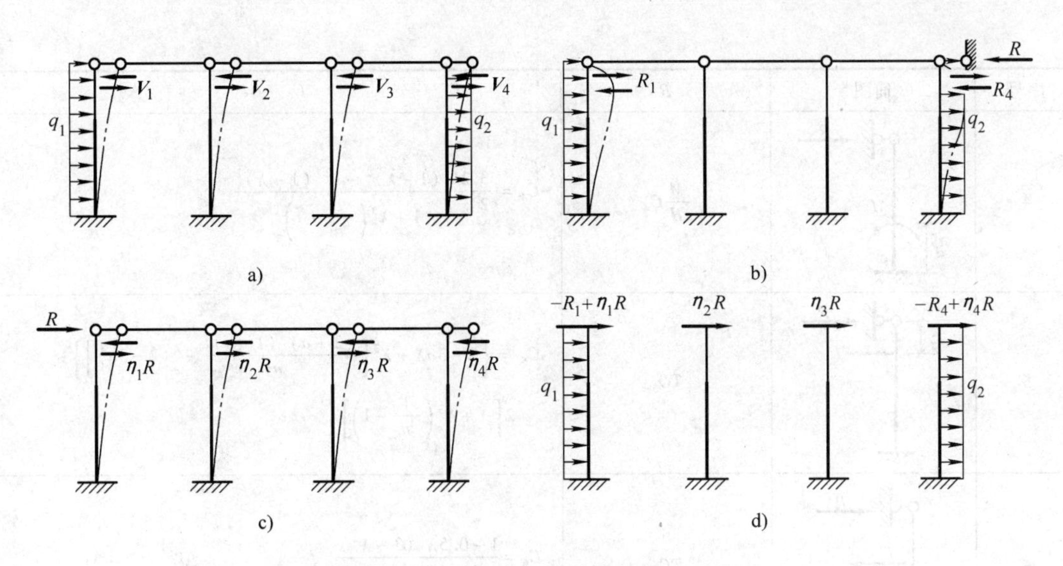

图 2-34　任意荷载作用下等高排架内力分析

3）把图 2-34b、c 两种情况求得的排架各柱内力叠加起来，即为排架的实际内力（见图 2-34d）。

顶端为不动铰，下端为固定端的变截面柱在各种荷载作用下的铰支座反力 R 可由结构力学的力法求解，其值可以从表 2-8 查得。

表 2-8　单阶变截面柱的柱顶位移系数 C_0 和反力系数（$C_1 \sim C_{11}$）

序号	简图	R	$C_0 \sim C_5$
0	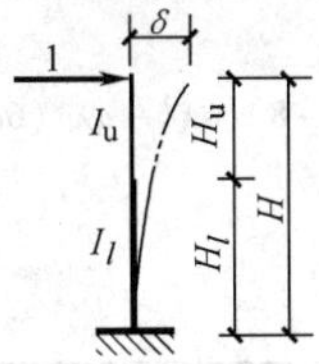		$\delta=\dfrac{H^3}{C_0 EI_l}$ $C_0=\dfrac{3}{1+\lambda^3\left(\dfrac{1}{n}-1\right)}$
1	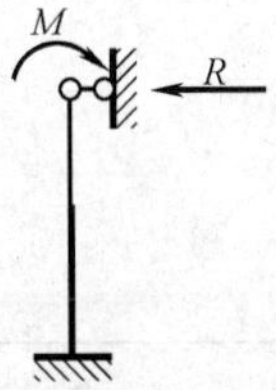	$\dfrac{M}{H}C_1$	$C_1=\dfrac{3}{2}\dfrac{1-\lambda^2\left(1-\dfrac{1}{n}\right)}{1+\lambda^3\left(\dfrac{1}{n}-1\right)}$
2	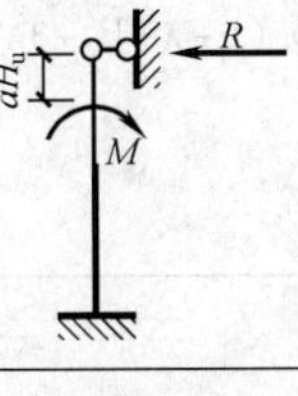	$\dfrac{M}{H}C_2$	$C_2=\dfrac{3}{2}\dfrac{1+\lambda^2\left(\dfrac{1-a^2}{n}-1\right)}{1+\lambda^3\left(\dfrac{1}{n}-1\right)}$
3	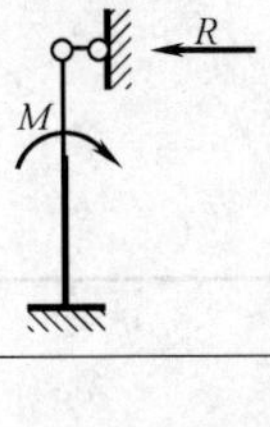	$\dfrac{M}{H}C_3$	$C_3=\dfrac{3}{2}\dfrac{1-\lambda^2}{1+\lambda^3\left(\dfrac{1}{n}-1\right)}$

（续）

序号	简图	R	$C_0 \sim C_5$
4	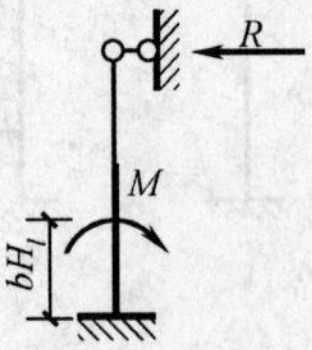	$\frac{M}{H}C_4$	$C_4=\frac{3}{2}\cdot\frac{2b(1-\lambda)-b^2(1-\lambda)^2}{1+\lambda^3\left(\frac{1}{n}-1\right)}$
5	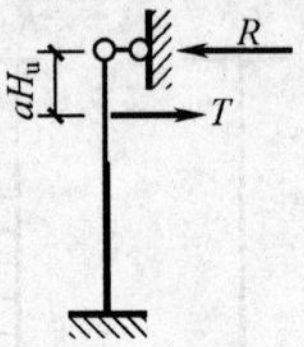	TC_5	$C_5=\left\{2-3a\lambda+\lambda^3\left[\frac{(2+a)(1-a)^2}{n}-(2-3a)\right]\right\}\div 2\left[1+\lambda^3\left(\frac{1}{n}-1\right)\right]$
6	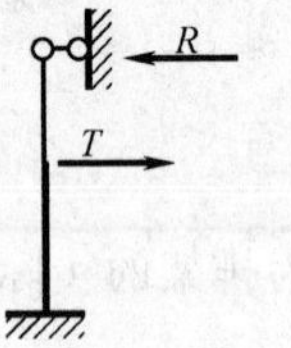	TC_6	$C_6=\frac{1-0.5\lambda(3-\lambda^2)}{1+\lambda^3\left(\frac{1}{n}-1\right)}$
7	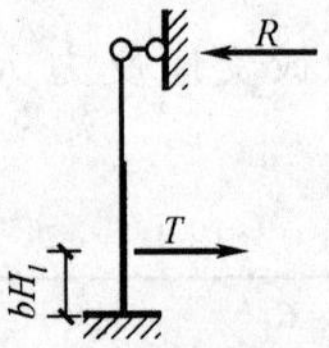	TC_7	$C_7=\frac{b^2(1-\lambda)^2[3-b(1-\lambda)]}{2\left[1+\lambda^3\left(\frac{1}{n}-1\right)\right]}$
8	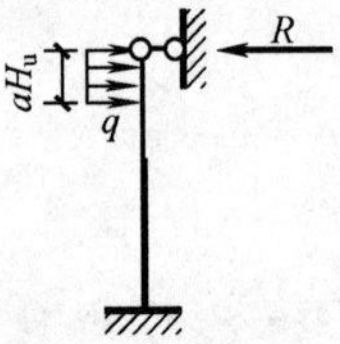	qHC_8	$C_8=\left\{\frac{a^4}{n}\lambda^4-\left(\frac{1}{n}-1\right)(6a-8)a\lambda^4-a\lambda(6a\lambda-8)\right\}\div 8\left[1+\lambda^3\left(\frac{1}{n}-1\right)\right]$
9	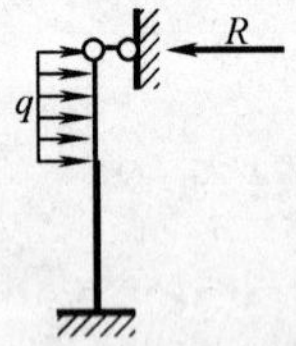	qHC_9	$C_9=\frac{8\lambda-6\lambda^2+\lambda^4\left(\frac{3}{n}-2\right)}{8\left[1+\lambda^3\left(\frac{1}{n}-1\right)\right]}$
10	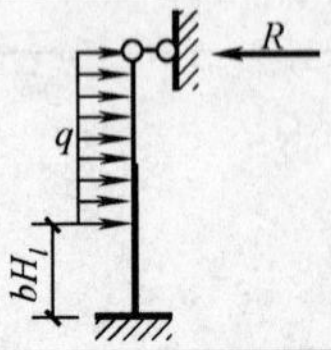	qHC_{10}	$C_{10}=\left\{3-b^3(1-\lambda)^3[4-b(1-\lambda)]+3\lambda^4\left(\frac{1}{n}-1\right)\right\}\div 8\left[1+\lambda^3\left(\frac{1}{n}-1\right)\right]$
11	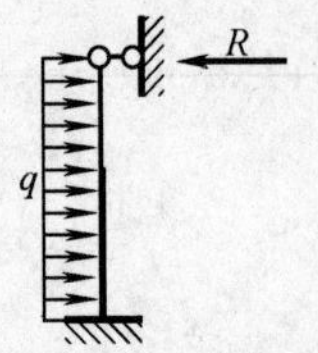	qHC_{11}	$C_{11}=\frac{3\left[1+\lambda^4\left(\frac{1}{n}-1\right)\right]}{8\left[1+\lambda^3\left(\frac{1}{n}-1\right)\right]}$

注：表中 $n=I_u/I_l$；$\lambda=H_u/H$；$1-\lambda=H_l/H$。

2.2.4 内力组合

内力组合是根据各种荷载同时出现的可能性进行组合，求出起控制作用的构件截面可能产生的最不利内力，作为柱和基础配筋计算的依据。

2.2.4.1 柱的控制截面

在荷载作用下，柱的内力是沿高度变化的，设计时应根据内力图和截面的变化情况。选取几个对柱的配筋和基础设计有控制作用的截面（即控制截面)，进行内力的最不利组合。在一般单阶柱中，为制作方便，整个上柱截面的配筋相同，整个下柱截面的配筋也相同，故应分别找出上柱和下柱的控制截面。

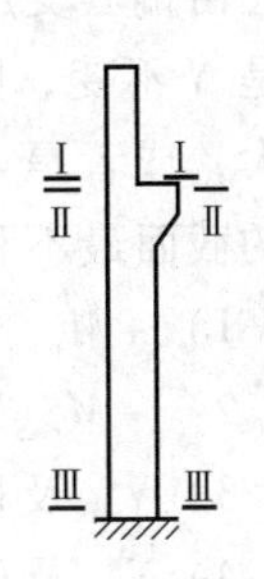

图 2-35 柱的控制截面

对上柱来说，底部截面Ⅰ-Ⅰ的弯矩和轴力都比其他截面大，故通常取上柱底作为上柱的控制截面（见图 2-35)。对下柱来说，在起重机竖向荷载作用下，一般在牛腿面处的弯矩最大；在风荷载和起重机横向水平荷载作用下，柱底截面的弯矩最大。因此，对下柱通常取牛腿面（Ⅱ-Ⅱ截面）和柱底（Ⅲ-Ⅲ截面）这两个截面作为控制截面，如图 2-35 所示。当柱上作用有较大的集中荷载（如悬墙重力等）时，可根据其内力大小增选集中荷载作用处的截面作为控制截面。

2.2.4.2 内力组合原则

在排架内力分析中，一般是分别算出各种荷载单独作用时，柱各截面的内力值。为了求出柱控制截面上可能出现的最不利内力，还必须考虑这些单项荷载同时出现的可能性，进行荷载效应组合（内力组合)。

《建筑结构荷载规范》规定，荷载基本组合效应设计值 S_d，应从下列荷载组合值中取用最不利的效应设计值：

由可变荷载控制的组合

$$S_d = \sum_{j=1}^{m} \gamma_{G_j} S_{G_j k} + \gamma_{Q_1} \gamma_{L_1} S_{Q_1 k} + \sum_{i=2}^{n} \gamma_{Q_i} \gamma_{L_i} \psi_{c_i} S_{Q_i k} \tag{2-17}$$

由永久荷载控制的组合

$$S_d = \sum_{j=1}^{m} \gamma_{G_j} S_{G_j k} + \sum_{i=1}^{n} \gamma_{Q_i} \gamma_{L_i} \psi_{c_i} S_{Q_i k} \tag{2-18}$$

式中 γ_{G_j}——第 j 个永久荷载的分项系数；

γ_{Q_i}——第 i 个可变荷载的分项系数，其中 γ_{Q_1} 为主导可变荷载 Q_1 的分项系数；

γ_{L_i}——第 i 个可变荷载考虑设计使用年限的调整系数，其中 γ_{L_1} 为主导可变荷载 Q_1 考虑设计使用年限的调整系数；

$S_{G_j k}$——按第 j 个永久荷载标准值 G_jk 计算的荷载效应值；

$S_{Q_i k}$——按第 i 个可变荷载标准值 Q_ik 计算的荷载效应值，其中 $S_{Q_1 k}$ 为诸可变荷载效应中起控制作用者；

ψ_{c_i}——第 i 个可变荷载 Q_i 的组合值系数；

m——参与组合的永久荷载数；

n——参与组合的可变荷载数。

2.2.4.3 内力组合目标

由荷载效应组合方式可知，柱同一截面可求出多组内力，若将所有内力组合结果求出，再通过配筋计算结果比较，取配筋大者进行柱的配筋设计，这种方法计算量较大。为减小计算量，可由偏心受压构件的破坏曲线，判别哪一种内力组合是截面的最不利内力。

由偏心受压构件破坏曲线可知，当截面为大偏心受压时，如果 M 不变，则 N 越小，或者是 N 不变，则 M 越大，所需截面配筋越多；当截面为小偏心受压时，如果 M 不变，则 N 越大，或者是 N 不变，则 M 越大，所需截面配筋越多，因此，通常以下四种组合结果为可能的截面最不利内力组合：

1）$+M_{max}$及相应的 N，V。

2）$-M_{max}$及相应的 N，V。

3）N_{max}及相应的 $+M_{max}$或 $-M_{max}$，V。

4）N_{min}及相应的 $+M_{max}$或 $-M_{max}$，V。

对于1）、2）两项组合，当弯矩取为最大正值或最大负值时，相应的轴力是惟一确定的。而对于3）、4）两项组合，当轴力取定为最大或最小值时，相应的弯矩可能不只是一种，这是因为风载及起重机水平刹车力作用时，轴力为零，但都产生弯矩。因此，要取相应可能产生的最大正弯矩或最大负弯矩。

以上四项内力组合有时还不一定能够控制柱的配筋量。例如，对于大偏心受压截面，有时 N 值虽比原拟取值小些，但对应的 M 值却大些，这时截面配筋可能会更多，组合时应注意加以比较，但在一般情况下，按上述四项进行内力组合，已能满足工程设计要求。

2.2.4.4 内力组合注意事项

1）在任何情况下，都必须考虑恒荷载产生的内力。

2）起重机竖向荷载 D_{max}（或 D_{min}）可能作用在厂房同一跨的左柱上，也可能作用在右柱上，两者只能选择一种（取不利内力）参加组合。

3）起重机横向水平荷载 T_{max} 作用在同一跨内的两个柱子上，向左或向右，只能选取其中一种参加组合。

4）由于起重机水平荷载不能脱离其竖向荷载而单独存在，因此如果组合时取用了 T_{max} 产生的内力，则必须取用相应的 D_{max}（或 D_{min}）产生的内力。而某一跨内有起重机竖向荷载作用时，水平荷载不一定发生，故组合 D_{max}和 D_{min}产生的内力时，不一定要组合 T_{max}产生的内力。考虑到 T_{max}既可向左又可向右作用的特性，所以若组合了 D_{max}或 D_{min}产生的内力，一般同时组合相应的 T_{max}产生的内力（多跨时只取一项）才能得到最不利的内力组合。

5）风荷载有左风、右风两种情况，只能选择一种参加组合。

6）由于多台起重机同时满载的可能性较小，所以当多台起重机参与组合时，其内力应乘以相应的荷载折减系数（见表2-7）。

2.2.5 单层厂房整体空间作用的概念

2.2.5.1 厂房整体空间作用的基本概念

为说明厂房整体空间作用的概念，现以图2-36所示单跨厂房在四种柱顶水平荷载作用下的柱顶位移示意图进行分析说明。

情况①：各排架柱顶水平位移相同，互不牵制，类似于没有纵向构件连系的单个排架，

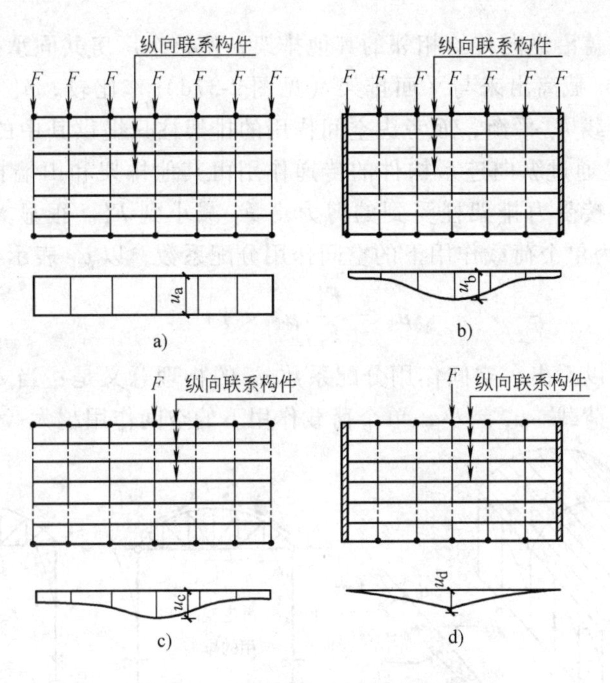

图 2-36 排架顶点水平位移的比较

可视为平面排架，如图 2-36a 所示。

情况②：厂房两端有山墙，其侧向刚度很大，该处水平位移很小，且山墙对其他排架有不同程度的约束作用，因此各柱顶水平位移的连线呈曲线，如图 2-36b 所示，$u_b < u_a$。

情况③：厂房某一排架直接承受荷载作用时，其他所有排架都因受其牵动而将产生位移，如图 2-36c 所示。

情况④：承受荷载情况与情况③相同，但厂房两端有山墙，故各排架的位移都比情况③的小，即 $u_d < u_c$，如图 2-36d 所示。

从上述四种情况可知，除第一种情况，其余三种情况各个排架或山墙的变形都不是单独的，而是互相制约成一整体。这种排架与排架、排架与山墙之间相互制约、相互影响的整体作用称为厂房的整体空间作用。

产生单层厂房整体空间作用的条件有两个：①各横向排架（山墙可理解为广义的横向排架）之间必须有纵向连系构件；②各横向排架彼此的情况不同，或结构不同或承受荷载不同。由此可理解到，无檩体系屋盖厂房的整体空间作用比有檩体系屋盖厂房大；局部作用下厂房的整体空间作用比均布荷载作用下厂房大。因此，对于沿厂房纵向均匀分布的恒荷载、屋面活荷载及风荷载作用时，将空间结构近似地简化为平面排架进行计算，基本上反映厂房的工作性能。但当厂房受起重机荷载作用时，若按平面排架进行计算，则与厂房结构的实际工作情况不符。因此，在起重机荷载作用下，可考虑厂房的整体空间作用。

2.2.5.2 起重机荷载作用下厂房整体空间作用的计算

1. 单个荷载作用下厂房的空间作用分配系数 μ_k

如图 2-37 所示，当厂房在其中某个排架的柱顶上作用一个集中荷载 F_k 时，由于屋盖及纵向连系构件等将相邻各排架连成一个空间整体，可视屋盖为弹性地基水平梁，在外力 F_k 作用下，每一弹簧（排架）都要产生一反力（见图 2-37b），因此荷载不仅由直接受力排架承受，而且将通过屋盖沿纵向传给相邻的其他排架，使整个厂房共同承担。若把这一直接受力排架（见图2-37c）截离出来与平面排架（见图2-37d）作比较，$u'_k < u_k$。平面排架柱应提供全部反力与外荷载 F_k 平衡，而考虑空间作用的排架柱只提供其中的一部分反力 F'_k，其余部分（$F_k - F'_k$）是通过纵向连系构件的传递作用由其他排架和山墙提供。由此可见，当考虑空间作用时，直接受力排架柱受到的剪力由 F_k 减小到 F'_k。很显然，$F'_k < F_k$，我们把 F'_k 与 F_k 之比值，称为单个荷载作用下的空间作用分配系数，以 μ_k 表示，即

$$\mu_k = \frac{F'_k}{F_k}(\mu_k < 1) \tag{2-19}$$

从式（2-19）可以看出，空间作用分配系数 μ_k 的物理意义是：当 $F_k = 1\text{kN}$ 时，直接受力的排架所分担到的荷载。μ_k 越小，单个荷载作用下的空间作用越大。

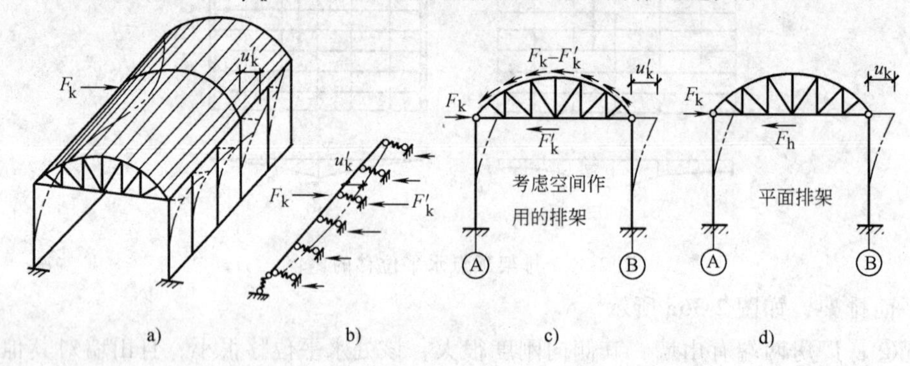

图2-37 单个水平荷载下厂房的整体空间作用

目前确定空间作用分配系数 μ_k，大多以实测和模型试验为主，而以理论分析为辅。根据实测资料，对于大型屋面板屋盖体系的单层厂房，两端有山墙时，$\mu_k = 0.3 \sim 0.5$。

2. 单跨厂房排架在起重机荷载作用下空间作用分配系数 μ

上述所讨论的空间作用分配系数 μ_k，只是考虑承受一个集中荷载时的情况。实际上，厂房在起重机荷载作用下，并不是单个荷载，而是多个荷载。以起重机横向水平荷载为例，作用在计算排架上的起重机最大水平荷载为 T_{max}，相邻两排架也受到大小不同的水平力。当为空间排架时，计算排架上的力要传到其他排架上，而其他排架上所受到的力也要传到计算排架上。所以，在确定多个荷载作用下的 μ 值时，需要考虑排架的相互作用。表2-9为根据大量的实测资料与统计分析确定的一组可靠的空间分配系数 μ 值。

表2-9 单跨厂房空间作用分配系数 μ

<table>
<tr><th colspan="2" rowspan="2">厂房情况</th><th rowspan="2">起重机起重量/t</th><th colspan="4">厂房长度/m</th></tr>
<tr><th colspan="2">≤60</th><th colspan="2">>60</th></tr>
<tr><td rowspan="2">有檩屋盖</td><td>两端无山墙及一端有山墙</td><td>≤30</td><td colspan="2">0.90</td><td colspan="2">0.85</td></tr>
<tr><td>两端有山墙</td><td>≤30</td><td colspan="4">0.85</td></tr>
<tr><td rowspan="4">无檩屋盖</td><td rowspan="3">两端无山墙及一端有山墙</td><td rowspan="3">≤75</td><td colspan="4">跨度/m</td></tr>
<tr><td>12~27</td><td>>27</td><td>12~27</td><td>>27</td></tr>
<tr><td>0.90</td><td>0.85</td><td>0.85</td><td>0.80</td></tr>
<tr><td>两端有山墙</td><td>≤75</td><td colspan="4">0.80</td></tr>
</table>

注：1. 厂房山墙应为实心砖墙，如有开洞，洞口对上墙水平面积的削弱应不超过50%，否则应视为无山墙情况。

2. 当厂房设有伸缩缝时，厂房长度应按一个伸缩缝区段长度计算，且伸缩缝处应视为无山墙。

在下列情况下，排架计算不考虑空间作用（即取 $\mu = 1$）：

1）当厂房一端有山墙或两端均无山墙，且厂房长度小于36m时。

2）天窗跨度大于厂房跨度的1/2，或者天窗布置使厂房屋盖沿纵向不连续时。

3）厂房柱距大于12m时（包括一般柱距小于12m，但有个别柱距不等且最大柱距超过12m的情况）。

4）当屋架下弦为柔性拉杆时。

3. 起重机荷载作用下厂房整体空间作用的计算方法

以图2-38所示起重机最大水平荷载T_{max}作用情况为例，若不考虑厂房的空间作用，T_{max}产生的支座反力R全部由计算排架承担，若考虑厂房的空间作用，计算排架只承担一部分反力μR，其余反力$(1-\mu)R$由其余排架和山墙承担，相当于为排架提供一弹性支座，支反力为$(1-\mu)R$，由此可以确定考虑厂房的空间作用时排架的计算简图，如图2-38a所示。其内力计算步骤可分为三步：

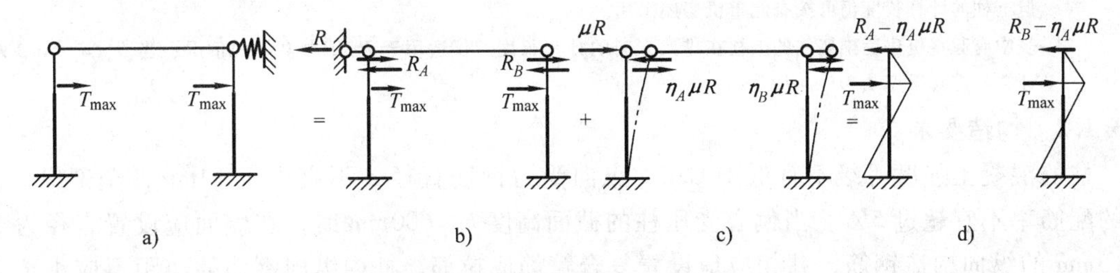

图2-38 T_{max}作用下厂房的整体空间作用的计算方法

1）先假定排架柱顶无侧移，于排架柱顶加不动铰支座（见图2-38b）。求出T_{max}作用下各柱顶支座反力$R(R=R_A+R_B)$及相应的柱顶剪力R_A，R_B。

2）撤除铰支座，于排架柱顶加反向作用力μR（见图2-38c），以恢复到实际情况，应用剪力分配法可求出柱顶水平力μR作用下各柱顶剪力$\eta_i \mu R$。

3）把图2-38b、c两种情况求得的排架各柱内力叠加起来，即为排架的实际内力，如图2-38d所示。

2.3 排架柱设计

预制钢筋混凝土排架柱的设计，包括选择柱的形式、确定截面及外形构造尺寸、配筋计算、吊装验算、牛腿设计等。关于柱的形式、截面及外形构造尺寸确定已在2.1.3中介绍，本节讨论矩形、工字形截面柱设计中的其他问题。

2.3.1 截面设计、构造及吊装验算

2.3.1.1 截面设计

单层厂房排架柱各控制截面的不利内力组合值（M、N、V）是柱配筋计算的依据。一般情况下，矩形、工字形截面实腹柱可按构造要求配置箍筋，不必进行受剪承载力计算。为施工方便，同时考虑柱截面弯矩有正、负两种情况，柱通常采用对称配筋方式，除进行弯矩作用平面内的受压承载力计算之外，还应验算平面外轴心受压承载力。

在对柱进行受压承载力计算或验算时，需要考虑二阶效应影响。当需要确定偏心距增大

系数 η_s 或稳定系数 φ 时，这些均与柱的计算长度 l_0 有关。l_0 的取值见表 2-10。

表 2-10 刚性屋盖单层厂房排架柱、露天起重机柱和栈桥柱的计算长度

柱的类别		l_0		
		排架方向	垂直排架方向	
			有柱间支撑	无柱间支撑
无起重机厂房柱	单跨	$1.5H$	$1.0H$	$1.2H$
	两跨及多跨	$1.25H$	$1.0H$	$1.2H$
有起重机厂房柱	上柱	$2.0H_u$	$1.25H_u$	$1.5H_u$
	下柱	$1.0H_l$	$0.8H_l$	$1.0H_l$
露天起重机柱和栈桥柱		$2.0H_l$	$1.0H_l$	—

注：1. 表中 H 为从基础顶面算起的柱子全高；H_l 为从基础顶面至装配式吊车梁底面或现浇式吊车梁顶面的柱子下部高度；H_u 为从装配式吊车梁底面或从现浇式吊车梁顶面算起的柱子上部高度。

2. 表中有起重机房屋排架柱的计算长度，当计算中不考虑起重机荷载时，可按无起重机房屋柱的计算长度采用，但上柱的计算长度仍可按有起重机房屋采用。

3. 表中有起重机房屋排架柱的上柱在排架方向的计算长度，仅适用于 $H_u/H_l \geqslant 0.3$ 的情况；当 $H_u/H_l < 0.3$ 时，计算长度宜采用 $2.5H_u$。

2.3.1.2 构造要求

柱的混凝土强度等级不宜低于 C20，纵向受力钢筋直径 d 不宜小于 12mm，全部纵向钢筋的配筋率不宜超过 5%。当偏心受压柱的截面高度 $h \geqslant 600$mm 时，在侧面应设置直径为 10 ~16mm 的纵向构造钢筋，并相应地设置复合箍筋或拉筋。柱内纵向钢筋的净距不应小于 50 mm；对水平浇筑的预制柱，其上部纵向钢筋的净距不应小于 30mm 和 $1.5d$（d 为钢筋的最大直径），下部纵向钢筋的净距不应小于 25mm 和 d。偏心受压柱中垂直于弯矩作用平面的纵向受力钢筋以及轴心受压柱中各边的纵向受力钢筋，其中距不应大于 300mm。

柱中的箍筋应为封闭式。箍筋间距不应大于 400mm 及构件截面的短边尺寸，且不应大于 $15d$（d 为纵向钢筋的最小直径）。箍筋直径不应小于 $d/4$（d 为纵向钢筋的最大直径），且不应小于 6mm。当柱中全部纵向受力钢筋的配筋率超过 3% 时，箍筋直径不宜小于 8mm，间距不应大于 $10d$（d 为纵向钢筋的最小直径），且不应大于 200mm。

2.3.1.3 吊装验算

排架柱在施工吊装过程中的受力状态与使用阶段不同，而且此时混凝土的强度可能未达到设计强度，因此还应根据柱在吊装阶段的受力特点和材料实际强度，对柱进行承载力和裂缝宽度验算。

柱吊装方法有翻身吊和平吊两种（见图 2-39a、b）。平吊较为方便，翻身起吊在吊装前须翻身就位。

柱在吊装验算时的计算简图应根据吊点设置情况来确定。当采用一点起吊时，吊点设置在牛腿的根部，吊装过程中的最不利受力阶段为吊点刚离开地面时，此时柱子底端搁置在地面上，柱为在其自重作用下的受弯构件，其计算简图和弯矩图如图 2-39c 所示，一般取上柱柱底、牛腿根部和下柱跨中三个控制截面。当采用平吊时，工字形截面可简化为宽度为 $2h_f$，高度为 b_f 的矩形截面，且只考虑两翼缘四角的钢筋参与工作，如翼缘内还有纵向构造钢筋时，也可考虑其作用。当采用平吊不满足承载力或裂缝宽度限值要求时，可采用翻身起吊，此时柱截面受力方向与使用阶段一致，一般承载力和裂缝宽度均能满足要求，不必验算。

在进行吊装阶段受弯承载力验算时，柱自重重力荷载分项系数取 1.2，考虑到起吊时的

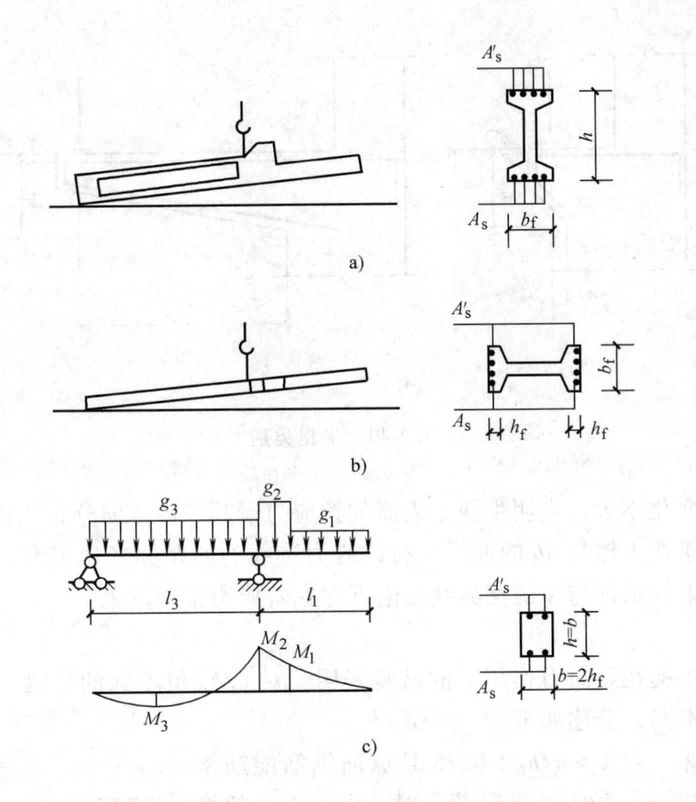

图2-39 柱的吊装方法及简图

动力作用，还应乘以动力系数1.5。由于吊装阶段时间与使用阶段相比较短，故结构重要性系数 γ_0 降低一级采用（一般取0.9）。混凝土强度取吊装时的实际强度，一般要求大于70%的设计强度。

当承载力或裂缝宽度验算不满足要求时，应优先采用调整或增设吊点以减小弯矩的方法或采取临时加固措施来解决。当采用这些方法或措施有困难时，可采用增大混凝土强度等级或增加纵筋数量的方法。

2.3.2 牛腿设计

在厂房结构中，常采用在柱侧伸出的牛腿来支承屋架、托架、起重机梁和连系梁等构件。牛腿除承受很大的竖向荷载之外，有时也承受地震作用和风荷载引起的水平荷载，所以它是柱中较重要的部分，必须重视它的设计。

牛腿按承受的竖向荷载合力作用点至牛腿根部柱边缘水平距离 a 的不同分为两类（见图2-40）：$a>h_0$ 时为长牛腿，按悬臂梁进行设计；$a\leqslant h_0$ 时为短牛腿，是一变截面悬臂深梁，按以下所述方法设计。此处，h_0 为牛腿根部截面的有效高度，如图2-40所示。

2.3.2.1 牛腿的应力分布与破坏形态

1. 应力分布

通过 $a/h_0=0.5$ 环氧树脂牛腿模型的光弹试验，得到的主应力迹线如图2-41所示。由图2-41可见，牛腿在顶面竖向力作用下，上边缘附近的主拉应力迹线大致与上边缘平行，

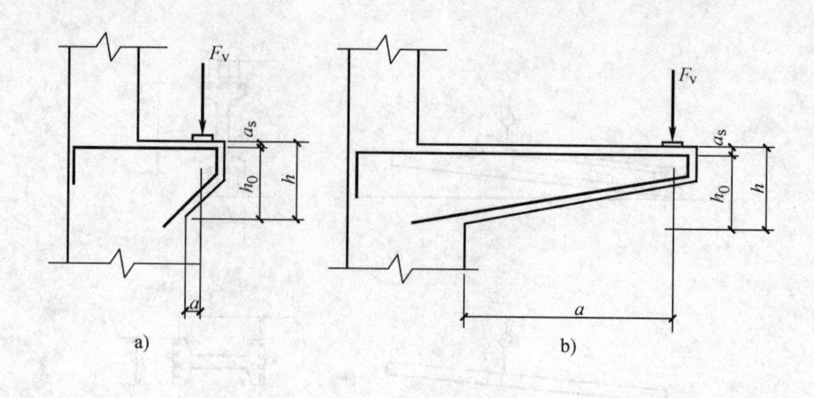

图 2-40 牛腿类别

a）短牛腿 b）长牛腿

应力迹线的间距变化不大，表明牛腿上表面的拉应力沿其长度方向分布比较均匀；牛腿斜边附近的主压应力迹线大体与 ab 的连线平行，应力迹线的间距亦变化不大，压应力分布也比较均匀；另外，上柱根部与牛腿交界线处附近存在着应力集中现象。

2. 破坏形态

钢筋混凝土牛腿在竖向力作用下的试验表明，对 a/h_0 值不同的牛腿，其裂缝开展过程和破坏形态有所不同，分述如下。

（1）弯压破坏 当 $1 > a/h_0 > 0.75$ 且纵向钢筋配筋率偏低，荷载达到20% ~40% 的极限荷载时，由于上柱的根部与牛腿顶面交界处的主拉应力集中（见图 2-41），该处首先出现自上而下的竖向裂缝①（见图 2-42a），裂缝细小且开展较慢，对牛腿的受力性能影响不大；当荷载达到40% ~60% 的极限荷载时，在加载垫板内侧附近出现第一条斜裂缝②，其方向基本上沿主压应力迹线。随着荷载继续增加，斜裂缝②不断向受压区延伸，纵筋应力不断增加并逐渐达到屈服强度，这时斜裂缝②外侧部分绕牛腿下部与柱交接点转动，致使受压区混凝土压碎而引起破坏。设计中用配置足够数量的纵向受拉钢筋来避免出现这种破坏现象。

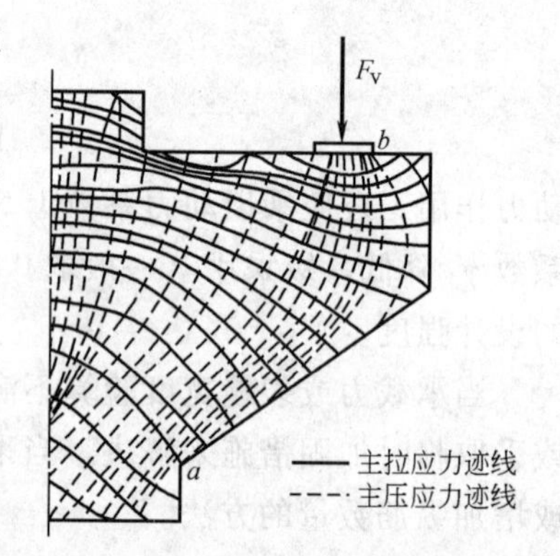

图 2-41 牛腿的应力状态

（2）斜压破坏 当 $a/h_0 = 0.1 \sim 0.75$ 时，最初裂缝开展过程同弯压破坏，随着荷载继续增加，在斜裂缝②外侧整个斜向压力带范围内，出现大量短小斜裂缝③，当这些斜裂缝逐渐贯通时，斜向压力带内混凝土剥落崩出，牛腿即破坏（见图 2-42b）；有些牛腿不出现裂缝③，而是在加载垫板下突然出现一条通长斜裂缝④而破坏（见图 2-42c）。这些现象称为斜压破坏，破坏时纵向受拉钢筋达到屈服强度。牛腿承载力计算主要是以这种破坏模式为依据。

（3）剪切破坏 当 $a/h_0 < 0.1$ 或虽 a/h_0 较大但牛腿的外边缘高度 h_1 较小时，在牛腿与下柱的交接面上出现一系列短而细的斜裂缝，最后牛腿沿此裂缝从柱上切下而破坏（见图 2-42d）。这时牛腿内纵向钢筋应力较小。这一破坏现象可用控制牛腿截面高度（h）和采取

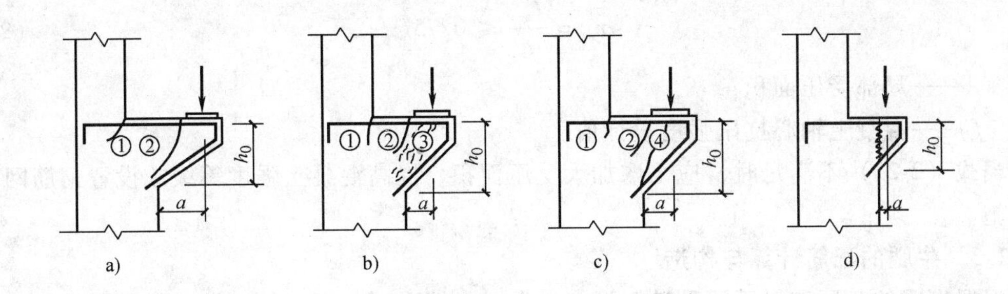

图 2-42 牛腿的破坏形态

必要的构造措施来防止。

以上是牛腿的三种主要破坏形态。此外，还有由于加载板过小而导致加载板下混凝土局部压碎破坏、由于纵向受拉钢筋锚固不良而被拔出等破坏现象。

2.3.2.2 牛腿截面尺寸的确定

牛腿的截面宽度与柱宽相同，牛腿的高度以牛腿在正常使用阶段不出现斜裂缝②或仅出现少量微细裂缝作为控制条件来确定。根据试验结果，牛腿尺寸应符合下式要求

$$F_{vk} \leqslant \beta\left(1 - 0.5\frac{F_{hk}}{F_{vk}}\right)\frac{f_{tk}bh_0}{0.5 + a/h_0} \tag{2-20}$$

式中 F_{vk}，F_{hk}——分别为作用于牛腿顶部按荷载标准组合计算的竖向力和水平拉力值；

β——裂缝控制系数，对支承吊车梁的牛腿，取 $\beta = 0.65$，其他牛腿，取 $\beta = 0.80$；

a——竖向力的作用点至下柱边缘的水平距离，此时应考虑安装偏差 20mm；当考虑 20mm 安装偏差后的竖向力作用线仍位于下柱截面以内时，取 $a = 0$；

b——牛腿宽度；

h_0——牛腿与下柱交接处的竖向截面有效高度，取 $h_0 = h_1 - a_s + c_1\tan\alpha$，当 $\alpha > 45°$时，取 $\alpha = 45°$。

其余符号意义如图 2-43 所示。

为防止在 a/h_0 较大时斜裂缝向牛腿底部斜面延伸，发生类似于垂直截面的剪切破坏，牛腿的外边缘高度 h_1 不应小于 $h/3$，且不应小于 200mm；

为防止保护层的剥落，牛腿外边缘至起重机梁外边缘的距离 c_1 不宜小于 70mm；

为防止斜裂缝出现后可能引起的牛腿底面与下柱交界处产生严重的应力集中，牛腿底边倾斜角 $\alpha < 45°$，如图 2-43 所示。

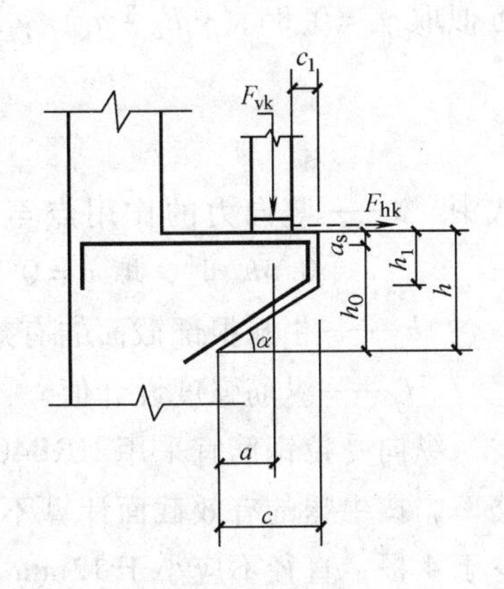

图 2-43 牛腿尺寸

为了防止牛腿顶面加载垫板下混凝土的局部受压破坏，垫板下的局部压应力应满足

$$\sigma_c = \frac{F_{vk}}{A} \leqslant 0.75 f_c \tag{2-21}$$

式中 A——局部受压面积；

f_c——混凝土轴心抗压强度设计值。

当式（2-21）不满足时，应采取加大受压面积、提高混凝土强度等级或设置钢筋网等有效措施。

2.3.2.3 牛腿的配筋计算与构造

根据牛腿的弯压和斜压两种破坏形态，在一般情况下，可近似地把牛腿看作是一个以顶部纵向受力钢筋为水平拉杆（拉力为 f_yA_s），以混凝土斜向压力带为压杆的三角形桁架，如图2-44所示。

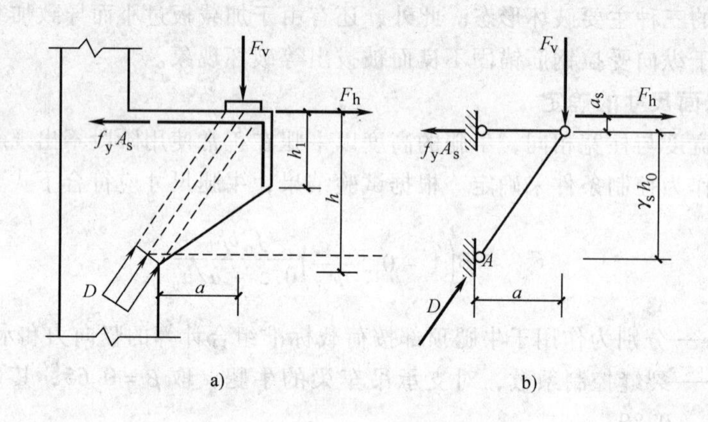

图2-44 计算简图

1. 牛腿的纵筋计算及纵筋构造要求

根据图2-44所示的计算简图，当牛腿受有竖向力设计值 F_v 和水平拉力设计值 F_h 共同作用时，通过对 A 点取力矩平衡可得下列设计表达式

$$F_v a + F_h(\gamma_s h_0 + a_s) \leqslant f_y A_s \gamma_s h_0$$

近似取 $\gamma_s = 0.85$，$(\gamma_s h_0 + a_s)/\gamma_s h_0 = 1.2$，则由上式可得纵向受拉钢筋总截面面积 A_s 为

$$A_s = \frac{F_v a}{0.85 f_y h_0} + 1.2\frac{F_h}{f_y} \tag{2-22}$$

式中 a——竖向力的作用点至下柱边缘的水平距离，应考虑20mm的安装偏差，当 $a < 0.3h_0$ 时，取 $a = 0.3h_0$。

h_0——牛腿根部截面的有效高度；

f_y——纵筋强度设计值。

纵向受拉钢筋宜采用HRB400或HRB500级钢筋。承受竖向力所需的纵向受拉钢筋的配筋率，按牛腿的有效截面计算不应小于0.2%及 $0.45f_t/f_y$，也不宜大于0.6%，且根数不宜少于4根，直径不应小于12mm。

2. 水平箍筋和弯筋的构造要求

牛腿的斜截面抗剪强度主要取决于混凝土，水平箍筋对斜截面抗剪强度几乎没有直接作用，但能抑制斜裂缝的发展，从而间接提高了斜截面的抗剪强度。弯起钢筋对抑制斜裂缝的发展亦起一定的作用，因此，牛腿的截面尺寸若满足式（2-20）的抗裂条件，同时按下述构造要求设置水平箍筋和弯筋（见图2-45），一般不需进行斜截面受剪承载力计算。

水平箍筋的直径应取6～12mm，间距100～150mm，且在上部$2h_0/3$范围内的水平箍筋总截面面积不应小于承受竖向力的受拉钢筋截面面积的1/2。

当牛腿的剪跨比$a/h_0 \geqslant 0.3$时，宜设置弯起钢筋。弯起钢筋宜采用HRB400、HRB500或HRBF400、HRBF500级钢筋，并宜设置在牛腿上部$l/6$至$l/2$之间的范围内（见图2-45），其截面面积不宜小于承受竖向力的受拉钢筋截面积的1/2，其根数不宜小于2根，直径不宜小于12mm。

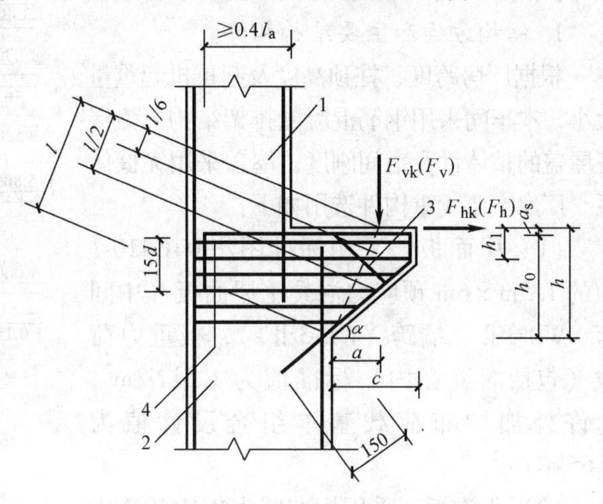

图2-45　牛腿配筋构造

1—上柱　2—下柱　3—弯起钢筋　4—水平箍筋

全部纵向受力钢筋及弯起钢筋宜沿牛腿外边缘向下伸入柱内150mm后截断（见图2-45）。纵向受力钢筋及弯起钢筋伸入上柱的锚固长度，不应小于受力钢筋的锚固长度l_a；当上柱尺寸不足时，应伸至上柱外边并向下弯折，其水平投影长度不应小于$0.4l_a$，竖向投影长度应取为$15d$，此时锚固长度应从上柱内边算起。

2.4　单层厂房设计例题

（1）基本条件　某机修车间为单跨厂房，安全等级为二级，环境类别为一类，设计使用年限50年。跨度为24m，柱距为6m，车间总长度66m，设有两台20/5t起重机，起重机工作级别为A5，轨顶标高为9.8m。室内外高差为150mm，素混凝土地面，厂房建筑剖面如图2-46所示。

（2）屋面构造及维护结构　屋面构造：

APP改性沥青防水层

20厚水泥砂浆找平层

100厚水泥蛭石保温层

APP改性沥青隔气层

20厚水泥砂浆找平层

预应力混凝土大型屋面板

维护结构：200mm厚烧结空心砖维护墙，双面抹灰。柱距范围内塑钢窗宽度3.6m，高度如图2-46所示。

（3）自然条件　基本风压：0.35kN/m^2，地面粗糙度为B类；基本雪压：$0.20\ \text{kN/m}^2$；建筑场地为粉质黏土，修正后地基承载力特征值$f_a = 180\text{kN/m}^2$。

（4）材料　钢筋：排架柱纵筋采用HRB400级，其余钢筋采用HPB300级；混凝土：柱采用C30，基础采用C20。

试设计此厂房。

【解】

1. 结构方案和主要结构构件

根据厂房跨度、柱顶高度及起重机起重量大小，本车间采用钢筋混凝土排架结构。为保证屋盖的整体性及空间刚度，屋盖采用无檩体系。厂房主要承重构件选用如下：

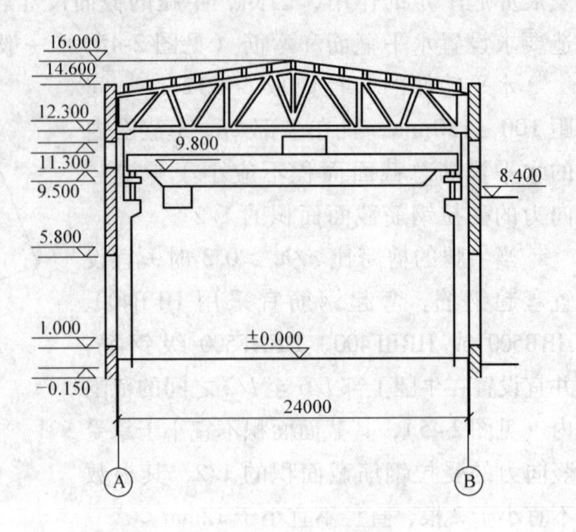

图2-46 厂房剖面图

（1）屋面板 采用标准图集04G410-1中的1.5m×6m预应力混凝土屋面板（中间跨YWB-3Ⅱ、端跨YWB-3Ⅱs），板重力荷载（包括灌缝在内）标准值为1.5kN/m²，允许外加均布荷载基本组合设计值为3.65kN/m²。

（2）天沟板 采用标准图集04G410-2中的1.5m×6m预应力混凝土屋面板（TGB68），板重力荷载标准值为2.13kN/m²，允许外加均布荷载基本组合设计值3.66kN/m²。

（3）屋架 采用标准图集04G415-1中的预应力混凝土折线形屋架（YWJ24-1Aa），其重力荷载标准值为111kN/榀。

（4）吊车梁及轨道连接 吊车梁采用标准图集04G232-2中的钢筋混凝起重机梁（中间跨DL—9Z、边跨DL—9B），梁高1.2m，其重力荷载标准值中间跨为39.5kN/根、边跨为40.8kN/根；轨道连接采用标准图集04G325中DGL—13，重力荷载标准值取1.0kN/m。

（5）基础梁 采用标准图集04G320中的钢筋混凝基础梁（JL—3），其重力荷载标准值为15.8kN/根。

2. 计算简图及柱截面尺寸确定

（1）计算简图 本车间为机修车间，工艺无特殊要求，结构布置均匀，荷载分布（除起重机荷载外）也基本均匀，故可从整个厂房中选取具有代表性的排架作为计算单元（见图2-47a），计算单元宽度为6m。

根据建筑剖面及其构造，确定厂房计算简图如图2-47b所示。其中上柱高$H_u=3.9$m，下柱高$H_l=8.9$m，柱总高$H=12.8$m。

（2）柱截面尺寸 根据柱的高度、起重机起重量级工作级别等条件，可由表2-4、5确定柱截面尺寸（见图2-47b），柱截面尺寸及相应的计算参数见表2-11。

表2-11 柱截面尺寸及相应的计算参数

柱号 \ 计算参数		截面尺寸/mm	面积/mm²	惯性矩/mm⁴	自重/（kN/m）
A、B	上柱	矩400×400	1.6×10^5	21.3×10^8	4.0
	下柱	I400×900×100×150	1.875×10^5	195.38×10^8	4.69

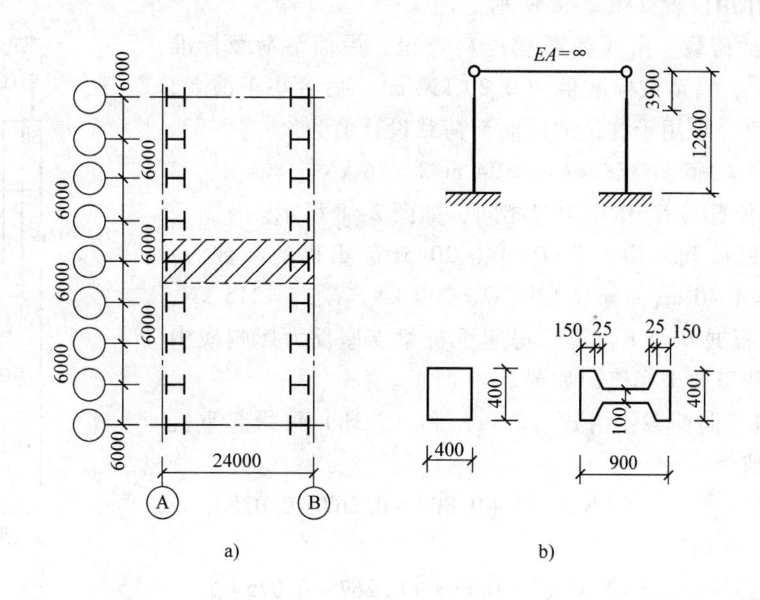

图 2-47 计算单元和计算简图

3. 荷载计算（标准值）

（1）恒荷载

1）屋盖结构自重：

APP 改性沥青防水层	$0.30\ kN/m^2$
20 厚水泥砂浆找平层	$20\ kN/m^3 \times 0.02m = 0.40\ kN/m^2$
100 厚水泥蛭石保温层	$5\ kN/m^3 \times 0.10m = 0.50\ kN/m^2$
APP 改性沥青隔气层	$0.05\ kN/m^2$
20 厚水泥砂浆找平层	$20\ kN/m^3 \times 0.02m = 0.40\ kN/m^2$
预应力混凝土大型屋面板（包括灌缝）	$1.50kN/m^2$
屋盖钢支撑系统	$0.05\ kN/m^2$
屋面恒荷载（以上各项相加）	$3.20\ kN/m^2$

屋架自重为每榀 111kN，则作用与柱顶的屋盖结构自重为

$G_1 = 3.20\ kN/m^2 \times 6m \times 24\ m/2 + 111kN/2 = 285.9\ kN$

G_1 的偏心距 e_1 为

$e_1 = 200mm - 150mm = 50mm = 0.05m$

2）吊车梁及轨道自重

$G_3 = 39.5\ kN + 1.00kN/m \times 6\ m = 45.5\ kN$

3）柱自重

上柱 $G_4 = 4\ kN/m \times 3.9\ m = 15.6\ kN$

下柱 $G_5 = 4.69\ kN/m \times 8.9\ m = 41.74\ kN$

上柱对下柱的偏心距 e_0 为

$$e_0 = 900mm/2 - 400mm/2 = 250mm = 0.25m$$

各项恒载作用位置如图2-48所示。

（2）屋面活荷载　由《荷载规范》查得，屋面活荷载标准值为0.5 kN/m^2，雪荷载标准值为0.20 kN/m^2，后者小于前者，故仅按前者计算。作用于柱顶的屋面活荷载设计值为

$$Q_1 = 0.5\ kN/m^2 \times 6\ m \times 24\ m/2 = 36\ kN$$

Q_1 的作用位置与 G_1 作用位置相同，如图2-48所示。

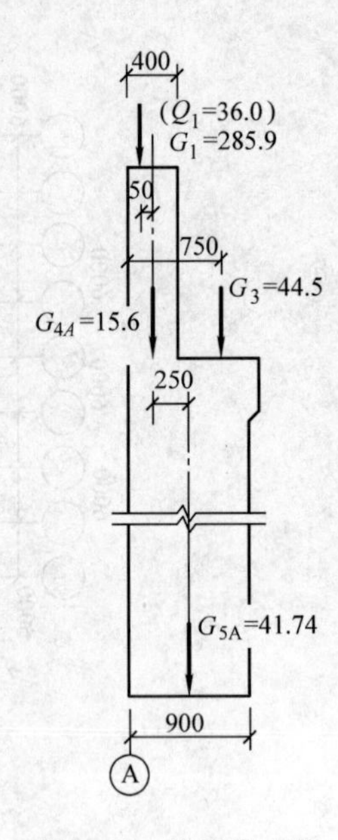

图2-48　荷载作用位置图（单位：kN）

（3）起重机荷载　由附表D可得20/5t起重机的参数为：$B = 5.55\ m, K = 4.40\ m$，$g = 75\ kN$，$Q = 200\ kN$，$F_{pmax} = 215\ kN$，$F_{pmin} = 45\ kN$。根据 B 及 K，可算得起重机梁支座反力影响线中各轮压对应点的竖向坐标值，如图2-49所示。

1）起重机竖向荷载：由式（2-3a）和（2-3b）可得起重机竖向荷载设计值为

$$D_{max} = \sum F_{pimax} y_i = 215\ kN \times (1 + 0.808 + 0.267 + 0.075) = 462.25\ kN$$

$$D_{min} = \sum F_{pimin} y_i = 45\ kN \times (1 + 0.808 + 0.267 + 0.075) = 96.75\ kN$$

2）起重机横向水平荷载：作用于每一个轮子上的起重机横向水平制动力按式（2-5）计算，即

$$T = \frac{\alpha}{4}(Q + g) = \frac{0.1}{4} \times (200\ kN + 75\ kN) = 6.875\ kN$$

作用于排架柱上的起重机横向水平荷载标准值按式（2-6）计算，即

$$T_{max} = \sum T_i y_i = 6.875\ kN \times 2.15 = 14.78\ kN$$

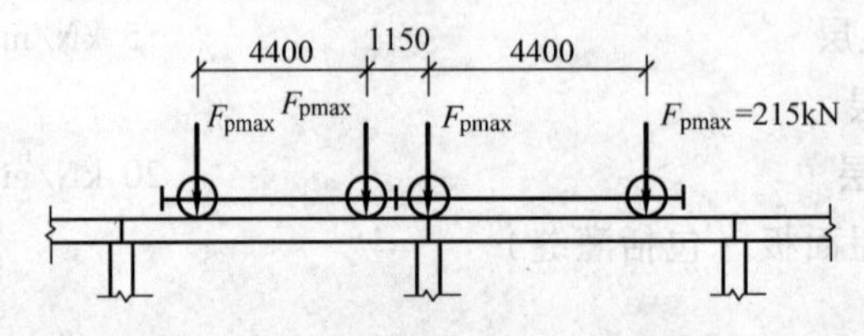

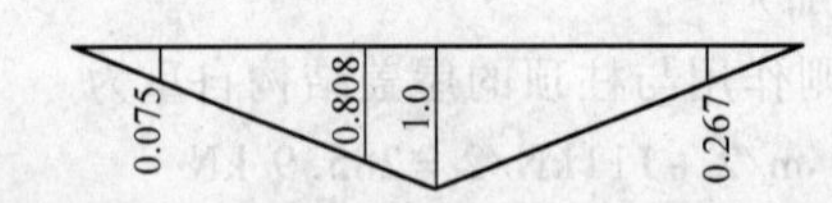

图2-49　起重机荷载作用下支座反力影响线

（4）风荷载　风荷载标准值按式（2-7）计算，其中 $w_0 = 0.35\ kN/m^2$，μ_z 根据厂房各部分标高（见图2-46）及B类地面粗糙度确定如下：

柱顶（标高12.30 m），$\mu_z = 1.06$

檐口（标高14.60 m），$\mu_z = 1.12$

μ_s 如图2-50a所示，排架迎风面及背风面的风荷载标准值分别为

$$w_{1k} = \mu_{s1}\mu_z w_0 = 0.8 \times 1.06 \times 0.35\ kN/m^2 = 0.297 kN/m^2$$

$$w_{2k} = \mu_{s2}\mu_z w_0 = 0.4 \times 1.06 \times 0.35\ kN/m^2 = 0.148 kN/m^2$$

则作用于排架计算简图（见图2-50b）上的风荷载设计值为

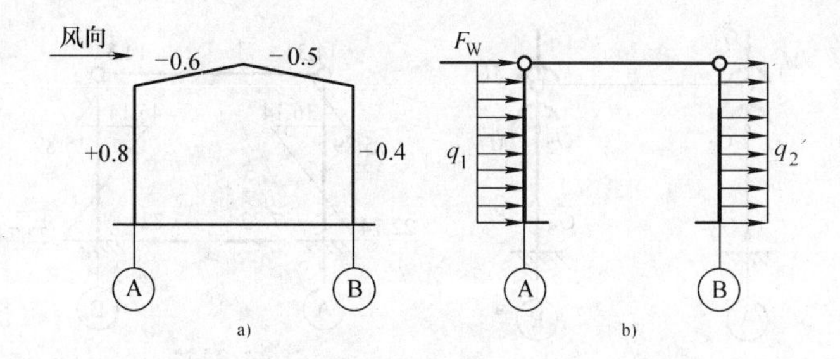

图2-50 风荷载体型系数及排架计算简图

$q_1 = 0.297\ \text{kN/m}^2 \times 6.0\ \text{m} = 1.78\text{kN/m}$

$q_2 = 0.148\ \text{kN/m}^2 \times 6.0\ \text{m} = 0.89\ \text{kN/m}$

$F_w = [(\mu_{s1} + \mu_{s2})\mu_z h_1 + (\mu_{s3} + \mu_{s4})\mu_z h_2]\ w_0 B$

$= [(0.8 + 0.4) \times 1.12 \times 2.3\ \text{m} + (-0.6 + 0.5) \times 1.12 \times 1.4\ \text{m}]$

$\times 0.35\ \text{kN/m}^2 \times 6.0\ \text{m} = 6.16\text{kN}$

4. 排架内力分析

采用剪力分配法进行排架内力分析。因厂房结构对称，所以两排架柱剪力分配系数相等，均为0.5。

（1）恒载作用下排架内力分析　恒载作用下排架的计算简图如图2-51a所示。图中的重力荷载 $\overline{G}$ 及力矩是根据图2-48确定的，即

$\overline{G_1} = G_1 = 285.9\ \text{kN}$；$\overline{G_2} = G_3 + G_4 = 45.5\text{kN} + 15.6\ \text{kN} = 61.1\text{kN}$

$\overline{G_3} = G_5 = 41.74\ \text{kN}$；

$M_1 = G_1 e_1 = 285.9\text{kN} \times 0.05\text{m} = 14.3\text{kN} \cdot \text{m}$

$M_2 = (\overline{G_1} + G_4) e_0 - G_3 e_3 = (285.9\text{kN} + 15.6\text{kN}) \times 0.25\text{m} - 45.5\text{kN} \times 0.3\text{m}$

$= 61.73\text{kN} \cdot \text{m}$

由于图2-51a所示排架为对称结构且作用对称荷载，排架结构无侧移，故各柱可按柱顶为不动铰支座计算内力。柱顶不动铰支座反力 R_i 可根据表2-8所列的相应公式计算。对于 A、B 柱，$n = 0.109$，$\lambda = 0.305$，则

$$C_1 = \frac{3}{2} \cdot \frac{1 - \lambda^2(1 - \frac{1}{n})}{1 + \lambda^3(\frac{1}{n} - 1)} = 2.143,\ C_3 = \frac{3}{2} \cdot \frac{1 - \lambda^2}{1 + \lambda^3(\frac{1}{n} - 1)} = 1.104$$

$$R_A = \frac{M_1}{H}C_1 + \frac{M_2}{H}C_3 = \frac{14.30\text{kN} \cdot \text{m} \times 2.143 + 61.73\text{kN} \cdot \text{m} \times 1.104}{12.8\text{m}} = 7.72\ \text{kN}\ (\rightarrow)$$

$R_B = -7.72\ \text{kN}\ (\leftarrow)$

求得 R_i 后，可用平衡条件求出柱各截面的弯矩和剪力。柱各截面的轴力为该截面以上重力荷载之和，恒载作用下排架结构的弯矩图和轴力图分别见图2-51b、c，图2-51d为排架柱的弯矩、剪力和轴力的正负号规定，下同。

（2）屋面活荷载作用下排架内力分析　排架计算简图如图2-52a所示。其中 $Q_1 = 36\text{kN}$，它在 A 柱柱顶及变阶处产生的力矩分别为 M_{1A}、M_{2A}，在 B 柱柱顶处产生的力矩与 A 柱对称，排架无侧移。

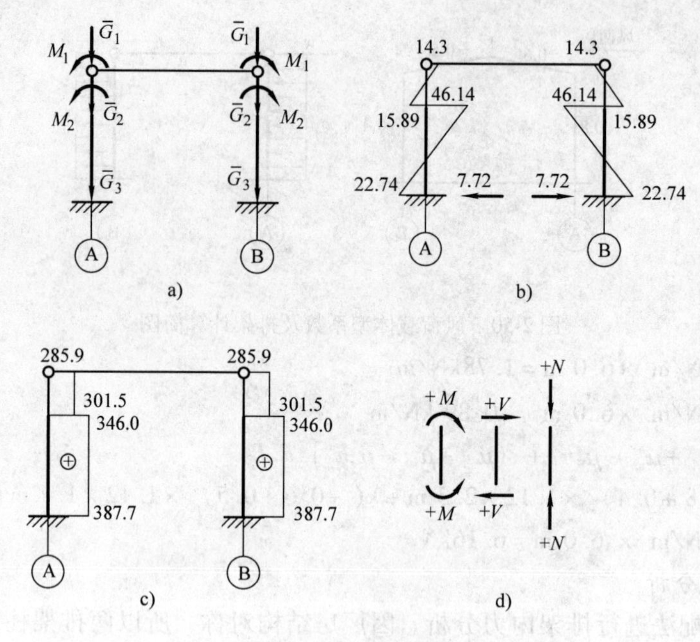

图 2-51 恒荷载作用下排架内力图

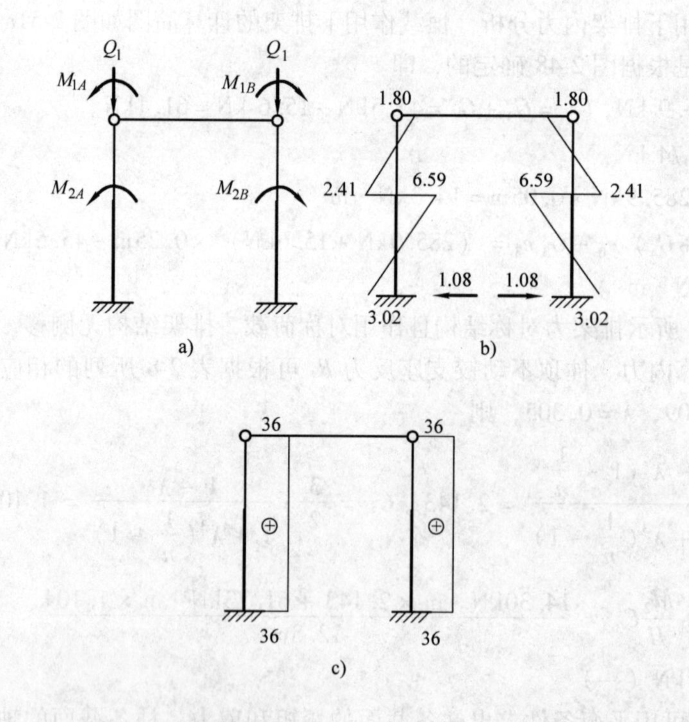

图 2-52 屋面活荷载作用下排架内力图

$M_{1A}=Q_1e_1=36\text{kN}\times0.05\ \text{m}=1.8\ \text{kN}\cdot\text{m}$；$M_{2A}=Q_1e_0=36\text{kN}\times0.25\ \text{m}=9\ \text{kN}\cdot\text{m}$

由前述恒荷载内力计算可知，$C_1=2.143$，$C_3=1.104$，则

$$R_A=\frac{M_{1A}}{H}C_1+\frac{M_{2A}}{H}C_3=\frac{1.8\text{kN}\cdot\text{m}\times2.143+9\text{kN}\cdot\text{m}\times1.104}{12.8\text{m}}=1.08\text{kN}\ (\rightarrow)$$

$R_B = -1.08\text{kN}$（←）

$V_A = R_A = 1.08\text{kN}$（→）

$V_B = R_B = -1.08\text{kN}$（←）

排架各柱的弯矩图、轴力图及柱底剪力如图2-52b、c所示。

（3）起重机荷载作用下排架内力分析　起重机荷载作用下排架内力分析考虑厂房整体空间作用，厂房山墙不属于实心砖墙，故按两端无山墙情况考虑，厂方跨度24米，起重机起重量20吨，由表2-9查得空间作用分配系数μ为0.85。

1）D_{max}作用于A柱：计算简图如图2-53a所示。其中起重机竖向荷载D_{max}、D_{min}在牛腿顶面处引起的力矩为

$M_A = D_{max}\ e_3 = 462.25\ \text{kN} \times 0.3\ \text{m} = 138.68\ \text{kN} \cdot \text{m}$

$M_B = D_{min}\ e_3 = 96.75\ \text{kN} \times 0.3\ \text{m} = 29.03\ \text{kN} \cdot \text{m}$

$C_3 = 1.104$，则

$$R_A = -\frac{M_A}{H}C_3 = -\frac{138.68\text{kN} \cdot \text{m}}{12.8\text{m}} \times 1.104 = -11.96\ \text{kN}\ (\leftarrow)$$

$$R_B = \frac{M_B}{H}C_3 = \frac{29.03\text{kN} \cdot \text{m}}{12.8\text{m}} \times 1.104 = 2.5\ \text{kN}\ (\rightarrow)$$

$R = R_A + R_B = -11.96\ \text{kN} + 2.5\ \text{kN} = -9.46\ \text{kN}$（←）

排架各柱顶剪力分别为

$V_A = R_A - \eta_A \mu R = -11.96\ \text{kN} + 0.5 \times 0.85 \times 9.46\ \text{kN} = -7.94\ \text{kN}$（←）

$V_B = R_B - \eta_B \mu R = 2.5\ \text{kN} + 0.5 \times 0.85 \times 9.46\ \text{kN} = 6.52\text{kN}$（→）

排架各柱的弯矩图、轴力图及柱底剪力值如图2-53b、c所示

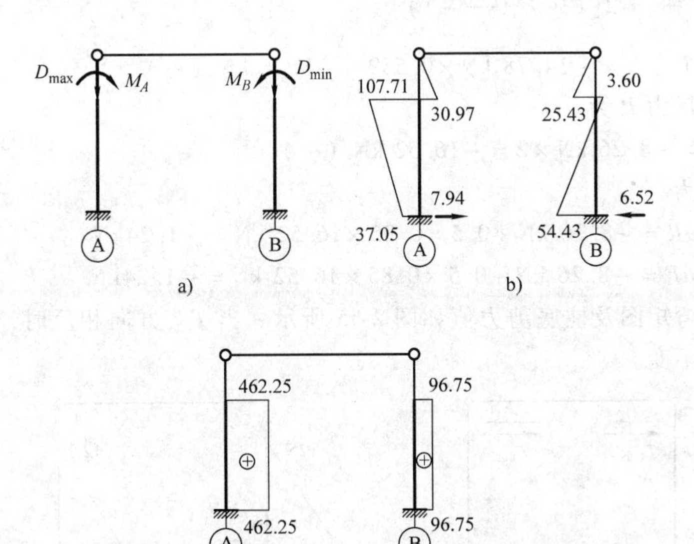

图2-53　D_{max}作用在A柱时排架内力图

2）D_{max}作用于B柱：根据结构对称性，内力计算与D_{max}作用于A柱的情况相同，只需将A、B柱内力对换并改变全部弯矩及剪力符号，如图2-54所示。

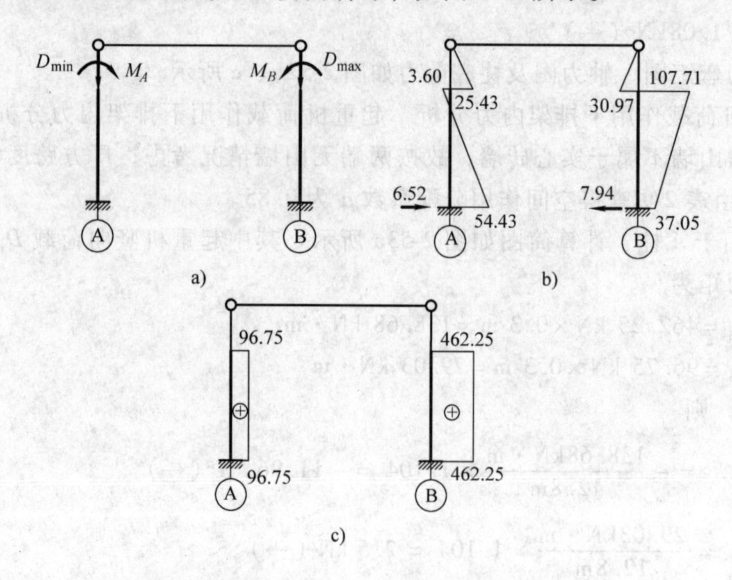

图2-54 D_{max}作用在B柱时排架内力图

3）T_{max}作用：排架计算简图如图2-55a所示。$n=0.109$，$\lambda=0.305$，由表2-8得$a=(3.9\ \text{m}-1.2\ \text{m})/3.9\ \text{m}=0.692$，则

$$C_5=\frac{2-3a\lambda+\lambda^3\left[\frac{(2+a)(1-a)^2}{n}-(2-3a)\right]}{2\left[1+\lambda^3\left(\frac{1}{n}-1\right)\right]}=0.559$$

$R_A=R_B=-T_{max}C_5=-14.78\ \text{kN}\times0.559=-8.26\ \text{kN}\ (\leftarrow)$

排架柱顶总反力R为

$R=R_A+R_B=-8.26\ \text{kN}\times2=-16.52\ \text{kN}\ (\leftarrow)$

各柱顶剪力为

$V_A=R_A-\eta_A\mu R=-8.26\ \text{kN}+0.5\times0.85\times16.52\ \text{kN}=-1.24\text{kN}$

$V_B=R_B-\eta_B\mu R=-8.26\ \text{kN}+0.5\times0.85\times16.52\ \text{kN}=-1.24\text{kN}$

排架各柱的弯矩图及柱底剪力值如图2-55所示。当T_{max}方向相反时，弯矩图和剪力只改变符号，方向不变。

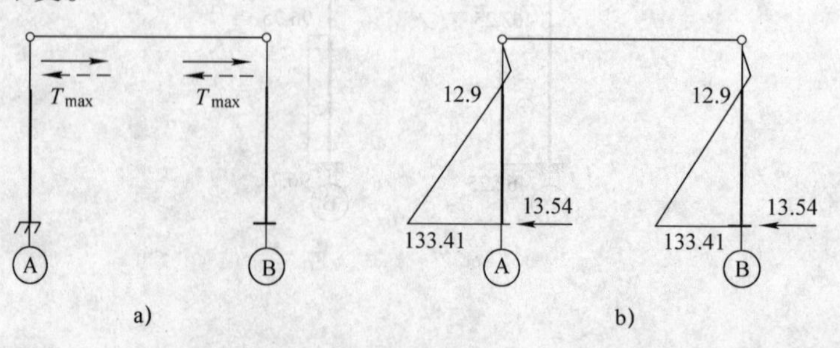

图2-55 T_{max}作用下排架内力图

(4) 风荷载作用下排架内力分析

1) 左吹风时：计算简图如图 2-56a 所示。$n=0.109$，$\lambda=0.305$，由表 2-8 得

$$C_{11}=\frac{3\left[1+\lambda^{4}\left(\frac{1}{n}-1\right)\right]}{8\left[1+\lambda^{3}\left(\frac{1}{n}-1\right)\right]}=0.326$$

$R_A=-q_1HC_{11}=-1.78\text{kN/m}\times12.8\text{ m}\times0.326=-7.43\text{ kN}$ (←)

$R_B=-q_2HC_{11}=-0.89\text{ kN/m}\times12.8\text{ m}\times0.326=-3.71\text{ kN}$ (←)

$R=R_A+R_B+F_w=-7.43\text{ kN}-3.71\text{ kN}-6.16\text{ kN}=-17.3\text{ kN}$ (←)

各柱顶剪力分别为

$V_A=R_A-\eta_AR=-7.43\text{kN}+0.5\times17.3\text{ kN}=1.22\text{ kN}$ (→)

$V_B=R_B-\eta_BR=-3.71+0.5\times17.3\text{ kN}=4.94\text{kN}$ (→)

排架内力图如图 2-56b 所示。

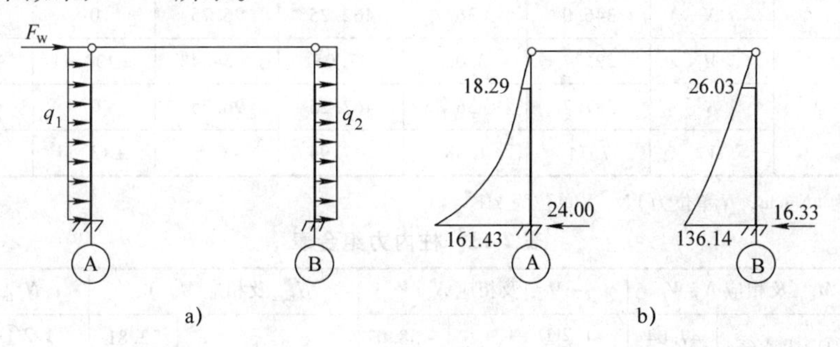

图 2-56 左吹风时排架内力图

2) 右吹风时：计算简图如图 2-57a 所示。将图 2-56b 所示 A、B 柱内力图对换且改变内力符号后可得右吹风时排架内力图，如图 2-57b 所示。

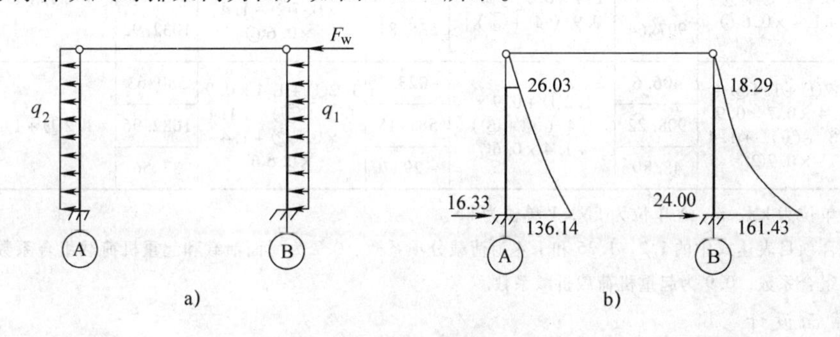

图 2-57 右吹风时排架内力图

5. 内力组合

表 2-12 为各种荷载作用下柱内力标准值汇总表，表 2-13 为柱内力组合表，这两表中的控制截面及正号内力方向如表 2-13 中的例图所示。

内力组合按式 (2-17) 和式 (2-18) 进行。除Ⅰ-Ⅰ截面 N_{max} 及相应 M 和 N 一项按式 (2-18) 求得最不利内力外，其余情况均按式 (2-17) 求得最不利内力值。

由表 2-13 计算结果可见，柱Ⅲ-Ⅲ截面偏心距较大，经计算 $-M_{max}$ 及相应 N 一项偏心距最大，按《荷载规范》规定：在荷载准永久组合中可不考虑起重机荷载，风荷载准永久值

系数为0。因此，其荷载准永久组合 $S_d = \sum_{j=1}^{m} S_{G_jk} + \sum_{i=1}^{n} \psi_{ci} S_{Qik}$ 只有恒荷载，计算结果为：$M_q = 22.74\text{kN} \cdot \text{m}$，$N_q = 387.7\text{kN}$。

$e_0 = M_q/N_q = 59\text{mm} < 0.55h_0 = 0.55 \times 870\text{mm} = 478.5\text{mm}$，因此，该柱不需进行柱裂缝宽度验算。

表 2-12 柱内力标准值汇总表

柱号及正向内力	荷载类别		恒载	屋面活载	起重机荷载			风荷载	
					D_{max}作用在A柱	D_{max}作用在B柱	T_{max}作用	左风	右风
	序号		①	②	③	④	⑤	⑥	⑦
	Ⅰ-Ⅰ	M	15.89	2.41	−30.97	−25.43	±12.90	18.29	−26.03
		N	301.5	36	0	0	0	0	0
	Ⅱ-Ⅱ	M	−46.14	−6.59	107.71	3.60	±12.90	18.29	−26.03
		N	346.0	36	462.25	96.75	0	0	0
	Ⅲ-Ⅲ	M	22.74	3.02	37.05	−54.43	±133.41	161.43	−136.14
		N	387.7	36	462.25	96.75	0	0	0
		V	7.74	1.08	−7.94	−6.52	±13.54	24.00	−16.33

注：M单位为kN·m，N单位为kN，V单位为kN。

表 2-13 柱内力组合表

截面		$+M_{max}$及相应N，V		$-M_{max}$及相应N，V		N_{max}及相应M，V，		N_{min}及相应M，V	
Ⅰ-Ⅰ	M	1.2①+1.4⑥+1.4×0.7②	47.04	1.2①+1.4×0.9（③+⑤）+1.4×0.6⑦	−58.07	1.35①+1.4×0.7②	23.81	1.2①+1.4×0.9（③+⑤）+1.4×0.6⑦	−58.07
	N		397.08		361.8		442.31		361.8
Ⅱ-Ⅱ	M	1.2①+1.4×0.9（③+⑤）+1.4×0.6⑥	111.96	1.2①+1.4⑦+1.4×0.7［②+0.9（④+⑤）］	−106.47	1.2①+1.4×0.9（③+⑤）+1.4×0.7②+1.4×0.6⑥	105.51	1.2①+1.4⑦	−91.81
	N		997.64		535.81		1032.92		415.20
Ⅲ-Ⅲ	M	1.2①+1.4⑥+1.4×0.7×0.9（③+⑤）+1.4×0.7②	406.6	1.2①+0.9×1.4（④+⑤）+1.4×0.6⑦	−323.75	1.2①+1.4×0.9（③+⑤）+1.4×0.7②+1.4×0.6⑥	380.63	1.2①+1.4⑥	253.29
	N		908.22		587.15		1082.96		465.24
	V		48.89		−29.70		37.56		42.89

注：1. M单位为kN·m，N单位为kN，V单位为kN。

2. 组合项目表达式中的1.2、1.35和1.4为荷载分项系数，0.7为屋面活载和起重机荷载组合系数，0.6为风荷载组合系数，0.9为起重机荷载折减系数。

6. 柱截面设计

混凝土强度等级为C30，$f_c = 14.3\ \text{N/mm}^2$；采用HRB400级钢筋，$f_y = f'_y = 360\ \text{N/mm}^2$，$\xi_b = 0.518$。上、下柱均采用对称配筋。

（1）上柱配筋计算　由表2-13可见，上柱截面4组内力，其中有两组内力相同。取 $h_0 = 400\ \text{mm} - 40\ \text{mm} = 360\ \text{mm}$。$N_b = \xi_b \alpha_1 f_c b h_0 = 0.518 \times 1.0 \times 14.3\ \text{N/mm}^2 \times 400\ \text{mm} \times 360\ \text{mm} = 1066.7\ \text{kN}$，3组内力均为大偏心受压，取弯矩较大、轴力较小的一组，即取 $M = -58.1\text{kN} \cdot \text{m}$、$N = 361.8\ \text{kN}$ 一组计算上柱配筋。

由表2-10查得有起重机厂房排架方向上柱的计算长度 $l_0 = 2 \times 3.9\text{m} = 7.8\text{m}$。附加偏心距 e_a 取20 mm（大于400 mm/30）。

$$e_0 = \frac{M}{N} = \frac{58.1 \times 10^6 \mathrm{N \cdot m}}{361.8 \times 10^3 \mathrm{N}} = 161 \mathrm{~mm}$$

$$e_i = e_0 + e_a = 161 \mathrm{~mm} + 20 \mathrm{~mm} = 181 \mathrm{~mm}$$

$$\zeta_c = \frac{0.5 f_c A}{N} = \frac{0.5 \times 14.3 \mathrm{N/mm^2} \times 400^2 \mathrm{mm^2}}{361.8 \times 10^3 \mathrm{N}} = 3.16 > 1.0，取\ \zeta_c = 1.0$$

$$\eta_s = 1 + \frac{1}{1500 \frac{e_i}{h_0}} \left(\frac{l_0}{h}\right)^2 \zeta_c = 1 + \frac{1}{1500 \frac{181 \mathrm{mm}}{360 \mathrm{mm}}} \left(\frac{7800 \mathrm{mm}}{400 \mathrm{mm}}\right)^2 \times 1.0 = 1.50$$

考虑二阶效应后

$$e_0 = \frac{\eta_s M}{N} = \frac{1.50 \times 58.1 \times 10^6 \mathrm{N \cdot mm}}{361.8 \times 10^3 \mathrm{N}} = 241 \mathrm{mm}$$

$$e_i = e_0 + e_a = 241 \mathrm{mm} + 20 \mathrm{~mm} = 261 \mathrm{~mm}$$

$$x = \frac{N}{\alpha_1 f_c b} = \frac{361.8 \times 10^3 \mathrm{N}}{1.0 \times 14.3 \mathrm{N/mm^2} \times 400 \mathrm{mm}} = 63 \mathrm{mm} < 2a'_s = 80 \mathrm{mm}$$

取 $x = 2a'_s$，由 $f_y A_s (h_0 - a'_s) = Ne'$，求 A_s 及 A'_s。

$$e' = e_i - h/2 + a'_s = 261 \mathrm{mm} - 400 \mathrm{mm}/2 + 40 \mathrm{mm} = 101 \mathrm{mm}$$

$$A_s = A'_s = \frac{Ne'}{f_y (h_0 - a'_s)} = \frac{361.8 \times 10^3 \mathrm{N} \times 101 \mathrm{mm}}{360 \mathrm{N/mm^2} (360 \mathrm{mm} - 40 \mathrm{mm})} = 317 \mathrm{mm^2}$$

选 3Φ16（$A_s = 603 \mathrm{~mm^2}$），则 $\rho = A_s / bh = 603 \mathrm{~mm^2} / 400 \mathrm{~mm} \times 400 \mathrm{~mm} = 0.38\% > 0.20\%$，全部纵向钢筋配筋率为 0.76% >0.55%，满足纵向钢筋最小配筋率要求。

由表 2-10 查得垂直于排架方向柱的计算长度 $l_0 = 1.5 \times 3.9 \mathrm{m} = 5.85 \mathrm{m}$，则 $l_0 / b = 5850 \mathrm{mm} / 400 \mathrm{mm} = 14.62$，$\varphi = 0.90$。

$N_u = 0.9 \varphi (f_c A + f'_y A'_s) = 0.9 \times 0.90 \times$（$14.3 \mathrm{N/mm^2} \times 400 \mathrm{~mm} \times 400 \mathrm{~mm} + 360 \mathrm{~N/mm^2} \times 603 \mathrm{~mm^2} \times 2$）$= 2205 \mathrm{~kN} > N_{max} = 361.8 \mathrm{~kN}$，满足弯矩作用平面外的承载力要求。

（2）下柱配筋计算　取 $h_0 = 900 \mathrm{~mm} - 40 \mathrm{~mm} = 860 \mathrm{~mm}$，$N_b = \xi_b \alpha_1 f_c b h_0 = 0.518 \times 1.0 \times 14.3 \mathrm{~N/mm^2} \times 400 \mathrm{~mm} \times 860 \mathrm{~mm} = 2548.1 \mathrm{~kN}$，在表 2-13 下柱的 8 组内力均属于大偏压。属于大偏心受压比较不利的内力组均在Ⅲ-Ⅲ截面，$-M_{max}$ 及相应 N 组，$M_{max} = -323.75 \mathrm{kN \cdot m}$、$N = 587.15 \mathrm{kN}$；$N_{min}$ 及相应 M 组，$M_{max} = 253.29 \mathrm{kN \cdot m}$、$N = 465.24 \mathrm{kN}$；$M_{max}$ 及相应 N 组，$M_{max} = 406.60 \mathrm{kN \cdot m}$、$N = 908.22 \mathrm{kN}$。

下柱计算长度取 $l_0 = 1.0 H_l = 8.9 \mathrm{~m}$，附加偏心距 $e_a = 900 \mathrm{~mm}/30 = 30 \mathrm{~mm}$（大于 20 mm）。$b = 100 \mathrm{~mm}$，$b'_f = 400 \mathrm{~mm}$，$h'_f = 150 \mathrm{~mm}$。

$M_{max} = -323.75 \mathrm{kN \cdot m}$、$N = 587.15 \mathrm{kN}$ 时下柱配筋计算

$$e_0 = \frac{M}{N} = \frac{323.75 \times 10^6 \mathrm{N \cdot mm}}{587150 \mathrm{N}} = 551 \mathrm{mm}$$

$$e_i = e_0 + e_a = 551 \mathrm{mm} + 30 \mathrm{~mm} = 581 \mathrm{mm}$$

$$\zeta_c = \frac{0.5 f_c A}{N} = \frac{0.5 \times 14.3 \mathrm{N/mm^2} \times [100 \mathrm{mm} \times 900 \mathrm{mm} + 2 \times (400 \mathrm{mm} - 100 \mathrm{mm}) \times 150 \mathrm{mm}]}{587150 \mathrm{N}} = 2.19$$

>1.0，取 $\zeta_c = 1.0$

$$\eta_s = 1 + \frac{1}{1500\frac{e_i}{h_0}}\left(\frac{l_0}{h}\right)^2\zeta_c = 1 + \frac{1}{1500\frac{581\text{mm}}{860\text{mm}}}\left(\frac{8900\text{mm}}{900\text{mm}}\right)^2 \times 1.0 = 1.096$$

考虑二阶效应后

$$e_0 = \frac{\eta_s M}{N} = \frac{1.096 \times 323.75 \times 10^6\text{N} \cdot \text{mm}}{587.15 \times 10^3\text{N}} = 604\text{mm}$$

$$e_i = e_0 + e_a = 604\text{mm} + 20\text{ mm} = 624\text{ mm}$$

$$x = \frac{N}{\alpha_1 f_c b'_f} = \frac{587150\text{N}}{1.0 \times 14.3\text{N/mm}^2 \times 400\text{mm}} = 102.6\text{mm} < h'_f = 150\text{ mm}$$

说明中和轴位于翼缘内，且 $x > 2a'_s = 80\text{mm}$。

$$e = e_i + h/2 - a_s = 624\text{mm} + 900\text{mm}/2 - 40\text{mm} = 1034\text{mm}$$

$$A_s = A'_s = \frac{Ne - \alpha_1 f_c b'_f x(h_0 - \frac{x}{2})}{f_y(h_0 - a'_s)}$$

$$= [587150\text{N} \times 1034\text{mm} - 1.0 \times 14.3\text{N/mm}^2 \times 400\text{mm} \times 102.6\text{mm} \times (860\text{mm} - 102.6\text{mm}/2)] / [360\text{N/mm}^2 \times (860\text{mm} - 40\text{mm})]$$

$$= 448.9\text{mm}^2$$

N_{min}及相应M组与M_{max}及相应N组，截面纵筋计算方法与上述相同，计算过程从略，$A_s = A'_s$计算结果分别为 332mm² 和 468mm²。

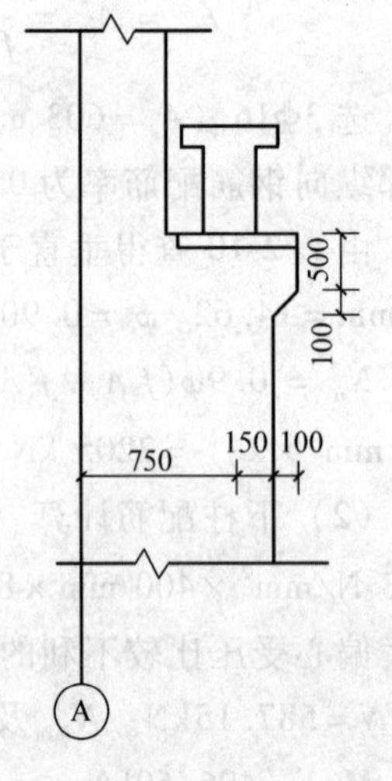

图 2-58 牛腿尺寸简图

综合上述计算结果，下柱截面选用 3Φ16（$A_s = 603\text{mm}^2$），则 $\rho = A_s/bh = 603\text{mm}^2/[100\text{ mm} \times 900 + (400 - 100) \times 150]\text{mm} = 0.47\% > 0.20\%$。按此配筋，柱弯矩作用平面外承载力亦能满足要求。

(3) 柱箍筋配置　非地震区的单层厂房柱，其箍筋数量一般由构造要求控制，根据构造要求，上、下柱均选用Φ8@200箍筋。

(4) 牛腿设计　根据起重机梁支承位置、截面尺寸及构造要求，初步拟定牛腿尺寸如图 2-58 所示。其中牛腿截面宽度 $b = 400\text{mm}$，牛腿截面高度 $h = 600\text{ mm}$，$h_0 = 570\text{mm}$。

1) 牛腿截面高度验算：按式（2-20）验算，其中 $\beta = 0.65$，$f_{tk} = 2.01\text{N/mm}^2$，$F_{hk} = 0$（牛腿顶面无水平荷载），$a = -150\text{mm} + 20\text{mm} = -130\text{mm} < 0$，取 $a = 0$。F_{vk}按下式确定

$$F_{vk} = D_{max} + G_3 = 462.25\text{kN} + 44.5\text{kN} = 506.75\text{kN}$$

由式（2-20）得

$$\beta\left(1 - 0.5\frac{F_{hk}}{F_{vk}}\right)\frac{f_{tk}bh_0}{0.5 + a/h_0} = 0.65 \times \frac{2.01\text{N/mm}^2 \times 400\text{mm} \times 570\text{mm}}{0.5}$$

$$= 596\text{kN} > F_{vk}$$

故牛腿截面高度满足要求。

2) 牛腿配筋计算：由于 $a = -150\text{mm} + 20\text{mm} = -130\text{mm} < 0$，因而该牛腿可按构造要求

配筋。根据构造要求，$A_s \geqslant \rho_{min} bh = 0.002 \times 400\text{mm} \times 600\text{mm} = 480\text{mm}^2$，实际4⌀14选用。在牛腿高度范围选用φ8@100的箍筋。

(5) 柱的吊装验算　采用翻身起吊，吊点设在牛腿下部，混凝土达到设计强度后起吊。柱插入杯口深度为850 mm，柱吊装时总长度为3.9 m + 8.9 m + 0.85 m = 13.65 m，计算简图如图2-59所示。

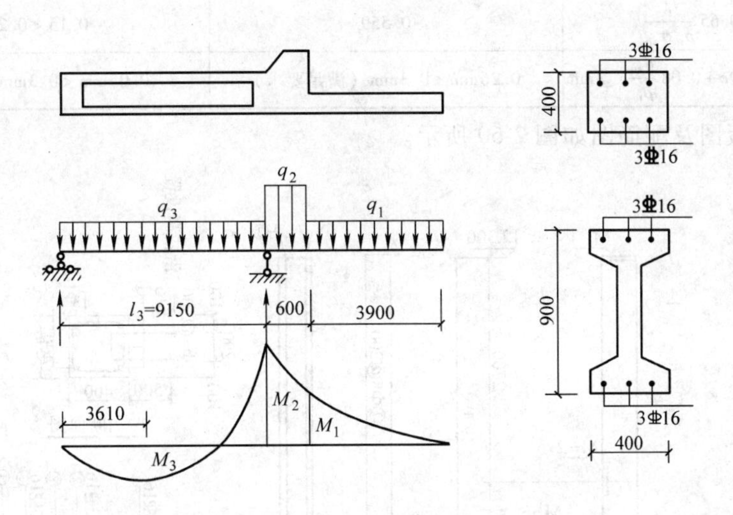

图2-59　柱吊装计算简图

柱吊装阶段的荷载为柱自重重力荷载(应考虑动力系数)，即

$q_1 = \mu\gamma_G q_{1k} = 1.5 \times 1.2 \times 4.0\text{kN/m} = 7.2\text{kN/m}$

$q_2 = \mu\gamma_G q_{2k} = 1.5 \times 1.2 \times (0.4\text{m} \times 1.0\text{m} \times 25\text{kN/m}^3) = 18.0\text{kN/m}$

$q_3 = \mu\gamma_G q_{3k} = 1.5 \times 1.2 \times 4.69\text{kN/m} = 8.44\text{kN/m}$

在上述荷载作用下，柱各控制截面的弯矩为

$$M_1 = \frac{1}{2} q_1 H_u^2 = \frac{1}{2} \times 7.2\ \text{kN} \times 3.9^2 \text{m}^2 = 54.76\text{kN}\cdot\text{m}$$

$$M_2 = \frac{1}{2} \times 7.2\ \text{kN/m} \times (3.9\text{m} + 0.6\text{m})^2 + \frac{1}{2} \times (18\text{kN/m} - 7.2\text{kN/m}) \times 0.6^2 \text{m}^2 = 74.84\text{kN}\cdot\text{m}$$

由 $\sum M_B = R_A l_3 - q_3 l_3^2/2 + M_2 = 0$ 得

$$R_A = \frac{1}{2} q_3 l_3 - \frac{M_2}{l_3} = \frac{1}{2} \times 8.44\text{kN/m} \times 9.15\text{m} - \frac{74.84\text{kN}\cdot\text{m}}{9.15\text{m}} = 30.43\text{kN}$$

$$M_3 = R_A x - \frac{1}{2} q_3 x^2$$

令 $\mathrm{d}M_3/\mathrm{d}x = R_A - q_3 x = 0$，得 $x = R_A/q_3 = 30.43\text{kN}/8.44\text{kN/m} = 3.61\text{m}$，则下柱段最大弯矩 M_3 为

$$M_3 = 30.43\text{kN} \times 3.61\text{m} - \frac{1}{2} \times 8.44\text{kN/m} \times 3.61^2 \text{m}^2 = 54.86\ \text{kN}\cdot\text{m}$$

柱截面受弯承载力及裂缝宽度验算过程见表2-14。

表 2-14 柱吊装阶段承载力及裂缝宽度验算表

柱截面	上柱	下柱
$M(M_q)/(\text{kN}\cdot\text{m})$	54.76(45.63)	74.84(62.37)
$M_u=f_yA_s(h_0-a_s')/(\text{kN}\cdot\text{m})$	$69.47>0.9\times54.76=49.28$	$178.00>0.9\times74.84=67.4$
$\sigma_{sq}=M_q/(0.87h_0A_s)/(\text{N/mm}^2)$	241.6	138.2
$\rho_{te}=\dfrac{A_s}{A_{te}}$	0.007 < 0.01，取 0.01	0.002 < 0.01，取 0.01
$\psi=1.1-0.65\dfrac{f_{tk}}{\rho_{te}\sigma_{sq}}$	0.559	−0.15 < 0.2，取 0.2
$w_{max}=\alpha_{cr}\psi\dfrac{\sigma_{sq}}{E_s}\left(1.9c+0.08\dfrac{d_{eq}}{\rho_{te}}\right)$ /mm	0.26mm < 0.3mm（满足要求）	0.05mm < 0.3mm（满足要求）

排架柱模板图及配筋图如图 2-60 所示。

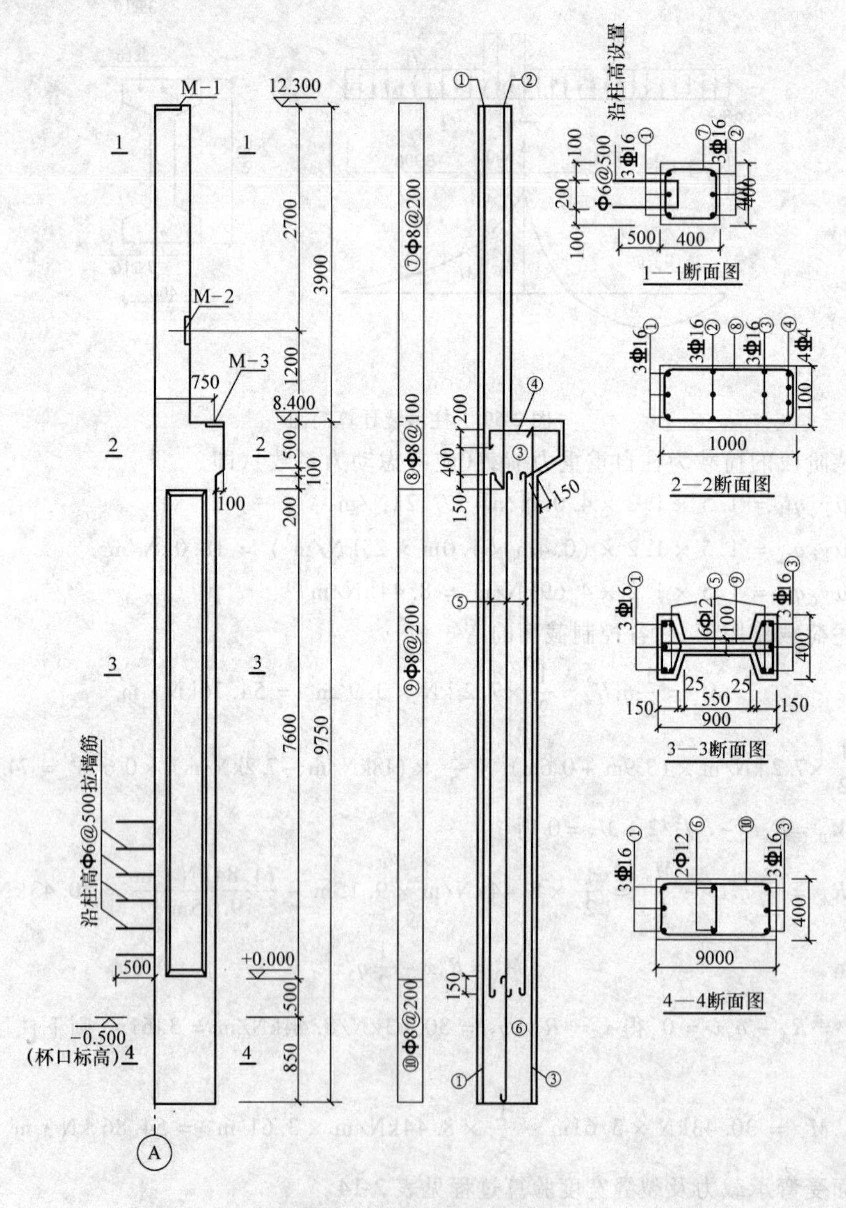

图 2-60 柱模板图及配筋图

思考题

2-1 单层厂房结构设计包括哪些内容？简述结构柱网布置的主要内容及其设计原则。

2-2 简述横向平面排架承受的竖向荷载和水平荷载的传力途径以及纵向平面排架承受的水平荷载的传力途径。

2-3 装配式钢筋混凝土排架结构单层厂房中一般应设置哪些支撑？简述这些支撑的作用和设置原则。

2-4 抗风柱与屋架的连接应满足哪些要求？连系梁、圈梁、基础梁的作用各是什么？它们与柱是如何连接的？

2-5 确定单层厂房排架结构的计算简图时作了哪些假定？试分析这些假定的合理性及其适用条件。

2-6 作用于横向平面排架上的荷载有哪些？这些荷载的作用位置如何确定？试画出各单项荷载作用下排架结构的计算简图。

2-7 作用于排架上的起重机竖向荷载 D_{max}（D_{min}）和起重机水平荷载 T_{max} 如何计算？

2-8 什么是等高排架？如何用剪力分配法计算等高排架的内力？试述在任意荷载作用下等高排架内力计算步骤。

2-9 什么是单层厂房的空间作用？影响单层厂房空间作用的因素有哪些？考虑空间作用对柱内力有何影响？

2-10 单阶排架柱应选取哪些控制截面进行内力组合？简述内力组合原则、组合项目及注意事项。

2-11 如何从对称配筋柱同一截面的各组内力中选取最不利内力？排架柱的计算长度如何确定？为什么要对柱进行吊装阶段验算？如何验算？

2-12 简述柱牛腿的三种主要破坏形态？牛腿设计有哪些内容？设计中如何考虑？

习题

2-1 某单跨厂房排架结构，跨度为24m，柱距为6m。厂房内设有（30/5）t和（15/3）tA_4级起重机各一台，其中（30/5）t起重机的起重机宽度 $B=6.15$m，轮距 $K=4.80$m，起重机最大轮压 $F_{pmax}=290.0$kN，最小轮压 $F_{pmin}=70.0$kN，小车自重重力荷载 $g=118.0$kN；（15/3）t起重机的起重机宽度 $B=5.55$m，轮距 $K=4.40$m，$F_{pmax}=185.0$kN，$F_{pmin}=50.0$kN，$g=74.0$kN。求排架柱承受的起重机竖向荷载 D_{max}、D_{min} 以及起重机水平荷载下 T_{max}。

2-2 如图2-61所示排架结构，各柱均为等截面，截面弯曲刚度 EI 如图所示。求该排架在柱顶水平力作用下各柱所承受的剪力，并绘制弯矩图。

2-3 如图2-62所示单跨排架结构，两柱截面尺寸相同，上柱 $I_u=25.0\times10^8\text{mm}^4$，下柱 $I_l=174.8\times10^8\text{mm}^4$，混凝土强度等级为C25。由起重机竖向荷载在牛腿顶面处产生的力矩分别为 $M_1=378.94\text{kN}\cdot\text{m}$，$M_2=63.25\text{kN}\cdot\text{m}$。求排架柱的剪力并绘制弯矩图。

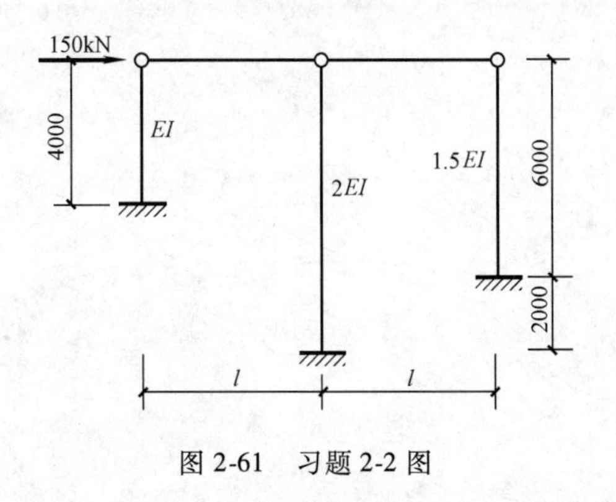

图2-61 习题2-2图

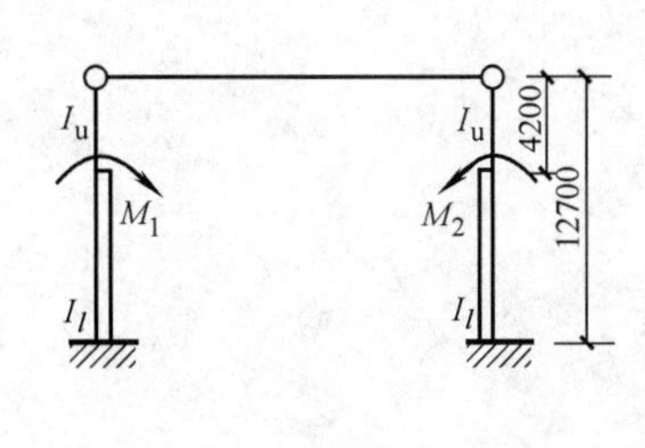

图2-62 习题2-3图

2-4 如图2-63所示两跨排架结构，作用起重机水平荷载 $T_{max}=20.69$kN。已知三根柱的边柱 $I_u=2.13$

$\times 10^9\,\text{mm}^4$、$I_l = 1.95 \times 10^{10}\,\text{mm}^4$，中柱 $I_u = 7.2 \times 10^9\,\text{mm}^4$、$I_l = 2.56 \times 10^{10}\,\text{mm}^4$，空间作用分配系数 $\mu = 0.9$。求各柱剪力并与不考虑空间作用（$\mu = 1.0$）的计算结果进行比较。

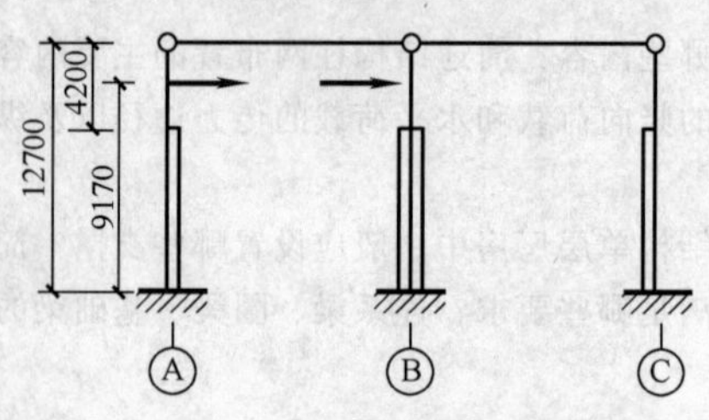

图 2-63　习题 2-4 图

2-5　某单跨厂房在各种荷载标准值作用下 A 柱Ⅲ-Ⅲ截面内力如表 2-15 所示，有两台起重机，起重机工作级别为 A_4 级，试对该截面进行内力组合。

表 2-15　A 柱Ⅲ-Ⅲ截面内力标准值

简图正、负号规定	荷载类型		序号	$M/(\text{kN}\cdot\text{m})$	N/kN	V/kN
Ⅲ　Ⅲ　+V　+M　+N	恒载		①	−6.22	332.85	−0.51
	屋面活载		②	−0.35	41.03	0.30
	起重机竖向荷载	D_{max}在A柱	③	55.63	467.75	−14.73
		D_{max}在B柱	④	−110.52	90.25	−12.86
	起重机水平荷载		⑤	±146.48	0	±16.34
	风荷载	右吹风	⑥	209.07	0	27.87
		左吹风	⑦	−194.85	0	−22.92

第3章

3

多层框架结构

框架结构是由梁和柱构成的空间杆系结构，因平面布置灵活，使用方便，可形成开阔的内部空间，建筑立面容易处理，可以适应不同的房屋造型，故可广泛应用于电子、轻工等多层厂房和住宅、办公、商业、旅馆等民用建筑。又因其侧移刚度小，故多用于多层房屋（3～9层或房屋高度不超过28m住宅建筑以及房屋高度不超过24m的其他民用建筑）。

3.1 框架结构的类型与结构布置

3.1.1 框架结构的类型

框架结构按施工方法的不同可分为现浇式、装配式和装配整体式。

现浇式框架是梁、柱、楼盖均为现浇的钢筋混凝土结构。一般做法是每层的柱与其上部的梁板同时支模、绑扎钢筋，然后一次浇筑混凝土。板中的钢筋伸入梁内锚固，梁的纵向钢筋伸入柱内锚固。因此，全现浇式框架结构具有整体性强、抗震（振）性能好的优点，其缺点是现场施工的工作量大、工期长、需要大量的模板。由于近年来发展泵送混凝土、组合式钢模板等新工艺，大大改善了现浇式框架结构的缺点，因而越来越被广泛采用。

装配式框架是指梁、柱、楼板均为预制，通过焊接拼装连接成整体的框架结构。由于所有构件均为预制，可实现标准化、工厂化、机械化生产。因此，施工速度快、效率高。装配式框架结构的整体性、抗震（振）性能较差，不宜在地震区应用。

装配整体式框架是指梁、柱、楼板均为预制，在构件吊装就位后，焊接或绑扎节点区钢筋，浇筑节点区混凝土，从而将梁、柱、楼板连成整体的框架结构。装配整体式框架既具有较好的整体性和抗震（振）性能，又可采用预制构件，减少现场浇筑混凝土的工作量。因此它兼有现浇式框架和装配式框架的优点。但节点区须现场浇筑混凝土，施工复杂。

3.1.2 框架的结构布置

房屋结构布置是否合理，对结构的安全性、适用性、经济性影响很大。合理的结构布置应力求简单、规则、均匀、对称。

3.1.2.1 柱网布置

框架结构的柱网布置既要满足生产工艺和建筑平面布置的要求，又要使结构受力合理，施工方便。

1. 柱网布置应满足生产工艺的要求

工业建筑的柱网主要依据生产工艺的要求确定，建筑平面布置可分为内廊式、统间式、大宽度式等几种。与此相应，柱网布置方式可为内廊式、等跨式、不等跨式等，如图3-1所示。

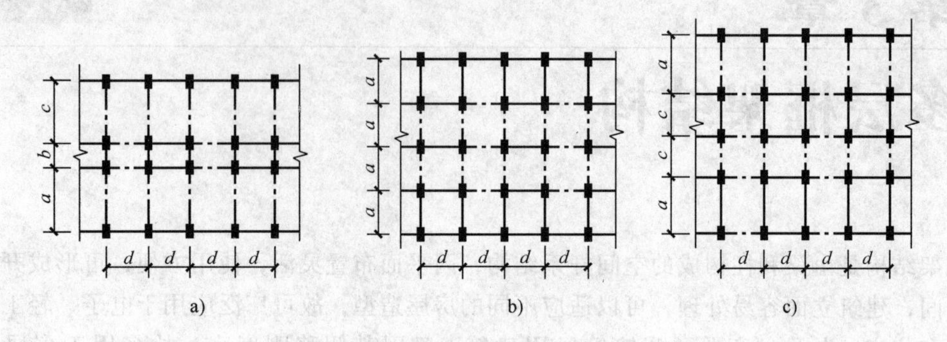

图3-1 工业建筑柱网布置
a）内廊式 b）等跨式 c）不等跨式

2. 柱网布置应满足建筑平面功能的要求

在旅馆、办公楼等民用建筑中，一般常将柱子设在纵横建筑隔墙交叉点上，以尽量减少柱子对建筑使用功能的影响。柱网的尺寸还受梁跨度的限制，梁经济跨度一般在6～9m之间。

在旅馆建筑中，建筑平面一般布置成两边为客房，中间为走道。这时，柱网布置可有两种方案：一种是将柱子布置成走道为一跨，客房与卫生间为一跨，如图3-2a所示；另一种是将走道与两侧的卫生间并为一跨，边跨仅布置客房，如图3-2b所示。

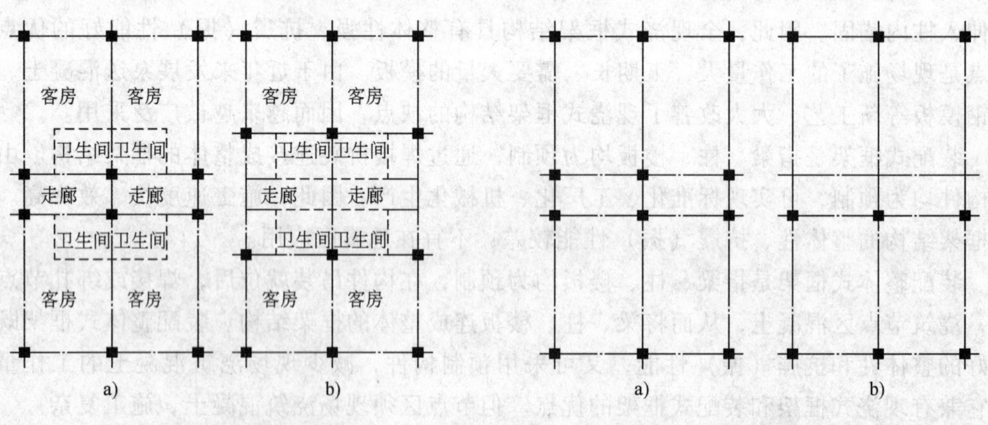

图3-2 旅馆横向柱列布置

图3-3 办公楼横向柱列布置

在办公楼建筑中，一般是两边为办公室，中间为走道，这时可将中柱布置在走道两侧，如图3-3a所示。亦可取消一排柱子，布置成为两跨框架，如图3-3b所示。

3. 柱网布置要使结构受力合理

多层框架主要承受竖向荷载。柱网布置时，应考虑到结构在竖向荷载作用下内力分布均匀合理，各构件材料强度均能充分利用。由力学分析可知，图3-2所示的两种框架结构，图b所示框架的内力分布比图a所示框架均匀。

4. 柱网布置应方便施工

建筑设计及结构布置时均应考虑到施工方便，力求做到柱网平面简单规则，有利于装配化、定型化和施工工业化。现浇框架结构虽可不受建筑模数和构件标准的限制，但在结构布置时亦应尽量使梁板布置简单规则，以方便施工。

3.1.2.2　框架承重体系

框架结构是空间受力体系，但为计算分析方便起见，可把实际框架结构看成纵横两个方向的平面框架。沿建筑物长向的称为纵向框架，沿建筑物短向的称为横向框架。纵向框架和横向框架分别承受各自方向上的水平力，而楼面竖向荷载则依楼盖结构布置方式的不同而按不同的方式传递：如为现浇楼盖，则竖向荷载向距离较近的次梁或框架梁传递；对于预制板楼盖，则传至搁置预制板的梁上。一般应在承受较大楼面竖向荷载的方向布置框架承重梁。

按楼面竖向荷载传递路线的不同，承重框架的布置方案有横向框架承重、纵向框架承重和纵横向框架混合承重等几种。

1. 横向框架承重方案

横向框架承重方案是在横向布置框架承重梁，楼面竖向荷载主要由横向梁传至柱，如图3-4a所示。横向框架往往跨数少，次梁支承在横向框架梁上，将加强横向框架，有利于提高建筑物的横向抗侧刚度。而纵向框架梁往往高度较小，有利于室内的采光与通风。

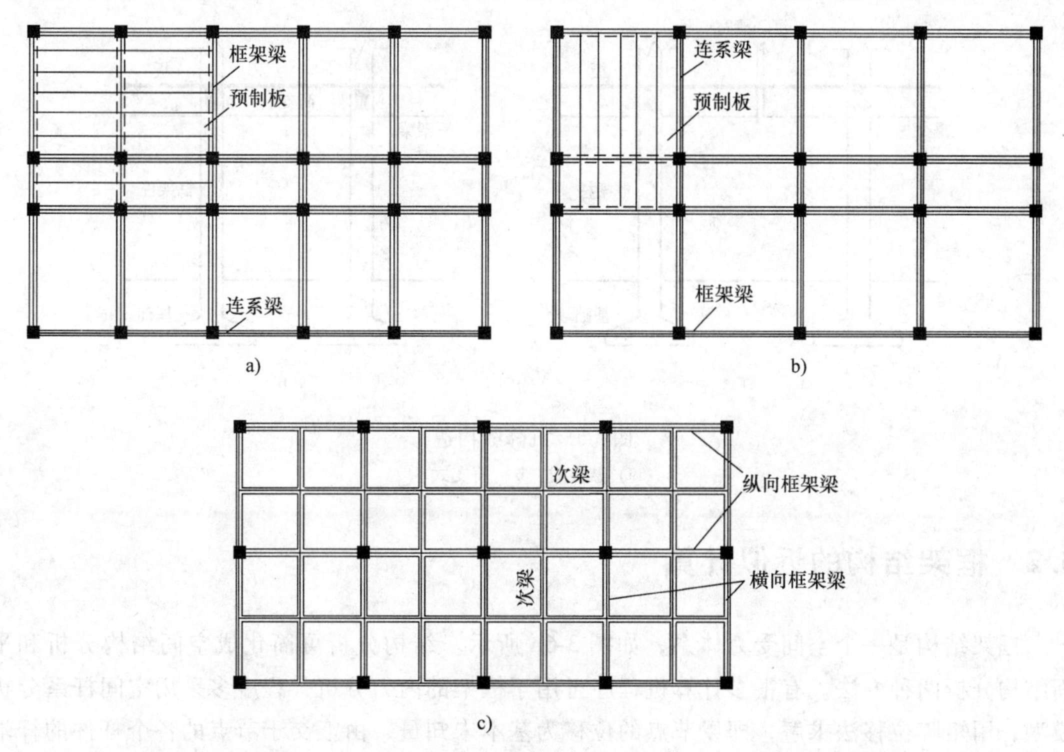

图3-4　承重框架布置方案

2. 纵向框架承重方案

纵向框架承重方案是在纵向布置框架承重梁，如图3-4b所示。因为楼面荷载由纵向梁传至柱子，所以横向框架梁高度较小，有利于设备管线的穿行；当在房屋开间方向需要较大空间时，可获得较高的室内净高。纵向框架承重方案的缺点是房屋的横向抗侧刚度较差。

3. 纵横向框架混合承重方案

纵横向框架混合承重方案是在两个方向均需布置框架承重梁以承受楼面荷载。当采用现浇板楼盖时，其布置如图3-4c所示。当楼面上作用有较大荷载，或楼面有较大开洞，或当柱网布置为正方形或接近正方形时，常采用这种承重方案。纵横向框架混合承重方案具有较好的整体工作性能，对抗震有利。这种布置方案一般用于现浇框架中。

3.1.2.3 变形缝的设置

框架结构伸缩缝的最大间距见附录A。当结构的长度超过规范规定的允许值时，应验算温度应力并采取相应的构造措施。

当框架结构上部荷载差异较大，或地基土的物理力学指标相差较大时，应设沉降缝。框架结构沉降缝可利用挑梁（悬挑）或搁置预制板、预制梁（简支）等方法形成（见图3-5）。

在抗震设防区，根据建筑的平面形状、高差、刚度、质量分布等因素确定是否需要设置防震缝，为避免设缝后各单元之间的结构在地震发生时互相碰撞，防震缝的宽度应满足《建筑抗震设计规范》（GB 50011—2010）的相关要求：当框架结构房屋高度不超过15m时，可采用100mm，超过15m时，6度、7度、8度和9度相应每增加高度5m、4m、3m和2m，宜加宽20mm。

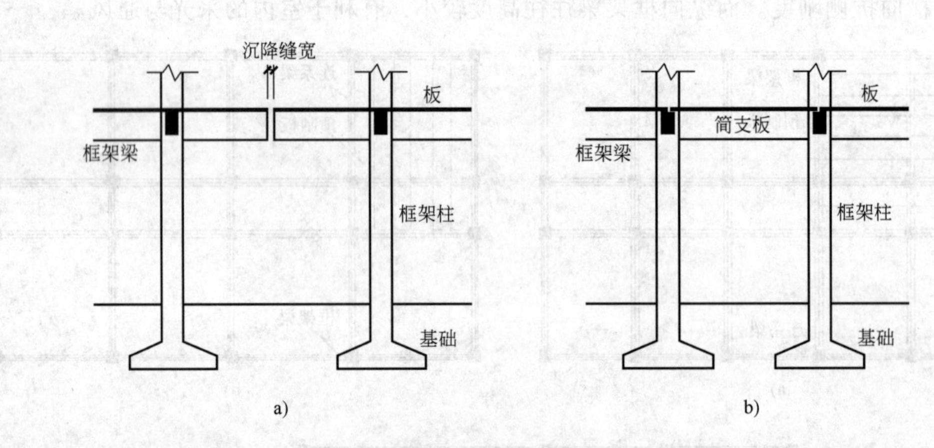

图3-5 沉降缝构造

a）悬挑式 b）简支式

3.2 框架结构的近似计算

框架结构是一个空间受力体系，如图3-6a所示。结构分析可简化成空间结构分析和平面结构分析两种方法。有很多计算机程序可用于框架的内力分析，程序多采用空间杆系分析模型，用矩阵位移法求解，即以节点的位移为基本未知量，由汇交于节点的各个杆件的杆端力平衡条件建立联立方程，求得节点位移，从而能直接求出结构在竖向和水平荷载作用下的变形、内力，以至各截面的配筋。

如果没有条件进行电算，或需要对电算结果进行校核以及初步设计时估算截面尺寸，则采用计算简便、易于掌握的手算方法。手算常采用近似计算方法。本节将重点介绍框架结构的近似手算方法，包括竖向荷载作用下的分层法、力矩分配法，水平荷载作用下的反弯点法和改进反弯点法（D 值法）。

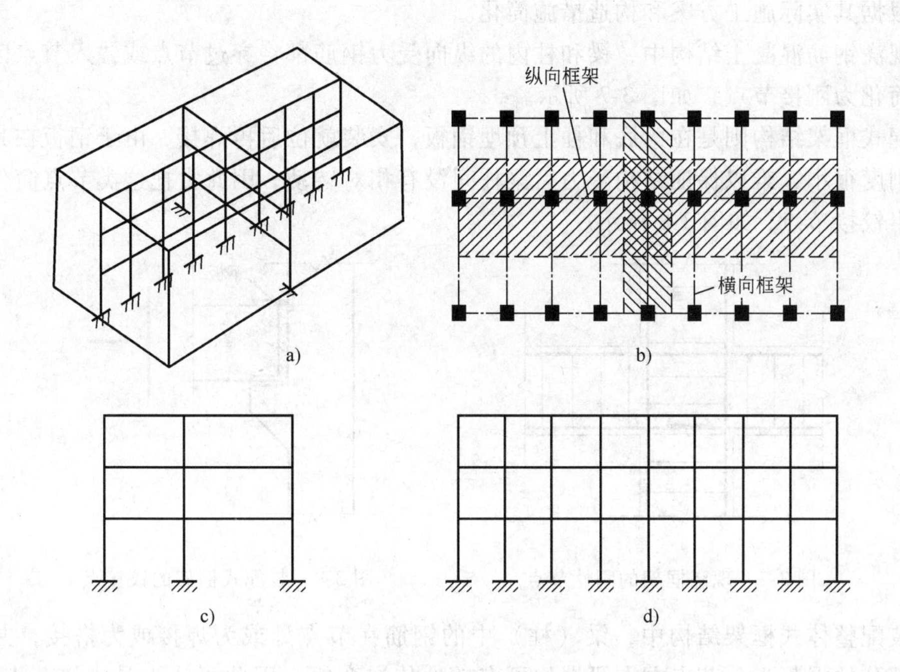

图 3-6　框架结构计算简图

3.2.1　框架结构的计算简图

3.2.1.1　计算单元的确定

当框架较规则时，为计算简便常不计结构纵向和横向之间的空间联系，将实际空间结构简化成若干个横向框架（见图 3-6c）和纵向平面框架（见图 3-6d）进行分析计算，计算单元取相邻两框架柱距的一半，如图 3-6b 所示阴影区范围。

在计算竖向荷载作用下的内力时，一般框架结构在竖向荷载作用下侧移很小，可忽略各榀框架之间的相互影响，认为该榀框架与相邻框架各负担它们之间楼面面积一半的竖向荷载。当采用横向承重方案时，截取横向框架作为计算单元，认为竖向荷载全部由横向框架承担；当采用纵向承重方案时，截取纵向框架作为计算单元，认为竖向荷载全部由纵向框架承担；当采用纵横向双向承重方案时，应根据竖向荷载实际传递路径，按纵横向框架共同承重进行计算。

在计算水平作用下的内力时，假定各方向的水平荷载全部由与该方向平行的框架承担，与该方向垂直的框架不参与工作，即横向水平作用由横向框架承担，而纵向水平作用由纵向框架承担。

3.2.1.2　计算简图

框架结构的近似内力分析多采用线弹性杆系模型，一般采用以下基本假定：一是杆件均为线性弹性材料；二是假定楼盖平面内刚度无穷大；三是假定框架基础是理想的刚接或铰接节点；四是构件的轴向、剪切和扭转变形对结构内力分析影响不大，可不予考虑。

1. 节点的简化

框架节点一般总是三向受力的，但当按平面框架进行结构分析时，则节点也相应地简化。可根据其实际施工方案和构造措施简化。

在现浇钢筋混凝土结构中，梁和柱内的纵向受力钢筋都将穿过节点或锚入节点区，显然这时应简化为刚接节点，如图3-7所示。

装配式框架结构则是在梁底和柱上预埋钢板，安装就位后再焊接，由于钢板在其自身平面外的刚度很小，难以保证结构受力后梁柱间没有相对转动，因此常把这类节点简化成铰接节点或半铰接节点，如图3-8所示。

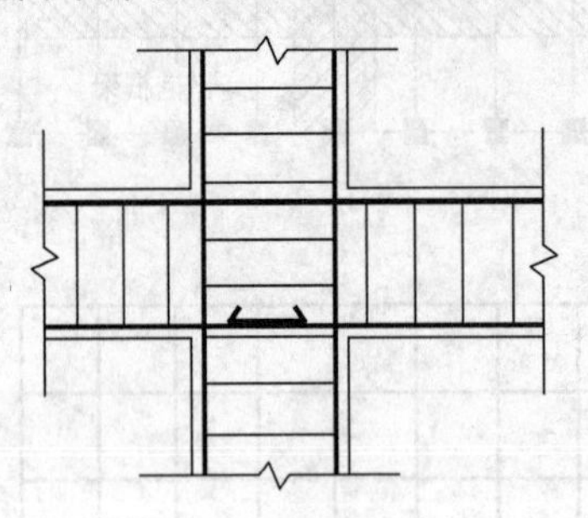

图3-7 现浇框架的刚性节点

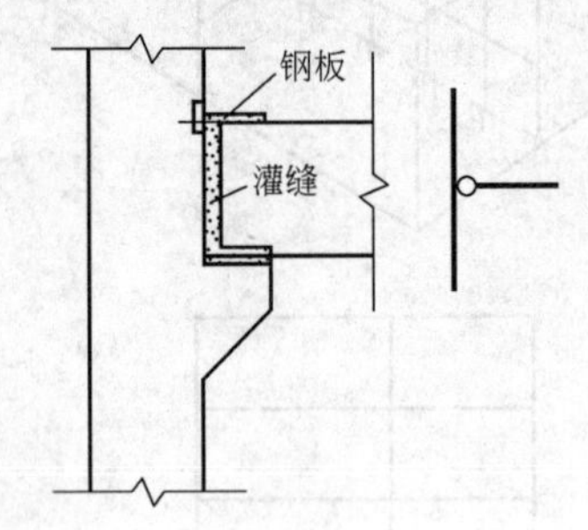

图3-8 装配式框架的铰接点

在装配整体式框架结构中，梁（柱）中的钢筋在节点处或为焊接或为搭接，并现场浇筑节点部分的混凝土。节点左右梁端均可有效地传递弯矩，因此可认为是刚接节点。然而，这种节点的刚性不如现浇式框架好，节点处梁端的实际负弯矩要小于按刚性节点假定所得到的计算值。

框架柱与基础的连接可分为固定支座和铰支座，当为现浇钢筋混凝土柱时，一般设计成固定支座；当为预制柱杯形基础时，则应视构造措施不同分别简化为固定支座或铰支座。

2. *跨度与层高的确定*

在平面框架结构计算简图中，杆件用其轴线来表示（见图3-9）。框架梁的跨度一般取柱轴线之间的距离，当上下层柱截面尺寸变化时，一般柱外侧尺寸平齐，以截面最小的顶层柱形心线间距来确定跨度，方便计算且偏于安全。当柱截面变化时，上柱的轴力将对下柱的形心产生偏心弯矩。

框架的层高即框架柱的长度可取相应的建筑层高，即取本层楼面至上层楼面的高度，但底层的层高应取基础顶面到一层顶板面之间的距离，即使一层地面有纵横拉结的基础梁，一般仍可偏于安全而忽略其影响。当设有侧向刚度很大的地下室时，可取至地下室顶部，此时，框架柱视为嵌固在地下室顶面。

3. *构件截面尺寸初步选择*

框架的梁柱常采用矩形或方形截面，其截面尺寸和材料特性一样，在内力分析之前，必须预先根据受力情况并结合建筑功能要求估算，等构件内力与结构的变形计算好后，如果估算的截面尺寸符合要求，便按估算的截面尺寸作为框架的最终尺寸，否则，需重新确定梁柱截面，并重新计算。

框架梁截面尺寸可参考受弯构件初步确定。梁高 h 按 $M=(0.6\sim0.8)M_0$ 来估算。M_0 为简支梁跨中最大正弯矩设计值。当梁主要承受均布荷载时，也可按高跨比确定梁的高度，$h=(1/12\sim1/8)l$，l 为梁的计算跨度；梁宽 $b=(1/3\sim1/2)h$，且不小于250mm。以上

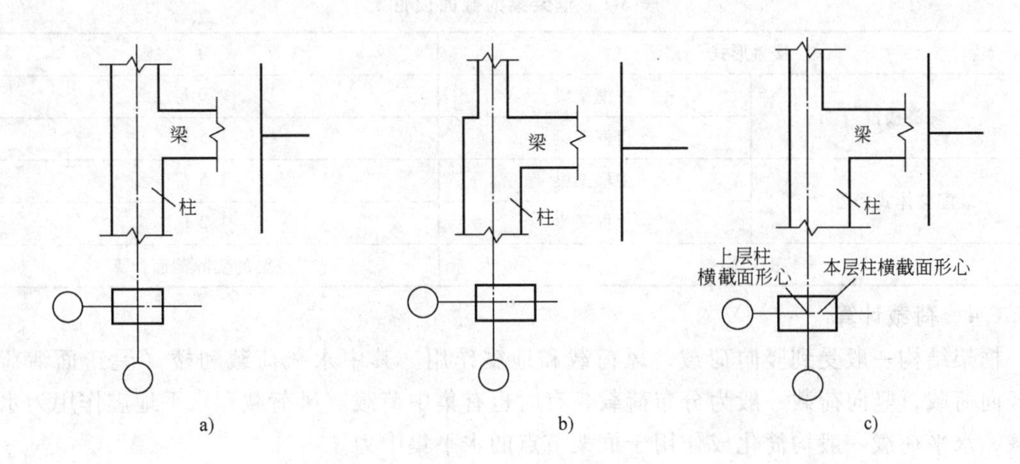

图3-9 框架柱轴线位置

预估梁高能够满足结构承载及刚度的需要，且结构本身的经济性较好，但建筑功能要求会影响结构的梁高取值。很多情况下，因结构层高和建筑所需净高的限制，使框架梁高取值显著小于以上预估数值。此时，需要加大梁的宽度以满足必要的承载力和刚度要求，导致梁的截面尺寸并不符合以上预估值范围。

框架柱一般采用矩形或方形截面，在多层框架中，柱截面宽度可按层高估算，$b_c=(1/15\sim1/10)\ h_i$，h_i 为第 i 层层高。$h_c=(1\sim2)\ b_c$。柱的截面面积 A 在非抗震设计时还可根据作用于柱上的轴力设计值并考虑水平荷载影响后近似按下式确定

$$A\geqslant(1.1\sim1.2)\frac{N}{f_c} \tag{3-1}$$

式中 N——柱轴力设计值（kN），可由式 $N=(12\sim14)\ nF$ 预估，其中 F 为柱每层负荷面积（m^2），n 为柱负荷层数，$12\sim14kN/m^2$ 为框架结构平均设计荷载，隔墙少而轻时取小值；

f_c——柱混凝土轴心抗压强度设计值。

在抗震设计时，柱的截面面积还应考虑轴压比 N/f_cA 限值的影响。

框架柱的截面边长不宜小于250mm，圆柱的截面直径不宜小于350mm，剪跨比宜大于2，截面的高宽比不宜大于3。

3.2.1.3 构件截面抗弯刚度的计算

在计算框架梁截面惯性矩 I 时应考虑到楼板的影响。在框架梁两端节点附近，梁承受负弯矩，顶部的楼板受拉，楼板对梁的截面弯曲刚度影响较小；而在框架梁的跨中，梁承受正弯矩，楼板处于受压区形成T形截面梁，楼板对梁的截面弯曲刚度影响较大。在设计计算中，一般仍假定梁的截面惯性矩 I 沿轴线不变。

《混凝土结构设计规范》规定，对现浇楼盖和装配整体式楼盖，宜考虑楼板作为翼缘对梁刚度和承载力的影响。梁受压区有效翼缘计算宽度 b_f' 取值与“梁板楼盖”相同；也可采用梁刚度增大系数法近似考虑，刚度增大系数应根据梁有效翼缘尺寸与梁截面尺寸的相对比例确定。大量的算例表明，近似计算的梁刚度增大值可按表3-1确定，表中 I_0 为矩形截面梁计算的截面惯性矩。

表 3-1 框架梁的截面惯性矩

楼盖形式		I
现浇楼盖	中框架梁	$2.0\ I_0$
	边框架梁	$1.5\ I_0$
装配整体式楼盖	中框架梁	$1.5\ I_0$
	边框架梁	$1.2\ I_0$
装配式楼盖		按梁的实际截面计算

3.2.1.4 荷载计算

框架结构一般受到竖向荷载、风荷载和地震作用。其中永久荷载和楼（屋）面活荷载为竖向荷载，竖向荷载一般为分布荷载，有时也有集中荷载。风荷载和水平地震作用为水平荷载，水平荷载一般均简化成作用于框架节点的水平集中力。

多层框架结构因层数和高度一般不大，风荷载影响较小，且各榀框架的侧移刚度一般相近，故框架的风荷载可取该榀框架的负荷宽度单独计算，不必考虑各榀框架按侧刚度分配总的风荷载。如果不满足以上条件，各榀框架的抗侧刚度不一致，则各榀框架必须按侧移刚度分配总的风荷载。一般由框架计算单元宽度的墙面向柱集中为线荷载，因风压高度变化系数沿高度变化，应沿高度分层计算各层柱上因风压引起的线荷载，风压高度变化系数按各层柱顶高度选取，层间风压按均布线荷载计算。为简化计算，可将每层节点上下各半层的线荷载向节点集中为水平力，顶层节点集中力应取顶层上半层层高范围加上屋顶女儿墙的风荷载。

3.2.2 竖向荷载作用下的分层法

框架在竖向荷载作用下的侧移不大，可近似地按无侧移框架进行分析，分析方法可采用力矩分配法和分层法。力矩分配法一般进行二次弯矩分配，故也称二次力矩分配法，其概念明确，计算精度较高，不足之处是计算节点数较多。为简化计算，可采用分层法。分层法假定如下：

1）不考虑框架侧移对内力的影响，即框架的侧移忽略不计。

2）作用在某一层框架梁上的竖向荷载只对本楼层的梁以及与本层梁相连的框架柱产生弯矩和剪力，而对其他楼层的框架梁和隔层的框架柱都不产生弯矩和剪力。

按照叠加原理，多层多跨框架在多层竖向荷载同时作用下的内力，可以看成是各层竖向荷载单独作用下的内力的叠加（见图 3-10a）。又根据上述假定，当各层梁上单独作用竖向荷载时，仅在图 3-10a 所示结构的实线部分内产生内力，虚线部分中所产生的内力可忽略不计。这样，框架结构在竖向荷载作用下，可按图 3-10b 所示各个开口刚架单元进行计算。这里，各个开口刚架的上下端均为固定支承，而实际上，除底层柱的下端外，其他各层柱端均有转角产生，即虚线部分对实线部分的约束作用应为介于铰支承与固定支承之间的弹性支承。为了改善由此引起的误差，在按图 3-10b 的计算简图进行计算时，应做以下修正：

1）除底层以外其他各层柱的线刚度均乘 0.9 的折减系数。

2）除底层以外其他各层柱的弯矩传递系数为 1/3。

在求得图 3-10b 中各开口刚架中的结构内力以后，可将相邻两个开口刚架中同层同柱内力叠加，作为原框架结构柱的内力，而分层计算所得的各层梁的内力，即为原框架结构中相

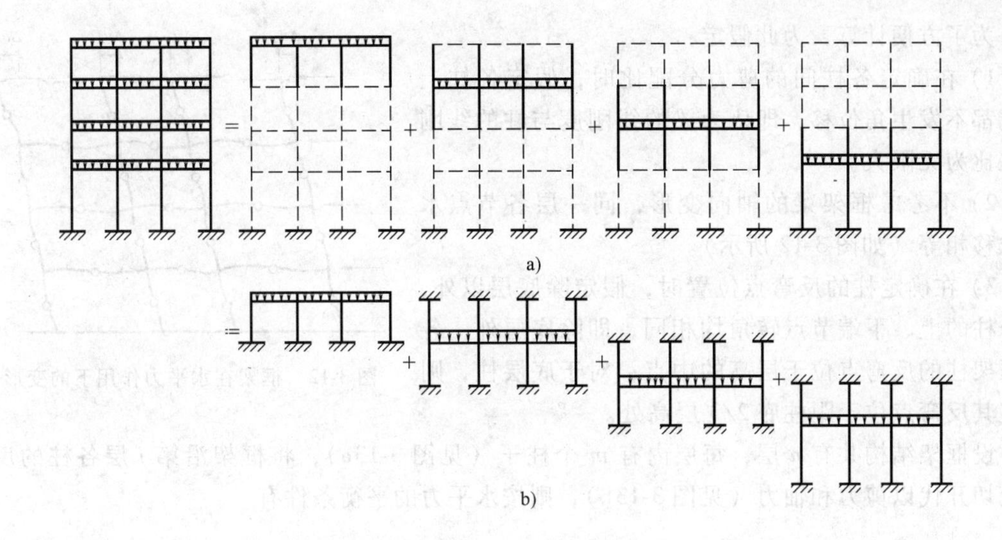

图 3-10　分层法计算简图

应层梁的内力。

由分层法计算所得的框架节点处的弯矩之和常常不等于零，这是由于分层计算单元与实际结构不符所带来的误差，节点不平衡弯矩一般较小。若欲提高精度，可对节点，特别是边节点不平衡弯矩再作一次分配，予以修正。

分层法适用于节点梁柱线刚度比$\sum i_b / \sum i_c \geqslant 3$，结构刚度与荷载沿高度分布比较均匀的多层框架。满足上述条件的框架，内力分析结果精度较好。

3.2.3　水平荷载作用下的反弯点法

风或地震对框架结构的水平作用，一般都可简化为作用于框架节点上的等效水平力。由于框架梁的抗弯线刚度比框架柱的大很多，因此每一楼层柱的两端接近固定端，当上下端产生相对位移时，必然在楼层柱的中部产生反弯点，这是框架结构的特性之一。精确法分析也证实了这一点。框架结构在节点水平力作用下定性的弯矩图如图 3-11 所示，各杆的弯矩图都呈直线形，且一般都有一个反弯点。

变形图如图 3-12 所示。各柱的上下端既有水平位移，又有角位移。因为梁的轴向变形忽略不计，若各层都不缺梁，则同一层内的各节点具有相同的水平位移，同一层内的各柱上下端具有相同的层间位移。另外，如果梁的线刚度比柱的线刚度大得多（例如梁柱线刚度比大于等于 3），上述的节点角位移就很小。

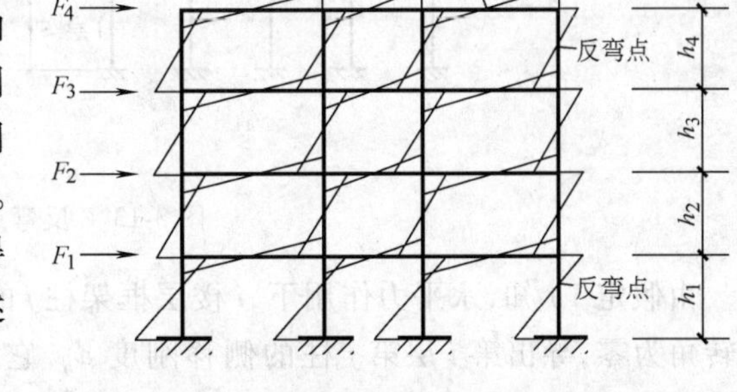

图 3-11　框架在水平力作用下的弯矩图

在图 3-11 中，如能确定各柱反弯点的位置及柱的剪力，便可求得各柱的柱端弯矩，并进而由节点平衡条件求得梁端弯矩及整个框架结构的其他内力。所以对在水平荷载作用下的框架内力近似计算，一是需要确定各柱间的剪力分配，二是要确定各柱的反弯点位置。

为了方便计算，为此假定：

1）在确定各柱间的剪力分配比时，假定各柱上下端都不发生角位移，即认为梁的线刚度与柱的线刚度之比为无限大。

2）不考虑框架梁的轴向变形，同一层各节点水平位移相等（如图3-12所示）。

3）在确定柱的反弯点位置时，假定除底层以外，各个柱的上、下端节点转角均相同，即除底层外，各层框架柱的反弯点位于层高的中点；对于底层柱，则假定其反弯点位于距柱底2/3层高处。

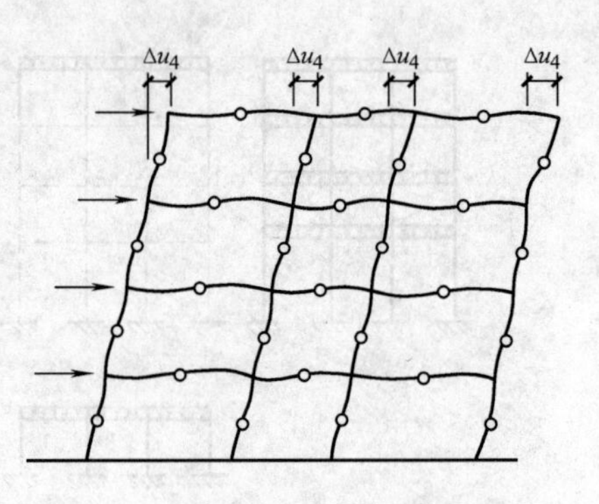

图3-12 框架在水平力作用下的变形

设框架结构共有 n 层，每层内有 m 个柱子（见图3-13a），将框架沿第 i 层各柱的反弯点处切开代以剪力和轴力（见图3-13b），则按水平力的平衡条件有

$$V_i = \sum_{i}^{n} F_i$$

$$V_i = V_{i1} + \cdots + V_{ij} + \cdots + V_{im} = \sum_{j=1}^{m} V_{ij} \tag{3-2}$$

式中 F_i—— 作用在楼层 i 的水平力；

V_i—— 水平力 F 在第 i 层所产生的层间剪力；

V_{ij}—— 第 i 层第 j 柱所承受的剪力；

m—— 第 i 层内的柱子数；

n—— 楼层数。

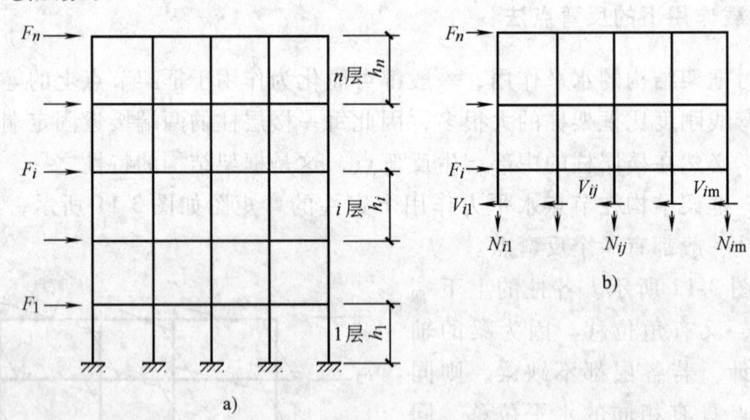

图3-13 反弯点法推导

由假定1）知，水平力作用下，i 楼层框架柱 j 的变形如图3-14所示。若视横梁为刚性梁，柱端转角为零，导出第 i 层第 j 柱的侧移刚度 d_{ij}，它表示要使柱上下端产生单位相对水平位移（$\Delta u_i = 1$）时，需要在柱顶施加的水平力。

$$d_{ij} = \frac{12 i_{ij}}{h_i^2} \tag{3-3}$$

式中 i_{ij}—— 第 i 层第 j 柱的线刚度；

h_i——第 i 层柱子高度。

由假定2)，同层各柱柱端水平位移相等，第 i 层各柱柱端相对侧移均为 Δu_i，按照侧移刚度的定义，有

$$\Delta u_i = \frac{V_i}{\sum_{j=1}^{m} d_{ij}}$$

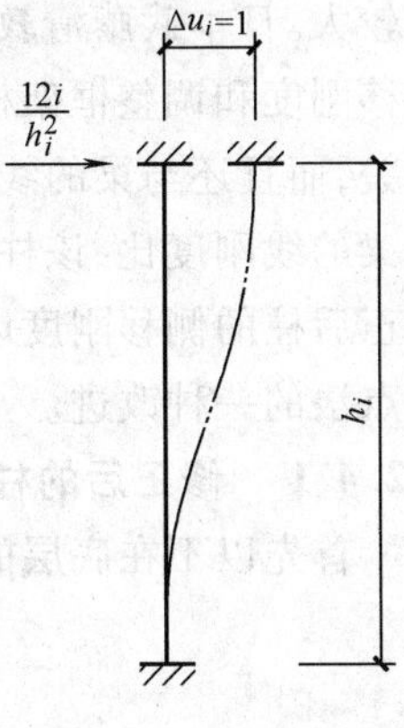

将上式代入式(3-3)，得 i 楼层中任一柱 j 在层间剪力 V_i 中分配到的剪力

$$V_{ij} = \frac{d_{ij}}{\sum_{j=1}^{m} d_{ij}} V_i \tag{3-4}$$

图 3-14　两端固定柱的侧向刚度

求得各柱所承受的剪力 V_{ij} 以后，由假定3) 便可求得各柱的杆端弯矩，对于底层柱，有

$$M_{c1j}^{t} = V_{1j}\frac{h_1}{3} \tag{3-5a}$$

$$M_{c1j}^{b} = V_{1j}\frac{2h_1}{3} \tag{3-5b}$$

对于上部各层柱，有

$$M_{cij}^{t} = M_{cij}^{b} = V_{ij}\frac{h_i}{2} \tag{3-6}$$

上式中的下标 i、j 表示第 i 层第 j 号柱，上标 t、b 分别表示柱的顶端(top) 和底端(bottom)。在求得柱端弯矩以后，由图 3-15 所示的节点弯矩平衡条件，即可求得梁端弯矩

$$M_b^l = \frac{i_b^l}{i_b^l + i_b^r}(M_c^b + M_c^t) \tag{3-7a}$$

$$M_b^r = \frac{i_b^r}{i_b^l + i_b^r}(M_c^b + M_c^t) \tag{3-7b}$$

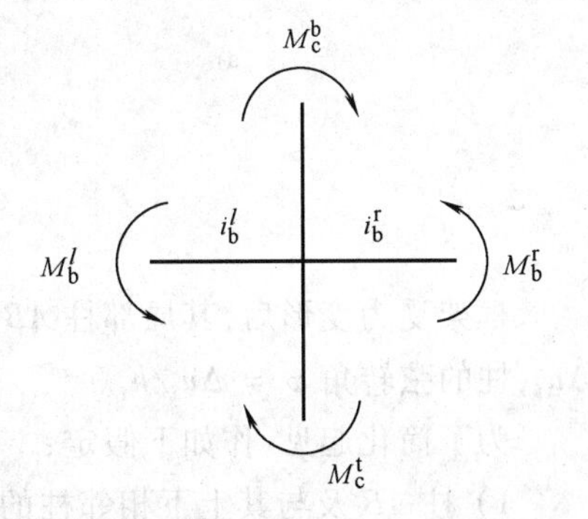

图 3-15　节点平衡条件

式中　M_b^l、M_b^r—— 节点处左、右的梁端弯矩；

M_c^b、M_c^t—— 节点处柱上下端弯矩；

i_b^l、i_b^r—— 节点左、右的梁的线刚度。

以各个梁为脱离体，将梁的左右端弯矩之和除以该梁的跨度，便得梁内剪力。自上而下逐层叠加节点左右的梁端剪力，即可得到柱内轴向力。

反弯点法适用于结构比较均匀，层数不多的框架结构。一般认为，当梁的线刚度与柱的线刚度之比超过 3 时，由反弯点法计算所引起的误差能够满足工程设计的精度要求。

3.2.4　水平荷载作用下的 D 值法

反弯点法首先假定梁柱之间的线刚度之比为无穷大，其次又假定柱的反弯点高度为一定值，从而使框架结构在侧向荷载作用下的内力计算大为简化。但这样做的同时也带来了一定的误差，如果框架梁柱刚度接近、上下层的层高变化大、上下层梁的线刚度变化大时，反弯点法误

差较大。日本武藤清教授针对多层多跨框架受力和变形特点，于1963年提出了修正框架柱的侧移刚度和调整框架柱的反弯点高度的方法。他指出：柱的侧向刚度不仅与柱的线刚度和层高有关，而且还与梁的线刚度等因素有关。另外，柱的反弯点高度不应是个定值，它随该柱与上下层梁的线刚度比、该柱所在的楼层位置、上下层梁的线刚度比以及上下层层高的变化而改变。修正后柱的侧移刚度以 D 表示，故此法又称为"D 值法"，也叫改进反弯点法，实际上它是对反弯点法的一种改进。

3.2.4.1 修正后的柱侧移刚度 D

首先以不在底层的框架中间柱为例（见图3-16），来研究柱侧移刚度的变化。

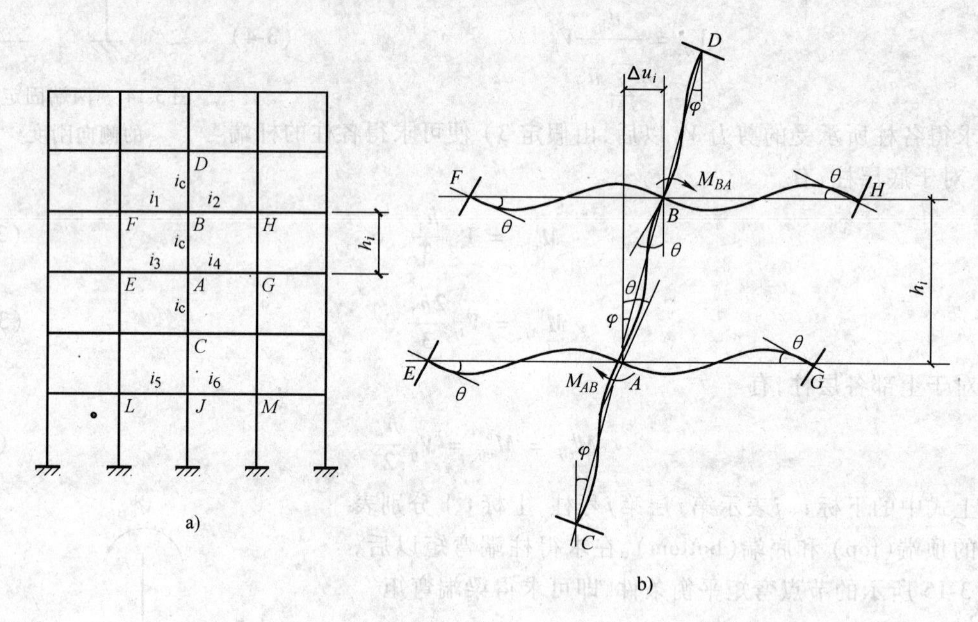

图3-16 D 值法计算简图

框架受力变形后，其局部柱 AB 及相关杆件变形如图3-16b所示，柱上下端产生水平侧移 Δu_i，柱的弦转角 $\varphi = \Delta u_i / h_i$。

为了简化起见，作如下假定：

1）柱 AB 及与其上下相邻柱的线刚度均为 i_c。

2）柱 AB 及其上下相邻的两个柱的弦转角均为 φ。

3）柱 AB 两端节点及其上下左右相邻的各个节点的转角均为 θ。

由节点 A 和节点 B 的力矩平衡条件，分别可得：

$$4(i_3 + i_4 + i_c + i_c)\theta + 2(i_3 + i_4 + i_c + i_c)\theta - 6(i_c\varphi + i_c\varphi) = 0$$

$$4(i_1 + i_2 + i_c + i_c)\theta + 2(i_1 + i_2 + i_c + i_c)\theta - 6(i_c\varphi + i_c\varphi) = 0$$

将以上两式相加，化简后可得

$$\theta = \frac{2}{2 + \dfrac{\Sigma i}{2i_c}}\varphi = \frac{2}{2 + \overline{K}}\varphi \tag{3-8}$$

式中 Σi—— 为梁线刚度之和，$\Sigma i = i_1 + i_2 + i_3 + i_4$；

$\overline{K}$—— 为梁柱平均线刚度比，$\overline{K}=\dfrac{\Sigma i}{2i_c}$。

柱 AB 所受剪力为

$$V_{AB}=\frac{12i_c}{h_i}(\varphi-\theta)$$

将式(3-8)代入上式得

$$V_{AB}=\frac{\overline{K}}{2+\overline{K}}\frac{12i_c}{h_i}\varphi=\frac{\overline{K}}{2+\overline{K}}\frac{12i_c}{h_i^2}\Delta u_i$$

令 $\alpha=\dfrac{\overline{K}}{2+\overline{K}}$，则

$$V_{AB}=\alpha\frac{12i_c}{h_i^2}\Delta u_i$$

由侧移刚度定义，框架结构中的第 i 层第 j 柱的侧移刚度

$$D_{ij}=\frac{V_{ij}}{\Delta u_i} \tag{3-9}$$

则有

$$D_{ij}=\alpha\frac{12i_c}{h_i^2} \tag{3-10}$$

式中 i_c—— 柱的线刚度；

h_i —— 第 i 层柱子高度；

α —— 柱侧移刚度修正系数。

式(3-10)中的 α 值反映了节点转动降低了柱的抗侧移能力，即梁柱线刚度比值对柱侧移刚度的影响。当 $\overline{K}$ 很大时，α 趋近 1.0；当 $\overline{K}$ 不太大时，α 小于 1.0。

顶层柱的受力情况与中间层柱相似，只是由于顶层节点不包含上柱的弯矩，推导出的 α 公式略有区别，为方便计算，仍可将顶层柱归入一般柱计算其侧移刚度。

同理，可求得底层柱的侧移刚度修正系数。表 3-2 列出了各种情况下的 α 值及 $\overline{K}$ 值的计算公式。

表 3-2 柱侧移刚度修正系数 α

层	边柱		中柱		α
一般层	简图：柱 i_c，梁 i_1、i_2	$\overline{K}=\dfrac{i_1+i_2}{2i_c}$	简图：柱 i_c，梁 i_1、i_2、i_3、i_4	$\overline{K}=\dfrac{i_1+i_2+i_3+i_4}{2i_c}$	$\alpha=\dfrac{\overline{K}}{2+\overline{K}}$
底层	简图：柱 i_c（固定端），梁 i_1	$\overline{K}=\dfrac{i_1}{i_c}$	简图：柱 i_c（固定端），梁 i_1、i_2	$\overline{K}=\dfrac{i_1+i_2}{i_c}$	$\alpha=\dfrac{0.5+\overline{K}}{2+\overline{K}}$

注：$i_1\sim i_4$ 为梁线刚度，i_c 为柱线刚度；$\overline{K}$ 为楼层梁柱平均线刚度比。

若框架的同一层中某柱再有分层时(见图3-17),则应按下式计算其等效侧移刚度 D_e

$$D_e = \frac{D_1 D_2}{D_1 + D_2} \tag{3-11}$$

式中 D_1——为夹层底层柱侧移刚度,$D_1 = \alpha_1(12i_{c1}/h_1^2)$;

D_2——为夹层上层柱侧移刚度,$D_2 = \alpha_2(12i_{c2}/h_2^2)$。

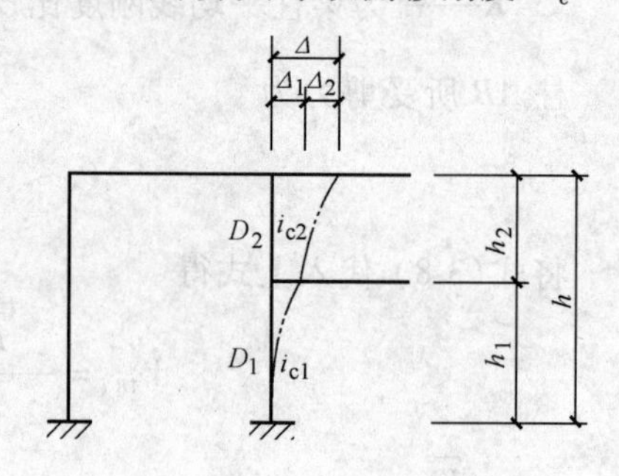

图3-17 楼层中再分层柱的 D 值

式(3-11)是根据柱顶侧移相等的原则建立的。设再分层柱承受的剪力为 V,则其层间水平侧移为

$$\Delta_1 = \frac{V}{D_1};\ \Delta_2 = \frac{V}{D_2}$$

$$\Delta = \Delta_1 + \Delta_2 = \frac{V}{D_1} + \frac{V}{D_2}$$

则有

$$D_e = \frac{V}{\Delta} = \frac{1}{\frac{1}{D_1} + \frac{1}{D_2}} = \frac{D_1 D_2}{D_1 + D_2}$$

求得框架柱侧移刚度 D 值后,与反弯点法类似,由同层内各柱的层间位移相等的条件,可把层间剪力按下式分配到各柱

$$V_{ij} = \frac{D_{ij}}{\sum_{j=1}^{m} D_{ij}} V_i \tag{3-12}$$

式中 V_{ij}——第 i 层第 j 柱所分配的剪力;

V_i——第 i 层楼层剪力;

D_{ij}——第 i 层第 j 柱的侧移刚度;

$\sum_{j=1}^{m} D_{ij}$——第 i 层所有柱的侧移刚度之和,m 为第 i 层框架柱数。

3.2.4.2 修正后的柱反弯点高度 yh

多层多跨框架柱的反弯点位置取决于该柱上下端节点转角的比值。若上下端的转角相同,反弯点就在柱高的中央;若上下端转角不同,则反弯点偏向转角较大的一端,亦即偏向约束刚度较小的一端。影响柱两端转角大小的因素有梁柱线刚度比、柱所在楼层的位置、上下梁线刚度比及上下层层高变化等。

框架在节点水平力作用下,可假定同层各节点的转角相同,即假定各层横梁的反弯点在各横梁跨度的中央且该点无竖向位移。这样,一个多层多跨的框架可简化成图3-18所示的计算简图。当影响柱反弯点的因素逐一改变时,可分别求出柱底端至柱反弯点的距离,并除以柱高,使之无量纲化,将无量纲化值制成表格以供查用。

1. 梁柱线刚度比及层数、楼层位置的影响

假定框架各层横梁的线刚度、框架各层柱的线刚度和各层的层高都相同,计算简图如图3-18a所示,图中横梁的线刚度应按其半跨的长度计算。可用力法求解其内力及各层柱的反弯点高度 y_0h;y_0 称为标准反弯点高度比,y_0 值与总层数 m、该柱所在的层数 n 以及梁柱线刚度比

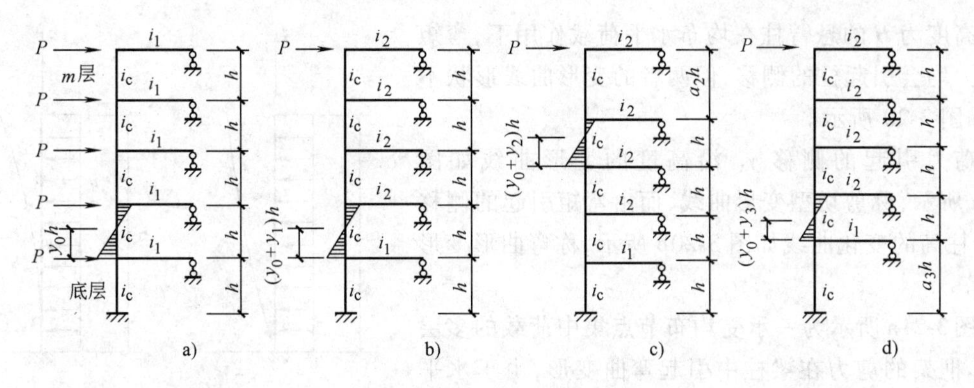

图 3-18　柱的反弯点高度

$\overline{K}$ 及侧向荷载类型有关。为了便于应用,考虑以上因素,对均布水平力作用和倒三角形分布水平力作用下的 y_0 已制成表格,可由附表 E-1、E-2 查得。表中 $\overline{K}$ 值可按表 3-3 计算。

2. 上下横梁线刚度比的影响

若某层柱的上下横梁线刚度不同,则该层柱的反弯点位置就不同于标准反弯点位置而偏向于横梁刚度小的一侧,因而必须对标准反弯点进行修正,这个修正值就是反弯点高度的上移增量 y_1h,如图 3-18b 所示。

y_1 是根据各层柱承受等剪力的情况下求得的。y_1 值可根据上下横梁的线刚度比 α_1 和 $\overline{K}$ 由附表 E-3 查得。当 $i_1 + i_2 < i_3 + i_4$ 时,反弯点上移,由 $\alpha_1 = (i_1 + i_2)/(i_3 + i_4)$ 查附表 E-3 即得 y_1 值;当 $i_1 + i_2 > i_3 + i_4$ 时,反弯点下移,查表时应取 $\alpha_1 = i_3 + i_4/i_1 + i_2$,查得的 y_1 值应取负值。对于底层柱,不考虑修正值 y_1,即 $y_1 = 0$。

3. 层高变化的影响

若某层柱所在层的层高与相邻上层或下层的层高不同,则该柱的反弯点位置将不同于标准反弯点高度而需要修正。当上层层高变化时,反弯点高度的上移增量为 y_2h,如图 3-18c 所示。当下层层高变化时,反弯点高度的上移增量为 y_3h,如图 3-18d 所示。

y_2 和 y_3 也是按上述分析方法,且假定各层柱承受等剪力的情况下求得的。y_2 和 y_3 可由附表 E-4 查得。对顶层可不考虑修正值 y_2,即 $y_2 = 0$;对底层可不考虑修正值 y_3,即 $y_3 = 0$。

综上所述,各层柱的反弯点高度 yh 可由下式求出

$$yh = (y_0 + y_1 + y_2 + y_3)h \tag{3-13}$$

与反弯点法相同,由柱剪力和反弯点高度就可求出各柱的杆端弯矩。梁端弯矩可按节点弯矩平衡条件,将节点上、下柱端弯矩之和按左、右梁的线刚度比例反号分配。梁端剪力 V_b 可根据梁端弯矩,按下式计算(见图 3-19)

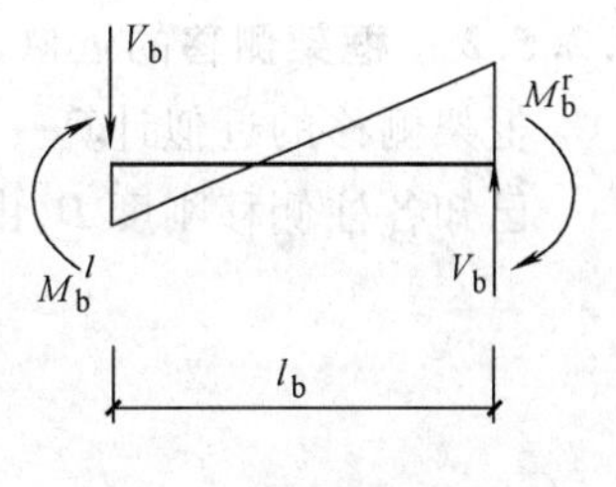

图 3-19　梁两端弯矩剪力示意图

$$V_b = \frac{M_b^l + M_b^r}{l} \tag{3-14}$$

在水平荷载作用下柱的轴力为计算截面以上各层梁端剪力的代数和。

3.2.5　框架侧移计算及限值

3.2.5.1　框架侧移曲线的型式

高度为H的悬臂柱在均布水平荷载作用下，弯矩和剪力均会引起柱的侧移，但两者的变形曲线形状不同，如图3-20所示。

剪力引起的侧移y_V沿高度的变形曲线如图3-20a所示，称剪切型变形曲线，而由弯矩引起的侧移y_M沿柱高的变化曲线如图3-20b所示，称弯曲形变形曲线。

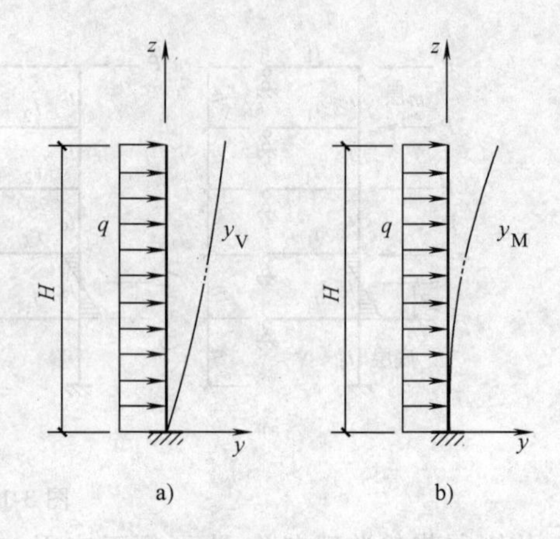

图3-20 侧移曲线形状

图3-21a所示为一承受均布节点集中荷载的多层框架。框架的剪力在梁柱中引起弯曲变形，由于水平荷载引起的层间剪力呈上小下大的趋势，使框架的层间相对水平位移Δu_i也呈下大而上小的趋势，因此，框架侧移曲线为剪切型变形曲线。

当框架的层数不多或高宽比不大时，由于其弯矩M较小，而框架宽度较大，故柱中轴力较小，由它引起的侧移也很小，故框架的侧移曲线仍以剪切型为主，如图3-21a所示。根据计算，对高度大于50m或房屋的高宽比大于4的结构，由柱轴向变形引起的侧移约为由框架梁柱弯曲变形而引起的侧移的5% ~ 11%，因此，当房屋高度或高宽比低于上述数值时，可忽略柱轴向变形产生的侧移，而仅考虑梁柱弯曲变形计算的框架侧移已能满足工程设计的精度要求。

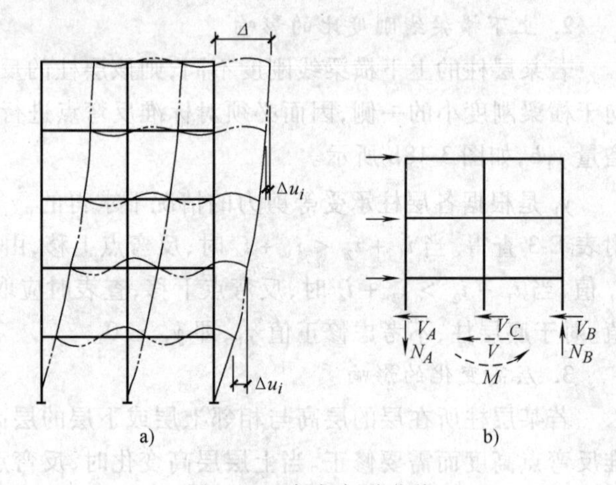

图3-21 框架侧移曲线

3.2.5.2 框架侧移的近似计算

框架侧移的近似计算一般来说可仅考虑框架结构由梁、柱弯曲变形所产生的水平位移。已知各柱侧移刚度D，由层间剪力V_i可得第i层框架层间水平位移Δu_i

$$\Delta u_i = \frac{V_i}{\sum_{j=1}^{m} D_{ij}} \tag{3-15}$$

式中 D_{ij}——第i层第j柱的侧向刚度；

m——框架第i层的总柱数。

这样可逐层求得各层的层间水平位移。框架顶点的总水平位移Δ应为各层间位移之和，即

$$\Delta = \sum_{i=1}^{n} \Delta u_i \tag{3-16}$$

式中 n——框架结构的总层数。

由式(3-15)可以看出，框架层间位移Δu_i与外荷载在该层所产生的层间剪力V_i成正比，当框架柱的抗侧刚度沿高度变化不大时，因层间剪力V_i自顶层向下逐层累加，所以，层间水平位移Δu_i自顶层向下逐层递增，结构的位移曲线如图3-21a中双点画线所示。

3.2.5.3 弹性层间侧移的限值

框架的弹性层间位移角 θ_e 过大将导致框架中的隔墙等非承重的填充构件开裂,同时也表明结构的侧移刚度不足,影响在强风等水平荷载作用下居住者的舒适度,故规范规定了框架的最大弹性层间位移角 θ_e 不能超过其限值,因 θ_e 很小,所以 $\theta_e \approx \tan\theta_e = \Delta u/h$,即

$$\theta_e = \frac{\Delta u}{h} \leqslant \left[\frac{\Delta u}{h}\right] \tag{3-17}$$

式中 Δu—— 按弹性方法计算所得的楼层层间水平位移;

h—— 层高;

$\left[\frac{\Delta u}{h}\right]$—— 楼层层间最大位移与层高之比的限值。对于框架结构 $\Delta u/h$ 不应超过 1/550。

若不满足式(3-17)要求,则应加大框架构件截面尺寸或提高混凝土强度等级,其中以加大柱截面高度最有效。因框架侧移验算的目的在于验算结构的侧移刚度是否满足,而增大刚度往往要求改变结构构件的尺寸,导致计算模型的改变,故侧移验算应在竖向荷载内力分析和承载力验算之前完成,以避免不必要的重复计算。

3.2.6 框架结构的二阶效应

3.2.6.1 二阶效应的概念

框架结构的二阶效应是指轴向压力在产生了侧移或挠曲变形的杆件内引起的曲率和弯矩增量,之所以称为二阶,是因为该现象是由二阶微分方程描述的。建筑结构的二阶效应包括重力二阶效应(P-Δ 效应)和受压构件的挠曲效应(P-δ 效应)两部分。严格地讲,应考虑 P-Δ 效应和 P-δ 效应进行结构分析,应考虑材料非线性、裂缝、构件的曲率和层间侧移、荷载的持续作用以及混凝土的收缩和徐变等因素。但要实现这样的分析,在目前条件下还有困难,工程分析中一般都采用简化的分析方法。

重力二阶效应(P-Δ 效应)计算属于结构整体层面的问题,一般在结构整体分析中考虑,规范给出了两种计算方法:有限元法和增大系数法。受压构件的挠曲效应(P-δ 效应)计算属于构件层面的问题,一般在构件设计时考虑。

3.2.6.2 受压构件的挠曲效应的近似计算方法

轴向压力在挠曲杆件中产生的二阶效应(P-δ 效应)是偏压杆件中由轴向压力在产生了挠曲变形的杆件内引起的曲率和弯矩增量。例如在结构中常见的反弯点位于柱的高中部的偏压构件中,这种二阶效应虽能增大构件除两端区域外各截面的曲率和弯矩,但增大后的弯矩通常不可能超过柱两端控制截面的弯矩。因此,在这种情况下,P-δ 效应不会对杆件截面的偏心受压承载能力产生不利影响。但是,在反弯点不在杆件高度范围内(即沿杆件长度均为同号弯矩)的较细长且轴压比偏大的偏压构件中,经 P-δ 效应增大后的杆件中部弯矩有可能超过柱端控制截面的弯矩。此时,就必须在截面设计中考虑 P-δ 效应的附加影响。

因为后一种情况在工程中较少出现,为了不对各个偏压构件逐一进行验算,规范给出了可以不考虑 P-δ 效应的条件。即对受压构件的挠曲效应(P-δ 效应),规定对弯矩作用平面内截面对称的偏心受压构件,当同一主轴方向的杆端弯矩比 M_1/M_2 不大于 0.9,且轴压比不大于 0.9 时,若杆件的长细比满足下式的要求,可不考虑轴向压力在弯矩作用方向挠曲杆件中产生的附加弯矩影响

$$l_c/i \leqslant 34 - 12(M_1/M_2) \tag{3-18}$$

式中 M_1、M_2——分别为已考虑侧移影响的偏心受压构件两端截面按结构弹性分析确定的对同一主轴的综合弯矩设计值，绝对值较大端为 M_2，绝对值较小端为 M_1，当构件按单曲率弯曲时，M_1/M_2 取正值，否则取负值；

l_c——构件的计算长度，可近似取偏心受压构件对应主轴方向上下支撑点之间的距离；

i——偏心方向的截面回转半径。

若不满足以上条件，应按截面的两个主轴方向分别考虑轴向压力在挠曲杆件中产生的附加弯矩影响。具体方法如下：

除排架结构柱外，其他偏心受压构件考虑轴向压力在挠曲杆件中产生的二阶效应（P-δ 效应）后控制截面的弯矩设计值，应按下式计算

$$M = C_m \eta_{ns} M_2 \tag{3-19}$$

$$C_m = 0.7 + 0.3M_1/M_2 \tag{3-20}$$

$$\eta_{ns} = 1 + \frac{1}{1300(M_2/N + e_a)/h_0}\left(\frac{l_c}{h}\right)^2 \zeta_c \tag{3-21}$$

$$\zeta_c = 0.5f_cA/N \tag{3-22}$$

式中 C_m——构件端截面偏心距调节系数，当小于0.7时取0.7；

η_{ns}——弯矩增大系数；

N——与弯矩设计值 M_2 相应的轴向压力设计值；

e_a——附加偏心距，取20mm和偏心方向截面最大尺寸的1/30两者中的较大值；

ζ_c——截面曲率修正系数，当计算值大于1.0时取1.0；

h——截面高度；对环形截面，取外直径；对圆形截面，取直径；

h_0——截面有效高度；

A——构件截面面积。

当 $C_m\eta_{ns}$ 小于1.0时，为安全起见取1.0；对剪力墙及核心筒墙，可取 $C_m\eta_{ns}$ 等于1.0。

因以上方法主要考虑构件端截面偏心距调节系数和弯矩增大系数对截面控制弯矩的放大，故也称为 C_m-η_{ns} 法。

3.2.6.3 重力二阶效应的近似计算方法

在框架结构中，当采用增大系数法近似计算偏压构件因侧移产生的二阶效应（P-Δ 效应）时，应对未考虑 P-Δ 效应的一阶弹性分析所得柱端弯矩和梁端弯矩以及层间位移乘以增大系数 η_s。

$$M = M_{ns} + \eta_s M_s \tag{3-23}$$

$$\Delta = \eta_s \Delta_1 \tag{3-24}$$

式中 M_s——引起结构侧移的荷载或作用所产生的一阶弹性分析构件端弯矩设计值；

M_{ns}——不引起结构侧移荷载产生的一阶弹性分析构件端弯矩设计值；

Δ_1——一阶弹性分析的层间位移；

η_s——P-Δ 效应增大系数，其中，梁端 η_s 取为相应节点处上、下柱端 η_s 的平均值。

根据二阶效应的基本规律，P-Δ 效应只会增大由引起结构侧移的荷载或作用所产生的构件内力，而不增大由不引起结构侧移的荷载（例如较为对称结构上作用的对称竖向荷载）所产

生的构件内力，因此弯矩放大只针对 M_s 进行；因 $P\text{-}\Delta$ 效应既增大竖向构件中引起结构侧移的弯矩，也增大水平构件中引起结构侧移的弯矩，因此公式（3-23）同样适用于梁端控制截面的弯矩计算。

在框架结构中，所计算楼层各柱的 η_s 可按下式计算：

$$\eta_s = \frac{1}{1 - \dfrac{\sum N_j}{DH_0}} \tag{3-25}$$

式中　D—— 所计算楼层的侧向刚度；

N_j—— 所计算楼层第 j 列柱轴力设计值；

H_0—— 所计算楼层的层高。

η_s 为层增大系数，各楼层计算出的 η_s 分别适用于该楼层的所有柱段。当用 η_s 增大柱端及梁端弯矩时，楼层侧向刚度 D 应按构件折减刚度计算。当计算弯矩增大系数时，宜考虑混凝土构件开裂对构件刚度的影响，宜对结构构件的弹性抗弯刚度 E_cI 乘以下列修正系数：对梁，取0.4；对柱，取0.6；当计算结构位移增大系数时，取弹性抗弯刚度，无需折减。

当框架结构的 $\dfrac{\sum N_j}{DH_0}$ 足够小时，层增大系数 η_s 接近于1，此时可不必考虑 $P\text{-}\Delta$ 效应。参考JGJ 3—2010《高层建筑混凝土结构技术规程》刚重比的概念，当刚重比 $\dfrac{DH_0}{\sum G_j} \geqslant 20$ 时，可不考虑 $P\text{-}\Delta$ 效应，式中 G_j 为第 j 层重力荷载代表值，大致为 N_j 的75%。若刚重比大于20，层增大系数 η_s 将小于1.05，在实际工程中可忽略其影响。故多层框架 $\dfrac{DH_0}{\sum N_j} \geqslant 15$ 时，可不考虑 $P\text{-}\Delta$ 效应。

3.3　框架的构件与节点设计

3.3.1　框架的内力组合

3.3.1.1　构件的控制截面与最不利内力

在构件设计时，要找出构件设计的控制截面及控制截面上的最不利内力，作为截面设计的依据。控制截面通常是内力最大的截面，但是不同的内力并不一定在同一截面达到最大值，因此一个构件可能有几个控制截面。

框架柱的弯矩最大值都在上下两个端截面，而轴力和剪力沿柱高变化不大，因此可取各层柱的上、下端截面作为控制截面。柱是偏压构件，随轴力与弯矩的不同组合可能出现大偏压破坏，也可能出现小偏压破坏。在大偏压情况下，弯矩 M 越大越不利；在小偏压情况下，轴力 N 越大越不利。所以，柱的控制截面要组合几种不利内力，从中判断最不利内力作为配筋依据，当无法判断何者最不利时，需通过试算才能找出最大配筋。此外，柱一般采用对称配筋，因此组合时只需找到绝对值最大的弯矩组合。

柱的最不利内力可归纳成四种：

1）$|M|_{max}$ 及相应的 N、V。

2）N_{min} 及相应的 M、V。

3）N_{max} 及相应的 M、V。

4）$|M|$ 比较大（非最大），但 N 比较小或比较大，及相应的 V。

其中，一般组合1）相应的 N 越小越不利，组合2）、3）中相应的 M 越大越不利。有时，绝对最大或最小的内力不见得最不利，对于大偏压构件，M/N 越大，截面的配筋越大。对于小偏压构件，即使 N 不是最大，但相应的 M 比较大，配筋也会多一些。所以组合时要注意组合4），往往是这种组合控制配筋。

对于框架梁，在水平力和竖向荷载共同作用下，梁端截面剪力最大，弯矩则呈抛物线形变化（指竖向分布荷载），因此，除取梁的两端为控制截面以外，还应在跨间取最大正弯矩的截面为控制截面。梁端截面的最不利内力种类为最大负弯矩及最大剪力，在水平荷载作用下可能出现正弯矩时，还有必要组合梁端的最大正弯矩。梁跨中截面是最大正弯矩作用的截面，有时也可能出现负弯矩，因此也可能要组合最大负弯矩。为了简便，可不再用求极值的方法确定最大正弯矩控制截面，而直接以梁的跨中截面作为控制截面。

还应指出的是，在截面配筋计算时应采用构件端部截面的内力，而不是轴线处的内力（见图3-22），梁端柱边的弯矩和剪力计算同式（1-10）。

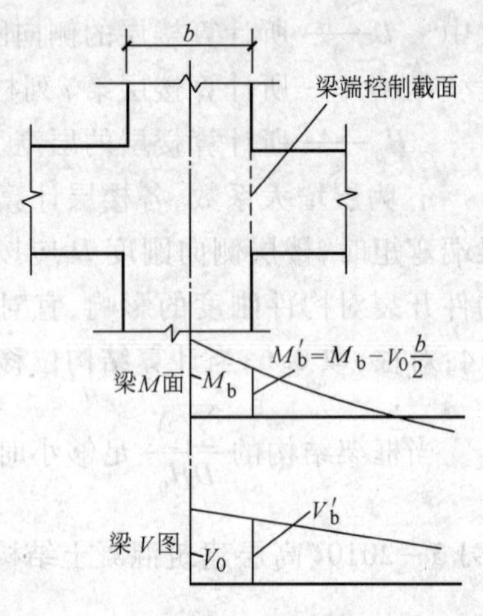

图3-22 梁端控制截面弯矩及剪力

3.3.1.2 荷载效应组合

荷载效应组合的目的在于获得结构构件控制截面的最不利内力。建筑结构设计应根据使用过程中在结构上可能出现的荷载，按承载能力极限状态与正常使用极限状态分别进行荷载组合，并取各自最不利的荷载组合进行设计。

结构承载能力极限状态下荷载效应组合的设计值，应按荷载的基本组合或偶然组合计算荷载效应组合的设计值。荷载基本组合的效应设计值，应从下列荷载组合值中取用最不利的效应设计值。

1）由可变荷载效应控制的组合

$$S_d = \sum_{j=1}^{m}\gamma_{G_j}S_{G_jk} + \gamma_{Q_1}\gamma_{L_1}S_{Q_1k} + \sum_{i=2}^{n}\gamma_{Q_i}\gamma_{L_i}\psi_{c_i}S_{Q_ik} \tag{3-26}$$

2）由永久荷载效应控制的组合

$$S_d = \gamma_{G_j}S_{G_jk} + \sum_{i=1}^{n}\gamma_{Q_i}\gamma_{L_i}\psi_{c_i}S_{Q_ik} \tag{3-27}$$

式中 γ_{G_j}——第 j 个永久荷载的分项系数，当其效应对结构不利时，由可变荷载效应控制的组合应取1.2；由永久荷载效应控制的组合，应取1.35；当其效应对结构有利时，不应大于1.0；

γ_{Q_i}——第 i 个可变荷载的分项系数，其中 γ_{Q_1} 为主导可变荷载 Q_1 的分项系数，一般情况下取1.4；对荷载标准值大于 $4kN/m^2$ 的工业房屋楼面结构的活荷载，应取1.3；

γ_{L_i}——第 i 个可变荷载考虑设计使用年限的调整系数。对楼面和屋面活荷载，当设计使用年限为5、50、100年时，分别取0.9、1.0、1.1；系数可根据使用年限内插取值，且荷载标准值可控制时，仍取1.0。对雪荷载和风荷载，应取重现期为设计使用年限，按荷载规范确定基本风压和基本雪压，或按照有关规范的规定采用；

S_{G_jk}——第j个永久荷载标准值S_{G_jk}计算的荷载效应值；

S_{Q_ik}——按第i个可变荷载标准值Q_ik计算的荷载效应值，其中S_{Q_1k}为诸可变荷载效应中起控制作用者，当无法明确判断时，轮次以各可变荷载效应为S_{Q_1k}，选其中最不利的荷载效应组合；

ψ_{c_i}——第i个可变荷载Q_i的组合值系数；

m——参与组合的永久荷载数；

n——参与组合的可变荷载数。

偶然组合针对爆炸、撞击等偶然荷载进行组合，一般框架结构设计并不考虑，故不再赘述。

在不考虑抗震设计时，对于设计使用年限为50年的框架结构构件，常考虑以下几种荷载组合

$$1.2 \times 永久荷载 + 1.4 \times 活荷载 + 1.4 \times 0.6 风荷载$$

$$1.2 \times 永久荷载 + 1.4 \times 风荷载 + 1.4 \times 0.7 活荷载$$

$$1.35 \times 永久荷载 + 1.4 \times 0.7 活荷载$$

$$1.2 \times 永久荷载 + 1.4 \times 风荷载$$

3.3.1.3 竖向活荷载的布置

永久荷载长期作用在结构上，任何时候都必须考虑，因此计算内力时采用满布的方式。而活荷载是可变的，各种不同的布置会产生不同的内力，因此应由最不利布置方式计算内力，以求得截面最不利内力。

考虑活荷载最不利布置有分跨计算组合法、最不利荷载位置法、分层组合法和满布荷载法等四种方法。

1. 分跨计算组合法

将活荷载逐层逐跨单独地作用在结构上，分别计算出整个结构的内力，根据不同的构件、不同的截面、不同的内力种类，组合出最不利内力。以一个两跨三层的框架为例，逐层逐跨布置活荷载，共有6种（跨数×层数）不同的活荷载布置方式，亦即需要计算6次结构的内力，其计算工作量比较大。但求出这些单跨荷载下框架的内力以后，即可求得任意截面上的最大内力，其过程较为简单，概念清楚。在运用计算机程序进行内力组合时，常采用这一方法。

为减少计算工作量，可不考虑屋面活荷载的最不利分布而按满布考虑。

2. 最不利荷载位置法

为求某一指定截面的最不利内力，可以根据影响线方法，直接确定产生此最不利内力的活荷载布置。以图3-23a的四层四跨框架为例，欲求某跨梁AB的跨中C截面最大正弯矩M_C的活荷载最不利布置，可先作M_C的影响线，即解除M_C相应的约束（将C点改为铰），代之以正向约束力，使结构沿约束力的正向产生单位虚位移$\theta_C = 1$，由此可得到整个结构的虚位移图，如图3-23b所示。

根据虚位移原理，为求梁AB跨中最大正弯矩，则须在图3-23b中，凡产生正向虚位移的跨间均布置活荷载。亦即除该跨必须布置活荷载外，其他各跨应相间布置，同时在竖向亦相间布置，形成棋盘形间隔布置，如图3-23c所示。可以看出，当AB跨达到跨中弯矩最大时的活荷载最

不利布置，也正好使其他布置活荷载跨的跨中弯矩达到最大值。因此，只要进行两次棋盘形活荷载布置，便可求得整个框架中所有梁的跨中最大正弯矩。

梁端最大负弯矩或柱端最大弯矩的活荷载最不利布置，亦可用上述方法得到。但当框架结构各跨各层梁柱线刚度不一致时，要准确地做出其影响线是十分困难的。对于远离计算截面的框架节点往往难以准确地判断其虚位移（转角）的方向，但由于远离计算截面处的荷载，对于计算截面的内力影响很小，在实用中往往可以忽略不计。

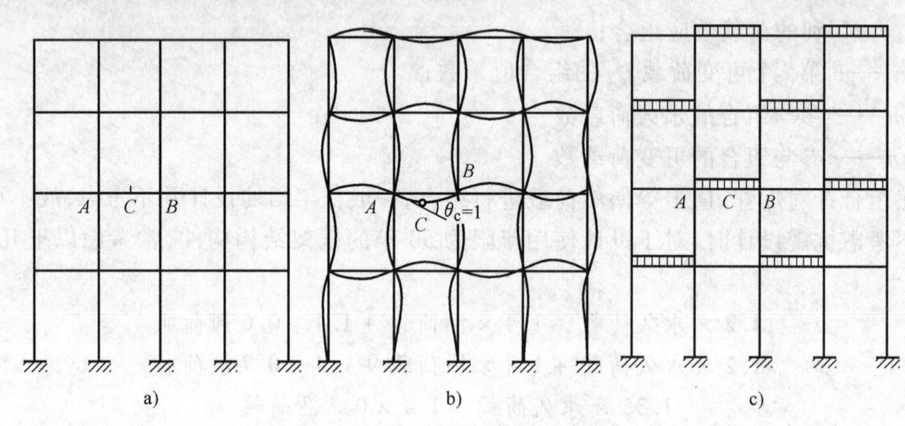

图 3-23 最不利荷载的布置

3. 分层组合法

不论用分跨计算组合法还是用最不利荷载位置法求活荷载最不利布置时的结构内力，都非常繁冗。分层组合法以分层法为依据，比较简单，对活荷载的最不利布置作如下简化：

1）对于梁，只考虑本层活荷载的不利布置，而不考虑其他层活荷载的影响。因此，其布置方法和连续梁的活荷载最不利布置方法相同。

2）对于柱端弯矩，只考虑柱相邻上下层的活荷载的影响，而不考虑其他层活荷载的影响。

3）对于柱最大轴力，则考虑在该层以上所有层中与该柱相邻的梁上满布活荷载的情况。

4. 满布荷载法

前三种方法计算工作量都很大，结果相对准确地反映了活荷载不利布置的影响，适用于竖向活荷载很大的多层工业厂房、多层图书馆和仓库建筑中，而在一般民用建筑中，由于竖向活荷载不会很大（一般小于 3.5kN/m^2），活荷载产生的内力远小于永久荷载及水平力所产生的内力时，可不考虑活荷载的最不利布置，而把活荷载同时作用于所有的框架梁上，即满布荷载法。

这样求得的内力在支座处与按最不利荷载位置法求得的内力极为相近，可直接进行内力组合。但求得的梁的跨中弯矩却比最不利荷载位置法的计算结果要小，因此对梁跨中弯矩应乘以 1.1 ~ 1.2 的系数予以增大。

当考虑地震作用组合时，重力荷载代表值作用下的效应，可不考虑活荷载的不利布置而按满布荷载计算。

3.3.1.4 梁端弯矩调幅

按照框架结构在强震下的合理破坏模式，塑性铰应在梁端出现；同时，为了便于浇筑混凝土，也往往希望减少节点处梁的上部钢筋；而对于装配式或装配整体式框架，节点并非绝对刚性，梁端实际弯矩将小于其弹性计算值。因此，在进行框架结构设计时，一般均对梁端弯矩进行调幅,即人为地减小梁端负弯矩,减少节点附近梁的上部钢筋。

设某框架梁 AB 在竖向荷载作用下,梁端最大负弯矩分别为 M_{A0}、M_{B0},梁跨中最大正弯矩为 M_{C0},则调幅后梁端弯矩可取

$$M_A = \beta M_{A0} \tag{3-28a}$$

$$M_B = \beta M_{B0} \tag{3-28b}$$

式中 β—— 弯矩调整系数。

对于现浇框架,可取 $\beta = 0.8 \sim 0.9$;对于装配整体式框架,由于框架梁端的实际弯矩比弹性计算值要小,弯矩调整系数允许取得低一些,一般取 $\beta = 0.7 \sim 0.8$。

支座弯矩降低后,经过塑性内力重分布,在相应荷载作用下的跨中弯矩将增加,如图 3-24 所示。这时应校核该梁的静力平衡条件,即调幅后梁端弯矩 M_A、M_B 的平均值与跨中最大正弯矩 M_{C0} 之和应大于按简支梁计算的跨中弯矩值 M_0。

$$\frac{|M_A + M_B|}{2} + M_{C0} \geqslant M_0 \tag{3-29}$$

同时应保证调幅后,支座及跨中控制截面的弯矩值均不小于 M_0 的 1/3。

梁端弯矩调幅将增大梁的裂缝宽度及挠度,故对裂缝宽度及挠度控制较严格的结构或有较大振动荷载的结构不应进行弯矩调幅。

必须指出,弯矩调幅只对竖向荷载作用下的内力进行,水平荷载产生的弯矩不参加调幅,因此,弯矩调幅应在内力组合之前进行。

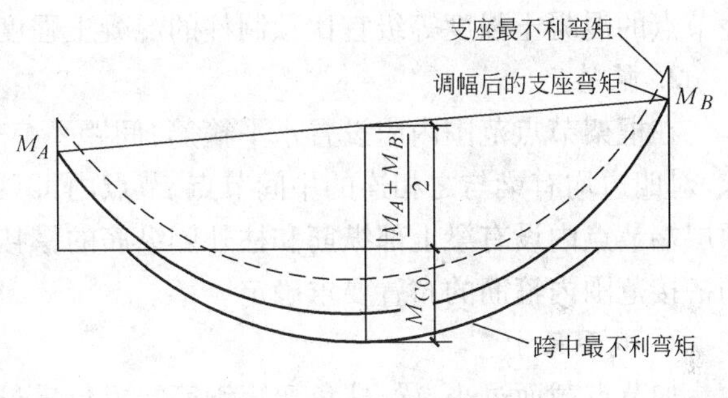

图 3-24 支座弯矩调幅

3.3.2 多层框架的构件设计

对无抗震设防要求的框架,按照上述方法得到控制截面的基本组合内力后,可进行梁柱截面设计。对框架梁来说,需按照受弯构件进行截面承载力设计和正常使用极限状态的挠度和裂缝宽度验算;对框架柱来说,需按照偏心受压构件考虑二阶效应的不利影响进行截面的承载力计算,以及必要的裂缝宽度验算。

无侧移框架是指具有非轻质隔墙等较强抗侧力体系,使框架几乎不承受侧向力而主要承担竖向荷载。因结构侧移很小,故结构的重力二阶效应可忽略不计。具有非轻质隔墙的多层框架结构,当为三跨及三跨以上或为两跨且房屋的总宽度不小于房屋总高度的 1/3 时,可视为无侧移框架。

有侧移框架指主要侧向力由框架本身承担。这类框架包括无任何墙体的空框架结构,或墙体可能拆除的框架结构;填充墙为轻质墙体的框架;仅在一侧设有刚性山墙,其余部分无抗侧刚性墙;刚性隔墙之间距离过大(如现浇楼盖房层中,大于 3 倍房屋宽度;装配式楼盖房屋中,大于 2.5 倍房屋宽度)的框架。

《混凝土结构设计规范》规定,这类框架结构的 P-Δ 效应采用简化计算,不再采用 η-l_0 法,而采用层增大系数法。当采用增大系数法近似计算结构因侧移产生的二阶效应(P-Δ 效应)时,应对未考虑 P-Δ 效应的一阶弹性分析所得柱端弯矩和梁端弯矩以及层间位移分别乘以增

大系数 η_s。因此进行框架结构的 P-Δ 效应计算时，不再需要计算框架柱的计算长度 l_0。

以下给出的计算长度 l_0 主要用于计算轴心受压框架柱稳定系数 φ，以及计算偏心受压构件裂缝宽度时采用。

1）无侧移框架。现浇楼盖 $l_0 = 0.7H$；装配式楼盖 $l_0 = 1.0H$。

2）有侧移框架。现浇楼盖：底层柱 $l_0 = 1.0H$；其他层柱 $l_0 = 1.25H$。装配式楼盖：底层柱 $l_0 = 1.25H$；其他层柱 $l_0 = 1.5H$。

这里，H 为柱所在层的框架结构层高。

3.3.3 现浇多层框架节点设计

节点设计是框架结构设计中极重要的一环。节点设计应保证整个框架结构安全可靠、经济合理，且便于施工。在非地震区，框架节点的承载能力一般通过采取适当的构造措施来保证。对装配整体式框架的节点，还需保证结构的整体性，受力明确，构造简单，安装方便，又易于调整，在构件连接后能尽早地承受部分或全部设计荷载，使上部结构得以及时继续安装。

3.3.3.1 一般要求

1. 混凝土强度

框架节点区的混凝土强度等级，应不低于柱的混凝土强度等级。在装配整体式框架中，后浇节点的混凝土强度等级宜比预制柱的混凝土强度等级提高5N/mm^2。

2. 箍筋

在框架节点范围内应设置水平箍筋，间距不宜大于250mm。并应符合柱中箍筋的构造要求。对四边均有梁与之相连的中间节点，节点内可只设沿周边的矩形箍筋，而不设复合箍筋。当顶层端节点内设有梁上部纵筋和柱外侧纵筋的搭接接头时，节点内水平箍筋的布置应依照纵筋搭接范围内箍筋的布置要求确定。

3. 截面尺寸

如节点截面过小，梁、柱负弯矩钢筋配置数量过高时，以承受静力荷载为主的顶层端节点将由于核心区斜压杆机构中压力过大而发生核心区混凝土的斜向压碎。因此应对梁上部纵筋的截面面积加以限制，这也相当于限制节点的截面尺寸不能过小。《混凝土结构设计规范》（GB 50010—2010）规定，在框架顶层端节点处，计算所需梁上部钢筋的面积 A_s 应满足下式要求

$$A_s \leqslant \frac{0.35\beta_c f_c b_b h_{b0}}{f_y} \tag{3-30}$$

式中 b_b——梁腹板宽度；

h_{b0}——梁截面有效高度。

3.3.3.2 梁柱节点纵筋构造

1. 中间层中节点

梁的上部纵向钢筋应贯穿节点或支座。梁的下部纵向钢筋宜贯穿节点或支座。当必须锚固时，应符合下列锚固要求。

当计算中不利用该钢筋的强度时，其伸入节点或支座的锚固长度对带肋钢筋不小于12d，对光面钢筋不小于15d，d 为钢筋的最大直径；当计算中充分利用钢筋的抗压强度时，

钢筋应按受压钢筋锚固在中间节点或中间支座内，其直线锚固长度不应小于$0.7l_a$；当计算中充分利用钢筋的抗拉强度时，钢筋可采用直线方式锚固在节点或支座内，锚固长度不应小于钢筋的受拉锚固长度l_a（见图3-25a）；当柱截面尺寸不足时，宜采用钢筋端部加锚头的机械锚固措施，也可采用90°弯折锚固的方式；钢筋可在节点或支座外梁中弯矩较小处设置搭接接头，搭接长度的起始点至节点或支座边缘的距离不应小于$1.5h_0$（见图3-25b）。

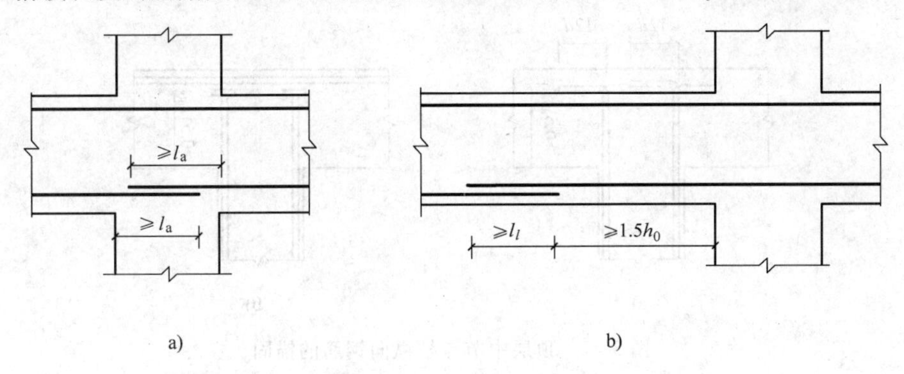

图3-25　框架中间节点梁纵向钢筋的锚固

a）节点中的直线锚固　b）节点范围外的搭接

2. 中间层端节点

框架中间层端节点梁上部纵向钢筋的锚固：当采用直线锚固形式时，框架梁的上部纵向钢筋可用直线方式锚入节点，锚固长度不小于l_a，且应伸过柱中心线不小于$5d$；当柱截面尺寸不满足直线锚固要求时，梁上部纵筋可采用钢筋端部加机械锚头的锚固方式。梁上部纵向钢筋宜伸至柱外侧纵向钢筋内边，包括机械锚头在内的水平投影锚固长度不应小于$0.4l_{ab}$，如图3-26a所示；梁上部纵向钢筋也可采用90°弯折锚固的方式，此时梁上部纵向钢筋应伸至柱外侧纵向钢筋内边并向节点内弯折，其包含弯弧在内的水平投影长度不应小于$0.4l_{ab}$，弯折钢筋在弯折平面内包含弯弧段的投影长度不应小于$15d$（图3-26b）。梁下部纵向钢筋在端节点的锚固要求与中间节点相同。

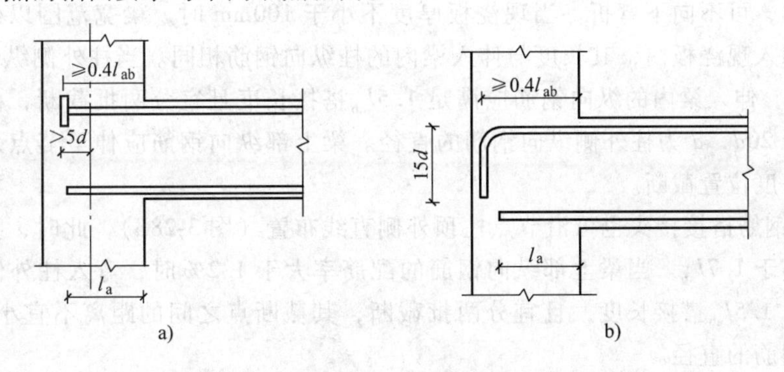

图3-26　框架中间层端节点梁纵向钢筋的锚固

a）钢筋端部加锚头锚固　b）钢筋末端90°弯折锚固

框架柱纵筋应贯穿中间层中节点和端节点。柱纵筋接头位置应设置在节点之外，尽量选择在层高中间等弯矩较小的区域。

3. 顶层中节点

顶层柱的纵筋应在节点内锚固。柱纵向钢筋应伸至柱顶，且自梁底算起的锚固长度不小

于 l_a；当截面尺寸不满足直线锚固要求时，可采用90°弯折锚固措施，此时，包括弯弧在内的钢筋垂直投影锚固长度不应小于 $0.5l_{ab}$，在弯折平面内包含弯弧段的水平投影长度不宜小于 $12d$（图3-27a）。当截面尺寸不足时，也可采用带锚头的机械锚固措施，此时，包含锚头在内的竖向锚固长度不应小于 $0.5l_{ab}$（图3-27b）。当柱顶有现浇楼板且板厚不小于100mm时，柱纵向钢筋也可向外弯折，弯折后的水平投影长度不宜小于 $12d$。

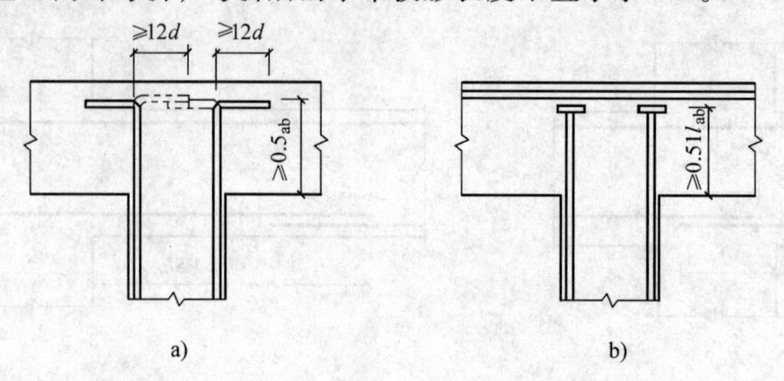

图3-27 顶层中节点柱纵向钢筋的锚固

a）钢筋末端90°弯折锚固 b）钢筋端部加锚头锚固

4. 顶层端节点

框架顶层端节点最好是将柱外侧纵向钢筋弯入梁内作为梁上部纵向受力钢筋使用，因为该做法施工方便，也可将梁上部纵向钢筋和柱外侧纵向钢筋在顶层端节点及其临近部位搭接，如图3-28所示。注意，顶层端节点的梁柱外侧纵筋不是在节点内锚固，而是在节点处搭接，因为在该节点处梁柱弯矩相同。梁上部纵向钢筋与柱外侧纵向钢筋在节点及附近部位搭接可采用下列方式：

1）搭接接头可沿顶层端节点外侧及梁端顶部布置，搭接长度不应小于 $1.5l_{ab}$（图3-28a）。其中，伸入梁内的柱外侧钢筋截面面积不宜小于其全部面积的65%；梁宽范围以外的柱外侧钢筋宜沿节点顶部伸至柱内边锚固。当柱外侧纵向钢筋位于柱顶第一层时，钢筋伸至柱内边后直向下弯折不小于 $8d$ 后截断，d 为柱纵向钢筋的直径；当柱外侧纵向钢筋位于柱顶第二层时，可不向下弯折。当现浇板厚度不小于100mm时，梁宽范围以外的柱外侧纵向钢筋也可伸入现浇板内，其长度与伸入梁内的柱纵向钢筋相同。当柱外侧纵向钢筋配筋率大于1.2%时，伸入梁内的纵向钢筋应满足 $1.5l_{ab}$ 搭接长度且宜分两批截断，截断点之间的距离不宜小于 $20d$，d 为柱外侧纵向钢筋的直径。梁上部纵向钢筋应伸至节点外侧并向下弯至梁下边缘高度位置截断。

2）纵向钢筋搭接接头也可沿节点柱顶外侧直线布置（图3-28b），此时，搭接长度自柱顶算起不应小于 $1.7l_{ab}$。当梁上部纵向钢筋的配筋率大于1.2%时，弯入柱外侧的梁上部纵向钢筋应满足 $1.5l_{ab}$ 搭接长度，且宜分两批截断，其截断点之间的距离不宜小于 $20d$，d 为梁上部纵向钢筋的直径。

当梁的截面高度较大，梁、柱纵向钢筋相对较小，从梁底算起的直线搭接长度未延伸至柱顶即已满足 $1.5l_{ab}$ 的要求时，应将搭接长度延伸至柱顶并满足搭接长度 $1.7l_{ab}$ 的要求；或者自梁底算起的弯折搭接长度未延伸至柱内侧边缘即已满足 $1.5l_{ab}$ 的要求时，其弯折后包括弯弧在内的水平段的长度不应小于 $15d$，d 为柱纵向钢筋的直径。

柱内侧纵向钢筋的锚固应符合顶层中节点的规定。

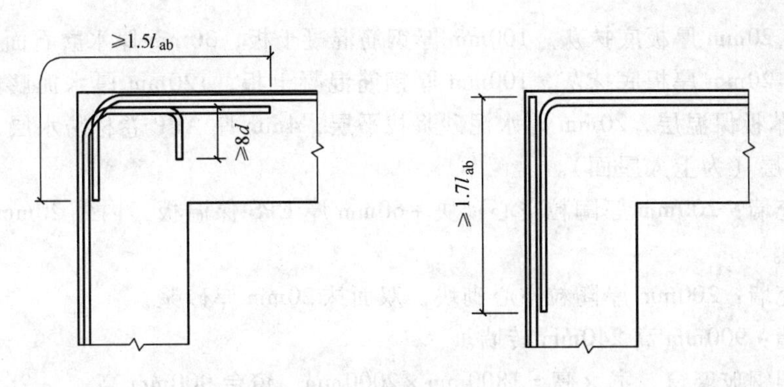

图 3-28　梁上部纵向钢筋与柱外侧纵向钢筋在顶层端节点的搭接

a）搭接接头沿顶层端节点外侧和梁端顶部布置　b）搭接接头沿节点外侧的直线布置

3.4　现浇混凝土多层框架设计例题

（1）基本条件　某六层钢筋混凝土框架结构办公楼，采用钢筋混凝土现浇楼盖，因办公室房间布置需要，次梁支承于纵向框架梁上。房屋层数六层，层高 3.6m，其局部标准层建筑平面布置和结构平面布置如图 3-29 所示，建筑剖面如图 3-30a 所示。

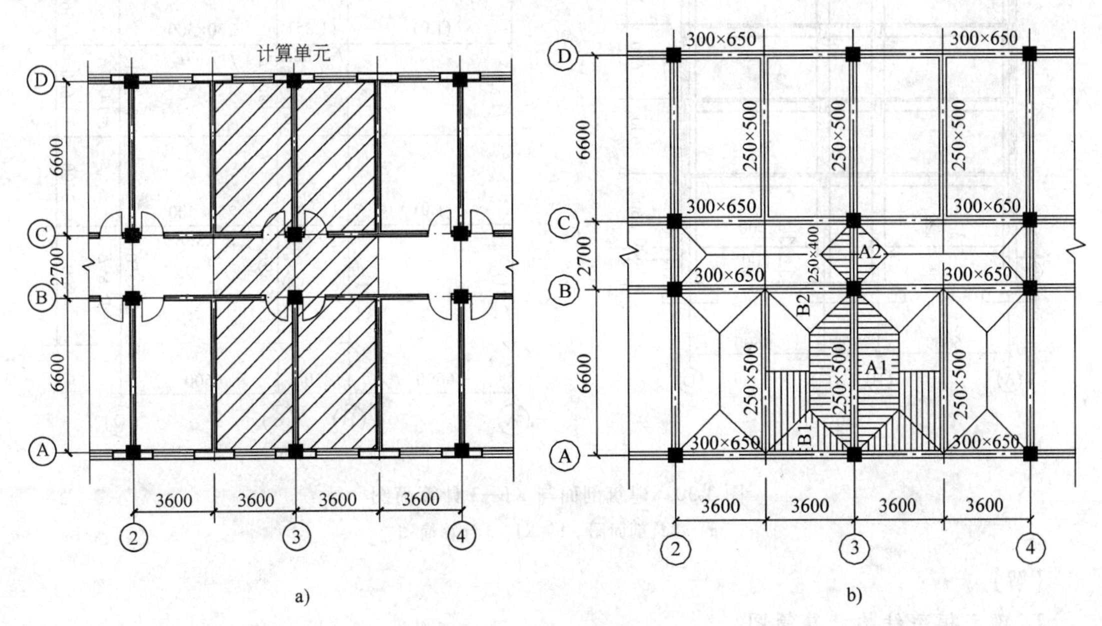

图 3-29　建筑平面及结构平面布置

a）局部标准层平面图　b）局部标准层结构平面布置图

（2）工程地质条件　场地地势平坦，自然地表下 0.5m 内为杂填土，以下为粘性土，地基承载力特征值 $f_a = 180\text{kN/m}^2$，地下水稳定水位位于地表下 5m，标准冻深为 0.7m。

（3）自然条件　风荷载：基本风压 $w_0 = 0.45\text{kN/m}^2$，该工程位于城市中心地段，地表粗糙度类别为 C 类；雪荷载：基本雪压 0.25kN/m^2。

（4）主要建筑做法

1）楼面：20mm厚板底抹灰，100mm厚钢筋混凝土板，30mm厚水磨石面层。

2）屋面：20mm厚板底抹灰，100mm厚钢筋混凝土板，120mm厚水泥膨胀珍珠岩找坡层，80mm厚苯板保温层，20mm厚水泥砂浆找平层，4mm厚APP卷材防水层，40厚细石混凝土刚性防水层（为上人屋面）。

3）外填充墙：200mm厚陶粒空心砌块+60mm厚EPS保温板，内外20mm厚砂浆抹面，外刷外墙涂料。

4）内填充墙：200mm厚陶粒空心砌块，双面抹20mm厚砂浆。

5）女儿墙：900mm高240mm砖墙。

6）窗：塑钢玻璃窗，宽×高=1800mm×2000mm，窗台900mm高。

试设计此办公楼（不考虑抗震设防）。

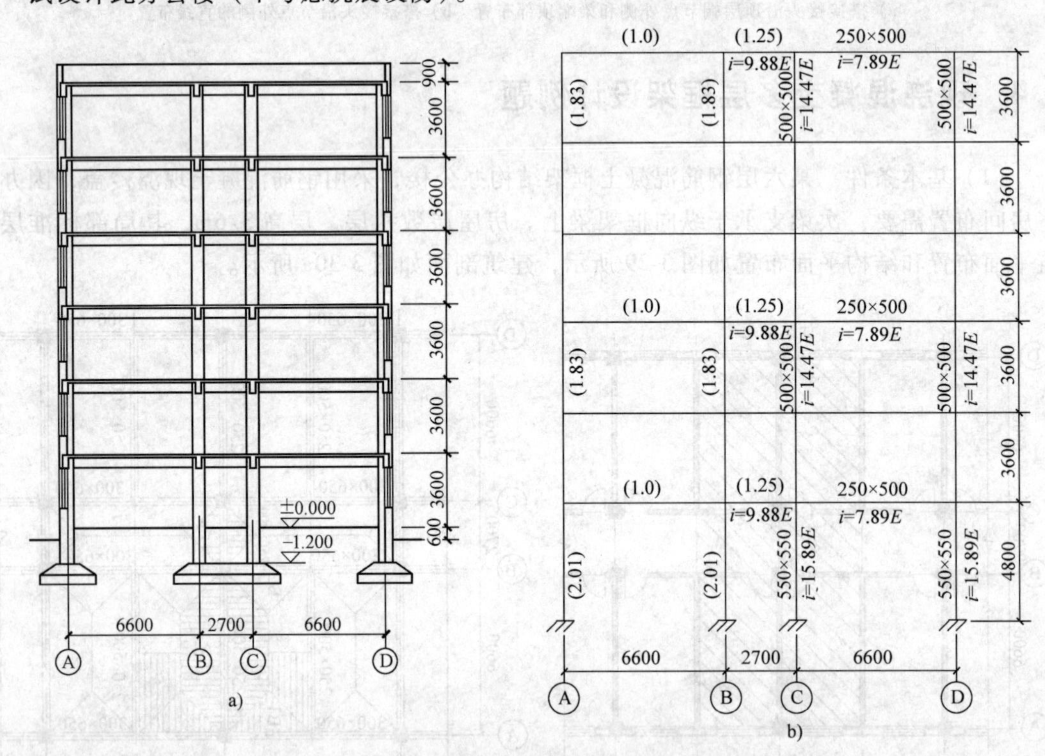

图3-30　建筑剖面与KJ—3计算简图

a）建筑剖面图　b）KJ—3计算简图

【解】

1. 确定框架结构计算简图

该框架柱网平面布置规则，主要为纵向框架承重，为减少计算篇幅，本例题仅选择中间位置的一榀横向框架KJ—3为例进行设计计算，纵向框架的设计过程和方法与之相似，在此不再赘述。框架KJ—3的计算单元如图3-29a中的阴影范围。

KJ—3的计算简图（见图3-30b）中，框架梁的跨度等于顶层柱截面形心轴线之间的距离，底层柱高从基础顶面算至二层楼板底，为4.8m，其余各层的柱高为建筑层高，均为3.6m。

（1）材料选用　混凝土：C30，$E_c=3.00\times10^4\text{N/mm}^2$，$f_c=14.3\text{N/mm}^2$；钢筋：梁柱纵

筋采用 HRB400，箍筋采用 HPB300。

（2）拟定梁柱截面尺寸

1）框架梁：边跨（AB、CD）$h=(1/15\sim1/8)\ l=440\sim825\text{mm}$，取 $h=500\text{mm}$；$b=(1/2\sim1/3)\ h=300\sim200\text{mm}$，取 $b=250\text{mm}$；中跨（BC）$b\times h=250\text{mm}\times400\text{mm}$。

2）框架柱：要求 $A\geqslant1.2N/f_c$，$N=(10\sim14)\ nF=12\text{kN/m}^2\times6\times(3.3+1.35)\ \text{m}\times7.2\text{m}=2410.56\text{kN}$

则
$$A\geqslant1.2\frac{N}{f_c}=1.2\times\frac{2410.56\times10^3\text{kN}}{14.3\text{kN/m}^2}=202284\text{mm}^2$$

$b\geqslant\sqrt{A}=450\text{mm}$，取 $b\times h=500\text{mm}\times500\text{mm}$。

3）纵向框架梁：$b\times h=300\text{mm}\times650\text{mm}$。

4）次梁：$b\times h=250\text{mm}\times500\text{mm}$。

（3）荷载计算

1）屋面框架梁：

40mm 厚细石混凝土刚性防水层	$0.04\text{m}\times25\text{kN/m}^3=1.00\text{kN/m}^2$
4mm 厚 APP 卷材防水层	0.35kN/m^2
20mm 厚水泥砂浆找平层	$0.02\text{m}\times20\text{kN/m}^3=0.40\text{kN/m}^2$
120mm 厚水泥膨胀珍珠岩找坡层	$0.12\text{m}\times10\text{kN/m}^3=1.20\text{kN/m}^2$
100mm 厚钢筋混凝土板	$0.10\text{m}\times25\text{kN/m}^3=2.50\text{kN/m}^2$
20 厚板底抹灰	$0.02\text{m}\times17\text{kN/m}^3=0.34\text{kN/m}^2$
屋面板均布恒荷载标准值	5.79kN/m^2

AB 跨框架梁自重：

框架梁自重	$0.25\text{m}\times(0.5-0.1)\ \text{m}\times25\text{kN/m}^3=2.50\text{kN/m}$
框架梁抹灰	$(0.4\text{m}\times2+0.25\text{m})\ \times0.02\text{m}\times17\text{kN/m}^3=0.36\text{kN/m}$
框架梁自重标准值	$g_{wk3}=2.86\text{kN/m}$

BC 跨框架梁自重：

框架梁自重	$0.25\text{m}\times(0.40-0.1)\ \text{m}\times25\text{kN/m}^3=1.88\text{kN/m}$
框架梁抹灰	$(0.30\text{m}\times2+0.25\text{m})\ \times0.02\text{m}\times17\text{kN/m}^3=0.29\text{kN/m}$
框架梁自重标准值	$g_{wk4}=2.17\text{kN/m}$

AB 跨屋面梁上恒荷载标准值 $g_{wk1}=3.6\text{m}\times5.79\text{kN/m}^2=20.84\text{kN/m}$

BC 跨屋面梁上恒荷载标准值 $g_{wk2}=1.35\text{m}\times2\times5.79\text{kN/m}^2=15.63\text{kN/m}$

屋面为上人屋面，屋面活荷载取 2.0kN/m^2。

AB 跨屋面梁上活荷载标准值 $q_{wk1}=3.6\text{m}\times2.0\text{kN/m}^2=7.20\text{kN/m}$

BC 跨屋面梁上活荷载标准值（走廊活荷载取 2.5kN/m^2）

$$q_{wk2}=1.35\text{m}\times2\times2.5\text{kN/m}^2=6.75\text{kN/m}$$

2）屋面纵向梁传来作用于柱顶的集中荷载：

女儿墙自重标准值：900mm 高 240mm 厚双面抹灰砖墙自重为 $0.9m\times5.24kN/m^2=4.72kN/m$。

纵向框架梁自重标准值：

纵向框架梁自重 $0.3m\times(0.65-0.1)m\times25kN/m^3=4.13kN/m$

抹灰 $(0.55m\times2+0.3m)\times0.02\times17kN/m^3=0.48kN/m$

纵向框架梁自重标准值 $4.61kN/m$

次梁自重标准值

次梁自重 $0.25m\times(0.5m-0.1m)\times25kN/m^3=2.50kN/m$

抹灰 $(0.4m\times2+0.25m)\times0.02m\times17kN/m^3=0.36kN/m$

次梁自重标准值 $2.86kN/m$

A 轴纵向框架梁传来恒荷载标准值 G_{wk1}：

女儿墙自重 $4.72kN/m\times7.2m=34.0kN$

纵向框架梁自重 $4.61kN/m\times7.2m=33.2kN$

次梁自重 $2.86kN/m\times3.3m=9.4kN$

屋面恒荷载传来 $[7.2m\times3.3m-(1.5m+3.3m)\times1.8m]\times5.79kN/m^2=87.5kN$

$G_{wk1}=164.1kN/m$

B 轴纵向框架梁传来恒载标准值 G_{wk2}：

纵向框架梁自重 $4.61kN/m\times7.2m=33.2kN$

次梁自重 $2.86kN/m\times3.3m=9.4kN$

屋面恒荷载传来 $[7.2m\times3.3m-(1.5m+3.3m)\times1.8m]\times5.79kN/m^2=87.5kN$

$[7.2m\times1.35m-1.35m\times1.35m]\times5.79kN/m^2=45.7kN$

$G_{wk2}=175.8kN/m$

A 轴纵向框架梁传来活荷载标准值 Q_{wk1}：

屋面活荷载传来 $[7.2m\times3.3m-(1.5m+3.3m)\times1.8m]\times2.0kN/m^2=30.2kN$

$Q_{wk1}=30.2kN$

B 轴纵向框架梁传来活荷载标准值 Q_{wk2}：

屋面活荷载传来 $[7.2m\times3.3m-(1.5m+3.3m)\times1.8m]\times2.0kN/m^2=30.2kN$

$[7.2m\times1.35m-1.35m\times1.35m]\times2.0kN/m^2=15.8kN$

$Q_{wk2}=46.0kN$

A 轴纵向框架梁中心往外侧偏离柱轴线，应考虑 50mm 的偏心，以及由此产生的节点弯矩。则 $M_{wk1}=164.1kN\times0.05m=8.2kN\cdot m$，$M_{wk2}=30.2kN\times0.05m=1.5kN\cdot m$

屋面梁荷载简图如图 3-31 所示。

3）楼面框架梁：

楼面均布恒荷载：

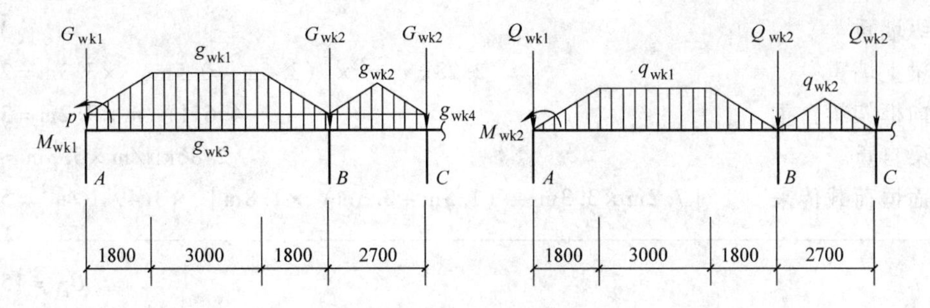

图 3-31 屋面梁荷载简图

a）屋面梁恒荷载 b）屋面梁活荷载

30 厚水磨石面层 $0.65\mathrm{kN/m^2}$

100 厚钢筋混凝土板 $0.10\mathrm{m}\times25\mathrm{kN/m^3}=2.50\mathrm{kN/m^2}$

20 厚板底抹灰 $0.02\mathrm{m}\times17\mathrm{kN/m^3}=0.34\mathrm{kN/m^2}$

楼面均布恒荷载标准值 $3.49\mathrm{kN/m^2}$

内隔墙自重：

200 厚陶粒空心砌块 $0.2\mathrm{m}\times8\mathrm{kN/m^3}=1.60\mathrm{kN/m^2}$

20 厚砂浆双面抹灰 $0.02\mathrm{m}\times17\mathrm{kN/m^3}\times2=0.68\mathrm{kN/m^2}$

$2.28\mathrm{kN/m^2}$

内隔墙自重标准值 $2.28\mathrm{kN/m^2}\times(3.6\mathrm{m}-0.5\mathrm{m})=7.07\mathrm{kN/m}$

AB 跨楼面梁上恒荷载标准值 $g_{k1}=3.6\mathrm{m}\times3.49\mathrm{kN/m^2}=12.56\mathrm{kN/m}$;

$g_{k3}=7.07\mathrm{kN/m}+2.86\mathrm{kN/m}=9.93\mathrm{kN/m}$

BC 跨楼面梁上恒荷载标准值 $g_{k2}=1.35\mathrm{m}\times2\times3.49\mathrm{kN/m^2}=9.42\mathrm{kN/m}$

$g_{k4}=2.17\mathrm{kN/m}$

AB 跨楼面梁上活荷载标准值 $q_{k1}=3.6\mathrm{m}\times2.0\mathrm{kN/m^2}=7.20\mathrm{kN/m}$

BC 跨楼面梁上活荷载标准值（走廊活荷载取 $2.5\mathrm{kN/m^2}$）

$q_{k2}=1.35\mathrm{m}\times2\times2.5\mathrm{kN/m^2}=6.75\mathrm{kN/m}$

4）楼面纵向梁传来作用于柱顶的集中荷载：

外纵墙自重标准值：

墙重 $(7.2\mathrm{m}\times2.95\mathrm{m}-1.8\mathrm{m}\times2.0\mathrm{m}\times2)\times2.28\mathrm{kN/m^2}=32.0\mathrm{kN}$

窗重 $1.8\mathrm{m}\times2.0\mathrm{m}\times1.0\mathrm{kN/m^2}\times2=7.2\mathrm{kN}$

合计 $39.2\mathrm{kN}$

内纵墙自重标准值：

墙重 $(7.2\mathrm{m}\times2.95\mathrm{m}-1.0\mathrm{m}\times2.0\mathrm{m}\times2)\times2.28\mathrm{kN/m^2}=39.3\mathrm{kN}$

门重 $1.0\mathrm{m}\times2.0\mathrm{m}\times1.0\mathrm{kN/m^2}\times2=4.0\mathrm{kN}$

合计 $43.3\mathrm{kN}$

A 轴纵向框架梁传来恒载标准值 G_{k1}：

外纵墙重	39.2kN
次梁上墙重	$2.28\text{kN/m}^2 \times (3.6\text{m}-0.5\text{m}) \times 3.3\text{m} = 23.3\text{kN}$
纵向框架梁自重	$4.61\text{kN/m} \times 7.2\text{m} = 33.2\text{kN}$
次梁自重	$2.86\text{kN/m} \times 3.3\text{m} = 9.4\text{kN}$
楼面恒荷载传来	$[7.2\text{m}\times3.3\text{m}-(1.5\text{m}+3.3\text{m})\times1.8\text{m}]\times3.49\text{kN/m}^2 = 52.8\text{kN}$
	$G_{k1} = 157.9\text{kN}$

B 轴纵向框架梁传来恒荷载标准值 G_{k2}：

内纵墙重	43.3kN
次梁上墙重	$2.28\text{kN/m}^2 \times (3.6\text{m}-0.5\text{m}) \times 3.3\text{m} = 23.3\text{kN}$
纵向框架梁自重	$4.61\text{kN/m} \times 7.2\text{m} = 33.2\text{kN}$
次梁自重	$2.86\text{kN/m} \times 3.3\text{m} = 9.4\text{kN}$
楼面恒荷载传来	$[7.2\text{m}\times3.3\text{m}-(1.5\text{m}+3.3\text{m})\times1.8\text{m}]\times3.49\text{kN/m}^2 = 52.8\text{kN}$
	$[7.2\text{m}\times1.35\text{m}-1.35\text{m}\times1.35\text{m}]\times3.49\text{kN/m}^2 = 27.6\text{kN}$
	$G_{k2} = 189.6\text{kN}$

A 轴纵向框架梁传来活荷载标准值 Q_{k1}：

楼面活荷载传来	$[7.2\text{m}\times3.3\text{m}-(1.5\text{m}+3.3\text{m})\times1.8\text{m}\times2.0\text{kN/m}^2 = 30.2\text{kN}$
	$Q_{k1} = 30.2\text{kN}$

B 轴纵向框架梁传来活荷载标准值 Q_{k2}：

楼面活荷载传来	$[7.2\text{m}\times3.3\text{m}-(1.5\text{m}+3.3\text{m})\times1.8\text{m}]\times2.0\text{kN/m}^2 = 30.2\text{kN}$
	$[7.2\text{m}\times1.35\text{m}-1.35\text{m}\times1.35\text{m}]\times2.5\text{kN/m}^2 = 19.75\text{kN}$
	$Q_{k2} = 49.94\text{kN}$

A 轴纵向框架梁偏心产生的节点弯矩：

$$M_{k1} = 157.9\text{kN}\times0.05\text{m} = 7.9\text{kN}\cdot\text{m},\ M_{k2} = 30.2\text{kN}\times0.05\text{m} = 1.5\text{kN}\cdot\text{m}$$

楼面梁荷载简图如图 3-32 所示。

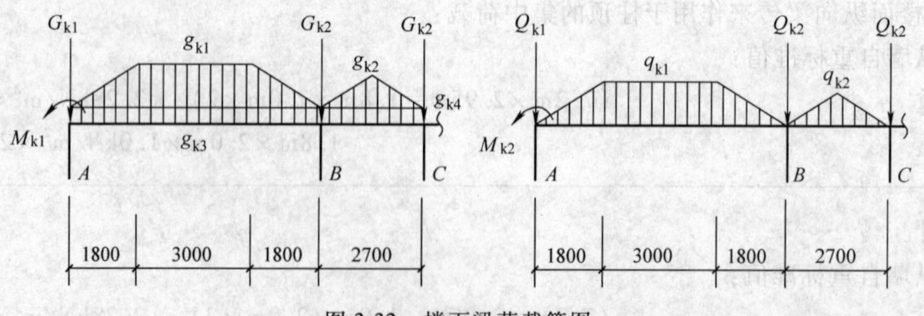

图 3-32 楼面梁荷载简图

a）楼面梁恒荷载 b）楼面梁活荷载

5）柱自重：

底层柱自重	$0.55\text{m}\times0.55\text{m}\times28\text{kN/m}^3\times4.8\text{m} = 40.7\text{kN}$
其余各层柱自重	$0.5\text{m}\times0.5\text{m}\times28\text{kN/m}^3\times3.6\text{m} = 25.2\text{kN}$

混凝土重度取 28kN/m³ 以考虑柱外抹灰重。

（4）梁柱线刚度计算

AB 跨梁：

$$I_{AB}=\frac{1}{12}\times 250\text{mm}\times(500\text{mm})^3=2.60\times10^9\text{mm}^4$$

$$i_b^{AB}=\frac{2E_cI_{AB}}{l_{AB}}=\frac{5.20\times10^9\text{mm}^4E_c}{6600\text{mm}}=7.89\times10^5E_c\ \text{N}\cdot\text{m}$$

BC 跨梁：

$$i_b^{BC}=\frac{2E_cI_{BC}}{l_{BC}}=\frac{2.67\times10^9\text{mm}^4E_c}{2700\text{mm}}=9.88\times10^5E_c\ \text{N}\cdot\text{m}$$

底层柱：$i_c^1=\dfrac{E_cI}{H_1}=\dfrac{76.3\times10^8\text{mm}^4E_c}{4800\text{mm}}=15.89\times10^5E_c\ \text{N}\cdot\text{m}$

其余层柱：$i_c=\dfrac{E_cI}{H}=\dfrac{52.1\times10^8\text{mm}^4E_c}{3600\text{mm}}=14.47\times10^5E_c\ \text{N}\cdot\text{m}$

竖向荷载作用下框架进行内力分析时，仅需梁柱相对线刚度比而不关注绝对刚度，为计算简便，取 *AB* 跨梁线刚度作为基础值 1，算得各杆件的相对线刚度比，标于图 3-30b 括号内。

2. 荷载作用下的框架内力分析

（1）风荷载作用下框架内力分析及侧移验算

1）风荷载：基本风压 $w_0=0.45\text{kN/m}^2$，风载体型系数 $\mu_s=1.3$，风压高度变化系数按 C 类粗糙度查表，C 类粗糙度风压高度变化系数见表 3-3。

表 3-3　C 类粗糙度风压高度变化系数表

离地面高度/m	5～15	20	30	40
μ_z	0.65	0.74	0.88	1.00

《荷载规范》规定，对于高度大于 30m 且高宽比大于 1.5 的高柔房屋，应采用风振系数取 β_z 来考虑风压脉动的影响，本例房屋高度 $H=22.2\text{m}<30\text{m}$，取 $\beta_z=1.0$。

各层迎风面负荷宽度为 7.2m，则各层柱顶集中风荷载标准值见表 3-4。

表 3-4　柱顶风荷载标准值

层数	离地面高度/m	高度变化系数 μ_z	各层柱顶集中风荷标准值
6	22.2	0.77	$F_6=0.45\text{kN/m}^2\times1.3\times1.0\times0.77\times(0.9\text{m}+1.8\text{m})\times7.2\text{m}=8.8\text{kN}$
5	18.6	0.71	$F_5=0.45\text{kN/m}^2\times1.3\times1.0\times0.71\times3.6\text{m}\times7.2\text{m}=10.8\text{kN}$
4	15.0	0.65	$F_4=0.45\text{kN/m}^2\times1.3\times1.0\times0.65\times3.6\text{m}\times7.2\text{m}=9.9\text{kN}$
3	11.4	0.65	$F_3=9.9\text{kN}$
2	7.8	0.65	$F_2=9.9\text{kN}$
1	4.2	0.65	$F_1=0.45\text{kN/m}^2\times1.3\times1.0\times0.65\times(1.8\text{m}+2.1\text{m})\times7.2\text{m}=10.7\text{kN}$

计算简图如图 3-33 所示。

2）柱的侧移刚度：仅计算 KJ—3，计算过程及结果见表 3-5、3-6。

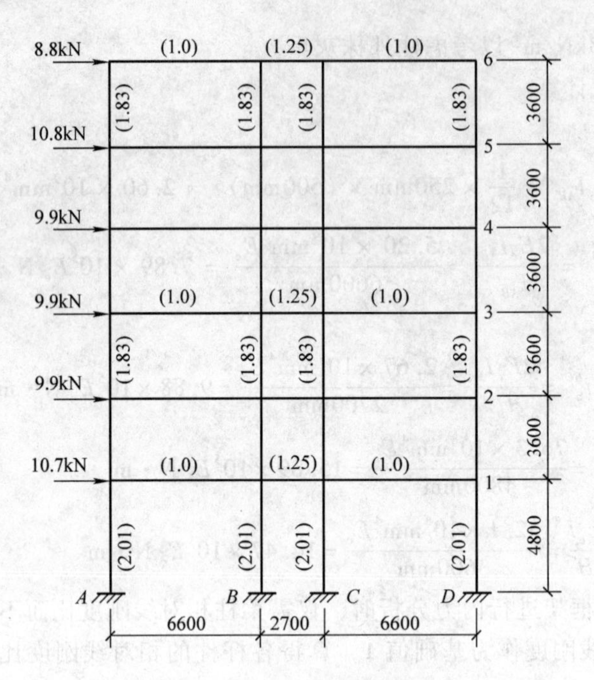

图 3-33 风荷载计算简图

表 3-5 底层柱侧移刚度

柱 \ D	$\overline{K}=\frac{\sum i_b}{i_c}$	$\alpha_c=\frac{0.5+\overline{K}}{2+\overline{K}}$	$D=\alpha_c\frac{12i_c}{h^2}$
边柱（2根）	$\frac{1.0}{2.01}=0.498$	$\frac{0.5+0.498}{2+0.498}=0.400$	$0.400\times15.89\times3.0\times10^9\,\mathrm{N/mm^2}\times12/(4800\mathrm{mm})^2=9931\mathrm{N/mm}$
中柱（2根）	$\frac{1.0+1.25}{2.01}=1.119$	$\frac{0.5+1.119}{2+1.119}=0.519$	$0.519\times15.89\times3.0\times10^9\,\mathrm{N/mm^2}\times12/(4800\mathrm{mm})^2=12886\mathrm{N/mm}$

底层$\sum D=$（9931 N/mm +12886N/mm）×2 =45634 N/mm。

表 3-6 其余层柱侧移刚度

柱 \ D	$\overline{K}=\frac{\sum i_b}{2i_c}$	$\alpha_c=\frac{\overline{K}}{2+\overline{K}}$	$D=\alpha_c\frac{12i_c}{h^2}$
边柱（2根）	$\frac{1.0+1.0}{2\times1.83}=0.546$	$\frac{0.546}{2+0.546}=0.214$	$0.214\times14.47\times3.0\times10^9\,\mathrm{N/mm^2}\times12/(3600\mathrm{mm})^2=8642\mathrm{N/mm}$
中柱（2根）	$\frac{(1.0+1.25)\times2}{2\times1.83}=1.230$	$\frac{1.230}{2+1.230}=0.381$	$0.381\times14.47\times3.0\times10^9\,\mathrm{N/mm^2}\times12/(3600\mathrm{mm})^2=15314\mathrm{N/mm}$

其余各层$\sum D=$（8642 N/mm +15314N/mm）×2 =47912N/mm

3）风荷载作用下的侧移验算：水平荷载作用下框架的层间侧移可按下式计算

$$\Delta u_j=\frac{V_j}{\sum D_{ij}}$$

各层的层间侧移值求得以后，顶点侧移为各层层间侧移之和。框架在风荷载作用下的侧移计算见表 3-7。

表 3-7　风荷载作用下框架侧移计算

层次	各层风荷载 P_j /kN	层间剪力 V_j /kN	侧移刚度 $\sum D$ /（kN/m）	层间侧移 Δu_j /m	$\frac{\Delta u_j}{h}$
6	8.8	8.8	47912	0.00018	1/20000
5	10.8	19.5	47912	0.00041	1/8780
4	9.9	29.4	47912	0.00061	1/5902
3	9.9	39.3	47912	0.00082	1/4390
2	9.9	49.1	47912	0.00103	1/3495
1	10.9	60.0	45634	0.00131	1/3652

框架总侧移 $u=\sum \Delta u_j = 0.00476\text{m}$

层间侧移最大值为1/3495，小于1/550，满足侧移限值。

4）风荷载作用下的框架内力分析（D 值法）：以第6层为例，说明其计算过程。

A 轴线柱：

柱剪力：$\frac{D}{\sum D}=\frac{8642\text{N/mm}}{47912\text{N/mm}}=0.180$，则 $V=0.180\times 8.8\text{kN}=1.58\text{kN}$

反弯点高度：由 $\overline{K}=0.546$ 查附表E，$y_0=0.273$

$\alpha_1=1.0$，$y_1=0$，$a_3=1.0$，$y_3=0$，顶层不考虑 y_2，则

$y=y_0+y_1+y_3=0.273$

柱端弯矩：柱顶 $M_{A65}=(1-0.273)\times 3.6\text{m}\times 1.58\text{kN}=4.14\text{kN}\cdot\text{m}$

柱底 $M_{A56}=0.273\times 3.6\text{m}\times 1.58\text{kN}=1.55\text{kN}\cdot\text{m}$

B 轴线柱：

柱剪力：$\frac{D}{\sum D}=\frac{15314\text{N/mm}}{47912\text{N/mm}}=0.320$，则 $V=0.320\times 8.8\text{kN}=2.80\text{kN}$

反弯点高度：由 $\overline{K}=1.230$ 查附表E，$y_0=0.362$

$\alpha_1=1.0$，$y_1=0$，$a_3=1.0$，$y_3=0$，顶层不考虑 y_2，则

$y=y_0+y_1+y_3=0.362$

柱端弯矩：柱顶 $M_{B65}=(1-0.362)\times 3.6\text{m}\times 2.80\text{kN}=6.43\text{kN}\cdot\text{m}$

柱底 $M_{B56}=0.362\times 3.6\text{m}\times 2.80\text{kN}=3.65\text{kN}\cdot\text{m}$

其余各层计算过程如表3-8所示。

表 3-8　D 值法计算柱端弯矩

层次	A 轴柱					B 轴线柱				
	$D/\sum D$	V /kN	y	M_c^u /（kN·m）	M_c^l /（kN·m）	$D/\sum D$	V /kN	y	M_c^u /（kN·m）	M_c^l /（kN·m）
6	0.180	1.6	0.273	4.1	1.5	0.320	2.8	0.362	6.4	3.7
5	0.180	3.5	0.373	7.9	4.7	0.320	6.2	0.450	12.4	10.1
4	0.180	5.3	0.450	10.5	8.6	0.320	9.4	0.462	18.2	15.6
3	0.180	7.1	0.450	14.0	11.4	0.320	12.6	0.500	22.6	22.6
2	0.180	8.8	0.550	14.3	17.5	0.320	15.7	0.500	28.3	28.3
1	0.217	13.0	0.688	19.5	43.0	0.283	16.9	0.619	30.8	50.1

梁端弯矩按式（3-7）计算，其中梁线刚度见风荷载计算简图。具体计算过程见表3-9。由梁端弯矩进一步按式（3-14）求梁端剪力及柱轴力，计算结果见表3-9。

表3-9 梁端弯矩、剪力及柱轴力计算

层次	AB跨梁				BC跨梁				柱轴力/kN	
	M_b^l /(kN·m)	M_b^r /(kN·m)	l/m	V_b/kN	M_b^l /(kN·m)	M_b^r /(kN·m)	l/m	V_b/kN	A轴柱	B轴柱
6	4.1	2.9	6.6	1.1	3.6	3.6	2.7	2.6	±1.1	±1.6
5	9.5	7.1	6.6	2.5	8.9	8.9	2.7	6.6	±3.6	±5.7
4	15.2	12.6	6.6	4.2	15.7	15.7	2.7	11.7	±7.8	±13.1
3	22.6	17.0	6.6	6.0	21.3	21.3	2.7	15.7	±13.8	±22.9
2	25.8	22.6	6.6	7.3	28.3	28.3	2.7	20.9	±21.1	±36.5
1	37.0	26.3	6.6	9.6	32.8	32.8	2.7	24.3	±30.7	±51.2

柱轴力前的正负号表示风荷载可左右两方向作用于框架，当风荷载反向作用于框架时，轴力将变号。

框架在左风荷载作用下的弯矩图如图3-34a所示、梁剪力及柱轴力图如图3-34b所示。

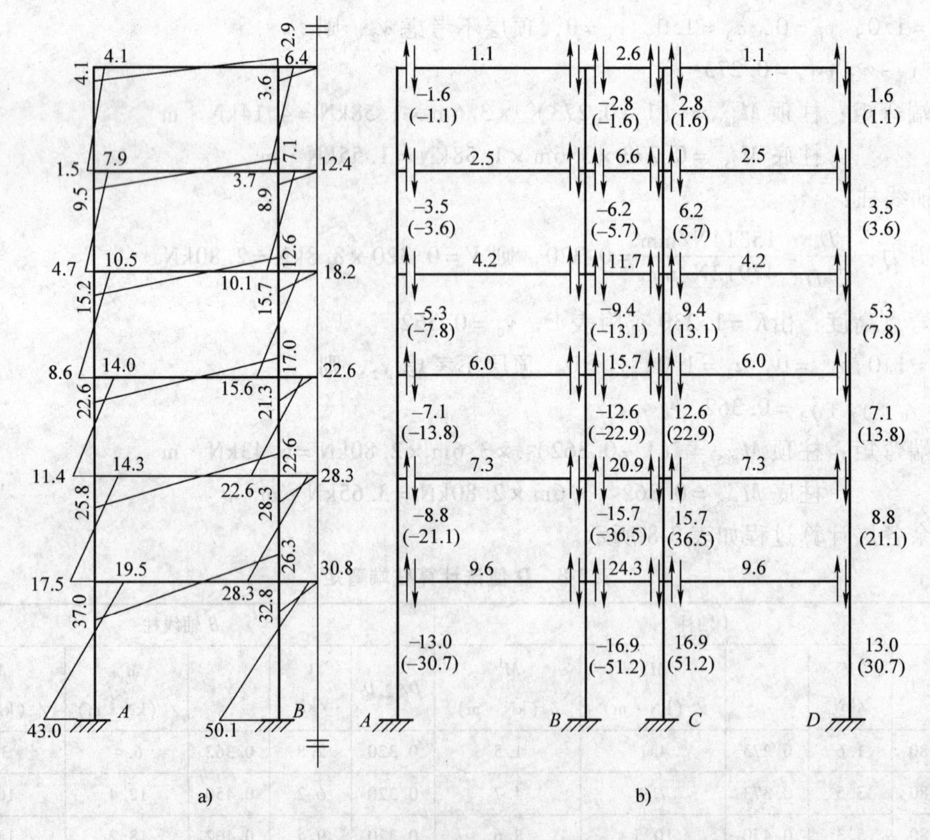

图3-34 左风作用下框架弯矩图、梁端剪力及柱轴力图

a）框架弯矩图（单位：kN·m） b）梁端剪力及柱轴力图（单位：kN）

（2）恒荷载作用下框架内力分析 梁端、柱端弯矩采用弯矩二次分配法计算。由于结构和荷载均对称，故计算时可用半框架。BC跨分成两半，跨度为1.35m，中间改用滑动支

座，梁的线刚度为 $\bar{i}_b^{BO}=\frac{2E_cI_{BO}}{l_{BO}}=\frac{2.67\times10^9\text{mm}^4E_c}{1350\text{mm}}=19.78\times10^5E_c\text{N}\cdot\text{m}$，相对线刚度为2.5。

1）梁固端弯矩。将梯形荷载折算成固端等效均布荷载

$$q_e=(1-2\alpha^2+\alpha^3)q,\ \alpha=a/l$$

将三角形荷载折算成固端等效均布荷载 $q_e=5/8q$

则顶层：AB 跨 $\alpha=1.8/6.6=0.273$；$q=2.86\text{kN/m}+20.84\text{kN/m}\times0.872=21.03\text{kN/m}$。

$$\pm\frac{ql^2}{12}=\pm\frac{21.03\text{kN/m}\times(6.6\text{m})^2}{12}=\pm76.3\text{kN}\cdot\text{m}$$

BC 跨 $q=2.17\text{kN/m}+15.63\text{kN/m}\times5/8=11.94\text{kN/m}$

$$-\frac{ql^2}{3}=-\frac{11.94\text{kN/m}\times(1.35\text{m})^2}{3}=-7.3\text{kN}\cdot\text{m}$$

同理，其余层：AB 跨 $\alpha=1.8/6.6=0.273$；$q=9.93\text{kN/m}+12.56\text{kN/m}\times0.872=20.88\text{kN/m}$。

$$\pm\frac{ql^2}{12}=\pm\frac{20.88\text{kN/m}\times(6.6\text{m})^2}{12}=\pm75.8\text{kN}\cdot\text{m}$$

BC 跨 $q=2.17\text{kN/m}+9.42\text{kN/m}\times5/8=8.06\text{kN/m}$

$$-\frac{ql^2}{3}=-\frac{8.06\text{kN/m}\times(1.35\text{m})^2}{3}=-4.9\text{kN}\cdot\text{m}$$

2）弯矩分配系数。以顶层节点为例：

$A6$ 节点 $\mu_{A6B6}=\frac{4\times1.0}{4\times1.0+4\times1.83}=0.353$

$$\mu_{A6A5}=\frac{4\times1.83}{4\times1.0+4\times1.83}=0.647$$

$B6$ 节点 $\mu_{B6A6}=\frac{4\times1.0}{4\times1.0+1\times2.5+4\times1.83}=0.289$

$$\mu_{B6B5}=\frac{4\times1.83}{4\times1.0+1\times2.5+4\times1.83}=0.530$$

$$\mu_{B6O6}=\frac{1\times2.5}{4\times1.0+1\times2.5+4\times1.83}=0.181$$

3）内力计算。弯矩计算过程如图3-35所示，所得弯矩图如图3-36所示，节点弯矩不平衡是由于纵向框架梁在节点处存在偏心弯矩。梁端剪力可根据梁上竖向荷载引起的剪力与梁端弯矩引起的剪力相叠加而得。柱轴力可由梁端剪力和节点集中力叠加得到。计算柱底轴力还需考虑柱的自重，见表3-10。

表3-10 恒荷载作用下梁端剪力及柱轴力

层次	荷载引起剪力		弯矩引起剪力		总剪力			柱轴力			
	AB跨	BC跨	AB跨	BC跨	AB跨		BC跨	A柱		B柱	
	$V_A=V_B$ /kN	$V_B=V_C$ /kN	$V_A=-V_B$ /kN	$V_B=V_C$ /kN	V_A /kN	V_B /kN	$V_B=V_C$ /kN	N_u /kN	N_l /kN	N_u /kN	N_l /kN
6	59.5	13.5	-0.6	0	58.9	60.1	13.5	222.8	248.0	249.2	274.4
5	62.9	9.3	0.0	0	62.9	62.9	9.3	468.8	494.0	536.2	561.4

（续）

层次	荷载引起剪力		弯矩引起剪力		总剪力			柱轴力			
	AB 跨	BC 跨	AB 跨	BC 跨	AB 跨		BC 跨	A 柱		B 柱	
	$V_A=V_B$ /kN	$V_B=V_C$ /kN	$V_A=-V_B$ /kN	$V_B=V_C$ /kN	V_A /kN	V_B /kN	$V_B=V_C$ /kN	N_u /kN	N_l /kN	N_u /kN	N_l /kN
4	62.9	9.3	−0.1	0	62.8	63.0	9.3	714.7	739.9	823.3	848.5
3	62.9	9.3	−0.1	0	62.8	63.0	9.3	960.6	985.8	1110.4	1135.6
2	62.9	9.3	−0.1	0	62.8	63.0	9.3	1206.5	1231.7	1397.5	1422.7
1	62.9	9.3	−0.2	0	62.7	63.1	9.3	1452.3	1493.0	1684.7	1725.4

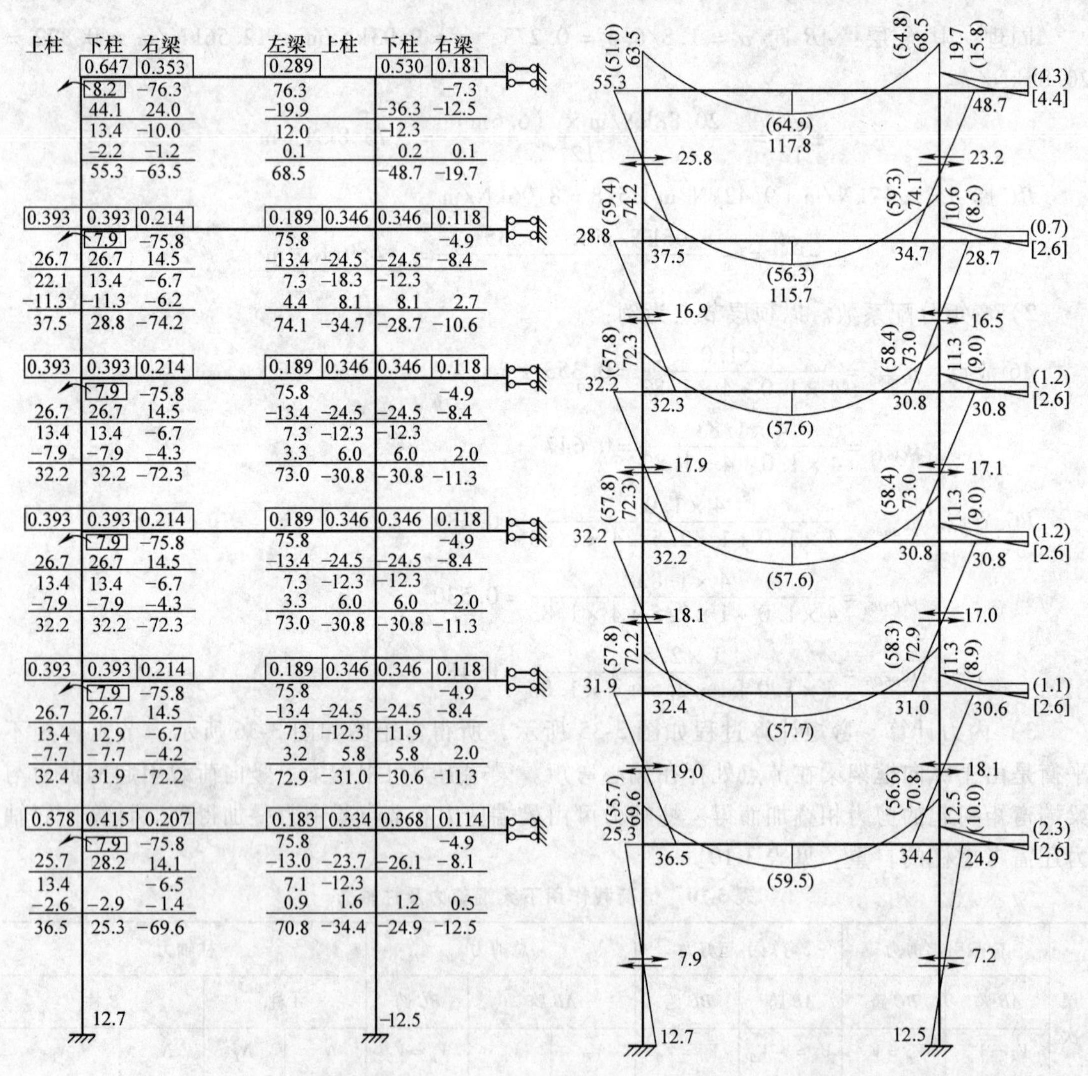

图 3-35 恒荷载作用下框架弯矩的二次分配法

图 3-36 恒荷载作用下框架的弯矩（柱剪力）图

竖向荷载梁端调幅系数取 0.8，跨中弯矩由调幅后的梁端弯矩和跨内实际荷载求得。弯矩图中，括号内的数值表示调幅后的弯矩值。以第一层顶梁 AB 跨中弯矩为例，说明跨中弯矩的求法。

梁端弯矩调幅后

$$M_A = 0.8 \times 69.6\text{kN}\cdot\text{m} = 55.7\text{kN}\cdot\text{m}$$
$$M_B = 0.8 \times 70.8\text{kN}\cdot\text{m} = 56.6\text{kN}\cdot\text{m}$$

跨中弯矩

$$M_{AB} = \frac{-55.7\text{kN}\cdot\text{m} - 56.6\text{kN}\cdot\text{m}}{2} + \frac{1}{8} \times 9.92\text{kN/m} \times (6.6\text{m})^2 + \frac{1}{24} \times 12.56\text{kN/m} \times (6.6\text{m})^2 \times \left[3 - 4 \times \left(\frac{1.8\text{m}}{6.6\text{m}}\right)^2\right]$$
$$= -56.2\text{kN}\cdot\text{m} + 115.7\text{kN}\cdot\text{m} = 59.5\text{kN}\cdot\text{m}$$

对 BC 跨，调幅后跨中弯矩为 $-3.1\text{kN}\cdot\text{m}$，为防止跨中正弯矩过小，取简支梁跨中弯矩的1/3为跨中正弯矩，有

$$M_{BC} = \frac{1}{3} \times \left[\frac{1}{8} \times 2.17\text{kN/m} \times (2.7\text{m})^2 + \frac{1}{12} \times 9.42\text{kN/m} \times (2.7\text{m})^2\right]$$
$$= 2.6\text{kN}\cdot\text{m}$$

按1/3简支梁跨中弯矩调整的跨中正弯矩值用方括号在图3-36中示出。

（3）可变荷载作用下框架内力分析　因各层楼面活荷载标准值均小于 3.5kN/m^2，可采用满布荷载法近似考虑活荷载不利布置的影响。内力分析方法可与恒载相同，采用力矩二次分配法，本例题采用分层法以示例该方法的具体分析步骤。分层法除底层外，其余各层柱的线刚度应乘以0.9的修正系数，且传递系数由1/2改为1/3，以考虑假定的柱上下端与实际情况的出入。

1）梁固端弯矩。将梯形荷载和三角形荷载折算成等效均布荷载，则

顶层：AB 跨 $\alpha = 1.8/6.6 = 0.273$；$q = 7.20 \times 0.872\text{kN/m} = 6.28\text{kN/m}$

固端弯矩　$$\pm\frac{ql^2}{12} = \pm\frac{6.28 \times 6.6^2}{12} = \pm 22.8\text{kN/m}$$

BC 跨 $q = 5.4 \times 5/8\text{kN/m} = 3.38\text{kN/m}$

固端弯矩为　$$-\frac{ql^2}{12} = -\frac{3.38 \times 2.7^2}{12}\text{kN}\cdot\text{m} = -2.1\text{kN}\cdot\text{m}$$

其余层与此同理。

2）弯矩分配系数。以顶层节点为例：

$A6$ 节点　$$\mu_{A6B6} = \frac{4 \times 1.0}{4 \times 1.0 + 4 \times 1.83 \times 0.9} = 0.378；\mu_{A6A5} = 0.622$$

$B6$ 节点　$$\mu_{B6A6} = \frac{4 \times 1.0}{4 \times 1.0 + 4 \times 1.25 + 4 \times 1.83 \times 0.9} = 0.257$$

$$\mu_{B6B5} = \frac{4 \times 1.83 \times 0.9}{4 \times 1.0 + 1.25 \times 4 + 4 \times 1.83 \times 0.9} = 0.423；\mu_{B6C6} = 0.320$$

3）内力计算。弯矩计算过程如图3-37，所得弯矩图如图3-38所示，将相邻两个开口刚架中同层同柱内力叠加，作为原框架结构柱的弯矩。梁端剪力可根据梁上竖向荷载引起的剪力与梁端弯矩引起的剪力相叠加而得。柱轴力可由梁端剪力和节点集中力叠加得到，见表3-11。

下柱 右梁　左梁 下柱 右梁　左梁 下柱 右梁　左梁 下柱
0.622 0.378　0.257 0.423 0.320　0.320 0.423 0.257　0.378 0.622
1.5 −22.8　22.8 −2.1　2.1 −22.8　22.8 −1.5
13.2 8.1　−5.3 −8.8 −6.6　6.6 8.8 5.3　−8.1 −13.2
−2.7　4.0 3.3　−3.3 −4.0　2.7
1.7 1.0　−1.9 −3.1 −2.3　2.3 3.1 1.9　−1.0 −1.7
14.9 −16.4　19.6 −11.9 −7.7　7.7 11.9 19.6　16.4 −14.9
5.0　−4.0　4.0　−5.0

a)

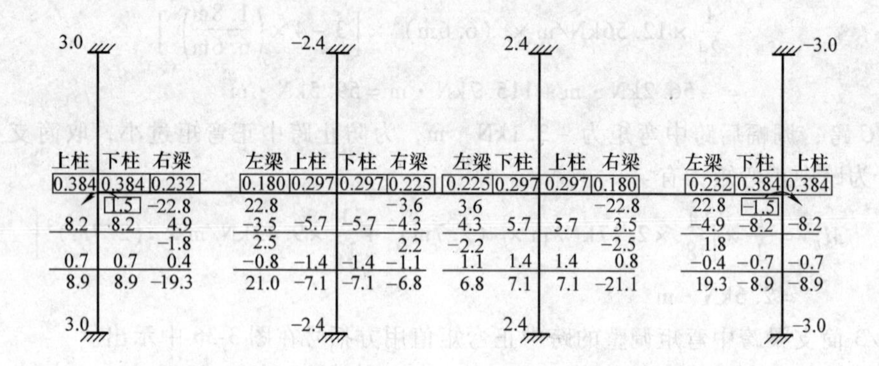

b)

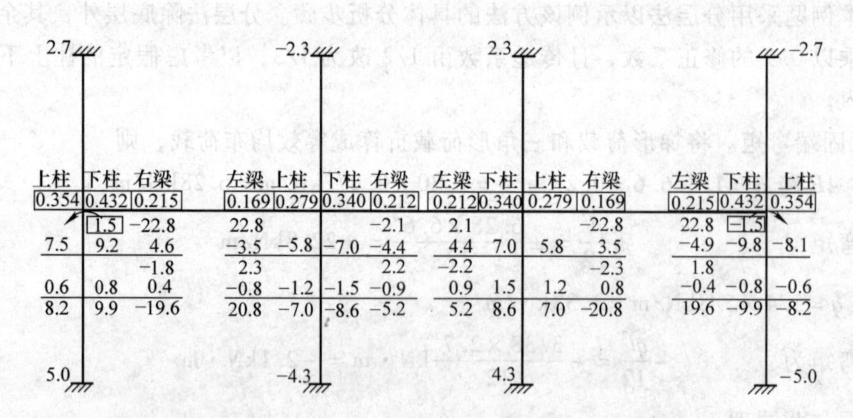

c)

图 3-37 分层法计算活荷载作用下的框架内力

表 3-11 活荷载作用下梁端剪力及柱轴力

层次	荷载引起剪力		弯矩引起剪力		总剪力			柱轴力	
	AB 跨	*BC* 跨	*AB* 跨	*BC* 跨	*AB* 跨		*BC* 跨	*A* 柱	*B* 柱
	$V_A=V_B$ /kN	$V_B=V_C$ /kN	$V_A=-V_B$ /kN	$V_B=V_C$ /kN	V_A /kN	V_B /kN	$V_B=V_C$ /kN	$N_u=N_l$ /kN	$N_u=N_l$ /kN
6	17.3	3.6	−0.5	0	16.8	17.8	3.6	47.0	67.4
5	17.3	4.6	−0.3	0	17.0	17.6	4.6	94.2	139.5

（续）

层次	荷载引起剪力		弯矩引起剪力		总剪力			柱轴力	
	AB 跨	BC 跨	AB 跨	BC 跨	AB 跨		BC 跨	A 柱	B 柱
	$V_A=V_B$ /kN	$V_B=V_C$ /kN	$V_A=-V_B$ /kN	$V_B=V_C$ /kN	V_A /kN	V_B /kN	$V_B=V_C$ /kN	$N_u=N_l$ /kN	$N_u=N_l$ /kN
4	17.3	4.6	−0.3	0	17.0	17.6	4.6	141.4	211.7
3	17.3	4.6	−0.3	0	17.0	17.6	4.6	188.6	283.8
2	17.3	4.6	−0.3	0	17.0	17.6	4.6	235.8	356.0
1	17.3	4.6	−0.2	0	17.1	17.5	4.6	283.1	428.0

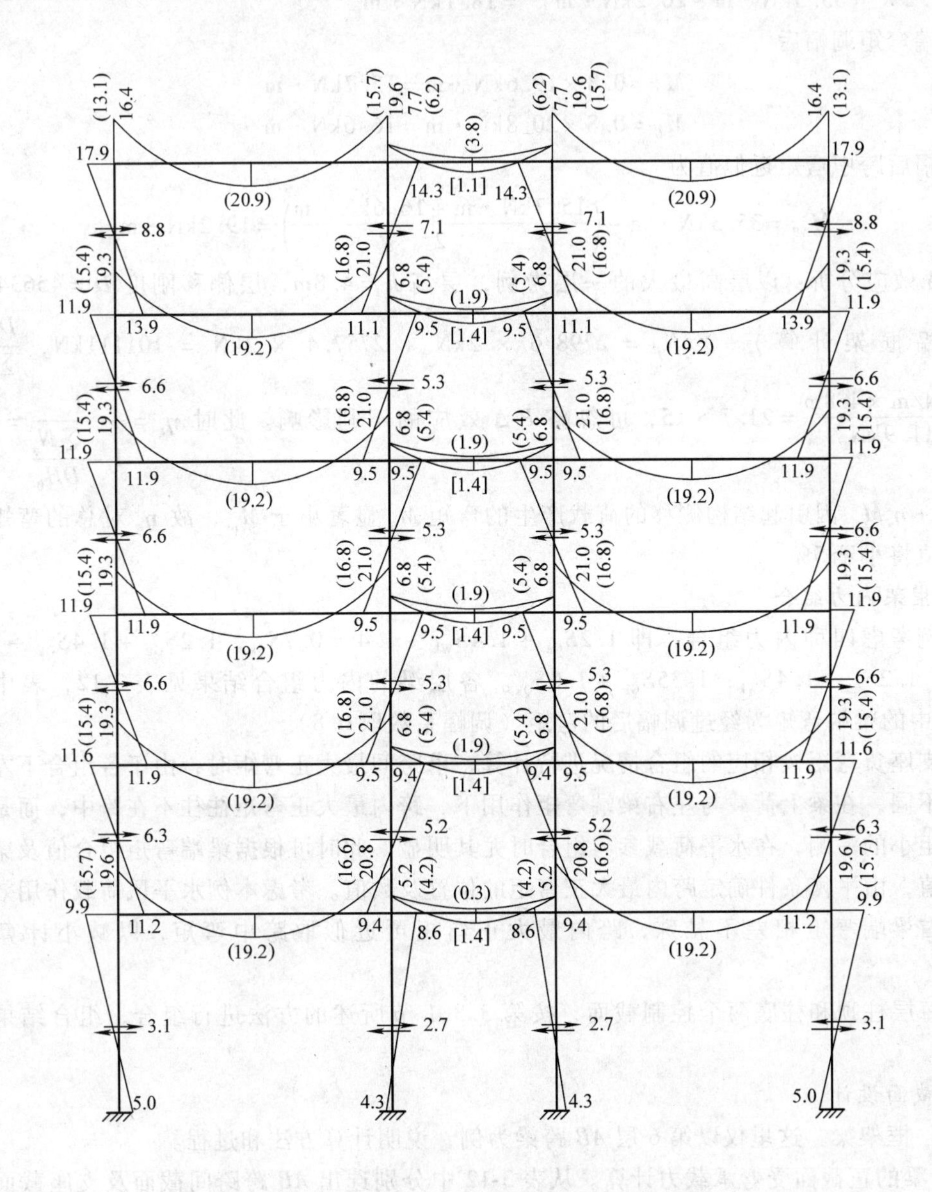

图3-38　活荷载作用下框架弯矩与柱剪力图

考虑活荷载不利布置的影响，将跨中弯矩乘以 1.2 的放大系数。

竖向荷载梁端调幅系数取 0.8，跨中弯矩由调幅后的梁端弯矩和跨内实际荷载求得。弯矩图中，括号内的数值表示调幅后的弯矩值。注意，BC 跨正弯矩仍不应小于相应简支梁跨中弯矩的 1/3。按 1/3 简支梁跨中弯矩调整的跨中正弯矩值用方括号在图 3-38 中示出。弯矩调幅应在跨中弯矩放大后进行。

以第一层顶梁 AB 跨中弯矩为例，说明跨中弯矩的求法：

考虑活荷载不利布置的梁跨中弯矩近似取值

$$M_{AB}=1.2\times\left\{\frac{7.2\text{kN/m}}{24}\times(6.6\text{m})^2\times\left[3-4\times\left(\frac{1.8\text{m}}{6.6\text{m}}\right)^2\right]-\frac{1}{2}\times(19.6\text{kN}\cdot\text{m}+20.8\text{kN}\cdot\text{m})\right\}$$

$$=1.2\times(35.3\text{kN}\cdot\text{m}-20.2\text{kN}\cdot\text{m})=18.1\text{kN}\cdot\text{m}$$

梁端弯矩调幅后

$$M_A=0.8\times19.6\text{kN}\cdot\text{m}=15.7\text{kN}\cdot\text{m}$$

$$M_B=0.8\times20.8\text{kN}\cdot\text{m}=16.6\text{kN}\cdot\text{m}$$

调幅后跨中弯矩近似值为

$$M_{AB}=35.3\text{kN}\cdot\text{m}-\left(\frac{15.7\text{kN}\cdot\text{m}+16.6\text{kN}\cdot\text{m}}{2}\right)=19.2\text{kN}\cdot\text{m}$$

P-Δ 效应分析：以层高最大的一层为例，层高 $h=4.8\text{m}$，层侧移刚度 $D=45634\text{kN/m}$（按一榀框架计算），$\sum N_j=2298.6\times2\text{kN}+2757.4\times2\text{kN}=101111\text{kN}$，$\frac{DH_0}{\sum N_j}=\frac{45634\text{kN/m}\times4.8\text{m}}{10111.9\text{kN}}=21.7>15$，可忽略 P-Δ 效应的不利影响。此时 $\eta_s=\frac{1}{1-\frac{\sum N_j}{DH_0}}=1.05$，$M=M_{\text{ns}}+\eta_s M_s$，因引起结构侧移的荷载产生的弯矩 M_s 显著小于 M_{ns}，故 η_s 对总的弯矩引起的增大值将小于5%。

3. 框架内力组合

本例考虑四种内力组合，即 $1.2S_{\text{Gk}}+1.4S_{\text{Wk}}+1.4\times0.7S_{\text{Qk}}$，$1.2S_{\text{Gk}}+1.4S_{\text{Qk}}+1.4\times0.6S_{\text{Wk}}$，$1.2S_{\text{Gk}}+1.4S_{\text{Wk}}$，$1.35S_{\text{Gk}}+1.0S_{\text{Qk}}$。各层梁的内力组合结果见表 3-12，表中 S_{Gk}、S_{Qk}两列中的梁端弯矩为经过调幅后的弯矩（调幅系数取 0.8）。

对支座负弯矩按相应的组合情况进行计算，求跨间最大正弯矩时，由于各组合下左右梁端弯矩不同，在梁上荷载与左右梁端弯矩作用下，跨内最大正弯矩往往不在跨中，而是偏向梁端弯矩小的一侧，在水平荷载参与组合时尤其明显。此时可根据梁端弯矩组合值及梁上荷载设计值，由平衡条件确定跨内最大正弯矩的位置及数值。考虑本例水平风荷载作用效应较小，左右梁端弯矩相差不悬殊，跨内最大正弯矩可近似取跨中弯矩，以减小计算工作量。

取每层柱顶和柱底两个控制截面，按第 3.3.1 节所述的方法进行组合，组合结果见表 3-13。

4. 截面设计

（1）框架梁　这里仅以第 6 层 AB 跨梁为例，说明计算方法和过程。

1）梁的正截面受弯承载力计算。从表 3-12 中分别选出 AB 跨跨间截面及支座截面的最不利内力，并将支座中心处的弯矩换算为支座边缘控制截面的弯矩进行配筋计算。

表 3-12 框架梁内力组合表

梁编号	截面位置	内力	恒 S_{Gk}	活 S_{Qk}	风 S_{Wk}	恒＋风	恒＋活	恒＋活＋0.6风	恒＋0.7活＋风	截面控制内力	支座边缘控制内力	备注
			①	②	③	1.2①＋1.4③	1.35①＋1.0②	1.2①＋1.4②＋1.4×0.6③	1.2①＋1.4×0.7②＋1.4②			
A6	梁左	M/kN·m	51.0	13.1	4.1	66.9	82.0	83.0	79.8	83.0	83.0	顶层边节点
	A1	V/kN	58.9	16.8	1.1	72.2	96.3	95.1	88.7	96.3		
~	跨内	M/kN·m	64.9	20.9	0.6	78.7	108.5	107.6	99.2	108.5		
B6	梁右	M/kN·m	54.8	15.7	2.9	69.8	89.7	90.2	85.2	90.2	65.7	
	B1	V/kN	60.1	17.8	1.1	73.7	98.9	98.0	91.1	98.9		
B6	梁左	M/kN·m	15.8	6.2	3.6	24.0	27.5	30.7	30.1	30.7	24.8	梁右同梁左
~	B1	V/kN	13.5	3.6	2.6	19.8	21.8	23.4	23.4	23.4		
C6	跨内	M/kN·m	4.4	1.1	0.0	5.3	7.0	6.8	6.4	7.0		
A3	梁左	M/kN·m	57.3	15.4	22.6	100.4	92.8	109.3	115.5	115.5	90.4	
	A1	V/kN	62.8	17.0	6.0	83.8	101.8	104.2	100.4	104.2		
~	跨内	M/kN·m	57.6	19.2	2.8	73.0	97.0	98.4	91.9	98.4		
B3	梁右	M/kN·m	58.4	16.8	17.0	93.9	95.6	107.9	110.3	110.3	85.0	
	B1	V/kN	63.0	17.6	6.0	84.0	102.7	105.3	101.2	105.3		
B3	梁左	M/kN·m	9.0	5.4	21.3	40.6	17.6	36.3	45.9	45.9	36.5	梁右同梁左
~	A1	V/kN	9.3	4.6	15.7	33.1	17.2	30.8	37.6	37.6		
C3	跨内	M/kN·m	2.6	1.4	0.0	3.1	4.9	5.1	4.5	5.1		
A1	梁左	M/kN·m	55.7	15.7	37.0	118.6	90.9	119.9	134.0	134.0	107.7	
	A1	V/kN	62.7	17.1	9.6	88.7	101.7	107.2	105.4	107.2		
~	跨内	M/kN·m	59.5	19.2	5.4	79.0	99.5	102.8	97.8	102.8		
B1	梁右	M/kN·m	56.6	16.6	26.3	104.7	93.0	113.3	121.0	121.0	94.4	
	B1	V/kN	63.1	17.5	9.6	89.2	102.7	108.3	106.3	108.3		
B1	梁左	M/kN·m	10.0	4.2	32.8	57.9	17.7	45.4	62.0	62.0	49.6	梁右同梁左
~	A1	V/kN	9.3	4.6	24.3	45.2	17.2	38.0	49.7	49.7		
C1	跨内	M/kN·m	2.6	1.4	0.0	3.1	4.9	5.1	4.5	5.1		

表 3-13 框架柱内力组合表

柱号	截面	内力	恒 S_{Gk} ①	活 S_{Qk} ②	左风 S_{Wk} ③	右风 S_{Wk} ④	N_{max}相应的M 组合项目	值	N_{min}相应的M 组合项目	值	$\|M\|_{max}$相应的N 组合项目	值
A6~A5	上 A6	M/kN·m	55.3	17.9	-4.1	4.1	1.35①+1.0②	92.6	1.2①+1.4③	60.6	1.2①+1.4②+1.4×0.6④	94.9
		N/kN	222.8	47.0	-1.1	1.1		347.8		265.8		334.1
	下 A5	M/kN·m	-37.5	-13.9	1.5	-1.5	1.35①+1.0②	-64.5	1.2①+1.4③	-42.9	1.2①+1.4②+1.4×0.6④	-65.7
		N/kN	248.0	47.0	-1.1	1.1		381.8		296.1		364.3
		V/kN	25.8	8.8	-1.6	1.6		43.6		28.7		44.6
A4~A3	上 A4	M/kN·m	32.2	11.9	-10.5	10.5	1.35①+1.0②	55.4	1.2①+1.4③	23.9	1.2①+1.4×0.7②+1.4④	65.0
		N/kN	714.7	141.4	-7.8	7.8		1106.2		846.7		1007.1
	下 A3	M/kN·m	-32.2	-11.9	8.6	-8.6	1.35①+1.0②	-55.4	1.2①+1.4③	-26.6	1.2①+1.4×0.7②+1.4④	-62.3
		N/kN	739.3	141.4	-7.8	7.8		1139.5		876.2		1036.7
		V/kN	17.9	6.6	-5.3	5.3		30.8		14.1		35.4
A1~A0	上 A1	M/kN·m	25.3	9.9	-19.5	19.5	1.35①+1.0②	44.1	1.2①+1.4③	3.1	1.2①+1.4×0.7②+1.4④	67.4
		N/kN	1452.3	283.1	-30.7	30.7		2243.7		1699.8		2063.2
	下 A0	M/kN·m	-12.7	-5.0	43.0	-43.0	1.35①+1.0②	22.1	1.2①+1.4③	45.0	1.2①+1.4×0.7②+1.4④	-80.3
		N/kN	1493.0	283.1	-30.7	30.7		2298.7		1748.6		2112.0
		V/kN	7.9	3.1	-13.0	13.0		13.8		-8.7		30.7
B6~B5	上 B6	M/kN·m	-48.7	-14.3	-6.4	6.4	1.35①+1.0②	-80.0	1.2①+1.4③	-67.4	1.2①+1.4②+1.4×0.6③	-83.9
		N/kN	249.2	67.4	-1.6	1.6		403.8		296.8		392.1
	下 B5	M/kN·m	34.7	11.1	3.7	-3.7	1.35①+1.0②	57.9	1.2①+1.4③	46.8	1.2①+1.4②+1.4×0.6③	60.2
		N/kN	274.4	67.4	-1.6	1.6		437.8		327.0		422.3
		V/kN	-23.2	7.1	-2.8	2.8		-24.2		-31.8		-20.3
B4~B3	上 B4	M/kN·m	-30.8	-9.5	-18.2	18.2	1.35①+1.0②	-51.1	1.2①+1.4③	-62.5	1.2①+1.4×0.7②+1.4③	-71.8
		N/kN	823.3	211.7	-13.1	13.1		1323.2		969.6		1177.1
	下 B3	M/kN·m	30.8	9.5	15.6	-15.6	1.35①+1.0②	51.1	1.2①+1.4③	58.9	1.2①+1.4×0.7②+1.4③	68.2
		N/kN	848.5	211.7	-13.1	13.1		1357.2		999.9		1207.3
		V/kN	-17.1	5.3	-9.4	9.4		-17.8		-33.7		-28.5
B1~B0	上 B1	M/kN·m	-24.9	-8.6	-30.8	30.8	1.35①+1.0②	-42.2	1.2①+1.4③	-73.0	1.2①+1.4×0.7②+1.4③	-81.5
		N/kN	1684.7	428.0	-51.2	51.2		2702.3		1950.0		2369.4
	下 B0	M/kN·m	9.5	4.3	50.1	-50.1	1.35①+1.0②	17.1	1.2①+1.4③	81.5	1.2①+1.4×0.7②+1.4③	85.7
		N/kN	1725.4	428.0	-51.2	51.2		2757.3		1998.8		2418.2
		V/kN	-7.2	-2.7	-16.9	16.9		-7.0		-32.2		-29.6

$$M_A = 83.0\text{kN}\cdot\text{m}，相应的剪力\ V = 95.1\text{kN}$$

$$M_B = 90.2\text{kN}\cdot\text{m}，相应的剪力\ V = 98.0\text{kN}$$

支座边缘处

$M'_B = 90.2\text{kN}\cdot\text{m} - 98.0\text{kN}\times0.25\text{m} = 65.7\text{kN}\cdot\text{m}$，$A$ 节点为顶层边节点，此处弯矩连续，不应取支座边缘，仍按 $83.0\text{kN}\cdot\text{m}$ 进行设计。

跨中 $M = 108.5\text{kN}\cdot\text{m}$。因跨内截面梁下部受拉，可按 T 形截面进行配筋计算，支座边缘截面梁上部受拉，应按矩形截面计算。

翼缘计算宽度：

按跨度考虑　$b_f = \dfrac{l}{3} = \dfrac{6600\text{mm}}{3} = 2200\text{mm}$

按梁间距考虑　$b_f = b + S_n = 250\text{mm} + 3350\text{mm} = 3600\text{mm}$

按翼缘厚度考虑　$h_0 = h - d/2 - d_v - c = 500\text{mm} - 20\text{mm}/2 - 10\text{mm} - 20\text{mm} = 460\text{mm}$

$h'_f/h_0 = 100\text{mm}/460\text{mm} = 0.217 > 0.1$，此种情况不起控制作用，取 $b_f = 2200\text{mm}$。

梁内纵向钢筋为 HRB400 级钢筋 $f_y = f'_y = 360\text{N/mm}^2$，$\xi_b = 0.518$。

下部跨间截面按单筋 T 形截面计算。因为

$$\begin{aligned}\alpha_1 f_c b'_f h'_f\ (h_0 - h'_f/2) &= 1.0\times14.3\text{N/mm}^2\times2200\text{mm}\times100\text{mm}\times\ (460\text{mm} - 100\text{mm}/2)\\ &= 1289.9\times10^6\text{N}\cdot\text{mm} = 1289.9\text{kN}\cdot\text{m} > 112.5\text{kN}\cdot\text{m}\end{aligned}$$

属第一类 T 形截面

$$\alpha_s = \frac{M}{\alpha_1 f_c b'_f h_0^2} = \frac{108.5\times10^6\text{N}\cdot\text{mm}}{1.0\times14.3\text{N/mm}^2\times2200\text{mm}\times(460\text{mm})^2} = 0.016$$

$$\xi = 1 - \sqrt{1-2\alpha_s} = 0.016$$

$$A_s = \frac{\alpha_1 f_c b'_f \xi h_0}{f_y} = \frac{1.0\times14.3\text{N/mm}^2\times2200\text{mm}\times0.016\times460\text{mm}}{360\text{N/mm}^2} = 642\text{mm}^2$$

$$0.45\frac{f_t}{f_y} = 0.45\times\frac{1.43\text{N/mm}^2}{360\text{N/mm}^2} = 0.0018 < 0.002, 取\ \rho_{min} = 0.002$$

$$A_{smin} = 0.002\times250\text{mm}\times500\text{mm} = 250\text{mm}^2$$

实配 3⌀18（$A_s = 762\text{mm}^2 > A_{smin}$）。配筋率为 $762\text{mm}^2/(250\text{mm}\times460\text{mm}) = 0.66\%$。

将下部跨间截面的钢筋全部伸入支座，则支座截面可按已知受压钢筋的双筋截面计算受拉钢筋，因本例梁端弯矩较小，为计算简化起见，仍按单筋矩形截面计算。

A 支座截面：

$$\alpha_s = \frac{M}{\alpha_1 f_c b'_f h_0^2} = \frac{83.0\times10^6\text{N}\cdot\text{mm}}{1.0\times14.3\text{N/mm}^2\times250\text{mm}\times(460\text{mm})^2} = 0.110$$

$$\xi = 1 - \sqrt{1-2\alpha_s} = 0.117$$

$$A_s = \frac{\alpha_1 f_c b'_f \xi h_0}{f_y} = \frac{1.0\times14.3\text{N/mm}^2\times250\text{mm}\times0.117\times460\text{mm}}{360\text{N/mm}^2} = 536\text{mm}^2$$

实配 3⌀16（$A_s = 600\text{mm}^2 > A_{smin}$）。配筋率为 $603\text{mm}^2/(250\text{mm}\times460\text{mm}) = 0.52\%$。

B 支座截面：同理可得 $A_s = 410\text{mm}^2$，实配 3⌀16（$A_s = 600\text{mm}^2 > A_{smin}$）。

其他层梁的配筋计算结果如表 3-14 和 3-15 所示。

表 3-14 框架梁纵向钢筋计算表

层次	截面		M /kN·m	$b(b_f)$ /mm	h_0 /mm	α_s	ξ	A_s /(mm^2)	实配钢筋 A_s/(mm^2)	配筋率ρ (%)
6	支座	A	83.0	250	460	0.110	0.116	532	3⏀16(603)	0.52
		$B_左$	65.7	250	460	0.087	0.091	416	3⏀16(603)	0.52
	AB 跨间		108.5	250(2200)	460	0.016	0.017	642	3⏀18(756)	0.66
	支座 $B_右$		24.8	250	360	0.054	0.055	197	3⏀16 (603)	0.67
	BC 跨间		7.0	250(2200)	360	0.002	0.003	63	2⏀14 (300)	0.33
3	支座	A	90.4	250	460	0.119	0.128	583	3⏀16(603)	0.52
		$B_左$	85.0	250	460	0.112	0.120	546	3⏀16(603)	0.52
	AB 跨间		98.4	250(2200)	460	0.015	0.016	624	3⏀18(754)	0.66
	支座 $B_右$		36.5	250	360	0.079	0.082	294	3⏀16 (603)	0.67
	BC 跨间		5.1	250(2200)	360	0.001	0.001	39	2⏀14 (300)	0.33
1	支座	A	107.7	250	460	0.142	0.154	704	3⏀18 (754)	0.66
		$B_左$	94.4	250	460	0.125	0.134	611	3⏀18 (754)	0.66
	AB 跨间		102.8	250(2200)	460	0.015	0.016	651	3⏀18 (754)	0.66
	支座 $B_右$		49.6	250	360	0.107	0.114	406	3⏀18 (754)	0.84
	BC 跨间		5.1	250(2200)	360	0.001	0.001	39	2⏀14 (300)	0.33

2）梁斜截面受剪承载力计算：

AB 跨

$$V = 96.4\text{kN} < 0.25\beta_c f_c bh_0 = 0.25 \times 1.0 \times 14.3\text{N/mm}^2 \times 250\text{mm} \times 460\text{mm} = 411.1\text{kN}$$

故截面尺寸满足要求。

$$\frac{A_{sv}}{s} = \frac{V - 0.7f_t bh_0}{f_{yv}h_0} = \frac{96.4 \times 10^3\text{N} - 0.7 \times 1.43\text{N/mm}^2 \times 250\text{mm} \times 460\text{mm}}{270\text{N/mm}^2 \times 460\text{mm}} < 0$$

按构造要求配箍，取双肢箍ϕ8@200。

其他层梁的斜截面受剪承载力配筋计算结果如表3-15所示。

表 3-15 框架梁斜截面配筋计算表

层次	截面	剪力 V /kN	$0.25\beta_c f_c bh_0$ /kN	$\frac{A_{sv}}{s}=\frac{V-0.7f_t bh_0}{f_{Yv}h_0}$	实配钢筋$\frac{A_{sv}}{s}$
6	A、$B_左$	98.9	411.1	<0	双肢ϕ8@200 (0.50)
	$B_右$	23.4	321.8	<0	双肢ϕ8@200 (0.50)
3	A、$B_左$	105.3	411.1	<0	双肢ϕ8@200 (0.50)
	$B_右$	37.6	321.8	<0	双肢ϕ8@200 (0.50)
1	A、$B_左$	108.3	411.1	<0	双肢ϕ8@200 (0.50)
	$B_右$	49.7	321.8	<0	双肢ϕ8@200 (0.50)

以上计算保证了构件能够满足承载能力极限状态，而裂缝宽度和挠度等正常使用极限状态的验算需对控制截面进行内力的标准组合，由标准组合的控制内力来验算。限于篇幅，本例未进行正常使用极限状态验算。

（2）框架柱

1）轴压比验算。底层柱 $N_{max}=2757.3\text{kN}$，则轴压比 $\mu_N=\dfrac{N}{f_cA}=\dfrac{2757.3\times10^3\text{N}}{14.3\text{N/mm}^2\times(500\text{mm})^2}$ $=0.64<[1.05]$，满足要求。

2）截面尺寸复核。

底层 $h_0=550\text{mm}-d/2-d_v-20\text{mm}=550\text{mm}-40\text{mm}=510\text{mm}$，$V_{max}=32.2\text{kN}$，则 $0.25\beta_cf_cbh_0=0.25\times1.0\times14.3\text{N/mm}^2\times550\text{mm}\times510\text{mm}=1002.8\text{kN}>V_{max}$，满足要求。

其余层：$h_0=500\text{mm}-d/2-d_v-20\text{mm}=500\text{mm}-40\text{mm}=460\text{mm}$，$V_{max}=44.6\text{kN}$，则 $0.25\beta_cf_cbh_0=0.25\times1.0\times14.3\text{N/mm}^2\times500\text{mm}\times460\text{mm}=822.3\text{kN}>V_{max}$，满足要求。

3）框架柱正截面承载力计算。以底层 B 轴柱为例说明。根据 B 柱内力组合表，按理也应将支座中心处的弯矩换算至支座边缘，考虑本例柱端弯矩小，以支座中心处弯矩计算应偏于安全且偏差不大，故不再折算边缘弯矩。柱同一截面分别承受正反向弯矩，故采用对称配筋。

B 轴柱　$N_b=\alpha_1f_cbh_0\xi_b=1.0\times14.3\text{N/mm}^2\times550\text{mm}\times510\text{mm}\times0.518=2077.8\text{kN}$

对于底层，从柱的内力组合表可见，$N>N_b$，为小偏压，选 M 大，N 大的组合，最不利组合为：$\begin{cases}M=85.7\text{kN}\cdot\text{m}\\N=2418.2\text{kN}\end{cases}$、$\begin{cases}M=81.5\text{kN}\cdot\text{m}\\N=1998.8\text{kN}\end{cases}$ 和 $\begin{cases}M=17.1\text{kN}\cdot\text{m}\\N=2757.3\text{kN}\end{cases}$

其中 $N=1998.8\text{kN}$ 虽不大于 N_b，但后续计算可知其仍为小偏心受压。

此处共三组内力，当无法判别哪一组最不利时，应分别计算，取配筋大者。

第一组设计内力：柱下端 $\begin{cases}M=85.7\text{kN}\cdot\text{m}\\N=2418.2\text{kN}\end{cases}$，柱上端 $\begin{cases}M=-81.5\text{kN}\cdot\text{m}\\N=2369.4\text{kN}\end{cases}$，则

$M_2=85.7\text{kN}\cdot\text{m}$，$M_1=-81.5\text{kN}\cdot\text{m}$，$\dfrac{M_1}{M_2}=-0.95<0.9$，轴压比不大于 0.9，$l_c=4.8\text{m}$，$i=h/\sqrt{12}=0.144$，$\dfrac{l_c}{i}=33.3<34-12\times\dfrac{M_1}{M_2}=44.3$，故不用考虑轴向压力在挠曲构件中产生的附加弯矩影响。与前边所描述的框架柱一般不必考虑构件挠曲二阶效应一致。

则 $M=M_2=85.7\text{kN}\cdot\text{m}$

$$e_a=\max\begin{cases}20\text{mm}\\500\text{mm}/30=16.7\text{mm}\end{cases}=20\text{mm}$$

$$e_0=\frac{M}{N}=\frac{85.7\text{kN}\cdot\text{m}}{2418.2\text{kN}}=0.0354\text{m}=35.4\text{mm}$$

$$e_i=e_0+e_a=35.4\text{mm}+20\text{mm}=55.4\text{mm}$$

$$e=e_i+\frac{h}{2}-a_s=55.4\text{mm}+275\text{mm}-40\text{mm}=290.4\text{mm}$$

$$\xi=\frac{N-\xi_b\alpha_1f_cbh_0}{\dfrac{Ne-0.43\alpha_1f_cbh_0^2}{(\beta_1-\xi_b)(h_0-a_s')}+\alpha_1f_cbh_0}+\xi_b$$，其中 $\alpha_1f_cbh_0\xi_b=N_b=2077.8\text{kN}$，且

$$\alpha_1f_cbh_0=N_b/\xi_b=2077.8/0.518=4011.2\text{kN}$$，故

$$\xi=\frac{2418.2\times10^3\text{N}-2077.8\times10^3\text{N}}{\dfrac{2418.2\times10^3\text{N}\times290.4\text{mm}-0.43\times4011.2\times10^3\text{N}\times510\text{mm}}{(0.8-0.518)(510\text{mm}-40\text{mm})}+4011.2\times10^3\text{N}}+0.518$$

$=0.645$

$$A_s'=A_s=\frac{Ne-\alpha_1 f_c bh_0^2\xi(1-0.5\xi)}{f_y'(h_0-a_s')}$$

$$=\frac{2418.2\times10^3\text{N}\times290.4\text{mm}-1.0\times14.3\text{N/mm}^2\times550\text{mm}\times(510\text{mm})^2\times0.645\times(1-0.5\times0.645)}{360\text{N/mm}^2\times(510\text{mm}-40\text{mm})}$$

<0

按构造配筋，由于纵向受力钢筋采用HRB400，全部纵筋最小总配筋率 $\rho_{min}=0.5\%$，单侧不小于0.2%，$A_{smin}=A_{smin}'=0.2\%\times(550\text{mm})^2=605\text{mm}^2$。每侧实配4Φ16（$804\text{mm}^2$），柱两侧边各加2Φ16，则全部纵筋配筋率为 $\rho=\frac{12\times201\text{mm}^2}{(550\text{mm})^2}=0.80\%$

第二组、第三组内力计算方法同上。仍有 $A_s'=A_s<0$，按构造配筋，则配筋面积与实配钢筋同第一组内力。

其余各柱正截面受弯承载力计算见表3-16和表3-17。

表3-16 *A*轴框架柱正截面受弯承载力的计算表

柱名	内力组	控制内力值		柱截面对称配筋的计算					
		M/kN·m	N/kN	e/mm	ξ	$A_s(A_s')$/mm²	实际配筋/mm²		配筋率(%)
A6	①	64.5	381.8	399.0	0.116	0	4Φ16	$A_s=804$	0.96
~	②	42.9	296.1	374.9	0.090	0	4Φ16	$A_s=804$	0.96
A5	③	65.7	364.3	410.4	0.111	0	4Φ16	$A_s=804$	0.96
A4	①	55.4	1139.5	278.6	0.346	0	4Φ16	$A_s=804$	0.96
~	②	26.6	876.2	260.4	0.266	0	4Φ16	$A_s=804$	0.96
A3	③	62.3	1036.7	290.1	0.315	0	4Φ16	$A_s=804$	0.96
A1	①	22.1	2298.7	264.6	0.630	0	4Φ16	$A_s=804$	0.80
~	②	45.0	1748.6	280.7	0.436	0	4Φ16	$A_s=804$	0.80
A0	③	80.3	2112.0	293.0	0.535	0	4Φ16	$A_s=804$	0.80

表3-17 *B*轴框架柱正截面受弯承载力的计算表

柱名	内力组	控制内力值		柱截面对称配筋的计算					
		M/kN·m	N/kN	e/mm	ξ	$A_s(A_s')$/mm²	实际配筋/mm²		配筋率(%)
B6	①	57.9	437.8	362.3	0.133	0	4Φ16	$A_s=804$	0.96
~	②	46.8	327.0	372.9	0.099	0	4Φ16	$A_s=804$	0.96
B5	③	60.2	422.3	372.7	0.128	0	4Φ16	$A_s=804$	0.96
B4	①	51.1	1357.2	267.6	0.413	0	4Φ16	$A_s=804$	0.96
~	②	58.9	999.9	288.9	0.304	0	4Φ16	$A_s=804$	0.96
B3	③	68.2	1207.3	286.5	0.367	0	4Φ16	$A_s=804$	0.96
B1	①	17.1	2757.3	261.2	0.760	0	4Φ16	$A_s=804$	0.80
~	②	81.5	1998.8	295.8	0.498	0	4Φ16	$A_s=804$	0.80
B0	③	85.7	2418.2	290.4	0.645	0	4Φ16	$A_s=804$	0.80

4）垂直于弯矩作用平面的受压承载力验算。在完成对横向框架的内力分析、内力组合及截面设计后，尚应对纵向框架进行相应的内力分析、内力组合及截面设计，对框架柱按双向偏压复核截面承载力，本例题未进行纵向框架相应设计计算，仅按轴心受压构件验算横向框架柱的平面外承载力。

一层框架柱最大轴力设计值 $N_{max}=2757.3\text{kN}$，$l_0/b=4.8\text{m}/0.55\text{m}=8.73$，查表得 $\varphi=0.99$，则

$$
\begin{aligned}
0.9\varphi(f_cA+f_y'A_s') &= 0.9\times0.99\times(14.3\text{N/mm}^2\times550\text{mm}\times550\text{mm}\\
&\quad +360\text{N/mm}^2\times12\times201\text{mm}^2)\\
&=4627.9\text{kN}>N_{max}=2757.3\text{kN}
\end{aligned}
$$

满足承载力要求。

5）斜截面受剪承载力计算。B 轴柱：

$$
\text{一层最不利内力组合}\begin{cases}M=81.5\text{kN}\cdot\text{m}\\N=1998.8\text{kN}\\V=-32.2\text{kN}\end{cases}
$$

因为剪跨比 $\lambda=\dfrac{H_n}{2h_0}=\dfrac{4200\text{mm}}{2\times510\text{mm}}=4.11>3$，所以 $\lambda=3$。

又 $0.3f_cA=0.3\times14.3\text{N/mm}^2\times(550\text{mm})^2=1297.7\text{kN}<N$，所以 $N=1297.7\text{kN}$。

$$
\begin{aligned}
\frac{A_{sv}}{s}&=\frac{V-\dfrac{1.75}{\lambda+1}f_tbh_0-0.07N}{f_{yv}h_0}\\
&=\frac{32.2\times10^3\text{N}-\dfrac{1.75}{3+1}\times1.43\text{N/mm}^2\times550\text{mm}\times510\text{mm}-0.07\times1297.7\times10^3\text{N}}{270\text{N/mm}^2\times510\text{mm}}\\
&<0
\end{aligned}
$$

按构造配箍，取井字复式箍Φ8@200。

其余各柱斜截面受剪承载力计算见表3-18。

表3-18　框架柱斜截面受剪承载力的计算表

柱名	控制内力				斜截面抗剪承载力计算	
	V/kN	N/kN	H_n/mm	λ	$\frac{A_{sv}}{s}$	实际配箍情况
$A6A5$	44.6	342.1	3100	3	0	Φ8@200($n=4$)
$A4A3$	35.4	1014.8	3100	3	0	Φ8@200($n=4$)
$A1A0$	30.7	2026.1	4300	3	0	Φ8@200($n=4$)
$B6B5$	31.8	327.0	3100	3	0	Φ8@200($n=4$)
$B4B3$	33.7	999.9	3100	3	0	Φ8@200($n=4$)
$B1B0$	32.2	1998.8	4300	3	0	Φ8@200($n=4$)

综合以上计算结果，绘出横向框架的梁柱配筋图，如图3-39和图3-40所示。

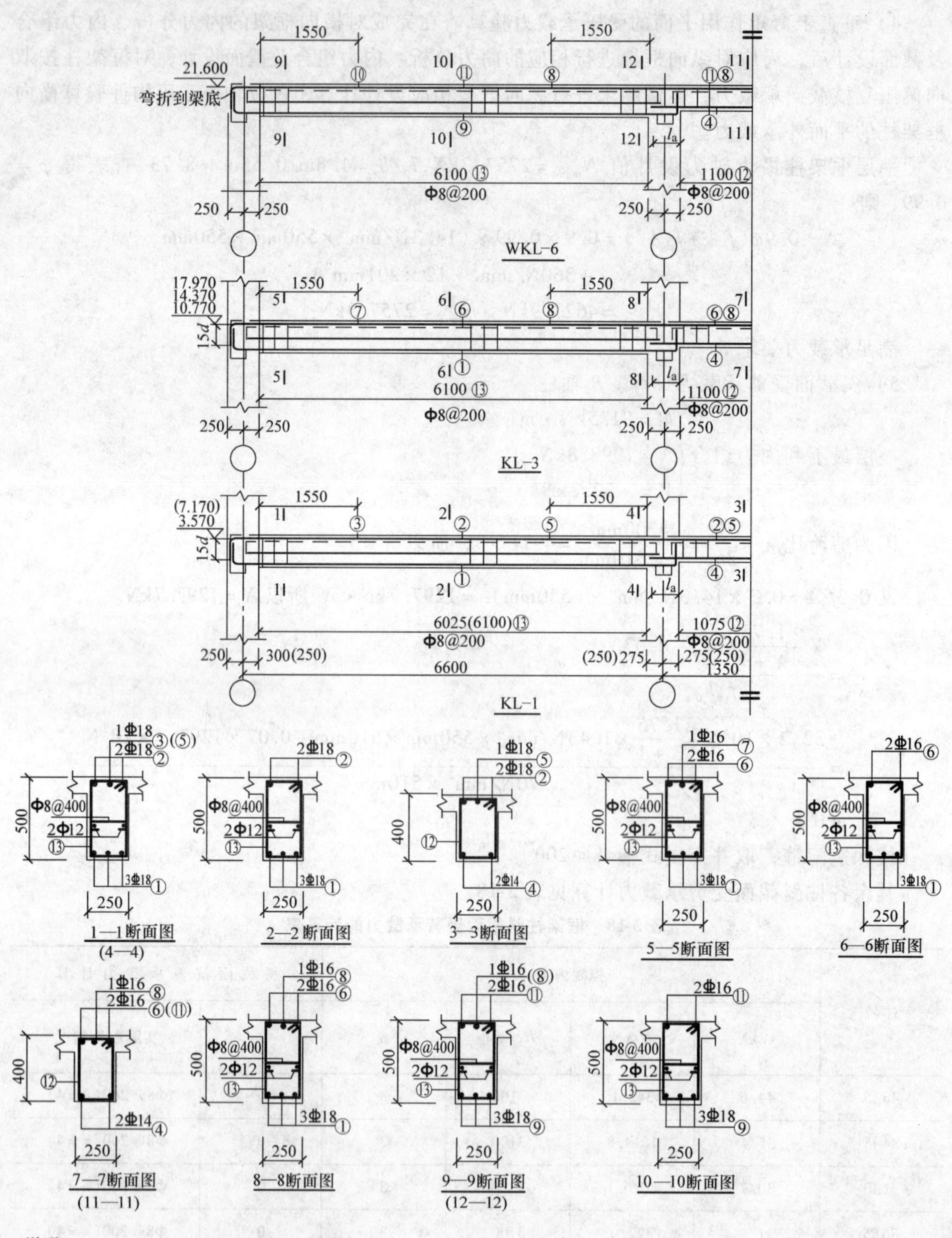

说明：

1. 材料：钢筋 HRB400（Φ），HPB300（Φ），混凝土强度等级为 C30。
2. 未注明的钢筋端部弯折长度均为 $15d$。
3. 梁侧面腰筋锚入柱内长度均为 $15d$。

图 3-39 框架梁配筋图

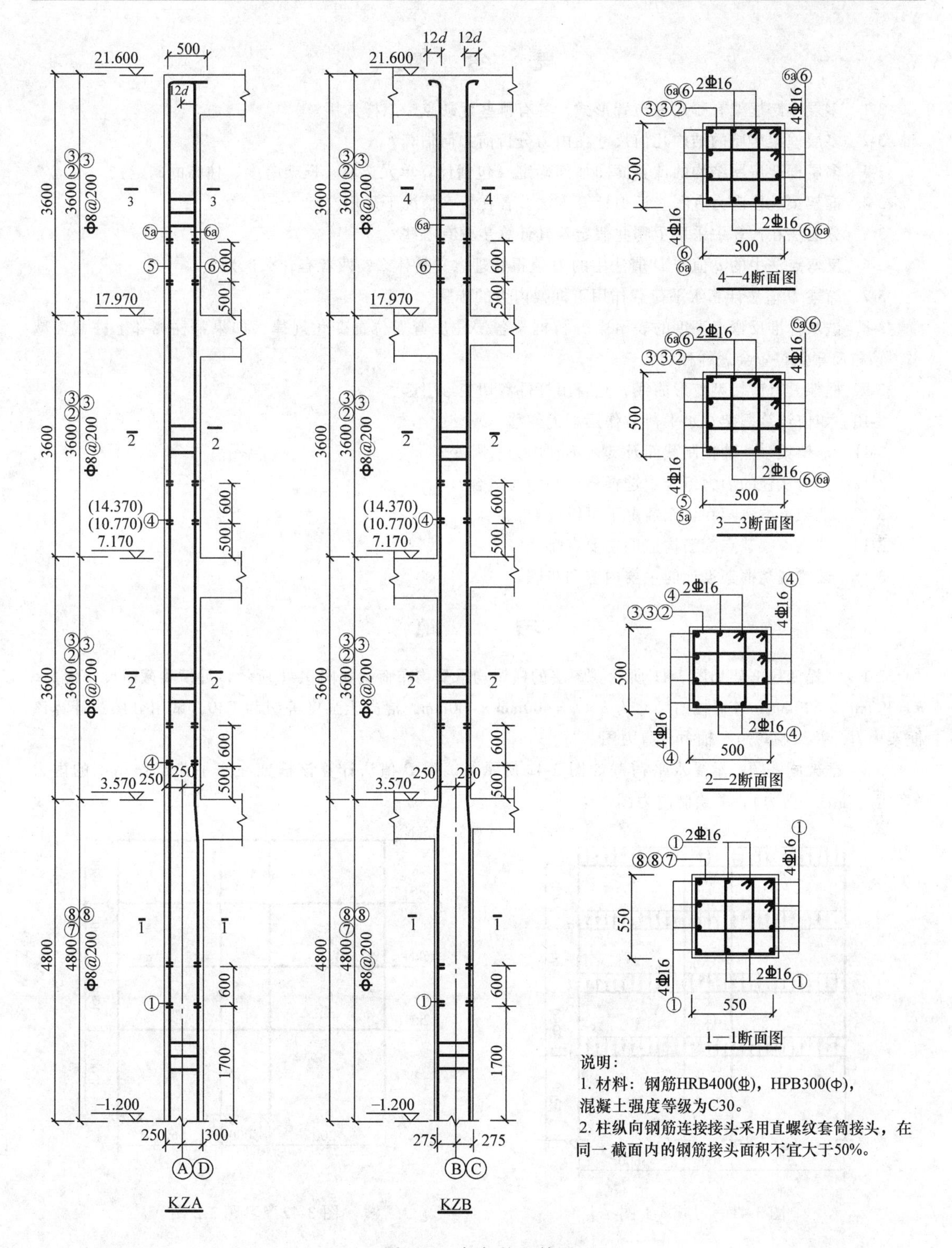

21.600
500
12d
3600
3600
Φ8@200
17.970
7.170
3.570
-1.200
4800
(14.370)
(10.770)
250
300
275
KZA
KZB
2Φ16
4Φ16
4—4断面图
3—3断面图
2—2断面图
1—1断面图
550
说明：
1. 材料：钢筋HRB400(Φ)，HPB300(φ)，混凝土强度等级为C30。
2. 柱纵向钢筋连接接头采用直螺纹套筒接头，在同一截面内的钢筋接头面积不宜大于50%。

图3-40　框架柱配筋图

思 考 题

3-1 多层多跨框架有哪几种布置形式，各有哪些优缺点，怎样选用？

3-2 多层框架房屋的结构几何尺寸在内力分析前如何估算？

3-3 多层框架房屋结构的计算简图如何确定（包括计算单元选取、框架跨度、柱高的确定）？

3-4 框架梁、柱内力有哪些近似计算方法？各在什么情况下采用？

3-5 分层法在计算中采用了哪些假定？其计算步骤有哪些？

3-6 反弯点法中的 d 值与 D 值法中的 D 值得物理意义是什么？两者有什么区别？

3-7 简述 D 值法计算水平荷载作用下框架内力的步骤。

3-8 试从标准反弯点高度的表格中分析框架各层柱反弯点位置变化规律？如果某柱相邻上柱截面减小，该柱反弯点位置会怎样移动？

3-9 框架具有剪切型变形曲线，是否由杆件剪切变形引起？

3-10 如何计算框架在水平荷载作用下的侧移？

3-11 框架梁、柱的控制截面及其最不利内力有哪些？

3-12 如何从柱的内力组合中选择最不利内力组合？

3-13 框架梁端弯矩在什么情况下可以调幅？

3-14 现浇框架节点配筋构造的主要有哪些？

3-15 试述现浇框架设计的主要内容和步骤。

习 题

3-1 一榀四层框架如图 3-41 所示。各层的横梁均承受均布荷载如图 3-41 所示，且横梁截面尺寸为 $b \times h = 300\text{mm} \times 600\text{mm}$；各层柱的尺寸为 $b \times h = 400\text{mm} \times 400\text{mm}$，混凝土强度等级为 C30，试用分层法计算该框架内力，并绘制弯矩、轴力、剪力图。

3-2 框架同上题，承受水平荷载如图 3-42 所示。试用 D 值法计算该框架在水平荷载作用下的内力（弯矩、轴力、剪力），并绘制内力图。

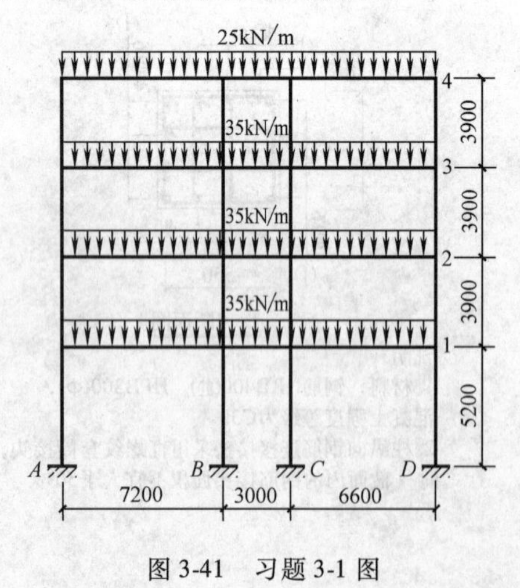

图 3-41 习题 3-1 图

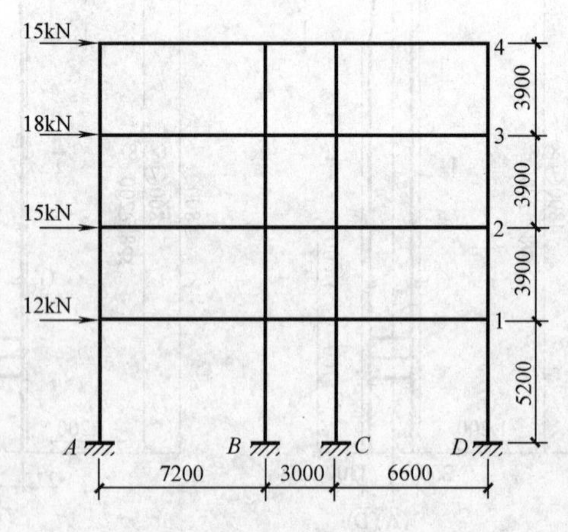

图 3-42 习题 3-2 图

4

第4章 高层建筑结构

4.1 概述

4.1.1 高层建筑的定义和发展概况

4.1.1.1 高层建筑的定义

高层建筑是相对而言的，在国际上至今尚无统一的划分标准，因为高层建筑设计标准较高，在不同国家、不同时期，其经济条件、建筑技术、电梯设备、消防装置等因素不同，其规定亦不相同。如，美国规定高度在24.6m以上，或7层以上的建筑物为高层建筑；英国规定24.3m以上的建筑物为高层建筑；法国规定居住建筑高度在50m以上，其他建筑高度28m以上的建筑为高层建筑；日本则规定8层以上或高度超过31m的建筑为高层建筑。

联合国教科文组织所属的世界高层建筑委员会建议，将高层建筑划分为以下四类：第一类：9~16层，高度不超过50m；第二类：17~25层，高度不超过75m；第三类：26~40层，高度不超过100m；第四类：40层以上，高度超过100m。

我国JGJ3—2010《高层建筑混凝土结构技术规程》（以下简称《高层规程》）规定，10层及10层以上或房屋高度大于28m的住宅建筑和房屋高度大于24m的其他高层民用建筑。

高层建筑的高度一般是指自室外地面至房屋主要屋面的高度，不包括突出屋面的电梯机房、水箱间、构架等部分的高度。

4.1.1.2 高层建筑的发展概况

高层建筑是社会文化、经济发展和科学技术进步的产物。

在人类几千年文明史中有很长一段时期，由于建筑材料和施工手段的局限，房屋较低矮。近100年来，由于建筑技术的发展，城市人口的集中，用地紧张，经济的发展，以及商业竞争的激烈化，促使建筑物逐渐向空中发展，特别是近20年来，高层建筑发展迅速，其数量之多、规模之大、技术之先进、造型之别致，令人叹为观止。

我国是高层建筑发展历史悠久的国家，最早的高层建筑是一些寺、塔。河南嵩岳寺塔建于公元524年，砖砌单筒结构，15层，高50m；河北定县料敌塔，建于公元1055年，砖砌双层筒体（即筒中筒、外筒壁厚3m）11层，高82m；堪称世界木结构奇迹的山西应县木塔建于公元1056年，9层，高67m。这些古代高塔在技术和艺术上均具有很高的水平且都经受了若干次大地震的考验。

我国近代高层建筑起步较晚，发展缓慢。从20世纪初到1949年，我国的高层建筑很少，且大都是外国人设计的。我国自己设计和建造的高层建筑始于20世纪50年代。50年代末60年代初，在北京建造了一些8~15层的高层建筑，推动了我国高层建筑的发展。70年代，我国高层建筑有了较大的发展，层数最多的是广州白云宾馆（钢筋混凝土剪力墙结构），33层，高112m。80年代，高层建筑已遍及各省市，比较有代表性的高层建筑有：中央彩色电视中心（钢筋混凝土筒中筒结构），24层，高112.7m，是当时中国抗震设防烈度8度区最高的建筑（按9度设防）；深圳贸易中心大厦（钢筋混凝土筒中筒结构），50层，高160m。90年代，外商投资增加较多，高层建筑发展较快，具有代表性的建筑有：广州广东国际大厦（钢筋混凝土筒中筒结构），63层，高200.18m；深圳贤成大厦（钢筋混凝土筒中筒结构），61层，高218m；深圳地王大厦（钢筋混凝土核心筒-外框钢结构），81层，高325m。1998年上海金贸大厦落成（钢筋混凝土核心筒-外框钢骨混凝土柱及钢柱混合结构），88层，高421m。2004年11月台北101大楼主体竣工（见图4-1b），101层，高508m，是目前中国第一、世界第二高楼。上海环球金融中心是位于中国上海陆家嘴的一栋摩天大楼，2008年8月竣工，是中国目前第二、世界第三高楼，也是世界最高的平顶式大楼，楼高492米，地上101层，是迄今我国大陆最高建筑（见图4-1c）。

在19世纪中期之前，欧洲和美国一般只能建造6层左右的建筑，其主要原因是缺少材料和可靠的垂直运输系统。19世纪末期由于生产力的发展和经济的繁荣，人口向城市集中，材料不断地更新，设备得到了完善，技术日益发展，使得高层建筑的兴建成为必要和可能。1885年美国建造了芝加哥的家庭保险公司大楼（Home Insurance Building，铸铁框架承重，外墙为砖墙自承重），11层，高55m，为世界第一幢近代高层建筑。到19世纪末，高层建筑已突破100m大关。1931年在美国纽约曼哈顿建造的102层、高381m的著名的帝国大厦（Empire State Building，钢结构）它保持世界最高建筑纪录达47年之久。从20世纪50年代开始，即二次世界大战以后，世界政治与经济格局基本稳定，建筑业有了较大的发展。特别是近一段时期，由于轻质高强材料的研制成功、抗侧力结构体系的发展、新的设计计算理论的创立，电子计算机在设计中的应用，以及新的施工技术和先进的建筑机械的不断涌现，使得高层、超高层建筑大量涌现。美国是世界上高层建筑最多的国家，世界前一百名高层建筑美国约占60%。目前美国最高的建筑是1974年美国在芝加哥建成的西尔斯大厦（Sears Tower，钢结构，成束筒），110层，高443m。芝加哥西尔斯大厦的高度居世界最高水平达20年，直到1998年被马来西亚吉隆坡石油大厦双塔楼（钢-混凝土组合筒结构）打破这一纪录，石油大厦88层，高452m。2010年1月哈利法塔又称迪拜塔或比斯迪拜塔竣工，该塔位于阿拉伯联合酋长国的迪拜，160层，高828米，目前是世界第一高楼。

近年来，高层建筑不但出现在北美、欧洲的一些发达国家，而且也出现在亚洲、拉美等地的发展中国家。尤其是近年来，在亚洲的高层建筑数目和高度都在不断地刷新目前世界上最高的10栋建筑见表4-1。随着世界经济发展、技术的进步高层建筑的绝对数量及在全部建筑中的比重，都将有很大的增长。

按高层建筑结构的组成材料，可分为钢结构、混凝土结构、钢-混凝土混合结构三种形式。钢结构具有自重轻、强度高、延性好、施工快等优点，但用钢量大、造价高、防火性能较差。混凝土结构具有造价低、耐火性好、结构刚度大等优点，但结构自重较大，结构地震作用效果增大，同时增加了在软土地基上设计基础的难度。钢-混凝土混合结构综合了两者的优点，克服了两者的缺点，是高层建筑中一种较好的结构形式。在世界范围内建成的高层建筑中钢结构、钢-混凝土混合结构的大厦占了相当大的比例，国内目前仍以混凝土结构高层建筑为主。

表4-1　世界上最高的10栋建筑

序号	名　称	城市	建成年	层数	高度/m	材料	用　途
1	哈利法塔	迪拜	2010	163	828	M	写字楼　酒店　住宅
2	101大楼	台北	2005	101	509	C	写字楼　酒店　商业
3	上海环球金融中心	上海	2008	101	492	M	写字楼　酒店　商业
4	环球贸易广场	香港	2010	118	484	M	写字楼　酒店
5	石油大厦	吉隆坡	1996	88	452	M	写字楼
6	紫峰大厦	南京	2010	89	450	M	写字楼　酒店　商业
7	西尔斯大厦	芝加哥	1974	110	442	S	写字楼
8	京基金融中心	深圳	2011	100	441.3	M	写字楼　酒店　商业
9	国际金融中心	广州	2010	103	441	M	写字楼　酒店
10	特朗普国际酒店大厦	芝加哥	2009	98	423	S	酒店　住宅

注："材料"栏中M为钢-混凝土混合结构；S为钢结构；C为混凝土结构。

图4-1　世界前四高层建筑

a）哈利法塔　b）台北101大楼　c）上海环球金融中心　d）香港环球贸易广场

4.1.2 高层建筑结构的受力特点

4.1.2.1 水平荷载影响大

如图4-2所示，如果将建筑物视为一根竖立的悬臂梁，则其底部轴向压力将与房屋高度成正比，由水平力产生的底部弯矩将与房屋高度的二次方成正比，由水平力产生的顶点水平位移将与房屋高度四次方成正比。由此可见，随着房屋高度增加，由水平力产生的内力在总内力中所占的比例迅速增大。因此，结构的抗侧力问题愈加突出。

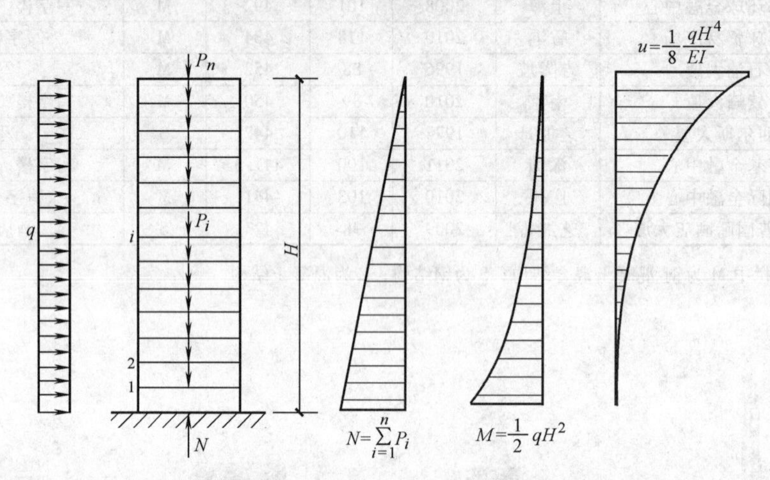

图4-2 高层房屋受力简图

4.1.2.2 整体工作特性

高层建筑是一个复杂的空间结构，对这样的高次超静定结构，要精确地按三维空间结构进行内力与位移分析是十分困难的，因而在实用上都对结构进行不同程度的简化。在低层结构的设计中，常采用将整个结构划分为若干平面结构。按间距分配荷载，然后，逐片按平面结构进行力学分析和设计。然而，高层建筑在水平荷载作用下，由于各抗侧力结构的刚度、形式不同，变形特征亦不同，故不能简单地按受荷面积分配，否则会使抗侧刚度大的结构分配到的水平力过小，偏于不安全。

高层建筑的楼板在自身平面内的刚度很大，几乎不产生变形，故在高层建筑中，一般都假定楼板在自身平面内只有刚体位移，不改变形状，并不考虑平面外的刚度。因而，在高层建筑中的任意楼层高度处，各抗侧结构都要受到楼板刚度的制约，即所谓的位移协调。此时，对于抗侧刚度大的竖向平面结构，必然要分担较多的水平力。因此，用简化方法进行内力和位移计算时，应采用其抗侧力刚度分配水平力；用计算机进行计算时，应采用整体协同工作分析或将整个结构作为三维空间体系的分析方法。

4.1.2.3 构件需考虑多种变形的影响

结构构件在外力作用下产生的变形，包括弯曲变形、轴向变形和剪切变形三部分。通常在多层结构的分析中，可只考虑弯曲项，轴向和剪切项的影响很小，一般可不考虑，而高层建筑由于层数多，轴力大，再加上沿高度积累的轴向变形显著，轴向变形会对高层结构的内力产生很大影响。此外，高层结构中的柱和剪力墙的截面也往往很大，此时，剪切变形的影响不可忽略。

4.1.3　高层建筑水平位移的限制和舒适度的要求

4.1.3.1　高层房屋水平位移的限制

在正常使用条件下，高层房屋结构应处于弹性状态，并且具有足够的刚度，避免产生过大的位移而影响结构的承载力、稳定性和使用要求。若结构侧向位移过大，会使主体结构开裂，甚至破坏；使填充墙、建筑装修出现裂缝或损坏，电梯轨道也会产生变形，因此，高层房屋按弹性方法计算的楼层层间最大位移与层高之比 $\Delta u/h$ 宜符合以下规定：

1）高度不大于150m的高层建筑，其楼层层间最大位移与层高之比 $\Delta u/h$ 不宜大于表4-2的限值。

表4-2　楼层层间最大位移与层高之比 $\Delta u/h$ 的限值

结构类型	$[\Delta u/h]$	结构类型	$[\Delta u/h]$
框架	1/550	筒中筒、剪力墙	1/1000
框架-剪力墙、框架-核心筒 板柱-剪力墙	1/800	除框架外的转换层	1/1000

注：楼层层间最大位移 Δu 以楼层最大的水平位移差计算，不扣除整体弯曲变形。

2）高度等于或大于250m的高层建筑，其楼层层间最大位移与层高之比 $\Delta u/h$ 不宜大于1/500。

3）高度在150～250m之间的高层建筑，其楼层层间最大位移与层高之比 $\Delta u/h$ 的限制按1）、2）的限制线性插入取用。

为了减小侧移，应采用有效的结构体系和合理的构件形式，以增强结构的侧向刚度。抗风荷载的高层房屋常设计成棱柱体体型，若将房屋的外柱略为侧斜设置，使房屋成为截锥体（见图4-3），可以增加房屋的侧向刚度，减小侧移量。圆柱体或椭圆柱体的房屋外形，对减小房屋的侧移也是有利的，这是因为这种体型所受的风荷载比矩形平面棱柱体外形的房屋可减小20%～40%。当然接近圆柱体型的八边形棱柱体型也是一种有效的结构体型。

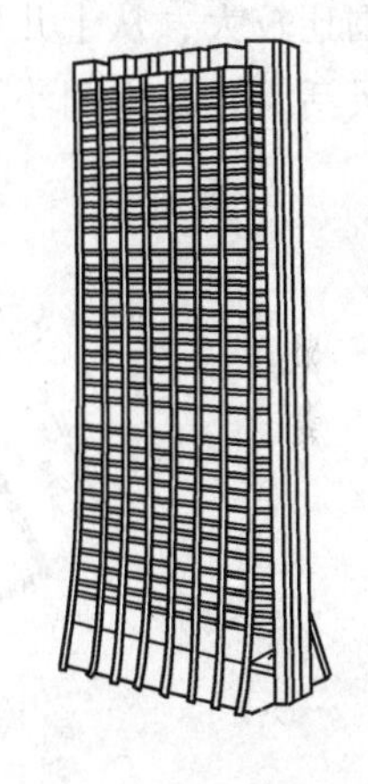
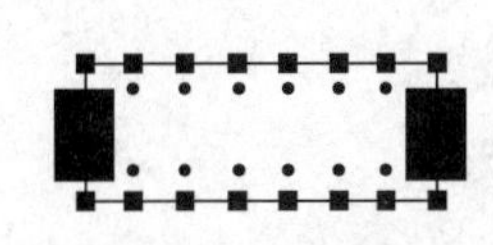
图4-3　“截锥体”型房屋

4.1.3.2　高层建筑舒适度的要求

对于高度超过150m的高层建筑结构应具有较好的使用条件，满足舒适度要求，应控制按《建筑结构荷载规范》规定的10年一遇的风荷载取值计算的顺风向与横风向结构顶点最大加速度 a_{max} 不超过以下限值：①住宅、公寓，不超过0.15m/s^2。②办公楼、旅馆，不超过0.25 m/s^2。

必要时，可通过专门风洞试验计算确定顺风向与横风向结构顶点最大加速度 a_{max} 不超过上述规定。

4.1.4　高层建筑结构中竖向结构体系

4.1.4.1　竖向结构体系的类型

1. 框架结构体系

框架结构是由梁（横向和纵向）和立柱构成的结构体系。高层建筑采用框架结构体系时，框架梁应纵横向布置，形成双向抗侧力结构，使之具有较强的空间整体性，以承受任意方向的侧向作用力。与其他高层建筑结构体系相比，框架结构具有建筑平面布置灵活、造型活泼等优点，可以形成较大的使用空间，易于满足多功能的使用要求。在结构受力性能方面，框架结构属于柔性结构，总体水平位移曲线为剪切型。框架结构自振周期较长，地震反应较小，经过合理的结构设计，可以具有较好的延性性能。其缺点是结构抗侧力刚度较小，在地震作用下侧向位移较大、容易使填充墙产生裂缝，并引起建筑装修、玻璃幕墙等非结构构件的损坏。地震作用下的大变形还将在框架柱内引起 $p\text{-}\Delta$ 效应，严重时会引起整个结构的倒塌。同时，当建筑层数较多或荷载较大时，要求框架柱截面尺寸较大，既减少了建筑使用面积，又会给室内办公用品或家具的布置带来不便。因此，框架结构体系一般用于非地震区，或层数较少的高层建筑。一般认为在非抗震设防区，框架不宜超过70m。

2. 剪力墙结构体系

剪力墙是利用建筑外墙和内墙位置布置的钢筋混凝土结构墙，因其具有较强的抗侧力（水平剪力）能力，故称之为剪力墙。由剪力墙构成的结构体系称之为剪力墙结构体系。在剪力墙结构体系房屋中，剪力墙一般沿建筑物纵、横向正交布置或沿多轴线斜交布置，它与水平向布置的楼盖结构组成一个空间盒子结构。剪力墙结构属于刚性结构，其水平位移曲线为弯曲型。因而具有刚度大、整体性强、侧向位移小、抗震性能好等优点，剪力墙结构适用范围比较大，从十几层到三十层都很常见，在四五十层及更高建筑中也很适用。但平面布置不灵活，建筑空间小，适用于层数较多的住宅和旅馆等建筑（见图4-4）。

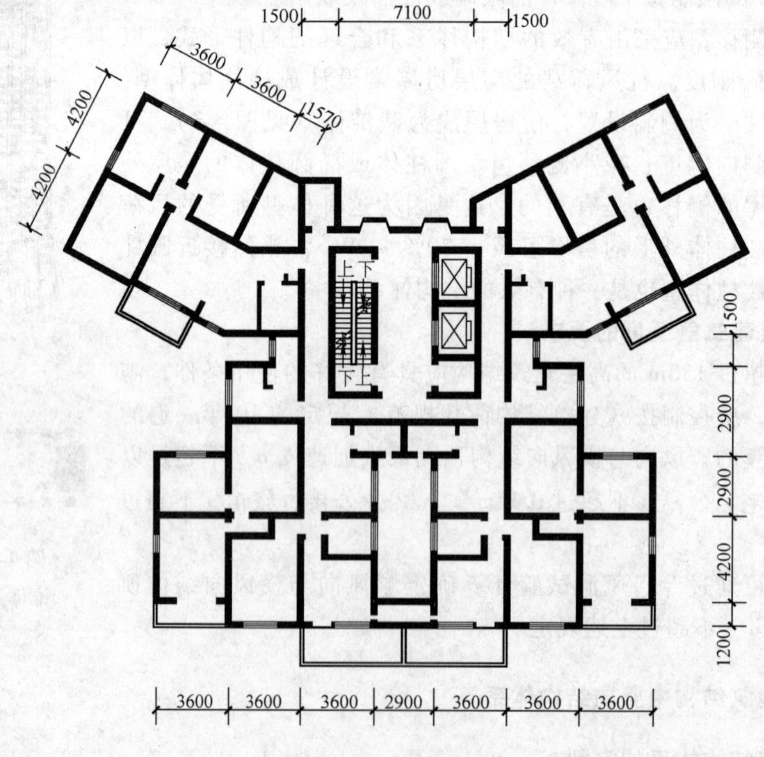

图4-4 上海才茂公寓平面图

当建筑物底层需要设置大房间时，可在底层做成框架，称之为“框支剪力墙”，如图4-5所示。

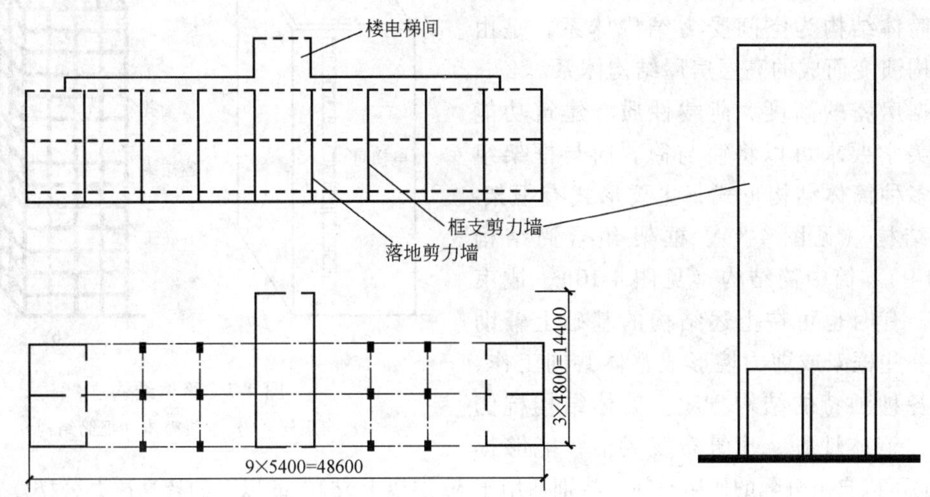

图4-5 大连友谊商场结构平面图

3. 框架-剪力墙结构体系

在框架结构平面中的适当部位布置一定数量的剪力墙，即形成框架-剪力墙体系。框架-剪力墙结构刚度介于框架结构和剪力墙结构之间，属于中等刚性结构，水平位移曲线为弯剪型。框架-剪力墙体系中，框架主要承受竖向荷载，剪力墙主要承受水平荷载。它既保留了框架结构布置灵活、使用方便的优点，又保留了剪力墙结构抗侧刚度大的优点，同时还可充分发挥材料的强度作用，具有较好的技术经济指标，因而被广泛用于高层办公楼建筑和旅馆当中，从我国工程实践来看，一般可建40层以下的建筑（见图4-6）。

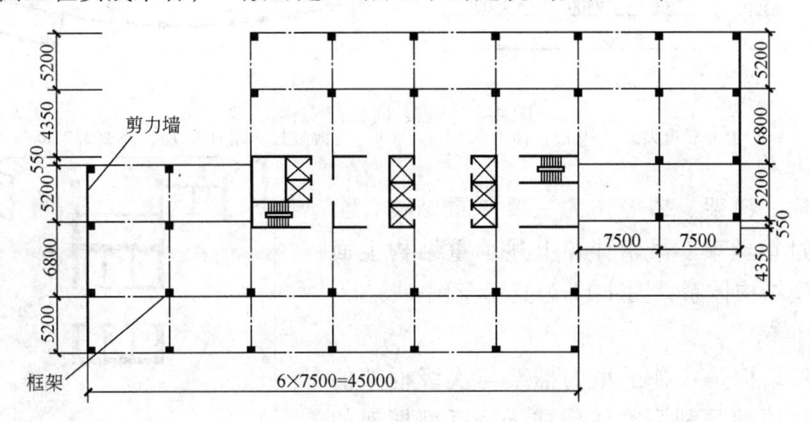

图4-6 上海宾馆平面图（26层，高91.5m）

4. 筒体结构体系

将剪力墙集中到房屋的内部或外部形成封闭的筒体，以此筒体来承受房屋大部分或全部竖向荷载和水平荷载的结构体系称为筒体结构。筒体有两种结构形式：一为实腹筒体，由电梯间与设备管道井等的钢筋混凝土墙所组成，似一竖向放置的薄壁悬臂梁（见图4-7a）；另一种为空腹筒体，由布置在房屋四周的密集立柱和高跨比较大的窗裙梁所组成的多孔体

(见图4-7b)，从形式上看，犹如由四榀平面框架在房屋的四角组合而成，故也称为框筒结构。筒体结构为空间受力结构体系，是由平面结构演变而成的高层房屋结构体系。

根据房屋的高度、荷载性质、建筑功能及建筑美学要求可以将筒与筒、筒与框架组合形成多种筒体结构形式，主要形式有框架-核心筒结构（见图4-8）、框架-组合筒结构（见图4-9）、筒中筒结构（见图4-10）、成束筒结构，有时也可在上述结构的基础上辅助地布置一些框架或剪力墙形成整体共同工作，并形成各种独特的结构方案。筒体结构抗侧刚度大，整体性好、建筑布置灵活，能够提供很大的可以自由分隔的使用空间，特别适用于30层以上或100m以上的超高层办公楼建筑。

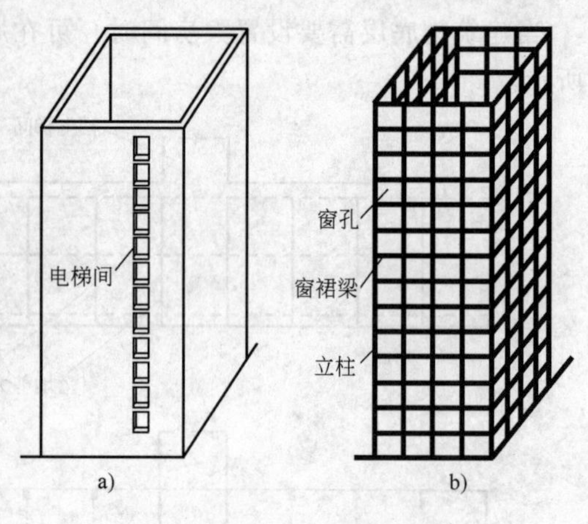

图4-7 筒体结构
a) 实腹筒 b) 空腹筒体（框筒结构）

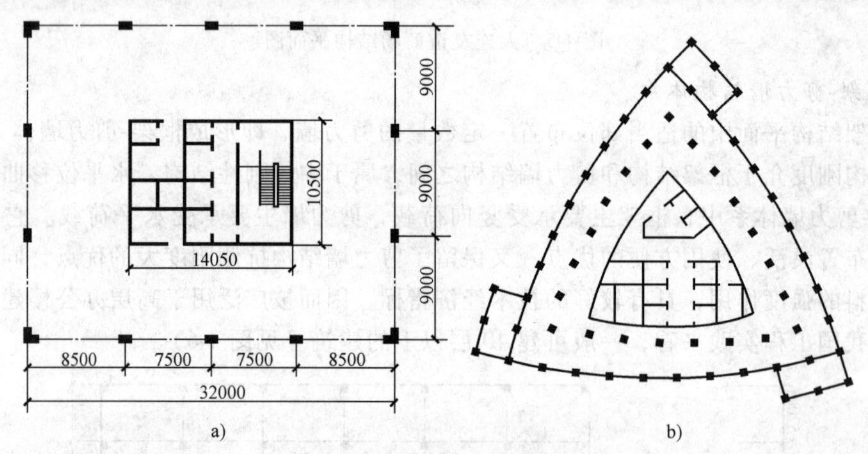

图4-8 框架-核心筒实例
a) 上海联谊大厦（29层，高108.65m） b) 上海虹桥宾馆（35层，高103.7m）

5. 悬挂结构

以核心筒、桁架、拱等作为主要承重结构，全部楼面均通过钢丝束、吊索挂在上述承重结构上面形成一种新型结构体系，图4-11为其示意图。

6. 巨型框架

巨型框架结构是一种巨型的框架与次级框架的组合体。巨型框架是利用筒体作柱子，巨型框架的梁每隔几个楼层或十几个楼层设一道，截面高度一般为一个楼层或几个楼层高，形成巨型梁。在巨型框架内套有次级框架，次级框架是由普通尺寸的梁、柱构成普通层高的框架，次级框架不抵抗侧向力，只承受竖向荷载并将它传给巨形框架梁。图4-12为巨型框架结构示意图。

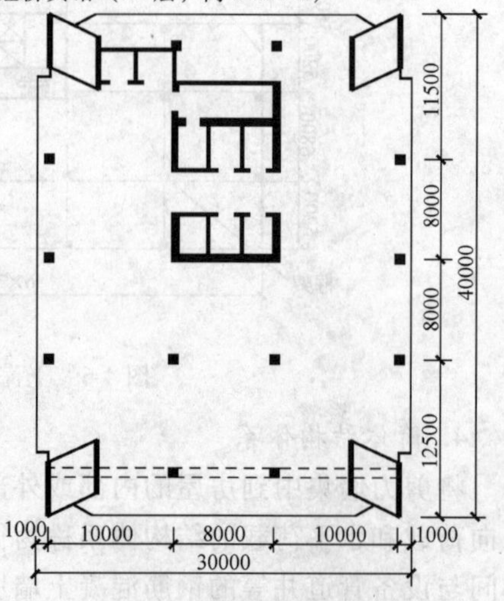

图4-9 框架-组合筒实例
深圳市中国银行大厦（38层，136.1m）

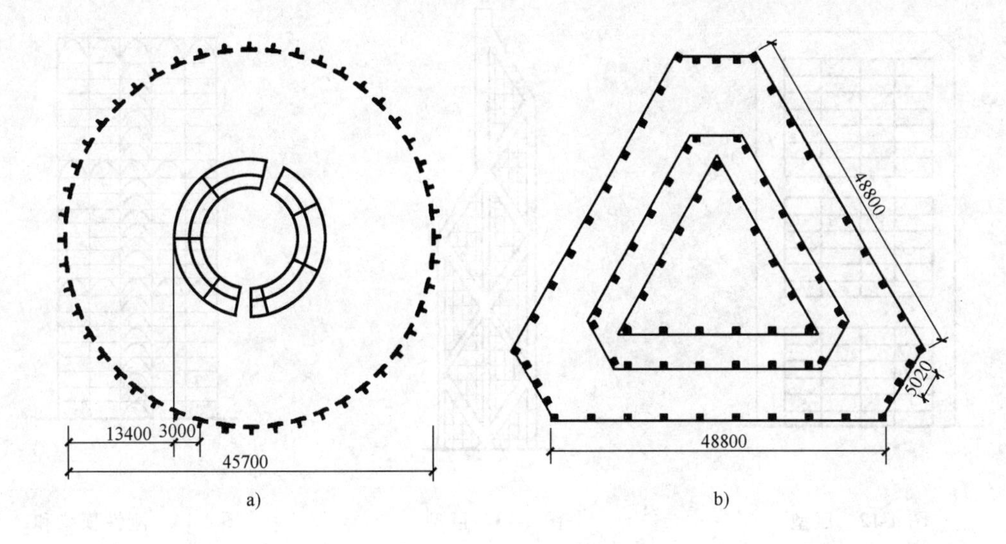

图 4-10　筒中筒结构实例

a）香港合和中心（64层，高215m）　b）东京新宿住友大厦（52层，高200m）

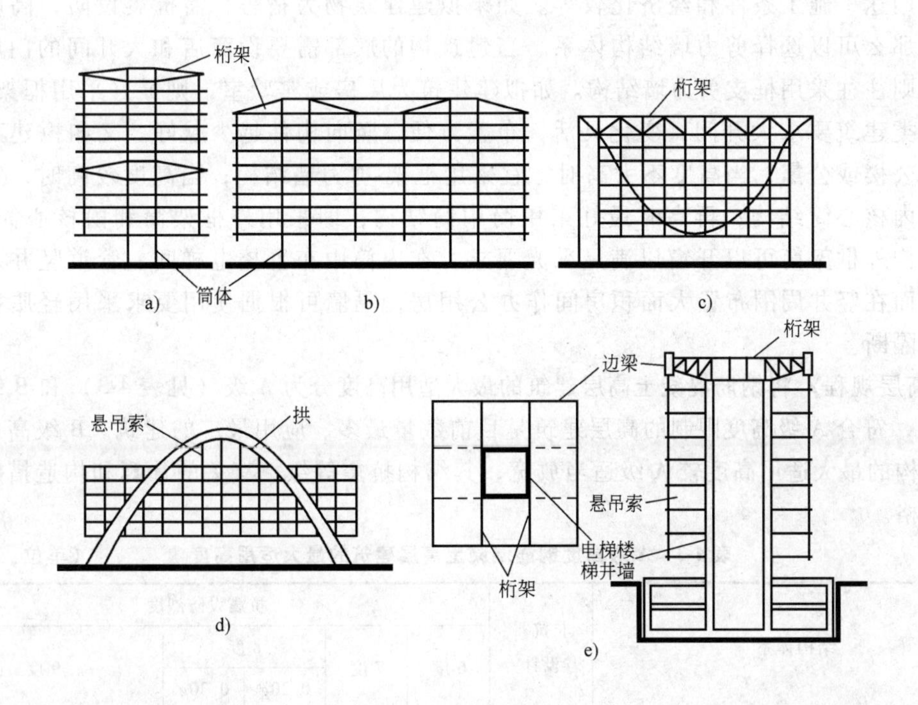

图 4-11　悬挂结构

除以上高层建筑结构形式之外，还有巨型桁架结构（如香港中银大厦，见图 4-13）、刚性横梁和刚性桁架结构高层建筑形式（见图 4-14）。

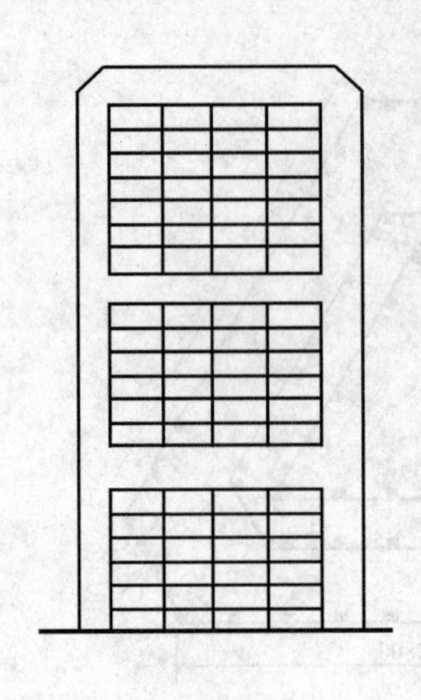

图 4-12 巨型框架结构

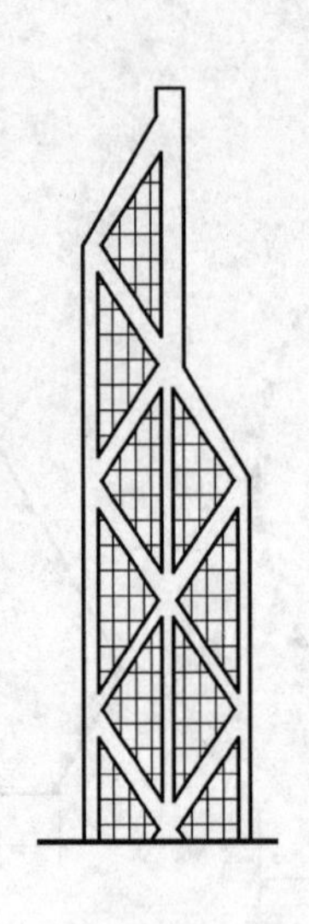

图 4-13 巨型桁架结构

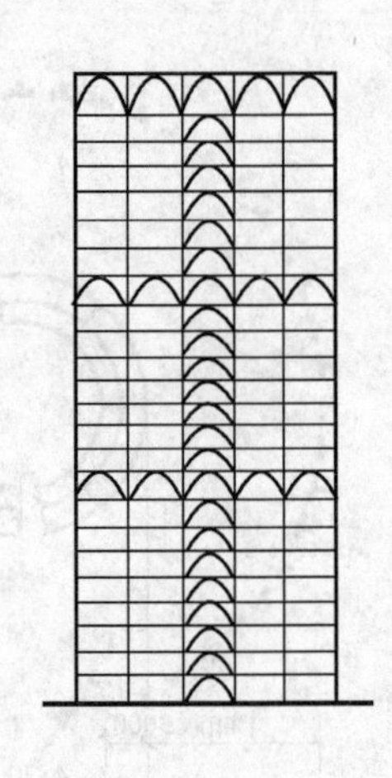

图 4-14 刚性横梁和刚性桁架结构

4.1.4.2 竖向结构体系的选择

高层建筑结构究竟采用哪种结构体系，需经过方案比较确定，这主要看拟建建筑物的高度、用途、施工条件和经济比较等。如果拟建建筑物为宿舍，需抗震设防，高度又比较高，那么可以选择剪力墙结构体系。当建筑物的底部需要设商店和大开间的门厅、餐厅时，则往往采用框支剪力墙结构。如拟建建筑为厂房或实验室，则最好采用框架结构，因为这类建筑要求大开间，变化灵活，布置方便，竖向构件越少越好。又如拟建建筑为高层办公楼或公寓，当高度不太高时，宜采用框架-剪力墙结构；当高度较高时，宜采用外框架内核心筒结构；再高时最好采用筒中筒结构，即采用外框架筒和内核心筒结构，此类结构外框架筒可以开窗以满足采光要求，在内筒中布置楼电梯间、管道竖井及生活间等，而在竖井周围布置大面积房间作办公用房，隔墙可根据使用要求采用轻质板材或采用半隔断。

《高层规程》将钢筋混凝土高层建筑的最大适用高度分为A级（见表4-3）和B级（见表4-4），符合A级高度限制的高层建筑是目前数量最多、应用最广的建筑。B级高度高层建筑结构的最大适用高度较A级适当放宽，其结构抗震等级、有关的计算和构造措施相应更加严格。

表4-3 A级高度钢筋混凝土高层建筑的最大适用高度 （单位：m）

结构体系		非抗震设计	抗震设防烈度				
			6度	7度	8度		9度
					0.20g	0.30g	
框架		70	60	50	40	35	—
框架-剪力墙		150	130	120	100	80	50
剪力墙	全部落地剪力墙	150	140	120	100	80	60
	部分框支剪力墙	130	120	100	80	50	不应采用

（续）

结构体系		非抗震设计	抗震设防烈度				
			6度	7度	8度		9度
					0.20g	0.30g	
筒体	框架-核心筒	160	150	130	100	90	70
	筒中筒	200	180	150	120	100	80
板柱-剪力墙		110	80	70	55	40	不应采用

注：1. 表中框架不含异形柱框架。

2. 部分框支剪力墙结构指地面以上有部分框支剪力墙的剪力墙结构。

3. 甲类建筑，6、7、8度时宜按本地区抗震设防烈度提高一度后符合本表的要求，9度时应专门研究。

4. 框架结构、板柱-剪力墙结构以及9度抗震设防的表列其他结构，当房屋高度超过本表数值时，结构设计应有可靠依据，并采取有效的加强措施。

表4-4　B级高度钢筋混凝土高层建筑的最大适用高度　（单位：m）

结构体系		非抗震设计	抗震设防烈度			
			6度	7度	8度	
					0.20g	0.30g
框架-剪力墙		170	160	140	120	100
剪力墙	全部落地剪力墙	180	170	150	130	110
	部分框支剪力墙	150	140	120	100	80
筒体	框架-核心筒	220	210	180	140	120
	筒中筒	300	280	230	170	150

注：1. 甲类建筑，6、7度时宜按本地区抗震设防烈度提高一度后符合本表的要求，8度时应专门研究。

2. 当房屋高度超过本表数值时，结构设计应有可靠依据，并采取有效的加强措施。

4.2 剪力墙及剪力墙结构的设计

4.2.1 剪力墙结构组成与结构布置

4.2.1.1 剪力墙结构组成

剪力墙结构可看成是顶端自由，下端固接于基础顶面的薄壁柱。剪力墙的高度一般与整个房屋高度相同，自基础直至屋顶，高达几十米或几百米；其水平方向长度则视建筑平面布置而定，一般为几十米至几百米；厚度则很薄，一般仅为200~300mm。因此，剪力墙在其墙身平面内刚度很大，而其平面外的刚度却很小。剪力墙一般沿纵、横向布置，连成整体，使剪力墙形成工字形、T形、[形、Z字形的截面形式。在楼（屋）盖处，楼（屋）盖对剪力墙提供一定的支撑约束作用。在剪力墙的立面常因开门、开窗或穿行管线而开设洞口。

4.2.1.2 剪力墙结构布置

1）剪力墙应双向或多向布置，宜拉通对直，避免结构某一方向刚度很大而另一方向刚度较小。剪力墙宜沿建筑全高设置，避免沿高度方向刚度突变。

2）剪力墙长度过大，每个独立墙段的总高度与其截面高度之比过小，会导致结构刚度增大，结构自振周期过短，地震力加大，发生脆性剪切破坏，变形能力降低。因此，墙肢截面高度不宜大于8m，独立墙段的总高度与其截面高度之比不宜小于3。较长的剪力墙可设置结构竖缝或开设洞口，将其分成长度较均匀的若干墙段。开设洞口时，墙段之间宜用跨高比小于5的弱连梁连接。

3）为使剪力墙传力直接，剪力墙的门窗洞口宜上下对齐、成列布置，形成明显的墙肢（竖向构件）和连梁（水平构件），不宜采用错洞墙。

4）截面厚度不大于300mm、各肢截面高度与厚度之比的最大值大于4但不大于8的剪力墙为短肢剪力墙，由于短肢剪力墙抗震性较差，不应采用全部为短肢剪力墙结构。

5）底部大空间框支剪力墙结构应设落地剪力墙或筒体，在平面为长矩形的建筑中，落地横向剪力墙的数目与全部横向剪力墙数目之比，非抗震设计时不宜少于30%，抗震设防不宜少于50%。底部落地剪力墙和筒体应加厚，并可提高混凝土强度等级以补偿底部的刚度。落地剪力墙和筒体的洞口宜布置在墙体的中部。落地剪力墙的间距 l_w 宜符合以下规定：非抗震设计：$l_w \leqslant 3B$，$l_w \leqslant 36\text{m}$。抗震设计：1~2层框支层时，$l_w \leqslant 2B$，$l_w \leqslant 24\text{m}$；3层及3层以上框支层时，$l_w \leqslant 1.5B$，$l_w \leqslant 20\text{m}$，其中，B 为落地剪力墙之间楼盖的平均宽度。

6）框支剪力墙结构框支梁上的一层墙体不宜设边门洞，不得在中柱上方设门洞。

7）框支剪力墙结构框支柱与相邻落地剪力墙的距离，1~2层框支层时不宜大于12m，3层及3层以上框支层时不宜大于10m。

4.2.2 联肢剪力墙的受力特点

联肢剪力墙为在墙立面开设成列较大洞口的剪力墙，洞口间由刚度较弱的连梁相连。开设单列洞口时，为双肢剪力墙；多列洞口时，为多肢剪力墙。

联肢剪力墙为工程中较常见，而且变形和受力很有特点的一种剪力墙，为说明单榀剪力墙的受力特点，现以双肢剪力墙来说明，以建立物理概念。

4.2.2.1 墙肢的受力特点

如图4-15a所示双肢剪力墙，在水平荷载作用下，由于两侧墙肢的弯、剪变形，连梁两端各有一转角，而且产生竖向位移差 δ_3（见图4-15b），因而在连梁左、右两部分引起相反的弯曲，故在连梁中存在一反弯点，在该点连梁弯矩为零，只有剪力和轴力。若在反弯点处将连梁切开（见图4-15c），梁内的剪力 V_{bi} 和轴力 N_{bi} 如图4-15c所示。

连梁轴力的大小取决于两墙肢的刚度比，各墙肢负担外荷载的大小可按刚度比分配。如两墙肢刚度相等，两墙肢平均负担外荷载，则连梁的轴力和为外荷载的1/2。结构楼层数越多，每层连梁分担的轴力就越小。

为求连梁竖向剪力 V_{bi}，在每一连梁切开处建立一内、外力共同作用下的竖向变形协调方程，有 n 个（n 为楼层数）变形协调方程解得 n 个未知连梁剪力。将连梁剪力移至墙肢几何重心轴（见图4-15d，为左墙肢），即可求出单个墙肢在水平外荷、轴力 V_{bi} 和力矩 $V_{bi}a_1$ 共同作用下的弯、剪、轴力图（见图4-15e）。

任意截面 z 处墙肢轴力 N（见图4-15f）为

$$N = \sum_{i}^{n} V_{bi}$$

式中 V_{bi}——z 截面以上 i 层连梁的跨中竖向剪力；

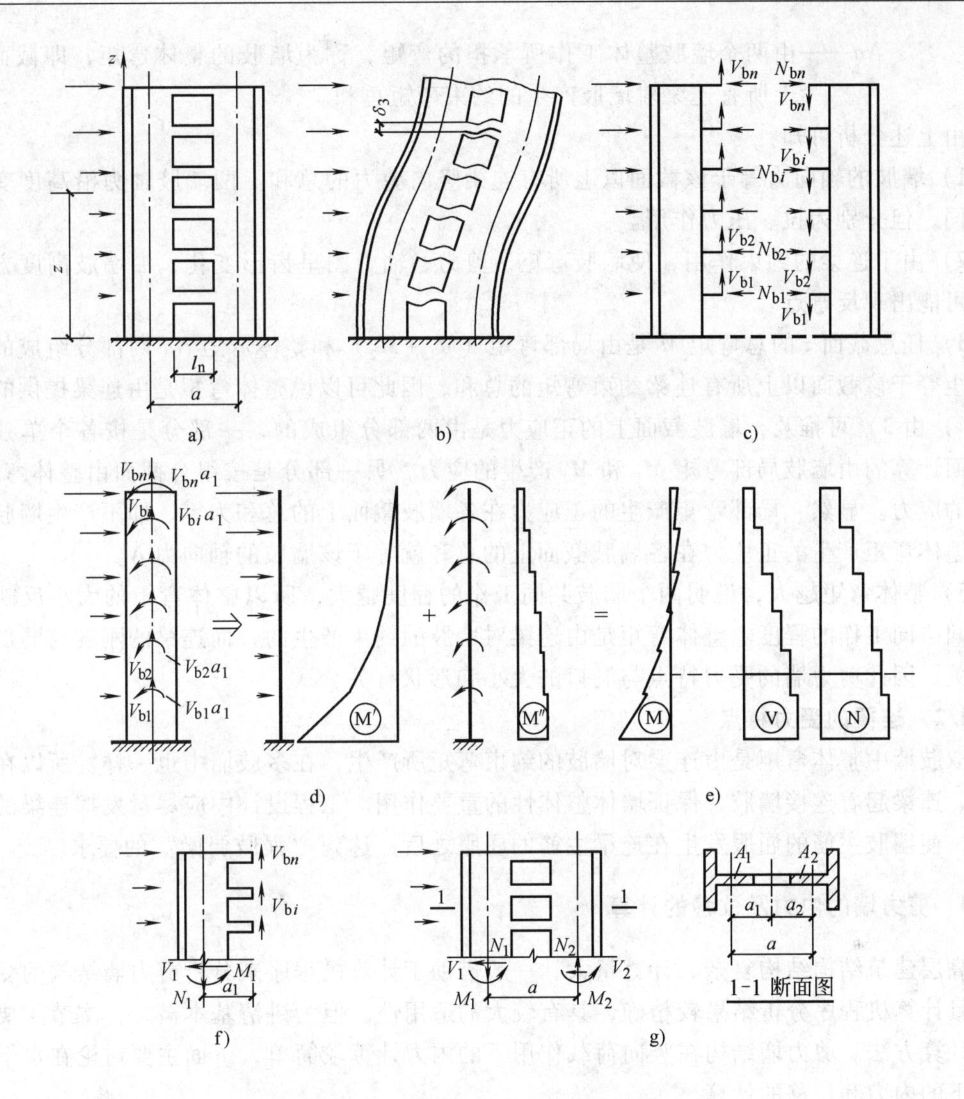

图 4-15 双肢剪力墙受力分析图形

n——z 截面以上连梁的数目。

第 i 层连梁对墙肢产生约束弯矩 m_i 分别为

$$m_i = V_{bi}a_j \quad (j = 1,2)$$

式中 a_j——第 j 墙肢截面形心到组合截面形心轴的距离。

第 i 层连梁对两个墙肢产生的约束弯矩和为 $(a_1 + a_2)V_{bi}$，任一截面 z 以上所有连梁对墙肢产生的约束弯矩总和为

$$(a_1 + a_2)\sum_i^n V_{bi} = aN$$

式中 a——为两墙肢形心线间的距离。

如图 4-15g 所示，任意组合截面 z 处的总弯矩为 M_z

$$M_z = (M_1 + M_2) + Na$$

式中 M_1、M_2——墙肢 1、2 单独承担的弯矩，称为墙肢的局部弯矩；

Na——由两个墙肢整体工作所承担的弯矩，称为墙肢的整体弯矩，即截面 z 以上所有连梁对墙肢产生的约束弯矩总和。

由上述分析可知：

1）墙肢的轴向力等于该截面以上所有连梁竖向剪力的总和。两墙肢轴力沿高度变化规律相同，但分别为拉、压力作用。

2）由于连梁的约束作用，使墙肢弯矩、剪力、轴力图呈齿形变化，沿墙肢高度方向某楼层可能出现反弯点。

3）任意截面 z 的总弯矩 M 是由局部弯矩（M_1+M_2）和整体弯矩 Na 两部分组成的。整体弯矩等于该截面以上所有连梁约束弯矩的总和，因此可以说整体弯矩是由连梁提供的。

4）由3）可推及，墙肢截面上的正应力是由两部分组成的，一部分是按各个单独的墙肢截面计算的由墙肢局部弯矩 M_1 和 M_2 产生的应力，另一部分是按组合截面由整体弯矩 Na 产生的应力。显然，局部弯矩产生的正应力在各墙肢截面上的总和为零，即不产生墙肢轴向力；整体弯矩产生的正应力在各墙肢截面上的总和就等于该墙肢的轴向力 N。

5）整体弯矩越大，说明两个墙肢共同工作的程度越大，所以整体弯矩的大小反映了墙肢之间协同工作的程度。整体弯矩是由连梁对墙肢的约束产生的，而连梁的刚度与洞口的大小有关，因此剪力墙的受力特点与洞口的大小和形状有关。

4.2.2.2 连梁的受力特点

双肢墙中整体弯矩是由连梁对墙肢的约束弯矩所产生，在多肢墙中也一样。所以在剪力墙中、连梁起着连接墙肢、保证墙体整体性的重要作用。工程设计中应尽量发挥连梁的延性作用，使墙肢主筋的屈服发生在连梁主筋的屈服之后，达到“强肢弱梁”的要求。

4.2.3 剪力墙的内力及位移的计算

高层建筑结构结构复杂、计算量大，一般借助于计算机程序来分析剪力墙结构的受力性能，且计算机程序分析结果较精确，具有较大的适用性。但为讲清基本概念，本节主要讲述手算计算方法。剪力墙结构在竖向荷载作用下的内力计算较简单，下面主要讨论在水平荷载作用下的内力和位移的计算。

4.2.3.1 基本假定

剪力墙结构是一个空间受力体系。要对这种结构体系作精确分析，十分繁冗复杂。为使计算简化，剪力墙在水平荷载作用下的内力和位移计算，通常采用下列两项基本假定：

1）楼板在其自身平面内刚度很大，可视为刚度无穷大的刚性楼板；而在平面外，则由于刚度很小，可忽略不计。这样在不考虑扭转的情况下，刚性楼板将各榀剪力墙连成一体，在楼板平面内没有相对变形，在剪力墙结构受水平荷载后，楼板在其平面内作刚体运动，并把水平作用的外荷载向各榀剪力墙分配。

2）各榀剪力墙在其自身平面内的刚度很大，而相对来说，在其平面外的刚度很小，可忽略不计。采用这项假定，剪力墙结构在水平荷载作用下，各榀剪力墙只承受在其自身平面内的水平（剪）力，而承受垂直于自身平面方向上的水平（剪）力是很小的，可忽略不计。这样，可以把布置在不同方向上的剪力墙分开，作为平面结构处理。实际上，在侧向水平荷载作用下，纵、横墙是共同工作、相互影响的，因此，可将纵墙的一部分作为横墙的有效翼缘，横墙的一部分也可以作为纵墙的有效翼缘，每一侧有效翼缘宽度 b_f 可按表4-5所列各项中最小值取用。

表 4-5 剪力墙有效翼缘宽度 b_f

项次	所考虑的情况	T形和工形截面的有效翼缘宽度	L形截面的有效翼缘宽度
1	按剪力墙间距 s_0 考虑	$(b+s_{01}/2+s_{02}/2)$	$(b+s_{03}/2)$
2	按翼缘厚度 h_f 考虑	$b+12h_f$	$b+6h_f$
3	按门窗洞净距 b_0 考虑	b_{01}	b_{02}
4	按剪力墙总高度 H 考虑	$b+H/10$	$b+H/20$

注：表中所列尺寸如图 4-16 所示。

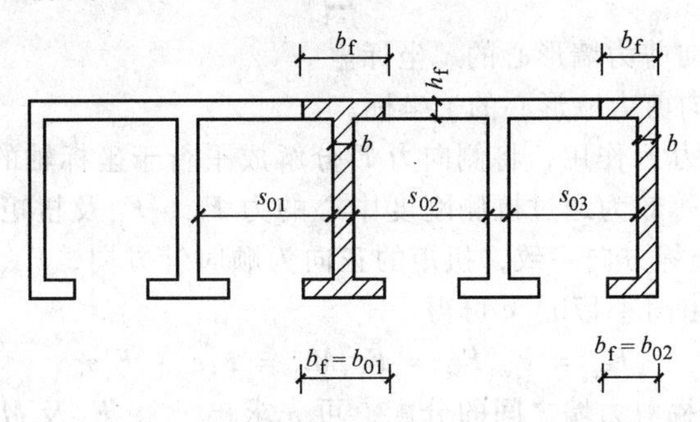

图 4-16 有效翼缘宽度 b_f 取值范围

4.2.3.2 水平荷载在各片剪力墙之间的分配

设有一平面为矩形的剪力墙结构如图 4-17a 所示。剪力墙正交布置，沿 y 方向布置的剪力墙有 m 榀，其刚度为 EI_{xi}（$i=1, 2, \cdots, m$），沿 x 方向布置的剪力墙有 n 榀，其刚度为 EI_{yj}（$j=1, 2, \cdots, n$）。

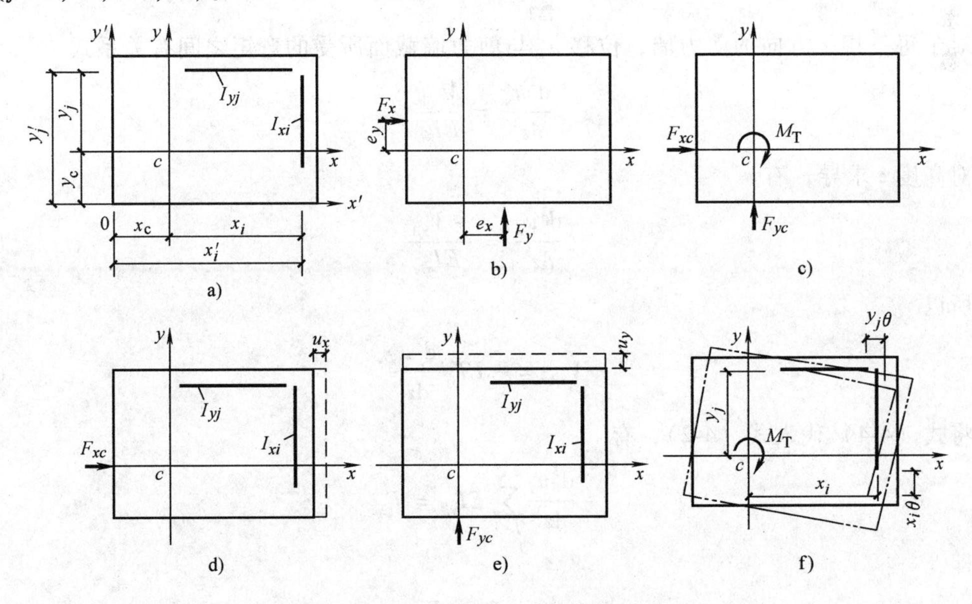

图 4-17 楼层平面的位移

楼层中的全部剪力墙在自身平面内弯曲时的抗弯刚度几何中心称为楼层的抗侧刚度中

心。若结构各楼层剪力墙的布置沿竖向不变或变化比例不变，则各楼层的抗侧刚度中心位置处于一条铅垂线上。设该平面抗侧刚度中心位置为 c 点，抗侧刚度中心的坐标为

$$x_c = \frac{\sum_{i=1}^{m} EI_{xi}x'_i}{\sum_{i=1}^{m} EI_{xi}} \tag{4-1a}$$

$$y_c = \frac{\sum_{j=1}^{n} EI_{yj}y'_j}{\sum_{j=1}^{n} EI_{yi}} \tag{4-1b}$$

式中 x'_i——第 i 片横向剪力墙形心的 x 坐标。

y'_j——第 j 片纵向剪力墙形心的 y 坐标。

设建筑物受某侧向力 F 作用，将侧向力 F 分解成平行于坐标轴的分力 F_x、F_y（见图4-17b），这两个分力又可等效为通过抗侧刚度中心的力 F_{xc}、F_{yc} 及扭矩 M_T（见图4-17c），若假定 F_x、F_y 的正向与坐标方向一致，扭矩的正向为顺时针方向，F_x、F_y 至抗侧刚度中心的距离分别为 e_y、e_x，则由图4-17b、c可得

$$F_{xc} = F_x, F_{yc} = F_y, M_T = F_x e_y - F_y e_x$$

欲求侧向力 F 在各榀剪力墙之间的分配，可先求出 F_{xc}、F_{yc} 及 M_T 单独作用下各榀剪力墙所受的作用，然后进行叠加。

当仅有 F_{xc} 单独作用时，根据假定1)，楼面仅作沿 x 方向的平移 u_x（见图4-17d）；根据假定2)，这时仅有 x 方向的剪力墙参加工作，y 方向的剪力墙的作用可以忽略不计。设每榀剪力墙所受的剪力为 V_{xj1}，则由力的平衡条件有

$$\sum_{j=1}^{n} V_{xj1} = F_{xc} \tag{4-2}$$

对于每一榀 x 方向的剪力墙，位移 u_x 与剪力墙截面所受的弯矩之间有关系式

$$\frac{d^2 u_x}{dz^2} = \frac{M_{xj1}}{EI_{yj}}$$

对高度 z 求导，有

$$\frac{d^3 u_x}{dz^3} = \frac{-V_{xj1}}{EI_{yj}} \tag{4-3}$$

所以

$$V_{xj1} = -EI_{yj}\frac{d^3 u_x}{dz^3} \tag{4-4}$$

将式（4-4）代入式（4-2），有

$$-\frac{d^3 u_x}{dz^3}\sum_{j=1}^{n} EI_{yj} = F_{xc}$$

即

$$\frac{d^3 u_x}{dz^3} = \frac{-F_{xc}}{\sum_{j=1}^{n} EI_{yj}} \tag{4-5}$$

将式（4-5）代入式（4-3），得

$$V_{xj1}=\frac{EI_{yj}}{\sum_{j=1}^{n}EI_{yj}}F_{xc} \tag{4-6a}$$

同理，当仅有F_{yc}单独作用时，楼面仅有沿y方向的平移u_y（见图4-17e），这时仅有y方向的剪力墙参加工作，x方向的剪力墙内力可以忽略不计。设每榀剪力墙所受的剪力为V_{yi1}，则可得

$$V_{yi1}=\frac{EI_{xi}}{\sum_{i=1}^{m}EI_{xi}}F_{yc} \tag{4-6b}$$

由式（4-6）可见，刚性楼板将各榀剪力墙连接在一起，并把水平荷载按各榀剪力墙的等效抗弯刚度EI向各剪力墙分配。

当仅有M_T单独作用时，由假定1)，楼面将发生绕抗侧刚度中心c的转动（见图4-17f)，这时x方向和y方向的剪力墙都将受力。设转角为θ，θ的方向与M_T相同，以顺时针方向为正，则第j榀x方向的剪力墙的位移为

$$u_{xj}=y_j\theta \tag{4-7a}$$

第i榀y方向的剪力墙的位移为

$$u_{yi}=-x_i\theta \tag{4-7b}$$

设在扭矩M_T作用下，x方向和y方向的剪力墙所受的剪力为V_{xj2}、V_{yi2}，将剪力墙的位移式（4-7a、b）代入位移与荷载的关系式（4-3），可得

$$V_{xj2}=-EI_{yj}y_j\frac{d^3\theta}{dz^3} \tag{4-8a}$$

$$V_{yi2}=EI_{xi}x_i\frac{d^3\theta}{dz^3} \tag{4-8b}$$

由结构平面内的扭矩平衡条件，可以写出

$$M_T=-\sum_{i=1}^{m}V_{yi2}x_i+\sum_{j=1}^{n}V_{xj2}y_j \tag{4-9}$$

将式（4-8a、b）代入式（4-9），即可得到转角与扭矩之间的关系式

$$\frac{d^3\theta}{dz^3}=-\frac{M_T}{\sum_{i=1}^{m}EI_{xi}x_i^2+\sum_{j=1}^{n}EI_{yj}y_j^2} \tag{4-10}$$

将式（4-10）代入式（4-8a、b），即可得到单独扭矩M_T作用下，剪力墙内的剪力为

$$V_{xj2}=\frac{EI_{yj}y_j}{\sum_{i=1}^{m}EI_{xi}x_i^2+\sum_{j=1}^{n}EI_{yj}y_j^2}=\frac{EI_{yj}y_j}{EI_\rho} \tag{4-11a}$$

$$V_{yi2} = -\frac{EI_{xi}x_i}{\sum_{i=1}^{m} EI_{xi}x_i^2 + \sum_{j=1}^{n} EI_{yj}y_j^2} = -\frac{EI_{xi}x_i}{EI_\rho} \tag{4-11b}$$

式中 EI_ρ——楼层中的全部剪力墙对楼层刚度中心的抗扭刚度，$EI_\rho = \sum_{i=1}^{m} EI_{xi}x_i^2 + \sum_{j=1}^{n} EI_{yj}y_j^2$。

由式（4-11a、b）可见，剪力墙越远离其楼层的刚度中心，所分配到（承担）的剪力就越大，即其抗侧移的能力强。

由以上分析结果，可得在侧向荷载 F 作用下，剪力墙的总剪力为

$$V_{xj} = V_{xj1} + V_{xj2} \tag{4-12a}$$

$$V_{yi} = V_{yi1} + V_{yi2} \tag{4-12b}$$

式（4-12a、b）亦表明，楼层在有扭转作用时，各榀剪力墙分配的水平力将加大，因此，在工程设计中，宜使房屋体形规整，剪力墙布置对称，避免或减小扭转影响。

4.2.3.3 整截面剪力墙的内力和位移计算

凡墙面不开洞或开洞面积与整个墙面积之比值不大于0.15，洞间净距及洞边至墙边的净距大于洞口长边尺寸时，在侧向力作用下，剪力墙水平截面内的正应力分布在整个截面高度范围内呈线性分布或接近于线性分布，仅在洞口附近局部区域有应力集中现象发生，洞口对结构内力分布的影响可忽略不计，这类剪力墙称为整截面剪力墙。其受力状态如同竖向悬臂梁，因而截面应力可按材料力学公式计算，应力如图4-18所示，变形属弯曲型变形。

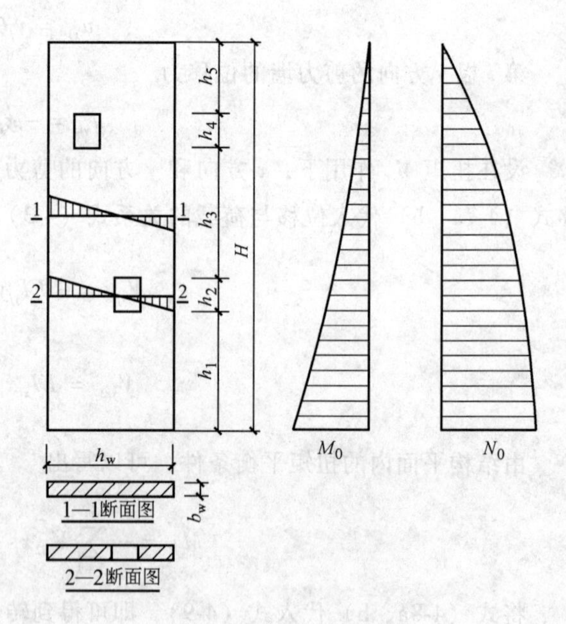

图4-18 整体剪力墙

1. 内力计算

墙体的内力计算可按上端自由、下端固定的悬臂构件，用材料力学公式计算。

2. 位移计算

整截面剪力墙的位移，同样可以用材料力学的公式计算，但因墙的截面较高，故应计及剪切变形对位移的影响，在开有洞口时，还应考虑洞口使位移增大的因素。

整截面剪力墙顶点的侧移量可按以下公式计算：

$$u=\begin{cases}\dfrac{V_0H^3}{8EI_w}\left(1+\dfrac{4\mu EI_w}{GA_wH^2}\right) & （均布荷载）\\ \dfrac{11V_0H^3}{60EI_w}\left(1+\dfrac{3.64\mu EI_w}{GA_wH^2}\right) & （倒三角形荷载）\\ \dfrac{V_0H^3}{3EI_w}\left(1+\dfrac{3\mu EI_w}{GA_wH^2}\right) & （顶点集中荷载）\end{cases} \tag{4-13}$$

式中 V_0——在墙底处（$z=0$）的总剪力值；

H——剪力墙总高度；

A_w——考虑洞口影响的剪力墙水平截面的折算面积

$$A_w=h_wb_w\left(1-1.25\sqrt{\frac{A_{op}}{A_f}}\right)$$

h_w，b_w——剪力墙水平截面的高度和厚度（见图4-18）；

G——剪切模量；

A_{op}，A_f——剪力墙的洞口面积和剪力墙的总立面面积；

μ——剪应力分布不均匀系数，矩形截面 $\mu=1.2$；

I_w——考虑洞口影响的剪力墙水平截面的折算截面二次矩

$$I_w=\frac{\Sigma I_ih_i}{\Sigma h_i}=\frac{\Sigma I_ih_i}{H}$$

I_i——剪力墙沿竖向各段（有洞口截面及无洞截面）水平截面的组合截面二次矩；

h_i——剪力墙沿竖向各段相应的高度（见图4-18）；

为方便计算，常将顶点水平位移写成

$$u=\begin{cases}\dfrac{1}{8}\dfrac{V_0H^3}{EI_{eq}} & （均布荷载）\\ \dfrac{11}{60}\dfrac{V_0H^3}{EI_{eq}} & （倒三角形荷载）\\ \dfrac{1}{3}\dfrac{V_0H^3}{EI_{eq}} & （顶点集中荷载）\end{cases} \tag{4-14}$$

式中 EI_{eq}——剪力墙等效抗弯刚度，它是按照顶点位移相等的原则，将剪力墙的抗侧刚度折算成承受同样荷载的悬臂杆件只考虑弯曲变形时的刚度。EI_{eq} 可按下式计算

$$EI_{eq}=\begin{cases}\dfrac{EI_w}{1+\dfrac{4\mu EI_w}{GA_wH^2}} & （均布荷载）\\ \dfrac{EI_w}{1+\dfrac{3.64\mu EI_w}{GA_wH^2}} & （倒三角形荷载）\\ \dfrac{EI_w}{1+\dfrac{3\mu EI_w}{GA_wH^2}} & （顶点集中荷载）\end{cases} \tag{4-15}$$

实际上，三式差别并不大，可近似取平均值，写成统一公式，如以 $G=0.42E$ 代入，则可简化为

$$EI_{eq}=\frac{EI_w}{1+\dfrac{9\mu I_w}{A_w H^2}} \tag{4-16}$$

4.2.3.4 整体小开口剪力墙的内力和位移计算

当剪力墙洞口稍大时，通过洞口横截面上的正应力分布已不再成一直线，而是在洞口两侧的部分横截面上，其正应力分布各成一直线，如图4-19所示。这说明除了整个墙截面产生整体弯矩外，每个墙肢还出现局部弯矩，因为实际正应力分布，相当于在沿整个截面直线分布的应力之上叠加局部弯矩应力。但由于洞口还不很大，局部弯矩不超过水平荷载的悬臂弯矩的15%，因此，可以认为剪力墙截面变形大体上仍符合平面假定，且大部分楼层上墙肢没有反弯点。这类剪力墙称为整体小开口剪力墙。其内力变形仍按材料力学计算，然后适当修正。

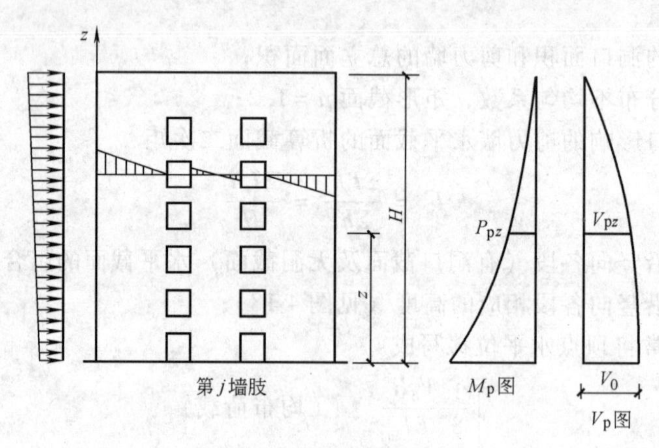

图4-19 小开口剪力墙

1. 内力计算

首先将小开口剪力墙作为一个悬臂杆件，按材料力学公式计算出各高度处截面所承受的总弯矩 M_{pz}、总剪力 V_{pz}、墙底总剪力 V_0（见图4-19），之后将总弯矩 M_{pz} 分成两部分：①产生整体弯曲的总弯矩 M'_{pz}；②产生局部弯曲的总弯矩 M''_{pz}。

$$M'_{pz}=0.85\ M_{pz}$$

$$M''_{pz}=0.15\ M_{pz}$$

（1）第 j 墙肢的弯矩

1）第 j 墙肢的整体弯矩

$$M'_{zj}=M'_{pz}\frac{I_j}{I}=0.85M_{pz}\frac{I_j}{I}$$

式中 I_j——墙肢 j 的截面二次矩；

I——组合截面的截面二次矩。

2）第 j 墙肢的局部弯矩

$$M''_{zj}=M''_{pz}\frac{I_j}{\Sigma I_j}=0.15M_{pz}\frac{I_j}{\Sigma I_j}$$

3）第 j 墙肢的全部弯矩

$$M_{zj} = M'_{zj} + M''_{zj} = 0.85M_{pz}\frac{I_j}{I} + 0.15M_{pz}\frac{I_j}{\sum I_j} \tag{4-17}$$

（2）第 j 墙肢的剪力　求各墙肢剪力，需将总剪力 V_{pz} 分配给各墙肢。对底层，墙肢剪力按墙肢截面积分配

$$V_{zj} = V_0\frac{A_j}{A} \tag{4-18}$$

式中　A——墙肢面积之和，$A = \sum\limits_j A_j$。

对其他各层，剪力墙由墙肢上的剪应力合力求得，但计算较复杂，故一般采用如下近似方法计算

$$V_{zj} = \frac{1}{2}V_{pz}\left(\frac{A_j}{A} + \frac{I_j}{\sum I_j}\right) \tag{4-19}$$

（3）第 j 墙肢的轴力　整体弯曲使墙肢产生正应力的合力就是该墙肢的轴力（见图 4-20），局部弯曲并不在各墙肢中产生轴力，计算时不必考虑。

$$N_{zj} = N'_{zj} = \int_{A_j}\frac{M'_{pz}(y_j + x_j)}{I}\mathrm{d}A = \frac{0.85M_{pz}}{I}\left[\int_{A_j}y_j\mathrm{d}A + \int_{A_j}x_j\mathrm{d}A\right] = \frac{0.85M_{pz}}{I}A_jy_j \tag{4-20}$$

式中　y_j——墙肢 j 的截面形心至剪力墙组合截面形心之间的距离；

x_j——微面积 $\mathrm{d}A$ 的形心至墙肢 j 的截面形心间的距离。

由图 4-20 可见，剪力墙总弯矩平衡条件是

$$M_{pz} = \sum_j M_{zj} + \sum_j N_{zj}y_j$$

小开口墙连梁的剪力可由墙肢上、下截面的轴力差计算。

2. 位移计算

小开口剪力墙的侧移量与整截面剪力墙的计算一样，但由于洞口对侧移的影响稍大，使墙的整个截面的等效抗弯刚度有所减弱，故利用式（4-15）或式（4-16）计算等效抗弯刚度 EI_{eq} 时，I_w 及 A_w 需按下式修正，即

$$I_w = I/1.2, A_w = \sum_j A_j = A$$

式中　I——组合截面的截面二次矩，系数 1.2 是考虑开口对刚度的折减。

有了等效抗弯刚度 EI_{eq}，利用式（4-14）即可求出顶点水平位移（侧移）u 值。

在按式（4-17）分配弯矩时，是假定各墙肢有共同的变形曲率，但个别细小墙肢会

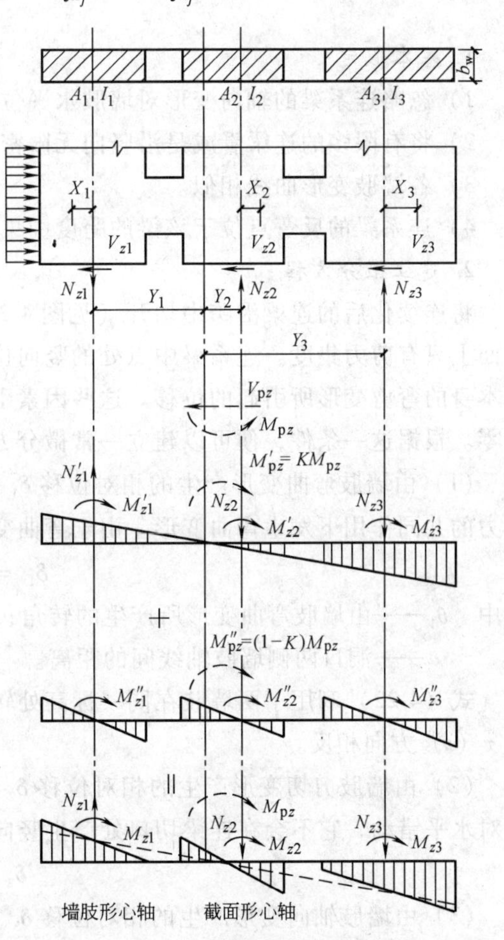

图 4-20　小开口剪力墙截面受力分析

产生局部弯曲，产生附加弯矩，因此，将小墙肢端部弯矩修正为

$$M_{zj0} = M_{zj} + \Delta M_{zj} = M_{zj} + V_{zj}\frac{h_{op}}{2} \tag{4-21}$$

式中 M_{zj0}——修正后的小墙肢端部弯矩；

M_{zj}——按式（4-17）计算的墙肢弯矩；

ΔM_{zj}——由于小墙肢局部弯曲产生的附加弯矩；

V_{zj}——按式（4-18）或式（4-19）计算的墙肢剪力；

h_{op}——洞口高度。

4.2.3.5 联肢墙计算

联肢墙门窗洞口尺寸较大，连梁对墙肢约束较弱，墙肢截面局部弯矩较大，截面上的正应力不再成直线分布。为求剪力墙的内力与变形，可沿连梁反弯点处切开，建立变形协调方程，进而求解。在实际应用时，是采用连续栅片法。由于高层建筑层数较多，连梁既多又密，因此近似地将有限多的连梁看成是沿竖向无限密布的连续栅片。连续栅片在层高范围内的总抗弯刚度与结构中的连梁的抗弯刚度相等。这样就可将连梁的内力用沿竖向分布的连续函数来表达，可大大减小未知量的数目，便于手算求解。现以双肢剪力墙为例作一简单的叙述。

1. 基本假定

1）忽略连系梁的轴向变形对墙肢水平位移的影响。

2）将有限多的连梁看成是沿竖向无限密布的连续栅片。

3）各墙肢变形曲线相似。

4）连系梁的反弯点位于该梁的跨度中央。

2. 建立微分方程

将连续化后的连梁沿跨中切开（见图4-21），由于假定梁的跨中为反弯点，故切开后的截面上只有剪力集度。连系梁中点处的竖向位移主要有墙肢的弯剪变形、轴向变形以及连系梁本身的弯剪变形所引起的位移。这些因素引起的连系梁中点处的竖向位移的代数和应该等于零。根据这一条件，便可以建立一常微分方程。

（1）由墙肢弯曲变形产生的相对位移 δ_1　如图4-22a所示，基本构件在外荷载和切口处剪力的共同作用下发生弯曲变形。由于弯曲变形，使切口处产生竖向相对位移 δ_1

$$\delta_1 = -a\theta_1 \tag{4-22}$$

式中 θ_1——由墙肢弯曲变形所产生的转角；

a——洞口两侧墙肢轴线间的距离。

式（4-22）利用了两墙肢在同一标高处转角相等的假定。式中负号表示相对位移与假定的 $\tau(z)$ 方向相反。

（2）由墙肢剪切变形产生的相对位移 δ_2　墙肢产生的剪切变形使墙肢的上下截面产生相对水平错动，它不会在连梁切口处产生竖向位移（见图4-22b）。因此，

$$\delta_2 = 0 \tag{4-23}$$

（3）由墙肢轴向变形产生的相对位移 δ_3　墙肢截面上的轴力 $N(z)$ 在数量上等于 $(H-z)$ 高度范围内连梁的剪力之和，即

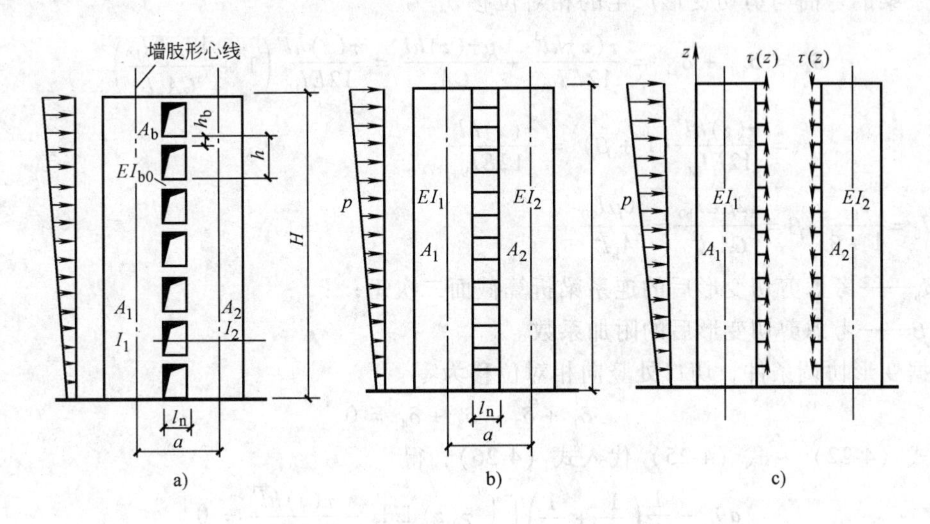

图 4-21　双肢剪力墙计算简图

$$N(z) = \int_z^H \tau(z)\,\mathrm{d}z$$

两墙肢底到标高 z 处的轴向变形差 δ_3（见图 4-22c）为

$$\begin{aligned}\delta_3 &= \int_0^z \frac{N(z)}{EA_1}\mathrm{d}z + \int_0^z \frac{N(z)}{EA_2}\mathrm{d}z \\ &= \frac{1}{E}\left(\frac{1}{A_1} + \frac{1}{A_2}\right)\int_0^z\int_z^H \tau(z)\,\mathrm{d}z\mathrm{d}z\end{aligned} \tag{4-24}$$

（4）由连系梁的弯曲与剪切变形产生的相对位移 δ_4　由于连系梁的切口处有 $\tau(z)h$ 作用，将产生弯曲变形与剪切变形。

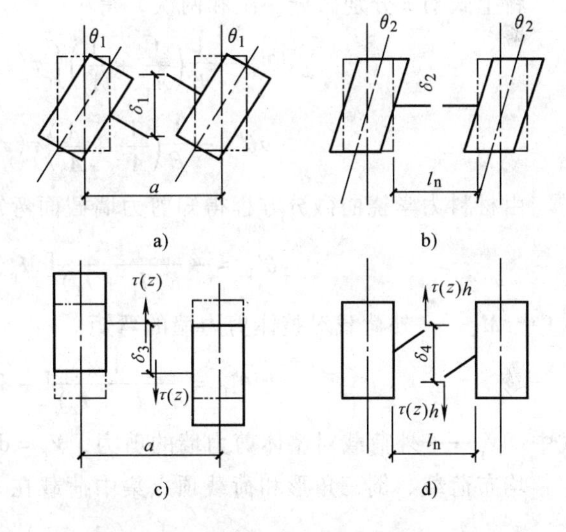

图 4-22　双肢剪力墙的变形

弯曲变形产生的相对位移为

$$\delta_{4M} = \frac{2\tau(z)h\left(\dfrac{l}{2}\right)^3}{3EI_{b0}} = \frac{\tau(z)hl^3}{12EI_{b0}}$$

剪切变形产生的相对位移为

$$\delta_{4V} = \frac{\mu\tau(z)hl}{GA_b}$$

式中　h——层高；

l——连系梁的计算跨度，$l = l_n + h_b/2$；

h_b——连系梁的截面高度；

I_{b0}——连系梁的截面二次矩；

μ——连系梁的剪应力分布不均匀系数，矩形截面 $\mu = 1.2$；

A_b——连系梁截面面积；

G——剪切模量。

连系梁的弯曲与剪切变形产生的相对位移 δ_4 为

$$\delta_4 = \delta_{4M} + \delta_{4V} = \frac{\tau(z)hl^3}{12EI_{b0}} + \frac{\mu\tau(z)hl}{GA_b} = \frac{\tau(z)hl^3}{12EI_{b0}}\left(1 + \frac{12\mu EI_{b0}}{GA_b l^2}\right)$$

$$= \frac{\tau(z)hl^3}{12EI_{b0}}(1+\beta) = \frac{\tau(z)hl^3}{12EI_b} \tag{4-25}$$

其中 $I_b = \dfrac{I_{b0}}{1+\beta}$，$\beta = \dfrac{12\mu EI_{b0}}{GA_b l^2} \approx \dfrac{30\mu I_{b0}}{A_b l^2}$

式中 I_b——考虑剪切变形后的连系梁折算截面二次矩；

β——考虑剪切变形后的附加系数。

根据变形协调条件，切口处竖向相对位移为零

$$\delta_1 + \delta_2 + \delta_3 + \delta_4 = 0 \tag{4-26}$$

将式（4-22）~式（4-25）代入式（4-26），得

$$a\theta_1 - \frac{1}{E}\left(\frac{1}{A_1} + \frac{1}{A_2}\right)\int_0^z\int_z^H \tau(z)\,\mathrm{d}z\mathrm{d}z - \frac{\tau(z)hl^3}{12EI_b} = 0$$

将上式对 z 分别微分一次和两次，得

$$a\theta'_1 - \frac{1}{E}\left(\frac{1}{A_1} + \frac{1}{A_2}\right)\int_0^z \tau(z)\,\mathrm{d}z - \frac{\tau(z)'hl^3}{12EI_b} = 0$$

$$a\theta''_1 - \frac{1}{E}\left(\frac{1}{A_1} + \frac{1}{A_2}\right)\tau(z) - \frac{\tau(z)''hl^3}{12EI_b} = 0 \tag{4-26'}$$

由材料力学挠曲微分方程得知剪力墙截面弯矩与其弯曲变形转角的关系为

$$\theta'_1 = -\frac{1}{E(I_1+I_2)}\left[M_p(z) - \int_z^H a\tau(z)\,\mathrm{d}z\right] \tag{4-27}$$

式中 M_p——外荷载对整体剪力墙的弯矩。

$$\theta''_1 = \frac{1}{E(I_1+I_2)}\left[-V_p(z) + a\tau(z)\right] \tag{4-28}$$

式中 V_p——外荷载对整体剪力墙的剪力，$V_p = \mathrm{d}M_p/\mathrm{d}z$。

均布荷载、倒三角形和荷载顶点集中荷载在 z 标高处截面产生的总剪力 V_p 为

$$V_p(z) = \begin{cases} V_0\left(1 - \dfrac{z}{H}\right) & \text{（均布荷载）} \\ V_0\left(1 - \dfrac{z^2}{H^2}\right) & \text{（倒三角形荷载）} \\ V_0 & \text{（顶点集中荷载）} \end{cases} \tag{4-29}$$

式中 V_0——墙底总剪力，即全部水平荷载的总和，其计算公式为

$$V_0 = \begin{cases} qH & \text{（均布荷载）} \\ \dfrac{1}{2}q_H H & \text{（倒三角形荷载）} \\ F & \text{（顶点集中荷载）} \end{cases} \tag{4-30}$$

式中 q——均布荷载大小；

q_H——倒三角形荷载顶点的最大值；

F——顶点集中荷载大小。

把均布荷载、倒三角形荷载和顶点集中荷载产生的 $V_p(z)$ 代入式（4-28）得

$$\theta''_1 = \begin{cases} \dfrac{1}{EI}\left[V_0\left(\dfrac{z}{H}-1\right)+a\tau(z)\right] & \text{（均布荷载）} \\ \dfrac{1}{EI}\left[V_0\left(\dfrac{z^2}{H^2}-1\right)+a\tau(z)\right] & \text{（倒三角形荷载）} \\ \dfrac{1}{EI}\left[-V_0+a\tau(z)\right] & \text{（顶点集中荷载）} \end{cases} \tag{4-31}$$

式中　I——墙肢截面二次矩之和，$I=I_1+I_2$；

A——墙肢截面面积之和，$A=A_1+A_2$。

将式（4-31）代入式（4-26′），并令

$$D=\frac{2I_b a^2}{l^3} \quad \text{（连系梁的刚度特征）}$$

$$S=\frac{aA_1A_2}{A} \quad \text{（组合截面形心轴的面积矩）}$$

$$\alpha_1^2=\frac{6H^2D}{hI} \quad \text{（未考虑轴向变形的整体参数）}$$

$$\alpha^2=\alpha_1^2+\frac{6H^2D}{Sha} \quad \text{（考虑轴向变形的整体参数）}$$

则可得

$$\tau''(z)-\frac{\alpha^2}{H^2}\tau(z)=\begin{cases} -\dfrac{\alpha_1^2}{H^2a}\left(1-\dfrac{z}{H}\right)V_0 & \text{（均布荷载）} \\ -\dfrac{\alpha_1^2}{H^2a}\left(1-\dfrac{z^2}{H^2}\right)V_0 & \text{（倒三角型荷载）} \\ -\dfrac{\alpha_1^2}{H^2a}V_0 & \text{（顶点集中荷载）} \end{cases} \tag{4-32}$$

式（4-32）即是双肢墙在侧向荷载作用下的基本微分方程，为二阶常系数非奇次线性微分方程。

3. 基本方程的解

为方便求解双肢墙基本微分方程，令

$$\xi=\frac{z}{H},\tau(z)=\Phi(z)\frac{\alpha_1^2}{\alpha^2}V_0\frac{1}{a}$$

则式（4-32）可简化为

$$\Phi''(\xi)-\alpha^2\Phi(\xi)=\begin{cases} -\alpha^2(1-\xi) & \text{（均布荷载）} \\ -\alpha^2(1-\xi^2) & \text{（倒三角型荷载）} \\ -\alpha^2 & \text{（顶点集中荷载）} \end{cases} \tag{4-33}$$

式（4-33）通解为

$$\Phi_{\mathrm{p}}(\xi) = C_1 \mathrm{ch}(\alpha\xi) + C_2 \mathrm{sh}(\alpha\xi) \tag{4-34}$$

特解

$$\Phi_{\mathrm{t}}(\xi) = \begin{cases} 1-\xi & \text{（均布荷载）} \\ 1-\xi^2-\dfrac{2}{\alpha^2} & \text{（倒三角型荷载）} \\ 1 & \text{（顶点集中荷载）} \end{cases} \tag{4-35}$$

方程组的解

$$\Phi(\xi) = \Phi_{\mathrm{p}}(\xi) + \Phi_{\mathrm{t}}(\xi) \tag{4-36}$$

式（4-34）中 C_1 和 C_2 为积分常数，由边界条件确定。当 $z=0$，即 $\xi=0$，$\theta_1=0$；当 $z=H$，即 $\xi=1$，墙顶处弯矩为零，$M(1)=0$。

由上述边界条件，求出 C_1 和 C_2，将式（4-34）、式（4-35）代入式（4-36），则微分方程式（4-33）的解为

$$\Phi(\xi) = \Phi(\alpha,\xi) = \begin{cases} \dfrac{-\mathrm{ch}\alpha(1-\xi)}{\mathrm{ch}\alpha} + \dfrac{\mathrm{sh}\alpha\xi}{\alpha\mathrm{ch}\alpha} + (1-\xi) & \text{（均布荷载）} \\ \left(\dfrac{2}{\alpha^2}-1\right)\left[\dfrac{\mathrm{ch}\alpha(1-\xi)}{\mathrm{ch}\alpha}-1\right] + \dfrac{2}{\alpha}\dfrac{\mathrm{sh}\alpha\xi}{\mathrm{ch}\alpha} - \xi^2 & \text{（倒三角型荷载）} \\ \mathrm{th}\alpha\mathrm{sh}\alpha\xi - \mathrm{ch}\alpha\xi + 1 & \text{（顶点集中荷载）} \end{cases} \tag{4-37}$$

由此可知未知剪力

$$\tau(\xi) = \frac{1}{a}\Phi(\xi)\frac{V_0\alpha_1^2}{\alpha^2} \tag{4-38}$$

函数 $\Phi(\alpha,\xi)$ 的数值已根据 α、ξ 之间的关系制成表 4-6 ~ 表 4-8。

4. 双肢墙内力计算

通过上面的计算，可求得在任意高度 ξ 处的 $\Phi(\xi)$ 值，由 $\Phi(\xi)$ 可求得连系梁的约束弯矩 $m(\xi)$

$$m(\xi) = V_0\frac{\alpha_1^2}{\alpha^2}\Phi(\xi) \tag{4-39}$$

第 i 层连系梁的剪力 $V_{\mathrm{b}i}$

$$V_{\mathrm{b}i} = \tau(\xi)h \tag{4-40}$$

第 i 层连系梁端部的弯矩 $M_{\mathrm{b}i}$

$$M_{\mathrm{b}i} = V_{\mathrm{b}i}\frac{l_{\mathrm{n}}}{2} \tag{4-41}$$

第 i 层剪力墙的轴力 N_{ji} $(j=1,2)$

$$N_{ji} = \sum_{i=1}^{n} V_{\mathrm{b}i} \tag{4-42}$$

第 i 层剪力墙的弯矩 M_{ji} $(j=1,2)$

$$M_{1i} = \frac{I_1}{I_1+I_2}M_i \tag{4-43a}$$

$$M_{2i} = \frac{I_2}{I_1+I_2}M_i \tag{4-43b}$$

表 4-6 均布荷载下的 Φ 值

ξ \ α	1.0	1.5	2.0	2.5	3.0	3.5	4.0	4.5	5.0	5.5	6.0	6.5	7.0	7.5	8.0	8.5	9.0	9.5	10.0	10.5
0.00	0.000	0.000	0.000	0.000	0.000	0.000	0.000	0.000	0.000	0.000	0.000	0.000	0.000	0.000	0.000	0.000	0.000	0.000	0.000	0.000
0.05	0.019	0.036	0.054	0.074	0.093	0.113	0.133	0.152	0.171	0.190	0.209	0.227	0.245	0.262	0.279	0.296	0.312	0.228	0.343	0.358
0.10	0.036	0.037	0.100	0.134	0.167	0.200	0.233	0.264	0.294	0.323	0.351	0.378	0.403	0.427	0.450	0.472	0.493	0.513	0.532	0.550
0.15	0.050	0.094	0.138	0.182	0.225	0.266	0.306	0.344	0.379	0.413	0.444	0.473	0.500	0.525	0.548	0.570	0.590	0.609	0.626	0.643
0.20	0.063	0.116	0.169	0.220	0.269	0.315	0.358	0.398	0.435	0.469	0.500	0.528	0.553	0.577	0.598	0.617	0.634	0.650	0.664	0.677
0.25	0.074	0.135	0.194	0.249	0.300	0.348	0.392	0.431	0.467	0.499	0.528	0.554	0.576	0.597	0.614	0.630	0.644	0.657	0.667	0.667
0.30	0.083	0.150	0.212	0.270	0.322	0.309	0.411	0.449	0.482	0.511	0.537	0.559	0.578	0.595	0.609	0.622	0.632	0.642	0.650	0.657
0.35	0.091	0.162	0.226	0.284	0.335	0.380	0.419	0.453	0.483	0.508	0.530	0.549	0.565	0.578	0.589	0.599	0.607	0.614	0.619	0.624
0.40	0.097	0.171	0.236	0.293	0.341	0.382	0.418	0.448	0.474	0.495	0.513	0.528	0.541	0.551	0.560	0.567	0.573	0.577	0.581	0.585
0.45	0.103	0.178	0.242	0.296	0.341	0.378	0.409	0.435	0.456	0.474	0.488	0.500	0.510	0.517	0.524	0.429	0.533	0.536	0.539	0.541
0.50	0.106	0.182	0.246	0.296	0.336	0.369	0.395	0.416	0.433	0.447	0.458	0.467	0.474	0.479	0.483	0.487	0.490	0.492	0.493	0.495
0.55	0.109	0.185	0.246	0.293	0.328	0.355	0.376	0.393	0.406	0.416	0.424	0.430	0.434	0.438	0.441	0.443	0.444	0.445	0.446	0.447
0.60	0.111	0.186	0.245	0.287	0.317	0.339	0.355	0.367	0.376	0.382	0.387	0.390	0.393	0.395	0.396	0.397	0.398	0.398	0.399	0.399
0.65	0.103	0.187	0.242	0.179	0.304	0.321	0.332	0.339	0.344	0.347	0.349	0.350	0.351	0.351	0.351	0.351	0.351	0.351	0.351	0.351
0.70	0.114	0.186	0.237	0.270	0.290	0.302	0.308	0.311	0.312	0.312	0.312	0.310	0.309	0.308	0.307	0.306	0.305	0.304	0.303	0.303
0.75	0.114	0.185	0.233	0.261	0.276	0.283	0.285	0.284	0.281	0.278	0.257	0.272	0.269	0.266	0.264	0.262	0.260	0.258	0.258	0.256
0.80	0.114	0.183	0.288	0.252	0.263	0.265	0.263	0.258	0.252	0.246	0.241	0.235	0.231	0.227	0.223	0.220	0.217	0.215	0.213	0.211
0.85	0.114	0.181	0.223	0.224	0.251	0.249	0.243	0.235	0.226	0.218	0.210	0.203	0.196	0.191	0.186	0.181	0.178	0.174	0.171	0.168
0.90	0.113	0.179	0.219	0.237	0.241	0.236	0.227	0.217	0.206	0.195	0.185	0.176	0.168	0.161	0.155	0.149	0.144	0.140	0.130	0.133
0.95	0.113	0.178	0.217	0.233	0.234	0.228	0.217	0.204	0.191	0.179	0.168	0.157	0.148	0.140	0.133	0.126	0.120	0.115	0.110	0.106
1.00	0.113	0.178	0.216	0.231	0.232	0.224	0.213	0.199	0.186	0.173	0.161	0.150	0.141	0.132	0.124	0.117	0.110	0.105	0.099	0.095

（续）

ξ \ α	11.0	11.5	12.0	12.5	13.0	13.5	14.0	14.5	15.0	15.5	16.0	16.5	17.0	17.5	18.0	18.5	19.0	19.5	20.0	20.5
0.00	0.000	0.000	0.000	0.000	0.000	0.000	0.000	0.000	0.000	0.000	0.000	0.000	0.000	0.000	0.000	0.000	0.000	0.000	0.000	0.000
0.05	0.373	0.387	0.401	0.414	0.428	0.440	0.453	0.465	0.477	0.489	0.500	0.511	0.522	0.533	0.543	0.553	0.562	0.572	0.582	0.591
0.10	0.567	0.583	0.598	0.613	0.627	0.640	0.653	0.665	0.676	0.687	0.698	0.707	0.717	0.726	0.734	0.742	0.750	0.757	0.764	0.771
0.15	0.657	0.671	0.684	0.696	0.707	0.718	0.727	0.736	0.774	0.752	0.759	0.765	0.771	0.777	0.782	0.787	0.792	0.796	0.800	0.803
0.20	0.689	0.699	0.709	0.717	0.725	0.732	0.739	0.744	0.750	0.754	0.759	0.763	0.766	0.768	0.772	0.775	0.777	0.779	0.781	0.783
0.25	0.686	0.693	0.709	0.706	0.711	0.715	0.719	0.723	0.726	0.729	0.731	0.733	0.735	0.737	0.738	0.740	0.741	0.742	0.743	0.744
0.30	0.663	0.668	0.672	0.676	0.679	0.682	0.684	0.637	0.688	0.690	0.691	0.692	0.693	0.694	0.695	0.696	0.696	0.697	0.697	0.697
0.35	0.628	0.632	0.634	0.637	0.639	0.641	0.642	0.643	0.644	0.645	0.646	0.646	0.647	0.647	0.648	0.648	0.648	0.648	0.649	0.649
0.40	0.587	0.589	0.591	0.593	0.594	0.595	0.596	0.596	0.597	0.597	0.598	0.598	0.598	0.599	0.599	0.599	0.599	0.599	0.599	0.599
0.45	0.543	0.544	0.545	0.546	0.547	0.547	0.548	0.548	0.548	0.548	0.549	0.549	0.549	0.549	0.549	0.549	0.549	0.549	0.549	0.549
0.50	0.496	0.496	0.497	0.498	0.498	0.498	0.499	0.499	0.499	0.499	0.499	0.499	0.499	0.499	0.499	0.499	0.499	0.499	0.499	0.499
0.55	0.448	0.448	0.448	0.448	0.448	0.449	0.449	0.449	0.449	0.449	0.449	0.449	0.449	0.449	0.449	0.449	0.449	0.449	0.449	0.449
0.60	0.399	0.399	0.399	0.399	0.399	0.399	0.399	0.399	0.399	0.399	0.399	0.399	0.399	0.399	0.399	0.399	0.399	0.399	0.399	0.399
0.65	0.351	0.350	0.350	0.350	0.350	0.350	0.350	0.350	0.350	0.350	0.350	0.350	0.350	0.349	0.349	0.349	0.349	0.349	0.349	0.349
0.70	0.302	0.302	0.301	0.301	0.301	0.301	0.300	0.300	0.300	0.300	0.300	0.300	0.300	0.300	0.300	0.300	0.300	0.300	0.299	0.288
0.75	0.255	0.254	0.253	0.253	0.252	0.252	0.251	0.251	0.251	0.251	0.250	0.250	0.250	0.250	0.250	0.250	0.250	0.250	0.250	0.250
0.80	0.209	0.208	0.207	0.206	0.205	0.204	0.204	0.203	0.203	0.202	0.202	0.202	0.201	0.201	0.201	0.201	0.201	0.200	0.200	0.200
0.85	0.167	0.165	0.163	0.162	0.160	0.159	0.158	0.157	0.156	0.156	0.155	0.154	0.154	0.153	0.153	0.153	0.152	0.152	0.152	0.152
0.90	0.130	0.127	0.124	0.122	0.120	0.119	0.117	0.116	0.114	0.113	0.112	0.111	0.110	0.109	0.109	0.109	0.107	0.107	0.106	0.106
0.95	0.102	0.098	0.095	0.092	0.090	0.087	0.085	0.083	0.081	0.079	0.077	0.076	0.075	0.073	0.072	0.071	0.070	0.069	0.068	0.067
1.00	0.090	0.086	0.083	0.079	0.076	0.064	0.071	0.068	0.066	0.064	0.062	0.060	0.058	0.957	0.055	0.054	0.052	0.051	0.050	0.048

表 4-7 三角形荷载下的 Φ 值

ξ \ α	1.0	1.5	2.0	2.5	3.0	3.5	4.0	4.5	5.0	5.5	6.0	6.5	7.0	7.5	8.0	8.5	9.0	9.5	10.0	10.5
0.00	0.000	0.000	0.000	0.000	0.000	0.000	0.000	0.000	0.000	0.000	0.000	0.000	0.000	0.000	0.000	0.000	0.000	0.000	0.000	0.000
0.05	0.025	0.047	0.069	0.092	0.115	0.137	0.159	0.181	0.202	0.222	0.242	0.262	0.280	0.299	0.316	0.334	0.351	0.367	0.383	0.398
0.10	0.048	0.089	0.130	0.171	0.210	0.248	0.285	0.321	0.354	0.386	0.417	0.446	0.473	0.499	0.523	0.546	0.568	0.589	0.609	0.628
0.15	0.069	0.126	0.182	0.236	0.288	0.337	0.383	0.426	0.467	0.504	0.539	0.571	0.601	0.629	0.654	0.678	0.700	0.720	0.738	0.750
0.20	0.087	0.158	0.226	0.290	0.350	0.406	0.457	0.504	0.547	0.587	0.622	0.654	0.683	0.709	0.733	0.754	0.774	0.791	0.807	0.821
0.25	0.103	0.185	0.263	0.334	0.399	0.458	0.511	0.559	0.602	0.640	0.674	0.704	0.731	0.755	0.775	0.794	0.810	0.824	0.837	0.848
0.30	0.118	0.209	0.293	0.368	0.435	0.495	0.548	0.594	0.636	0.671	0.713	0.730	0.753	0.774	0.791	0.807	0.820	0.831	0.841	0.849
0.35	0.130	0.228	0.317	0.394	0.461	0.519	0.570	0.614	0.652	0.685	0.712	0.736	0.756	0.774	0.788	0.801	0.811	0.820	0.828	0.834
0.40	0.140	0.244	0.335	0.412	0.477	0.533	0.580	0.620	0.654	0.683	0.707	0.728	0.745	0.759	0.771	0.781	0.789	0.796	0.802	0.807
0.45	0.194	0.256	0.348	0.423	0.485	0.537	0.579	0.615	0.645	0.670	0.690	0.707	0.788	0.733	0.742	0.750	0.757	0.762	0.767	0.771
0.50	0.156	0.266	0.357	0.429	0.487	0.533	0.570	0.601	0.626	0.647	0.663	0.677	0.621	0.697	0.705	0.711	0.716	0.721	0.724	0.727
0.55	0.161	0.272	0.362	0.430	0.482	0.522	0.554	0.579	0.599	0.616	0.629	0.639	0.648	0.655	0.661	0.665	0.669	0.672	0.675	0.677
0.60	0.165	0.276	0.363	0.426	0.472	0.506	0.532	0.552	0.567	0.579	0.588	0.596	0.601	0.606	0.610	0.614	0.616	0.619	0.621	0.622
0.65	0.168	0.279	0.362	0.419	0.459	0.486	0.506	0.519	0.530	0.537	0.543	0.547	0.550	0.553	0.555	0.557	0.559	0.560	0.561	0.562
0.70	0.170	0.279	0.358	0.410	0.443	0.463	0.476	0.484	0.489	0.492	0.494	0.496	0.496	0.497	0.497	0.497	0.498	0.498	0.498	0.499
0.75	0.171	0.278	0.353	0.399	0.425	0.439	0.446	0.448	0.448	0.447	0.445	0.443	0.440	0.439	0.437	0.436	0.434	0.433	0.433	0.432
0.80	0.172	0.277	0.347	0.388	0.408	0.415	0.416	0.412	0.407	0.402	0.396	0.390	0.385	0.381	0.377	0.373	0.371	0.368	0.366	0.364
0.85	0.172	0.275	0.341	0.377	0.391	0.393	0.388	0.380	0.370	0.360	0.350	0.341	0.333	0.326	0.320	0.314	0.309	0.305	0.301	0.298
0.90	0.171	0.273	0.336	0.367	0.377	0.374	0.365	0.352	0.338	0.324	0.311	0.299	0.288	0.278	0.270	0.262	0.255	0.248	0.243	0.238
0.95	0.171	0.271	0.332	0.360	0.367	0.361	0.348	0.332	0.316	0.299	0.283	0.269	0.256	0.243	0.233	0.223	0.214	0.205	0.198	0.191
1.00	0.171	0.270	0.331	0.358	0.363	0.356	0.342	0.325	0.307	0.289	0.273	0.257	0.243	0.230	0.218	0.207	0.197	0.188	0.179	0.172

（续）

ξ \ α	11.0	11.5	12.0	12.5	13.0	13.5	14.0	14.5	15.0	15.5	16.0	16.5	17.0	17.5	18.0	18.5	19.0	19.5	20.0	20.5
0.00	0.000	0.000	0.000	0.000	0.000	0.000	0.000	0.000	0.000	0.000	0.000	0.000	0.000	0.000	0.000	0.000	0.000	0.000	0.000	0.000
0.05	0.413	0.428	0.442	0.456	0.469	0.483	0.495	0.508	0.520	0.532	0.543	0.555	0.566	0.576	0.587	0.597	0.607	0.617	0.626	0.635
0.10	0.646	0.663	0.679	0.694	0.708	0.722	0.735	0.748	0.760	0.771	0.781	0.792	0.801	0.810	0.819	0.827	0.835	0.843	0.850	0.857
0.15	0.772	0.768	0.800	0.813	0.825	0.836	0.846	0.855	0.864	0.872	0.879	0.886	0.893	0.899	0.904	0.909	0.914	0.918	0.922	0.926
0.20	0.834	0.846	0.856	0.866	0.874	0.882	0.889	0.896	0.901	0.907	0.911	0.916	0.919	0.923	0.926	0.929	0.932	0.934	0.936	0.938
0.25	0.858	0.866	0.874	0.881	0.887	0.892	0.897	0.901	0.903	0.908	0.911	0.914	0.916	0.918	0.920	0.921	0.923	0.924	0.925	0.926
0.30	0.857	0.863	0.868	0.873	0.878	0.881	0.884	0.887	0.890	0.892	0.893	0.895	0.896	0.898	0.899	0.900	0.901	0.901	0.902	0.903
0.35	0.840	0.844	0.848	0.852	0.855	0.857	0.859	0.861	0.863	0.864	0.865	0.867	0.867	0.868	0.869	0.870	0.870	0.871	0.871	0.871
0.40	0.811	0.815	0.818	0.820	0.822	0.824	0.826	0.827	0.828	0.829	0.830	0.831	0.831	0.832	0.833	0.833	0.833	0.834	0.834	0.834
0.45	0.774	0.777	0.778	0.781	0.782	0.784	0.785	0.786	0.787	0.788	0.788	0.789	0.790	0.790	0.790	0.791	0.791	0.792	0.792	0.792
0.50	0.730	0.732	0.733	0.735	0.736	0.737	0.738	0.738	0.740	0.741	0.741	0.742	0.742	0.743	0.743	0.743	0.744	0.744	0.744	0.745
0.55	0.679	0.681	0.682	0.684	0.685	0.686	0.686	0.687	0.688	0.688	0.688	0.688	0.690	0.690	0.691	0.691	0.691	0.692	0.692	0.692
0.60	0.624	0.625	0.626	0.627	0.628	0.628	0.629	0.630	0.631	0.631	0.632	0.632	0.633	0.633	0.633	0.634	0.634	0.634	0.634	0.635
0.65	0.563	0.564	0.565	0.566	0.566	0.567	0.568	0.568	0.569	0.568	0.568	0.570	0.570	0.571	0.571	0.571	0.571	0.572	0.572	0.572
0.70	0.499	0.498	0.500	0.500	0.500	0.501	0.501	0.502	0.502	0.502	0.503	0.503	0.503	0.503	0.504	0.504	0.504	0.504	0.505	0.505
0.75	0.432	0.431	0.431	0.431	0.431	0.431	0.431	0.431	0.431	0.431	0.431	0.431	0.432	0.432	0.432	0.432	0.432	0.432	0.432	0.433
0.80	0.363	0.361	0.360	0.360	0.358	0.358	0.358	0.357	0.357	0.357	0.357	0.356	0.356	0.356	0.356	0.356	0.356	0.356	0.356	0.356
0.85	0.295	0.293	0.290	0.288	0.287	0.285	0.284	0.283	0.282	0.281	0.280	0.280	0.279	0.278	0.278	0.278	0.277	0.277	0.277	0.276
0.90	0.233	0.229	0.226	0.222	0.219	0.217	0.214	0.212	0.210	0.208	0.207	0.205	0.204	0.203	0.201	0.200	0.199	0.199	0.198	0.197
0.95	0.185	0.180	0.174	0.170	0.165	0.161	0.158	0.154	0.151	0.148	0.145	0.143	0.140	0.138	0.136	0.134	0.132	0.130	0.129	0.127
1.00	0.165	0.158	0.152	0.147	0.142	0.137	0.132	0.128	0.124	0.120	0.117	0.113	0.110	0.107	0.104	0.102	0.099	0.097	0.095	0.092

表4-8 顶点集中荷载下的 Φ 值

ξ \ α	1.0	1.5	2.0	2.5	3.0	3.5	4.0	4.5	5.0	5.5	6.0	6.5	7.0	7.5	8.0	8.5	9.0	9.5	10.0	10.5
0.00	0.000	0.000	0.000	0.00	0.000	0.000	0.000	0.00	0.000	0.000	0.000	0.000	0.000	0.000	0.000	0.00	0.000	0.000	0.000	0.000
0.05	0.036	0.065	0.091	0.115	0.138	0.160	0.181	0.201	0.221	0.240	0.259	0.277	0.295	0.312	0.329	0.346	0.362	0.378	0.393	0.408
0.10	0.071	0.125	0.174	0.217	0.257	0.294	0.329	0.362	0.393	0.432	0.451	0.478	0.503	0.527	0.550	0.572	0.593	0.613	0.632	0.650
0.15	0.103	0.179	0.248	0.307	0.360	0.407	0.450	0.490	0.527	0.561	0.593	0.622	0.650	0.675	0.698	0.720	0.740	0.759	0.776	0.793
0.20	0.133	0.230	0.314	0.386	0.448	0.502	0.550	0.593	0.632	0.667	0.698	0.727	0.753	0.776	0.798	0.817	0.834	0.850	0.864	0.877
0.25	0.161	0.276	0.374	0.455	0.523	0.581	0.631	0.675	0.713	0.747	0.776	0.803	0.826	0.846	0.864	0.880	0.894	0.907	0.917	0.927
0.30	0.186	0.318	0.428	0.516	0.588	0.647	0.697	0.740	0.776	0.807	0.834	0.857	0.877	0.894	0.909	0.921	0.932	0.942	0.950	0.957
0.35	0.210	0.356	0.476	0.569	0.643	0.703	0.572	0.792	0.826	0.854	0.877	0.897	0.913	0.927	0.939	0.948	0.057	0.964	0.969	0.974
0.40	0.231	0.390	0.518	0.616	0.691	0.760	0.796	0.834	0.864	0.889	0.909	0.925	0.939	0.950	0.959	0.966	0.972	0.977	0.981	0.985
0.45	0.251	0.421	0.556	0.656	0.731	0.788	0.832	0.867	0.893	0.915	0.932	0.946	0.957	0.965	0.972	0.978	0.982	0.986	0.988	0.991
0.50	0.269	0.449	0.589	0.692	0.766	0.821	0.862	0.893	0.917	0.935	0.950	0.961	0.969	0.976	0.981	0.985	0.988	0.991	0.993	0.994
0.55	0.285	0.474	0.619	0.722	0.795	0.848	0.886	0.914	0.935	0.951	0.962	0.971	0.978	0.983	0.987	0.990	0.992	0.994	0.995	0.996
0.60	0.299	0.496	0.644	0.748	0.820	0.870	0.905	0.931	0.949	0.962	0.972	0.979	0.984	0.988	0.991	0.993	0.995	0.996	0.997	0.998
0.65	0.311	0.515	0.666	0.770	0.840	0.888	0.921	0.944	0.960	0.971	0.979	0.985	0.989	0.992	0.994	0.996	0.997	0.997	0.998	0.998
0.70	0.322	0.531	0.684	0.788	0.857	0.903	0.933	0.954	0.968	0.977	0.984	0.989	0.992	0.994	0.996	0.997	0.998	0.998	0.999	0.999
0.75	0.331	0.544	0.700	0.804	0.871	0.915	0.943	0.962	0.974	0.982	0.988	0.992	0.994	0.996	0.997	0.998	0.998	0.999	0.999	0.999
0.80	0.338	0.555	0.712	0.816	0.882	0.924	0.951	0.968	0.979	0.986	0.991	0.994	0.996	0.997	0.998	0.998	0.999	0.999	0.999	0.999
0.85	0.344	0.564	0.722	0.825	0.890	0.931	0.956	0.972	0.982	0.988	0.992	0.995	0.997	0.998	0.998	0.999	0.999	0.999	0.999	0.999
0.90	0.348	0.570	0.728	0.831	0.896	0.935	0.960	0.975	0.984	0.990	0.994	0.996	0.997	0.998	0.999	0.999	0.999	0.999	0.999	0.999
0.95	0.351	0.573	0.732	0.835	0.899	0.938	0.962	0.977	0.986	0.991	0.994	0.996	0.998	0.998	0.999	0.999	0.999	0.999	0.999	0.999
1.00	0.351	0.574	0.734	0.836	0.900	0.939	0.963	0.977	0.986	0.991	0.995	0.996	0.998	0.998	0.999	0.999	0.999	0.999	0.999	0.999

（续）

ξ \ α	11.0	11.5	12.0	12.5	13.0	13.5	14.0	14.5	15.0	15.5	16.0	16.5	17.0	17.5	18.0	18.5	19.0	19.5	20.0	20.5
0.00	0.000	0.000	0.000	0.00	0.000	0.000	0.000	0.00	0.000	0.000	0.000	0.00	0.000	0.000	0.000	0.00	0.000	0.000	0.000	0.000
0.05	0.423	0.437	0.451	0.464	0.478	0.490	0.503	0.515	0.527	0.538	0.550	0.561	0.572	0.583	0.593	0.603	0.613	0.622	0.632	0.641
0.10	0.667	0.683	0.698	0.713	0.727	0.740	0.753	0.765	0.776	0.787	0.798	0.808	0.817	0.826	0.834	0.842	0.850	0.857	0.864	0.871
0.15	0.808	0.821	0.834	0.846	0.857	0.868	0.877	0.886	0.894	0.902	0.909	0.915	0.921	0.927	0.932	0.937	0.942	0.946	0.950	0.953
0.20	0.889	0.899	0.909	0.917	0.925	0.932	0.939	0.945	0.950	0.954	0.959	0.963	0.966	0.968	0.972	0.975	0.977	0.979	0.981	0.983
0.25	0.936	0.943	0.950	0.956	0.961	0.965	0.969	0.973	0.976	0.979	0.981	0.983	0.985	0.987	0.988	0.990	0.991	0.992	0.993	0.994
0.30	0.963	0.969	0.972	0.976	0.979	0.982	0.985	0.987	0.988	0.990	0.991	0.992	0.993	0.994	0.995	0.996	0.996	0.997	0.997	0.997
0.35	0.978	0.982	0.985	0.987	0.989	0.991	0.992	0.993	0.994	0.995	0.996	0.996	0.997	0.997	0.998	0.998	0.998	0.998	0.999	0.999
0.40	0.987	0.989	0.991	0.993	0.994	0.995	0.996	0.996	0.997	0.997	0.998	0.998	0.998	0.999	0.999	0.999	0.999	0.999	0.999	0.999
0.45	0.992	0.994	0.995	0.996	0.997	0.997	0.998	0.998	0.998	0.999	0.999	0.999	0.999	0.999	0.999	0.999	0.999	0.999	0.999	0.999
0.50	0.995	0.996	0.997	0.998	0.998	0.998	0.999	0.999	0.999	0.999	0.999	0.999	0.999	0.999	0.999	0.999	0.999	0.999	0.999	0.999
0.55	0.997	0.998	0.998	0.998	0.999	0.999	0.999	0.999	0.999	0.999	0.999	0.999	0.999	0.999	0.999	0.999	0.999	0.999	0.999	0.999
0.60	0.998	0.998	0.999	0.999	0.999	0.999	0.999	0.999	0.999	0.999	0.999	0.999	0.999	0.999	0.999	0.999	0.999	0.999	0.999	0.999
0.65	0.999	0.999	0.999	0.999	0.999	0.999	0.999	0.999	0.999	0.999	0.999	0.999	0.999	0.999	0.999	0.999	0.999	0.999	0.999	0.999
0.70	0.999	0.999	0.999	0.999	0.999	0.999	0.999	0.999	0.999	0.999	0.999	0.999	0.999	0.999	0.999	0.999	0.999	0.999	1.000	1.000
0.75	0.999	0.999	0.999	0.999	0.999	0.999	0.999	0.999	0.999	0.999	0.999	0.999	0.999	0.999	0.999	1.000	1.000	1.000	1.000	1.000
0.80	0.999	0.999	0.999	0.999	0.999	0.999	0.999	0.999	0.999	0.999	0.999	0.999	0.999	1.000	1.000	1.000	1.000	1.000	1.000	1.000
0.85	0.999	0.999	0.999	0.999	0.999	0.999	0.999	0.999	0.999	0.999	1.000	1.000	1.000	1.000	1.000	1.000	1.000	1.000	1.000	1.000
0.90	0.999	0.999	0.999	0.999	0.999	0.999	0.999	0.999	0.999	1.000	1.000	1.000	1.000	1.000	1.000	1.000	1.000	1.000	1.000	1.000
0.95	0.999	0.999	0.999	0.999	0.999	0.999	0.999	0.999	1.000	1.000	1.000	1.000	1.000	1.000	1.000	1.000	1.000	1.000	1.000	1.000
1.00	0.999	0.999	0.999	0.999	0.999	0.999	1.000	1.000	1.000	1.000	1.000	1.000	1.000	1.000	1.000	1.000	1.000	1.000	1.000	1.000

$$M_i = M_{pi} - \sum_i^n V_{bi} a \tag{4-44}$$

第 i 层墙肢的剪力 V_{ji} （$j=1$，2）

可近似将联肢墙总剪力 V_i 按两端无转动的杆，考虑弯曲和剪切变形后的折算截面二次矩 I'_j 分配给各墙肢，故

$$V_{1i} = \frac{I'_1}{I'_1 + I'_2} V_i \tag{4-45a}$$

$$V_{2i} = \frac{I'_2}{I'_1 + I'_2} V_i \tag{4-45b}$$

其中 $I'_j = \dfrac{I_j}{1 + \dfrac{12\mu EI_j}{GA_j h_j^2}}$ （$j=1$，2）

双肢墙的内力情况如图4-23所示。

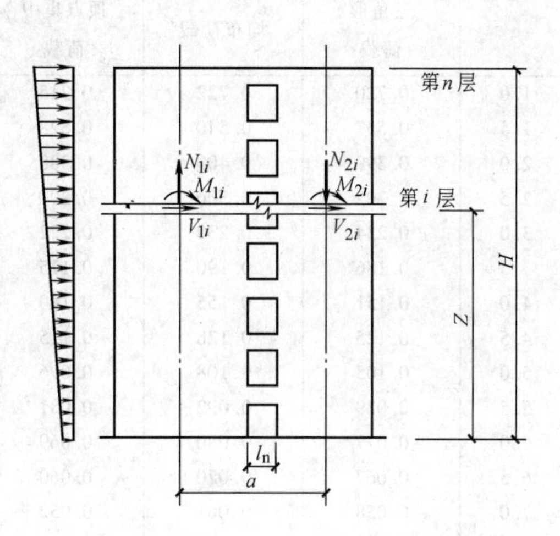

图4-23 双肢剪力墙内力图

5. 双肢墙的顶点位移和等效抗弯刚度

（1）顶点位移 根据墙肢内力与其弯曲变形 θ_1 和剪切变形 θ_2 的关系

$$\theta'_1 = \frac{1}{E(I_1 + I_2)}\left[M_p(z) - \int_z^H a\tau(z)\,dz\right]$$

$$\theta_2 = \frac{\mu V_p(z)}{G(A_1 + A_2)}$$

当已知 τ（z）和 V_p、M_p 之后，剪力墙的侧移由下式求出

$$y = y_M + y_V = \frac{1}{EI}\int_0^z\int_0^z M_p\,dzdz - \frac{1}{EI}\int_0^z\int_0^z\int_z^H a\tau(z)\,dzdzdz + \frac{\mu}{GA}\int_0^z V_p\,dz \tag{4-46}$$

式中 y_M——由弯曲变形产生的侧移；

y_V——由剪切变形产生的侧移。

分别将三种水平荷载代入式（4-46）后，得顶点 $\xi=1$ 侧移 u

$$u = \begin{cases} \dfrac{1}{8}\dfrac{V_0H^3}{EI}\left[1 + 4\dfrac{\mu EI}{H^2GA} - \dfrac{\alpha_1^2}{\alpha} + \dfrac{\alpha_1^2}{\alpha^2}\psi\right] & \text{(顶点集中荷载)} \\ \dfrac{11}{60}\dfrac{V_0H^3}{EI}\left[1 + 3.64\dfrac{\mu EI}{H^2GA} - \dfrac{\alpha_1^2}{\alpha} + \dfrac{\alpha_1^2}{\alpha^2}\psi\right] & \text{(倒三角形荷载)} \\ \dfrac{1}{3}\dfrac{V_0H^3}{EI}\left[1 + 3\dfrac{\mu EI}{H^2GA} - \dfrac{\alpha_1^2}{\alpha} + \dfrac{\alpha_1^2}{\alpha^2}\psi\right] & \text{(顶点集中荷载)} \end{cases} \tag{4-47}$$

式中

$$\psi = \begin{cases} \dfrac{8}{\alpha^2}\left(\dfrac{1}{2} + \dfrac{1}{\alpha^2} - \dfrac{1}{\alpha^2\mathrm{ch}\alpha} - \dfrac{\mathrm{sh}\alpha}{\alpha\mathrm{ch}\alpha}\right) & \text{(均布荷载)} \\ \dfrac{60}{11\alpha^2}\left(\dfrac{2}{3} - \dfrac{\mathrm{sh}\alpha}{\alpha\mathrm{ch}\alpha} - \dfrac{2}{\alpha^2\mathrm{ch}\alpha} + \dfrac{2\mathrm{sh}\alpha}{\alpha^3\mathrm{ch}\alpha}\right) & \text{(倒三角形荷载)} \\ \dfrac{3}{\alpha^2}\left(1 - \dfrac{\mathrm{sh}\alpha}{\alpha\mathrm{ch}\alpha}\right) & \text{(顶点集中荷载)} \end{cases} \tag{4-48}$$

ψ 可由表 4-9 查得。

表 4-9 ψ 值

α	三角形荷载	均布荷载	顶点集中荷载	α	三角形荷载	均布荷载	顶点集中荷载
1.0	0.720	0.722	0.715	11.0	0.026	0.027	0.022
1.5	0.537	0.540	0.528	11.5	0.023	0.025	0.020
2.0	0.399	0.403	0.388	12.0	0.022	0.023	0.019
2.5	0.302	0.306	0.290	12.5	0.020	0.021	0.017
3.0	0.234	0.238	0.222	13.0	0.019	0.020	0.016
3.5	0.186	0.190	0.175	13.5	0.017	0.018	0.015
4.0	0.151	0.155	0.140	14.0	0.016	0.017	0.014
4.5	0.125	0.128	0.115	14.5	0.015	0.106	0.013
5.0	0.105	0.108	0.096	15.0	0.014	0.015	0.012
5.5	0.089	0.092	0.081	15.5	0.013	0.014	0.011
6.0	0.077	0.080	0.069	16.0	0.012	0.013	0.010
6.5	0.067	0.070	0.060	16.5	0.012	0.013	0.010
7.0	0.058	0.061	0.052	17.0	0.011	0.012	0.009
7.5	0.052	0.054	0.046	17.5	0.010	0.011	0.009
8.0	0.046	0.048	0.041	18.0	0.010	0.011	0.008
8.5	0.041	0.043	0.036	18.5	0.009	0.010	0.008
9.0	0.037	0.039	0.032	19.0	0.009	0.009	0.007
9.5	0.034	0.035	0.029	19.5	0.008	0.009	0.007
10.0	0.031	0.032	0.027	20.0	0.008	0.009	0.007
10.5	0.028	0.030	0.024	20.5	0.008	0.008	0.006

双肢墙的等效抗弯刚度 EI_{eq} 为

$$EI_{eq}=\begin{cases} EI\dfrac{1}{\left[1+4\dfrac{\mu EI}{H^2GA}-\dfrac{\alpha_1^2}{\alpha}+\dfrac{\alpha_1^2}{\alpha^2}\psi\right]} & \text{（均布荷载）}\\ EI\dfrac{1}{\left[1+3.64\dfrac{\mu EI}{H^2GA}-\dfrac{\alpha_1^2}{\alpha}+\dfrac{\alpha_1^2}{\alpha^2}\psi\right]} & \text{（倒三角形荷载）}\\ EI\dfrac{1}{\left[1+3\dfrac{\mu EI}{H^2GA}-\dfrac{\alpha_1^2}{\alpha}+\dfrac{\alpha_1^2}{\alpha^2}\psi\right]} & \text{（顶点集中荷载）}\end{cases} \tag{4-49}$$

求出墙的等效抗弯刚度，即可分配各墙片的剪力及按式（4-47）求墙的位移。

6. 双肢墙内力、位移分布的特点

图 4-24 给出了按连续化方法计算的某双肢墙侧移 u、连梁剪应力 $\tau(z)$、墙肢轴力 N 及墙肢弯矩 M 沿高度的分布曲线。计算结果分析表明：

1）双肢墙的侧移曲线呈弯曲型。α 值愈大，墙的刚度愈大，侧移愈小。

2）连梁的剪力分布特点：剪力最大（也是弯矩最大）的连梁不在底层，它的位置和大小将随 α 值改变。当 α 值增大时，连梁剪力增大，剪力最大的梁向下移。

3）墙肢的轴力与 α 值有关。当 α 增大时，连梁剪力增大，墙肢轴力也必然加大。

4）墙肢的弯矩也与 α 有关。α 值愈大，墙肢弯矩愈小。

由此可见，整体系数 α 与刚度及内力分布有关，是一个十分重要的参数。

由于计算时将连梁假想为连续的栅片，因此，图 4-24 所示墙肢轴力与弯矩曲线是一条连续平滑的曲线，实际结构的连梁并非连续栅片，所以墙肢实际弯矩与轴力图应为齿形分布（见图 4-15），墙肢各高度处的弯矩和轴力应该用每层连梁处由连梁剪力所产生的集中约束进行计算。

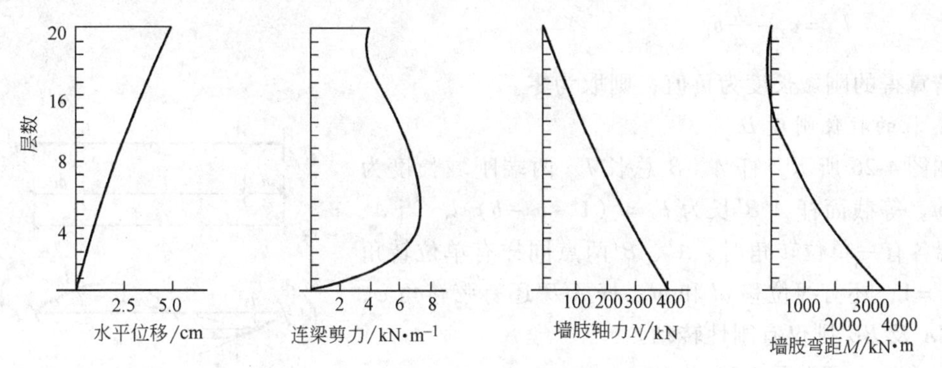

图 4-24　双肢墙内力、位移分布图

4.2.3.6　大开口剪力墙（壁式框架）的内力和位移计算

当剪力墙的洞口尺寸很大且连系梁的线刚度接近墙肢的线刚度时，墙肢的弯矩图除在连系梁处有突变外，几乎所有的连系梁之间的墙肢都有反弯点出现。整个剪力墙的受力性能接近于一框架，所不同的是连系梁和墙肢节点的刚度很大，类似刚域，几乎不产生变形。另外，由于连系梁和墙肢截面的尺寸较大，剪切变形不容忽视。因此，可将剪力墙视作带刚域的所谓壁式框架来进行计算（见图 4-25）。

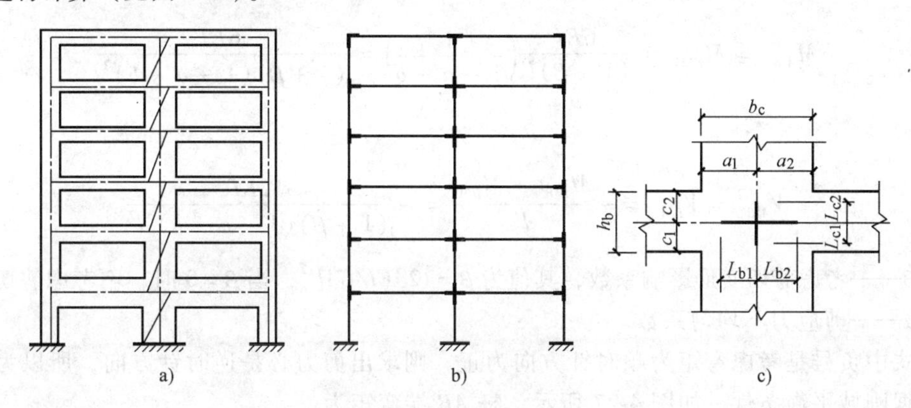

图 4-25　壁式框架计算简图

壁式框架亦可采用 D 值法进行内力和位移计算，其原理和步骤同普通框架，只是由于刚域的存在以及剪切变形的影响，要对 D 值和反弯点位置进行一些修正。求得修正后的 D 值和反弯点的位置即可采用第 3 章中类似的方法进行结构分析。

1. 刚域的长度

试验和有限元分析均表明：刚域的长度不能取到洞口，应按下式选取（见图 4-25c）：

对于梁　$l_{b1} = a_1 - \frac{1}{4}h_b$

$$l_{b2}=a_2-\frac{1}{4}h_b$$

对于柱 $l_{c1}=c_1-\frac{1}{4}b_c$

$$l_{c2}=c_2-\frac{1}{4}b_c$$

若算得的刚域长度为负值，则取为零。

2. 柱的抗侧刚度 D

如图 4-26 所示，杆 A、B 总长 l，两端刚域长度为 al 和 bl，等截面杆 $A'B'$ 长为 $l'=(1-a-b)\ l$。当 A、B 两端各有一单位转角时，A'、B' 两点同样有单位转角 $\theta_1=\theta_2=1$，还有线位移 al 和 bl，杆 $A'B'$ 还有弦转角 φ，刚域 AA' 及 BB' 则仅有刚性转动。

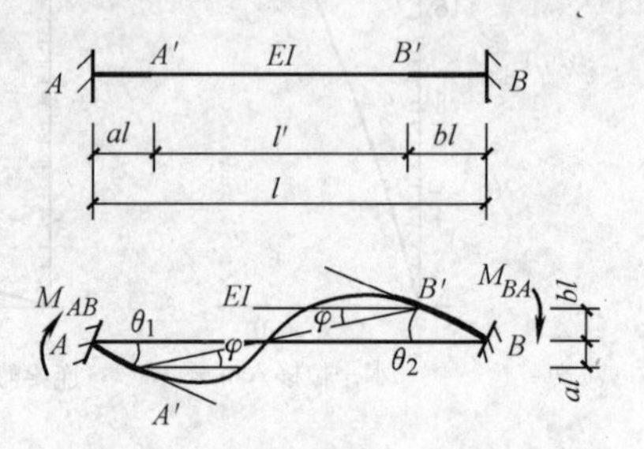

图 4-26 带刚域杆件的转角

弦转角 φ 可由图 4-26 求出

$$\varphi=\frac{al+bl}{l'}=\frac{a+b}{1-a-b}$$

当 A、B 点转动一个单位角 $\theta_1=\theta_2=1$ 时，杆 $A'B'$ 转动角度为 $\theta_1+\varphi=1+\varphi$，即

$$1+\varphi=\frac{1}{1-a-b}$$

杆端弯矩

$$M_{A'B'}=M_{B'A'}=\frac{6EI}{(1+\beta)l'}\left(\frac{1}{1-a-b}\right)=\frac{6EI}{(1+\beta)(1-a-b)^2l}$$

杆端剪力

$$V_{A'B'}=V_{B'A'}=-\frac{M_{A'B'}+M_{B'A'}}{l'}=-\frac{12EI}{(1+\beta)(1-a-b)^3l^2}$$

式中 β——考虑剪切变形影响系数，其值为 $\beta=12\mu EI/GAl'^2$，当 $\beta=0$ 时，不考虑剪切变形。

μ——剪应力不均匀系数。

公式中负号是考虑弯矩为顺时针方向为正，则求出剪力必是逆时针方向，所以为负。

根据刚域平衡条件，如图 4-27 所示，杆 AB 端弯矩为

$$M_{AB}=M_{A'B'}+V_{A'B'}al=\frac{6EI(1+a-b)}{(1+\beta)(1-a-b)^3l}=6ci \tag{4-50}$$

$$M_{BA}=M_{B'A'}+V_{B'A'}bl=\frac{6EI(1-a+b)}{(1+\beta)(1-a-b)^3l}=6c'i \tag{4-51}$$

$$M=M_{AB}+M_{BA}=\frac{12EI}{(1+\beta)(1-a-b)^3l}=12i\frac{c+c'}{2} \tag{4-52}$$

式中 $c=\frac{1+a-b}{(1+\beta)\ (1-a-b)^3}$，$c'=\frac{1-a+b}{(1+\beta)\ (1-a-b)^3}$，$i=EI/l$——线刚度。

由式 4-50 ~ 52 可知，壁式框架杆件的转角刚度是由等截面杆刚度系数乘以相应的刚度提高系数 c、c'、$(c+c')/2$。则带刚域壁式框架柱抗侧移刚度参照第 3 章可得

$$D = \alpha_c \frac{12}{h^2}\left(\frac{c+c'}{2}\right) i_c = \alpha_c \frac{12K_c}{h^2} \tag{4-53}$$

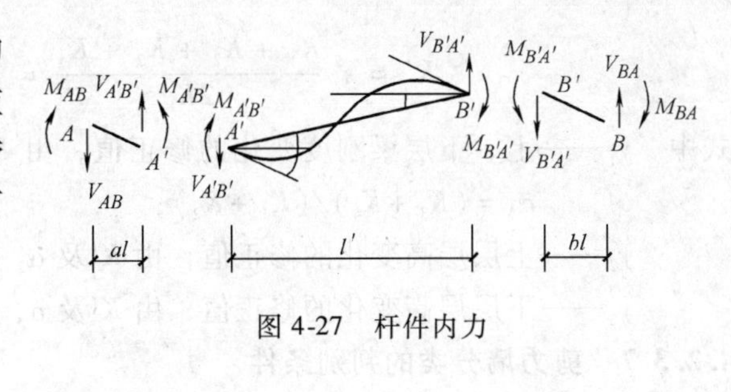

图 4-27　杆件内力

式中　α_c、K_c 值的计算如表 4-10 所示。

表 4-10　壁式框架 α_c 值计算

	简图	K	α_c	D
一般层	边柱：$K_2=ci_2$，$K_c=\frac{c+c'}{2}i_c$，$K_4=ci_4$，h；中柱：$K_1=c'i_1$，$K_2=ci_2$，$K_c=\frac{c+c'}{2}i_c$，$K_3=c'i_3$，$K_4=ci_4$	边柱：$K=\frac{K_2+K_4}{2K_c}$ 中柱：$K=\frac{K_1+K_2+K_3+K_4}{2K_c}$	$\alpha_c=\frac{K}{2+K}$	$D=\frac{\alpha_c \cdot 12K_c}{h^2}$
底层	边柱：$K_2=ci_2$，$K_c=\frac{c+c'}{2}i_c$，h；中柱：$K_1=c'i_1$，$K_2=ci_2$，$K_c=\frac{c+c'}{2}i_c$	边柱：$K=\frac{K_2}{K_c}$ 中柱：$K=\frac{K_1+K_2}{K_c}$	$\alpha_c=\frac{0.5+K}{2+K}$	

3. 带刚域杆考虑剪切变形后反弯点高度比修正

前面已得出普通框架的反弯点高度，即

$$yh = (y_0 + y_1 + y_2 + y_3)h$$

壁式框架柱的反弯点高度（见图 4-28）也可利用第 3 章的有关表格计算，但必须考虑刚域及剪切变形的影响，对反弯点高度的计算公式进行修正，即

$$yh = (a + sy_0 + y_1 + y_2 + y_3)h$$

式中　a——柱下端刚域长度与柱高度之比；

s——无刚臂部分柱长度与柱高度之比，$s = h'/h$；

y_0——标准反弯点高度比。

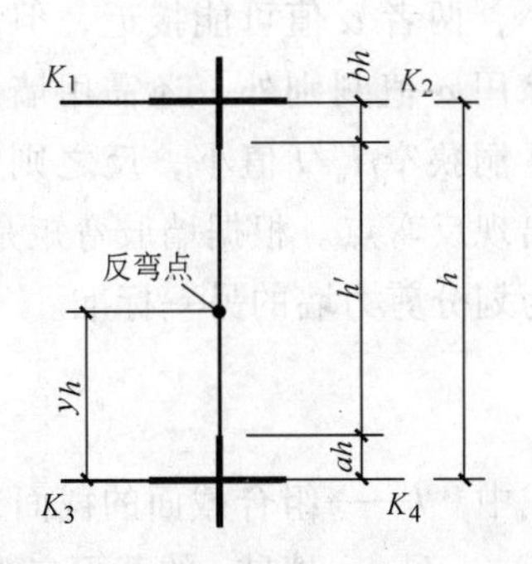

图 4-28　壁式框架柱的反弯点

y_0 可由第 3 章相关表格可查得，查表时注意梁柱刚度比 K 要用 K'代替，K'用下式计算

$$K' = s^2 \frac{K_1 + K_2 + K_3 + K_4}{2K_c} = s^2 \frac{c'i_1 + ci_2 + c'i_3 + ci_4}{(c + c')i_c}$$

式中 y_1——上、下层梁刚度变化的修正值，由 K' 及 α_1 查表，$\alpha_1 = (K_1 + K_2)/(K_3 + K_4)$ 或 $\alpha_1 = (K_3 + K_4)/(K_1 + K_2)$；

y_2——上层层高变化的修正值，由 K' 及 α_2 查表，$\alpha_2 = h_{上}/h$；

y_3——下层层高变化的修正值，由 K' 及 α_3 查表，$\alpha_3 = h_{下}/h$。

4.2.3.7 剪力墙分类的判别条件

以上讨论的整截面剪力墙、整体小开口剪力墙、联肢剪力墙和壁式框架四种类型剪力墙，因外形和洞口大小的不同，受力特点也不相同，不但在墙肢截面上的正应力分布有区别，而且墙肢高度方向上的弯矩变化规律也不同，设计时应首先判断它属于哪一种类型，然后再按相应的计算方法计算内力、位移。

在水平荷载作用下，各类剪力墙截面应力分布及弯矩图不同，其主要原因是因为连梁对墙肢的约束不同。发生突变的弯矩值的大小，主要取决于连梁刚度与墙肢刚度的比值。

由双肢墙的计算可知

$$\alpha^2 = \alpha_1^2 + \frac{6H^2D}{Sha}$$

$$\alpha = \sqrt{\frac{6H^2D}{ThI}}$$

式中 $\frac{1}{T} = \frac{\alpha^2}{\alpha_1^2} = 1 + \frac{I}{Sa} = 1 + \frac{AI}{a^2A_1A_2}$

$I = I_1 + I_2$

$A = A_1 + A_2$

α 值反映了连梁刚度与墙肢刚度的相对比例关系，连梁刚度大而墙肢刚度相对较小时，α 值大，连梁对墙肢的约束强，剪力墙整体性好，反之则差。因此，可利用 α 参数作为判别剪力墙类型的标准之一。

在某些情况下，仅靠 α 值的大小还不能完全正确判别剪力墙的类型，如小开口剪力墙与壁式框架两种剪力墙，前者连梁和墙肢的刚度均较大，后者连梁和墙肢的刚度均较小，两者 α 值可能接近，但受力与变形特征却不同，因此，为区分这两种不同的类型，除用 α 值判别外，还需用墙肢截面二次矩的比值 I_n/I（I_n 见式 4-54）作为判别条件。如果孔洞狭窄 I_n/I 值小，反之则大，当 I_n/I 大到一定程度时，剪力墙则表现出框架柱的特点，出现反弯点。根据墙肢弯矩是否出现反弯点的分析，表 4-11 给出了 I_n/I 的限值 $\zeta(\alpha, n)$，作为划分剪力墙的另一标准。

$$I_n = I - \sum_{j=1}^{m} I_j \qquad (4\text{-}54)$$

式中 I——组合截面的截面二次矩；

I_j——墙肢 j 的截面二次矩；

m——剪力墙墙肢数。

综上所述，对各类剪力墙的判别条件如下：

1）孔洞面积与剪力墙总面积之比不大于 0.15，且孔洞间距及孔洞至墙边净距大于孔洞长边尺寸时，一般可作为整截面剪力墙计算。

2）当 $I_n/I \leqslant \zeta$ 时，若 $\alpha \geqslant 10$，按小开口剪力墙计算；若 $\alpha < 10$，按联肢剪力墙计算。

3）当 $I_n/I > \zeta$ 时，按壁式框架计算。

表 4-11 系数 ζ 的数值

层数 n / α	8	10	12	16	20	≥30
10	0.886	0.948	0.975	1.000	1.000	1.000
12	0.866	0.924	0.950	0.994	1.000	1.000
14	0.853	0.908	0.934	0.978	1.000	1.000
16	0.844	0.896	0.923	0.964	0.988	1.000
18	0.836	0.888	0.914	0.952	0.978	1.000
20	0.831	0.880	0.906	0.945	0.970	1.000
22	0.827	0.875	0.901	0.940	0.965	1.000
24	0.824	0.871	0.897	0.936	0.960	0.989
26	0.822	0.867	0.894	0.932	0.955	0.986
28	0.820	0.864	0.890	0.929	0.952	0.982
≥30	0.818	0.861	0.887	0.926	0.950	0.979

4.2.4 剪力墙截面设计与构造要求

4.2.4.1 剪力墙截面设计

剪力墙在水平和竖向荷载作用下属于偏心受压或偏心受拉构件，应分别进行正截面承载力计算和斜截面承载力计算。

1. 正截面承载力计算

剪力墙的截面承载力计算与一般的偏心受压或偏心受拉构件基本相同，但是剪力墙截面的高度和厚度之比较大，是一种片状结构，因此，剪力墙截面承载力计算与一般的偏心受力构件有一定的区别。剪力墙内有横向和竖向的分布钢筋，计算时假定剪力墙内竖向分布钢筋可以承受一定的弯矩作用，计算中应予以考虑。但竖向分布钢筋都比较细，当墙体发生破坏时，容易产生压屈现象，其承受的压应力较小，为使计算偏于安全，可不考虑受压区内竖向分布钢筋的作用；考虑到在实际工程中，截面高度较大，故不考虑附加偏心距及偏心距增大系数。

（1）偏心受压墙肢截面计算　剪力墙偏心受压可分为大偏心受压和小偏心受压两种形式。按照平截面假定，在轴向压力和弯矩共同作用下，墙截面应变呈直线分布，由此可求得极限破坏时名义受压区高度 x_b 与截面有效高度的比值 ξ_b 为

$$\xi_b = \frac{\beta_c}{1 + \frac{f_y}{E_s \varepsilon_{cu}}}$$

式中　β_1——随混凝土强度提高逐渐降低的系数；

ε_{cu}——非均匀受压时的混凝土的极限压应变。

当 $\xi \geqslant \xi_b$ 时，属于小偏心受压；当 $\xi < \xi_b$ 时，属于大偏心受压。

1）大偏心受压计算：剪力墙截面大偏心受压时的破坏过程和一般大偏心受压构件相似。首先是远离中和轴的受拉钢筋达到屈服，然后受压边缘混凝土达到极限压应变，同时受压钢

筋达到屈服，靠近中和轴处的竖向分布钢筋在剪力墙墙肢截面破坏之前达不到屈服。根据平截面假定，通过计算可以确定达到屈服的范围，但是为简化计算，假定只在 $1.5x$（x 为名义受压区高度）范围以外的受拉筋达到屈服并参与受力。因此，极限状态下截面应力图形如图4-29所示。

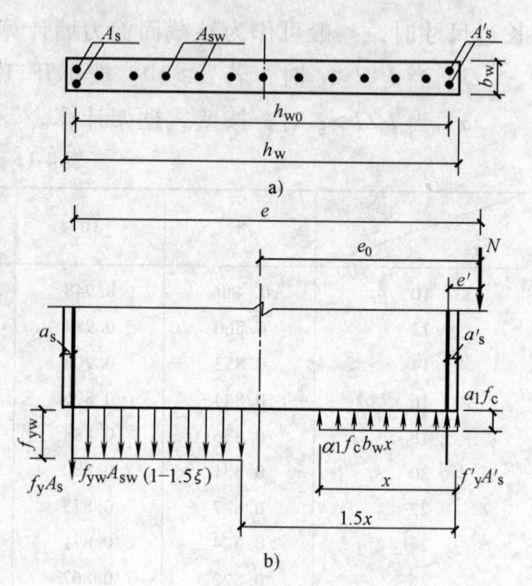

图4-29 矩形截面大偏心受压应力分布图

对图4-29所示矩形截面剪力墙，根据 $\sum N=0$ 及 $\sum M=0$ 两个平衡条件建立平衡方程式

$$N \leqslant \alpha_1 f_c b_w x + A'_s f'_y - A_s f_y - N_{sw} \quad (4\text{-}55)$$

$$N\left(e_0 + h_{w0} - \frac{h_w}{2}\right) = \alpha_1 f_c b_w x\left(h_{w0} - \frac{x}{2}\right) + A'_s f'_y (h_{w0} - a'_s) - M_{sw} \quad (4\text{-}56)$$

式中 N_{sw}——受拉区分布筋的拉力之和，N_{sw} 按下式计算

$$N_{sw} = (h_{w0} - 1.5x) b_w f_{yw} \rho_w \quad (4\text{-}57)$$

M_{sw}——N_{sw} 对受拉纵筋重心的力矩；M_{sw} 按下式计算

$$M_{sw} = \frac{1}{2}(h_{w0} - 1.5x)^2 b_w f_{yw} \rho_w \quad (4\text{-}58)$$

f_y、f'_y、f_{yw}——剪力墙端部受拉、受压钢筋和墙体竖向分布钢筋强度设计值；

f_c——混凝土轴心抗压强度设计值；

e_0——偏心距，$e_0 = M/N$；

h_{w0}——剪力墙截面有效高度，$h_{w0} = h_w - a'_s$；

a'_s——剪力墙受压区端部钢筋合力点到受压区边缘的距离，一般取 $a'_s = b_w$；

ρ_w——剪力墙竖向分布钢筋配筋率，$\rho_w = A_{sw}/b_w h_{w0}$，$A_{sw}$ 为墙肢内竖向分布钢筋面积；

α_1——随混凝土强度提高而逐渐降低的系数；

x——剪力墙截面名义受压区高度。

在截面设计时，通常的方法是先按构造要求设置墙内竖向分布钢筋 A_{sw}，当截面为对称配筋时，由式(4-55)求出受压区高度 x

$$x = \frac{N + A_s f_y - A'_s f'_y + f_{yw} A_{sw}}{\alpha_1 f_c b_w + 1.5 f_{yw} A_{sw}/h_{w0}} \quad (4\text{-}59)$$

将式(4-59)代入式(4-56)，就可以求出 A_s 或 A'_s，为了使计算简化，将式(4-59)代入式(4-56)，略去 x^2 项，经整理后得

$$A_s = A'_s = \frac{N\left(e_0 - \frac{1}{2}h_w + \frac{1}{2}x\right) - \frac{1}{2}(h_{w0} - x) A_{sw} f_{yw}}{(h_{w0} - a'_s) f_y} \quad (4\text{-}60)$$

剪力墙截面为非对称配筋时，可按构造要求给定竖向分布钢筋 A_{sw}，仿照一般受压构件的计算方法确定 A_s 和 A'_s。

在大偏压计算过程当中，混凝土受压区的高度 x 尚应符合下列要求

$$x \leqslant \xi_b h_{w0}$$

2）小偏心受压计算：剪力墙小偏心受压时的破坏形态与一般小偏心受压构件相同。小偏心受压时，剪力墙墙肢截面全部或部分受压，墙肢端部受拉钢筋的应力很小，因此竖向分布钢筋都不承受弯矩，截面极限状态应力分布（见图4-30）与小偏心受压柱完全相同，配筋计算方法也完全相同。基本方程为

$$N \leqslant \alpha_1 f_c b_w x + A'_s f'_y - A_s \sigma_s \tag{4-61}$$

$$N\left(e_0 + h_{w0} - \frac{h_w}{2}\right) = \alpha_1 f_c b_w x\left(h_{w0} - \frac{x}{2}\right) + A'_s f'_y (h_{w0} - a'_s) \tag{4-62}$$

$$\sigma_s = \frac{\xi - 0.8}{\xi_b - 0.8} f_y \tag{4-63}$$

对称配筋情况下，对于常用的Ⅰ、Ⅱ级钢筋，ξ 值可用下述近似公式计算

$$\xi = \frac{N - \alpha_1 \xi_b f_c b_w h_{w0}}{\dfrac{Ne - 0.45\alpha_1 f_c b_w h_{w0}^2}{(0.8 - \xi_b)(h_{w0} - a'_s)} + \alpha_1 f_c b_w h_{w0}} + \xi_b \tag{4-64}$$

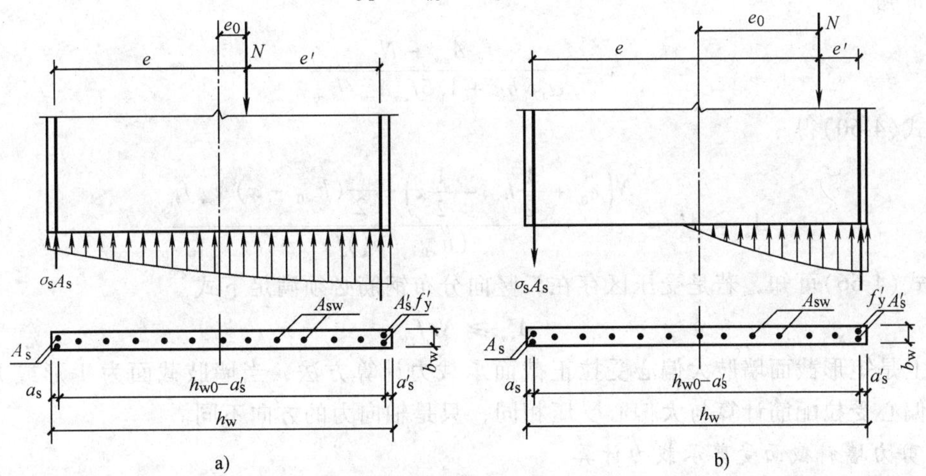

图4-30 矩形截面小偏心受压应力分布图

将 ξ 值代入式(4-62)，得

$$A_s = A'_s = \frac{N\left(e_0 + h_{w0} - \dfrac{h_w}{2}\right) - \alpha_1 f_c b_w x(h_{w0} - x/2)}{(h_{w0} - a'_s) f_y} \tag{4-65}$$

在小偏压计算过程当中，混凝土受压区的高度 x 尚应符合下列要求

$$h \geqslant x > \xi_b h_{w0}$$

竖向分布筋则按构造要求设置。

小偏心受压时，还要验算墙体平面外的稳定，这时，按轴心受压构件验算。

以上是矩形截面大、小偏压承载力计算方法，当墙肢截面为T形或I形时，可参照T形及I形偏压柱的计算方法进行计算。计算中同样应按上述原则考虑分布筋的作用。

（2）偏心受拉墙肢截面计算　偏心受拉墙肢根据偏心距的大小可分为大偏心受拉和小偏心受拉。当 $e_0 \geqslant \dfrac{h_w}{2} - a_s$ 时，为大偏心受拉；当 $e_0 < \dfrac{h_w}{2} - a_s$ 时，为小偏心受拉。

剪力墙一般不可能也不允许发生小偏心受拉破坏，下面介绍大偏心受拉正截面承载力计算。

在大偏心受拉情况下，截面大部分处于受拉状态，仅有小部分截面处于受压状态，如图4-31所示，其极限状态下的截面应力分布与大偏心受压情况相同。计算时考虑在受压区高度1.5倍之外的竖向分布钢筋参与工作，承受拉力，同时忽略受压竖向分布钢筋的作用。大偏心受拉情况下的计算公式与大偏心受压相似，只是轴力的方向与大偏心受压相反。

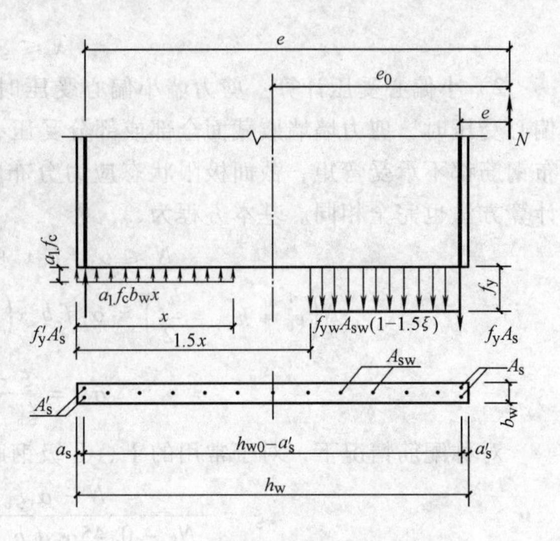

图4-31 大偏心受拉应力分布图

当剪力墙截面端部为对称配筋时，由式(4-59)可知

$$x = \frac{f_{yw}A_{sw} - N}{\alpha_1 f_c b_w + 1.5 f_{yw}A_{sw}/h_{w0}} \tag{4-66}$$

由式(4-60)得

$$A_s = A'_s = \frac{N\left(e_0 + \frac{1}{2}h_w - \frac{1}{2}x\right) - \frac{1}{2}(h_{w0} - x)A_{sw}f_{yw}}{(h_{w0} - a'_s)f_y} \tag{4-67}$$

由式(4-66)可知，若是受压区存在，竖向分布钢筋必须满足下式

$$A_{sw} \geqslant N/f_{yw}$$

以上是矩形截面墙肢大偏心受拉正截面承载力计算方法，当墙肢截面为T形或I形时，对于大偏心受拉配筋计算与大偏心受压相同，只是轴向力的方向不同。

2. 剪力墙斜截面受剪承载力计算

墙肢中由混凝土及水平分布筋共同抗剪。在斜裂缝出现以后，穿过斜裂缝的钢筋受拉，可以阻止斜裂缝开展，维持混凝土抗剪压的面积，从而改善沿斜裂缝剪切破坏的脆性性质。

剪力墙发生剪切破坏时，随着斜裂缝的出现和发展，破坏形态又可分为斜拉、斜压及剪压三种。

斜拉破坏是一种脆性破坏，破坏突然，设计时，通过满足剪力墙中水平分布钢筋的最小配筋率，即可以避免这种破坏形式的出现。

斜压破坏也是一种脆性破坏，在设计中，通过限制剪力墙截面的最小尺寸，即可避免产生这种破坏形态。

当剪力墙截面尺寸合理，混凝土强度等级选择适当和水平分布钢筋配筋率适中时，剪力墙的破坏形态为剪压破坏，这种破坏形态可以通过计算避免。

试验表明，截面上存在一定的轴向压力对抗剪承载力是有利的，而轴向拉力则会减小斜截面抗剪承载能力。

(1) 剪力墙墙肢最小截面尺寸　为避免剪力墙产生斜压破坏，其截面尺寸应符合下列要求

$$V \leqslant 0.25\beta_c f_c b_w h_w \tag{4-68}$$

式中　V——剪力墙计算截面的剪力设计值；

f_c——混凝土轴心抗压设计强度；

b_w，h_w——矩形截面的宽度或I形截面、T形截面的腹板宽度和截面高度；

β_c——混凝土强度的影响系数。

（2）偏心受压剪力墙斜截面受剪承载力计算　由试验得到的剪力墙墙肢受剪承载力经验公式如下

$$V \leqslant \frac{1}{\lambda - 0.5}\left(0.5f_t b_w h_{w0} + 0.13N\frac{A_w}{A}\right) + f_{yh}\frac{A_{sh}}{s}h_{w0} \tag{4-69}$$

式中　b_w，h_{w0}——墙肢腹板截面宽度和有效高度；

A，A_w——I形或T形截面的全截面面积和腹板面积，矩形截面$A = A_w$；

N——与剪力相应的截面轴向压力，当$N > 0.2f_c b_w h_w$时，取$N = 0.2f_c b_w h_w$；

f_{yh}——水平分布钢筋抗拉强度设计值；

s——水平分布钢筋间距；

A_{sh}——配置在同一截面水平分布钢筋各肢面积总和；

λ——计算截面处的剪跨比，$\lambda = M/Vh_{w0}$，M与V为计算截面的弯矩、剪力设计值。当$\lambda < 1.5$时，取$\lambda = 1.5$；当$\lambda > 2.2$时，取$\lambda = 2.2$。当计算截面与墙底之间的距离小于$0.5h_{w0}$时，此时，λ应按距墙底$0.5h_{w0}$处的弯矩与剪力值计算。

（3）偏心受拉剪力墙斜截面抗剪承载力计算　由试验得到的剪力墙墙肢抗剪承载力经验公式如下

$$V \leqslant \frac{1}{\lambda - 0.5}\left(0.5f_t b_w h_w - 0.13N\frac{A_w}{A}\right) + f_{yh}\frac{A_{sh}}{s}h_{w0} \tag{4-70}$$

式中　N——验算截面上与设计剪力V相应的轴向拉力设计值。

需要注意的是式(4-70)中右边第一项小于0时，取其为0，即验算公式中不考虑混凝土的抗剪作用。

3. 剪力墙连梁截面计算

连梁轴力较小，一般可以忽略，按受弯构件进行设计。由于连梁的跨高比较小，剪切破坏的可能性较一般受弯构件要大得多。

连梁可按普通受弯构件进行承载力计算，但可能会出现某几层连梁内力过大的情况，如连梁弯矩过大，超过其最大受弯承载力，配筋率过高，梁纵向受力钢筋布置不下，或剪力过大，连梁剪力设计值超过截面尺寸限制条件。此时可适当考虑连梁弯矩调幅，降低几层连梁的弯矩设计值。经调整后的弯矩设计值，均不应小于调幅前最大的连梁弯矩设计值的80%。调整后实际也降低了这些连梁的剪力设计值，因此其余几层连梁的弯矩设计值应相应提高，或相应增加墙肢的内力，以满足整个剪力墙的极限平衡条件。

4.2.4.2　剪力墙的构造要求

1. 混凝土强度等级

剪力墙的混凝土强度等级不应低于C20；短肢剪力墙－筒体结构的混凝土强度等级不应低于C25。

2. 剪力墙的厚度

非抗震设计的剪力墙厚度不应小于层高或剪力墙无支长度(无支长度是指沿剪力墙长度方向没有平面外横向支承墙的长度)的1/25，且不应小于140mm；其底部加强区厚度方向不宜小于层高的1/20，且不宜小于160mm。短肢剪力墙墙厚不小于200mm。

3. 剪力墙边缘构件设置

为了提高剪力墙的承载力，保证墙体的侧向稳定和增强剪力墙的延性应在剪力墙端部设置边缘构件(暗柱、端柱、翼墙和转角墙)。构造边缘构件的纵向钢筋应满足受弯承载力要求，并至少配置4Φ12mm的纵筋。构造边缘构件的配筋范围如图4-32所示。沿纵筋设置不少于直径6mm，间距为250mm的箍筋或拉筋。

暗柱及端柱内纵向钢筋连接和锚固要求宜与框架柱相同。

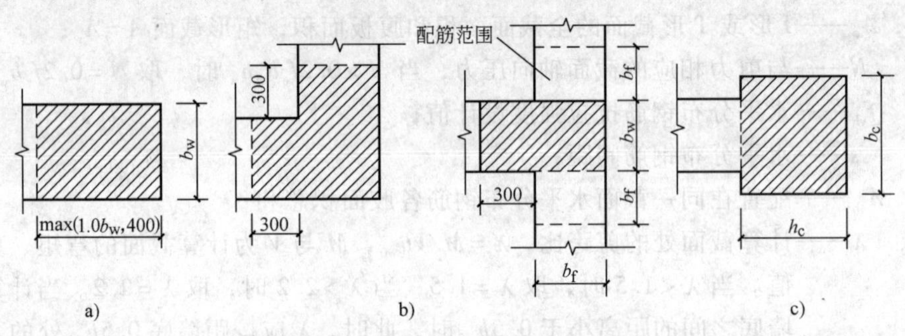

图4-32 构造边缘构件的配筋范围

a）暗柱 b）翼柱 c）端柱

4. 剪力墙内水平及竖向分布钢筋

(1) 数量要求 剪力墙除两端的竖向抗弯钢筋外，在墙体内还配有竖向及水平分布钢筋。竖向分布钢筋抗弯，水平分布钢筋抗剪，配筋量均由计算确定。

一般剪力墙的竖向及水平分布钢筋的配筋率均不应小于0.2%，钢筋间距均不应大于300 mm；房屋顶层剪力墙以及长矩形平面房屋的楼、电梯间剪力墙、端开间的纵向剪力墙、端山墙的竖向及水平分布钢筋的最小配筋率不应小于0.25%，钢筋间距不应大于200 mm。分布钢筋直径均不应小于8 mm，且分布钢筋直径不宜大于墙肢厚度的1/10。

(2) 配筋方式 高层建筑剪力墙中竖向和水平分布钢筋，不应采用单排配置方式。当剪力墙截面厚度 b_w 不大于400mm时，可以采用双排配筋；当 b_w 大于400mm时，但不大于700mm时，宜采用三排配筋；当 b_w 大于700mm时，宜采用四排配筋。

各排钢筋之间应采用拉筋连接，这样做有利于施工过程的定位和连接，拉筋直径不小于6mm，间距不大于600mm。拉筋应与外皮水平钢筋钩牢，底部加强部位的拉筋应适当加密。

水平钢筋在外皮还是内皮对受力关系不大，主要由施工方便来决定，为施工方便水平分布筋一般在外面。

非抗震设计时，剪力墙纵向钢筋最小锚固长度应取 l_a；剪力墙竖向及水平分布钢筋采用搭接连接时可在同一截面连接，搭接长度不应小于 $1.2l_a$。

5. 剪力墙洞口配筋

(1) 剪力墙上的零散设备洞口 当剪力墙墙面上开有非连续小洞口(其各边的长度小于800mm)，且在整体计算中不考虑其影响时，应将洞口被截断的分布钢筋分别配置在洞口的周边(见图4-33)，且钢筋直径不应小于12mm。

(2) 有错洞的剪力墙　错洞剪力墙使墙体内应力分布不规则，力的路径不明确，存在局部应力集中现象，易产生剪切破坏，在抗震设计及非抗震设计时，不宜采用错洞墙。当设计需要必须采用错洞墙时，应采取构造措施予以加强，如图4-34a所示为叠合错洞墙，应设暗框架。图4-34b为底层局部错洞墙，其标准层洞口部位的竖向钢筋应延伸至底层，并在一、二层形成上下连接的暗柱，二层洞口下设暗梁并加强配筋，底层墙截面的暗柱应伸入二层。

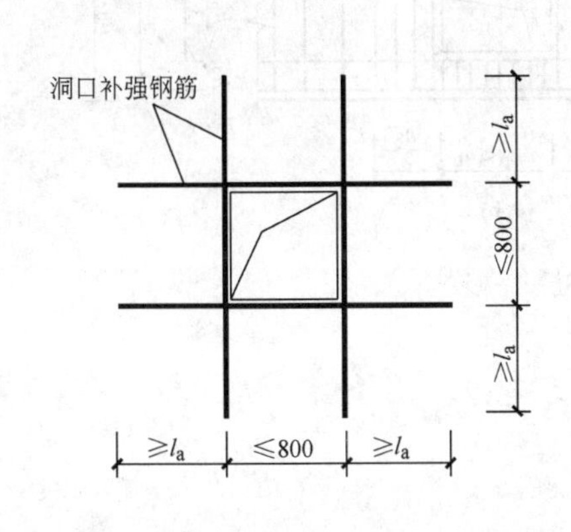

图4-33　剪力墙开洞补强

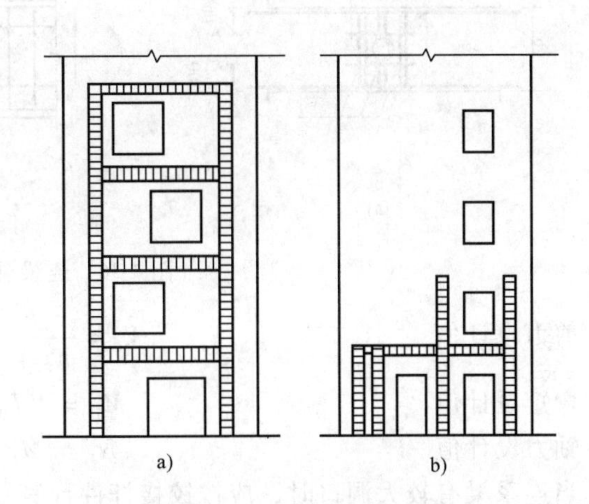

图4-34　错洞剪力墙

a) 叠合错洞墙　b) 底层局部错洞墙

6. 连梁配筋构造

(1) 连梁水平钢筋　连梁的水平钢筋应上、下对称布置，水平钢筋伸入墙内的锚固长度不应小于600mm，且不小于 l_a。

截面高度大于700mm的连梁，在梁的两侧面沿高度每隔200mm应设置一根直径不小于10mm的纵向构造钢筋(腰筋)。

在跨高比不大于2.5的连梁中，梁两侧的纵向分布钢筋配筋率应不低于0.3%，并可将墙肢中水平钢筋与连梁沿高配置的腰筋连续配置，以加强剪力墙的整体性。

(2) 连系梁箍筋　连系梁应沿全梁配置箍筋，箍筋间距不应大于150 mm，直径不应小于6 mm(见图4-35)。

在顶层连系梁纵向钢筋伸入墙内的锚固长度范围内，应设置间距不大于150 mm的箍筋，箍筋直径与该连系梁跨内箍筋直径相同。

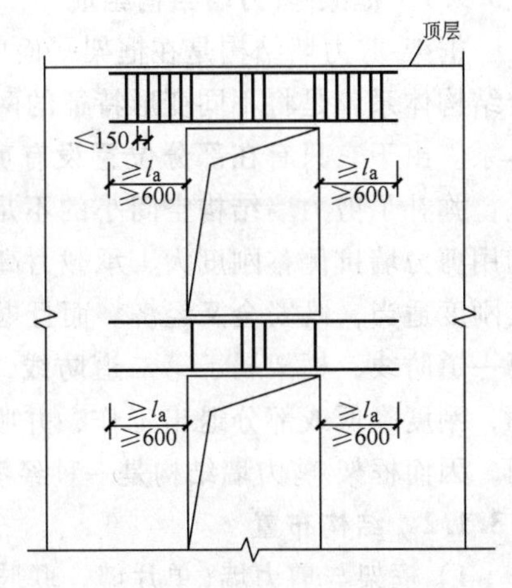

图4-35　连系梁配筋示意图

(3) 连系梁洞口配筋　连系梁开小圆洞时，应采用预埋套管，洞口直径不大于连梁高度的1/3，且洞口上、下有效高度不小于连系梁高度1/3，并不小于200mm。洞口四周设置的补强钢筋每边不应小于2Φ12(见图4-36a)。

被洞口削弱的截面应进行承载力验算。连系梁被洞口分割的上梁和下梁分别核算受剪承载力配箍筋，核算偏心受压承载力配置纵向钢筋，核算时上梁和下梁内力按下式计算(见图4-36b)：

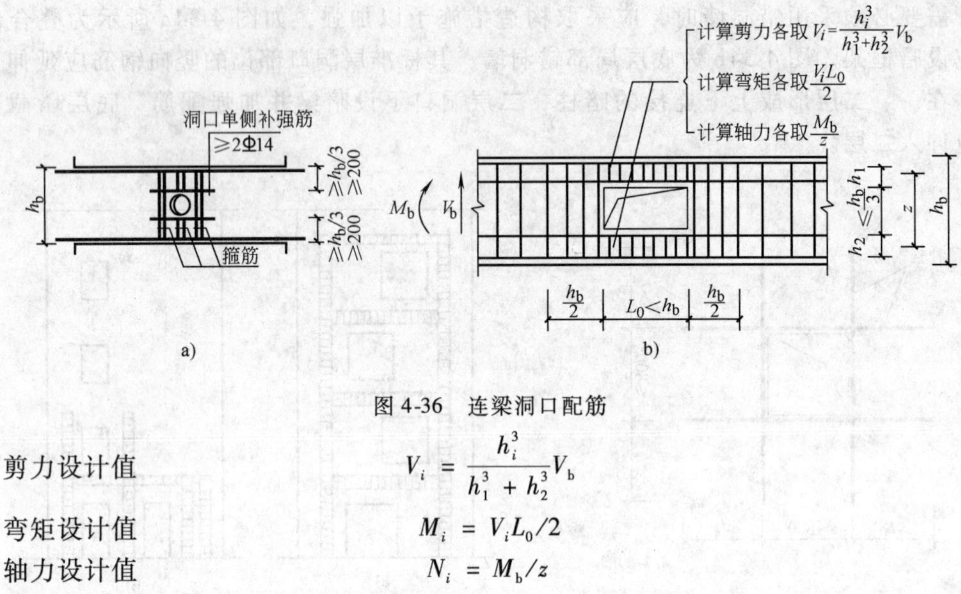

图4-36 连梁洞口配筋

剪力设计值 $$V_i = \frac{h_i^3}{h_1^3 + h_2^3}V_b$$

弯矩设计值 $$M_i = V_i L_0/2$$

轴力设计值 $$N_i = M_b/z$$

当连系梁有较大洞口时，应按铰接杆件计算。

有关剪力墙的抗震设计和抗震构造要求方面的内容可参考结构抗震方面的书籍和教材，在此未作介绍。

4.3 框架-剪力墙结构的设计

4.3.1 框架-剪力墙结构组成与结构布置

4.3.1.1 框架-剪力墙结构组成

框架-剪力墙结构是在框架平面中适当部位布置一定数量的剪力墙而构成的空间杆板组合结构体系，是将不同变形特征的两种类型抗侧力构件结合在一起共同承受荷载的双重结构体系。由于它只有在部分位置设有剪力墙，因而保持了框架结构具有较大的灵活空间的优点，弥补了剪力墙结构空间小的不足；剪力墙结构是刚性结构，框架结构是柔性结构，它利用剪力墙抗侧移刚度大、承载力高的优势，弥补框架结构抗侧移刚度小、变形大的弱点，其刚度适当，既安全又经济。而且框架－剪力墙结构在地震发生时具有多道防线，剪力墙为第一道防线，框架属于第二道防线，当剪力墙在一定强度的地震力作用下遭受可允许的损坏，刚度降低或部分退出工作，并吸收相当的地震能量后，框架部分则发挥第二道防线作用，因而框架-剪力墙结构是一种经济有效、应用广泛的结构体系。

4.3.1.2 结构布置

1）框架与剪力墙(单片墙、联肢墙或较小井筒)可分开布置，也可以在框架结构的若干跨内嵌入剪力墙(带边框剪力墙)，或者在单片抗侧力结构内连续分别布置框架和剪力墙，以及前面两种或三种布置方式相结合。

2）剪力墙宜双向布置，宜均匀对称地设置在建筑物的周边附近、楼梯间、电梯间、平面形状变化处及恒载较大的地方。平面凹凸较大时，宜在突出部分的端部附近布置剪力墙。纵、横向剪力墙宜布置成L形、T形和[形等。

3）纵向剪力墙宜布置在单元的中间区段内，房屋纵向较长时，不宜集中在两端布置纵向剪力墙。

4）非抗震设计房屋剪力墙的间距宜满足：现浇楼面及现浇部分厚度大于60 mm的预应力或非预应力叠合楼板，剪力墙的间距不大于$5B$(B为楼面宽度)，并且不大于60 m；装配整体楼面，剪力墙的间距不大于$3.5B$，并且不大于50m。当剪力墙之间楼面有较大的开洞时，剪力墙的间距应适当减小。

5）剪力墙的布置不宜过分集中，每道剪力墙承受的水平力不宜超过总水平力的30%。当剪力墙肢截面长度大于8m时，应设门窗洞口或施工洞，使其形成联肢墙。

6）梁与柱或柱与剪力墙的中线宜重合。剪力墙宜贯通建筑物全高，厚度随高度逐渐减薄，避免刚度突然变化。

7）框架-剪力墙结构中的楼面结构是框架和剪力墙能协同工作的基础，应优先采用现浇楼面。框架-剪力墙结构主体结构构件之间除个别节点外不应采用铰接。

4.3.2　框架-剪力墙结构的变形及受力特点

1. 变形特点

在水平荷载作用下，剪力墙为竖向悬臂梁，其变形则以弯曲型为主(见图4-37a)，而框架结构的侧向变形曲线以剪切型为主(见图4-37b)，两者是受力性能不同的两种结构。若将联系框架和剪力墙的楼盖视为无限刚性，则在水平荷载作用下，其变形曲线介于弯曲变形和剪切变形之间。

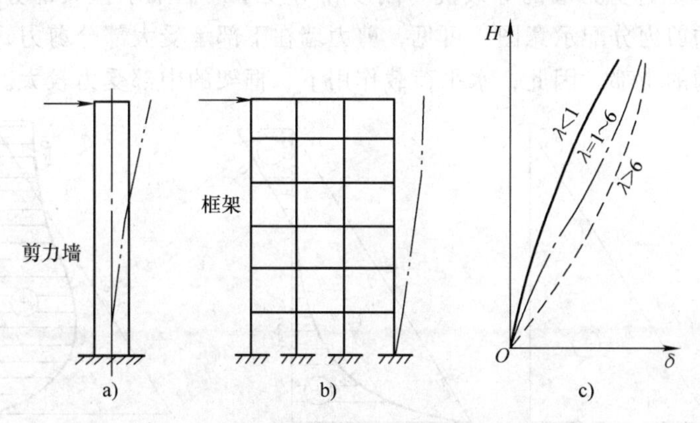

图4-37　框架-剪力墙变形曲线图

框架下部位移增长迅速，上部位移增长较慢，剪力墙则与之相反。在框架-剪力墙结构下部，侧移较小的剪力墙对框架提供帮助，墙把框架向左边拉，框架-剪力墙的侧移比框架单独侧移小，比剪力墙单独侧移大；而上部，框架又可以对剪力墙提供支持，即框架把墙向左边推，其侧移比框架单独侧移大，比剪力墙单独侧移小。最终框架-剪力墙结构的侧移大大减小，且使框架和剪力墙中内力分布更趋合理。

框架与剪力墙的侧移曲线与结构刚度特征值λ直接相关。框架-剪力墙结构刚度特征值λ为

$$\lambda = H\sqrt{\frac{C_{\mathrm{k}}}{EJ_{\mathrm{d}}}}$$

式中 H——结构总高度；

C_{k}——综合框架抗侧刚度，即所有框架柱抗侧刚度的总和；

EJ_{d}——综合剪力墙抗弯刚度，即各片剪力墙等效抗弯刚度的总和。

λ 反映的是框架-剪力墙结构框架抗侧刚度和剪力墙等效抗弯刚度的相对大小。图 4-38c 为不同 λ 值时框架-剪力墙结构的侧移曲线。当 λ 值很小时，综合剪力墙等效抗弯刚度相对较大，结构的侧移曲线呈现弯曲型；而当 λ 很大时，综合框架的抗侧刚度相对较大，框架的作用愈加显著，结构的侧移曲线变为剪切型；当 λ 在 1~6 之间时，结构侧移表现为弯剪型。即下部以弯曲型为主，越往上部逐渐转变为剪切型变形。

2. 受力特点

框架-剪力墙结构，在竖向荷载作用下，框架和剪力墙各自承受所在范围内的荷载，其内力计算与框架、剪力墙的内力计算相同。

在水平荷载作用下，由于框架和剪力墙之间的协同作用，框架和剪力墙的荷载和剪力分布沿高度在不断调整。在下部楼层，因为剪力墙位移小，其限制框架的变形，使剪力墙承担大部分剪力；上部楼层则相反，剪力墙位移越来越大，而框架的变形反而越来越小，所以，框架除承受水平力作用那部分剪力外，还负担拉回剪力墙变形的附加剪力，因此，在上部楼层即使水平力产生的楼层剪力很小，而框架中仍有相当数量的剪力。

框架与剪力墙之间的楼层剪力分配和分布情况与结构刚度特征值 λ 直接相关。当 λ 很小时，综合剪力墙的等效抗弯刚度相对较大，剪力墙承担大部分剪力，而框架分担的剪力很小；当 λ 很大时，综合剪力墙的等效抗弯刚度相对较小，框架承担大部分剪力。图 4-38 为均布荷载作用下的剪力分配示意图。可见，剪力墙在下部承受大部分剪力，而框架的剪力最大值却出现在结构的中部。因此，水平荷载作用下，框架的中部受力较大。

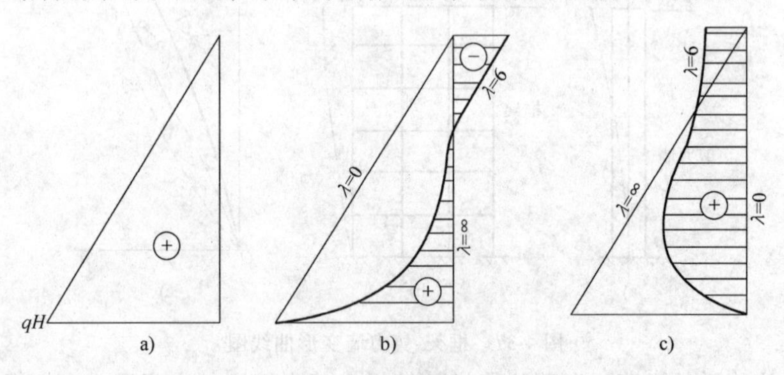

图 4-38 均布荷载作用下的剪力分配示意图

a) 框架-剪力墙总剪力图 b) 剪力墙承担剪力图 c) 框架承担剪力图

由水平荷载作用下框架-剪力墙结构的内力分析计算结果表明框架底部剪力为零，即底部总剪力全部要由剪力墙承担。这与实际情况是不相符的，主要是微分方程法分析过程中的近似性造成的。而在强烈地震作用下，剪力墙会开裂而产生刚度退化，引起框架和剪力墙之间的塑性内力重分布，从多道抗震防线的角度考虑，也应适当调整框架在某些部位的计算内力。框架和剪力墙的顶部剪力不为零，这一点在设计时应引起注意，保证顶层剪力墙与框架之间连接的整体性。

4.3.3　框架-剪力墙结构的内力分析要点

在竖向荷载作用下，框架和剪力墙各自承受所在范围的荷载，其内力和位移的计算比较简单；在水平荷载作用下，需要考虑剪力墙和框架协同工作，为简化计算作如下假定：

1）楼盖在其自身平面内的抗弯刚度为无限大。

2）房屋在水平荷载作用下不发生扭转。

只要按4.3.1.2的要求进行结构布置，此二假定不难满足。根据基本假定可知：水平荷载作用下同一楼层标高处的框架和剪力墙的水平位移应该相等。为此，可将建筑区段内的所有框架和剪力墙各自综合在一起，分别形成综合框架和综合剪力墙，以连杆代替楼盖来考虑框架和剪力墙的协同工作，按平面结构分析计算，如图4-39b所示。

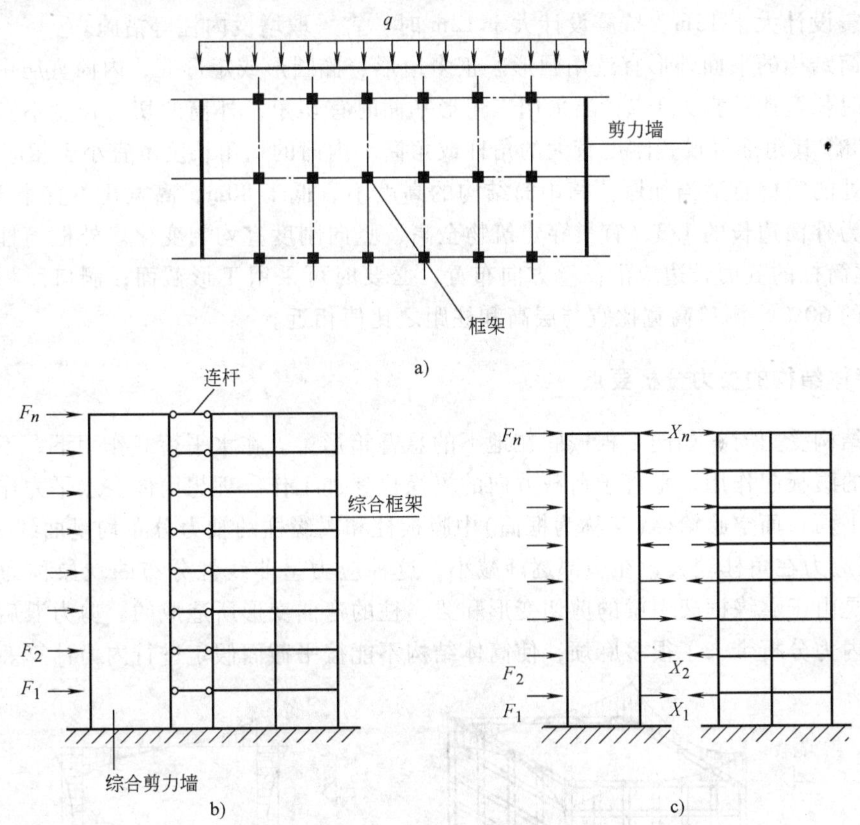

图4-39　框架-剪力墙结构分析示意图

a）框架-剪力墙结构平面受力简图　b）框架-剪力墙计算简图

c）综合框架和综合剪力墙相互作用示意图

分析内力时，可将连杆截断代之以未知力 X_1，X_2，…，X_n（见图4-39c）。则综合剪力墙 F_i 和 X_i 的共同作用下产生的水平位移应与同标高处 X_i 作用下综合框架的水平位移相同。根据这一条件，可写出一由 n 个变形协调方程组成的方程组，解此方程组可求出 n 个未知力 X_i。X_i 求出后，便可按前面已介绍的方法分别求综合剪力墙和综合框架的内力和位移。最后，再按抗侧刚度的大小将内力分配给每榀框架或剪力墙。

4.4 筒体结构简述

4.4.1 筒体结构的布置

筒体结构核心筒或内筒设计应符合下列规定：墙肢宜均匀、对称布置；筒体角部附近不宜开洞，当不可避免时，筒角内壁至洞口的距离不应小于500mm和开洞墙截面厚度中的较大值；筒体外墙厚度不应小于200mm，内墙厚度不应小于160mm，必要时可设置扶壁柱或扶壁墙；核心筒或内筒的外墙不宜在水平方向连续开洞，洞间墙肢的截面高度不宜小于1.2m。

框架-核心筒结构的核心筒宜贯通建筑物全高。核心筒的宽度不宜小于筒体总高的1/12，当筒体结构设置角筒、剪力墙或增强结构整体刚度的构件时，核心筒的宽度可适当减小。当内筒偏置、长宽比大于2时，宜采用框架-双筒结构。核心筒或内筒的外墙与外框柱间的中距，非抗震设计大于15m、抗震设计大于12m时，宜采取增设内柱等措施。

筒中筒结构的平面外形宜选用圆形、正多边形、椭圆形或矩形等，内筒宜居中。当采用矩形平面时长宽比不宜大于2；当采用三角形平面时宜切角，外筒的切角长度不宜小于相应边长的1/8，其角部可设置刚度较大的角柱或角筒，内筒的切角长度不宜小于相应边长的1/10，切角处的筒壁宜适当加厚。筒中筒结构的高度不宜低于80m，高宽比不宜小于3。内筒的边长宜为外筒边长的1/3，宜贯穿建筑物全高，竖向刚度宜均匀变化。外框筒柱距不宜大于4m，框筒柱的截面长边应沿筒壁方向布置，必要时可采用T形截面；洞口面积不宜大于墙面面积的60%，洞口高宽比宜与层高和柱距之比值相近。

4.4.2 筒体结构的内力分析要点

筒体结构受力时，如同一根嵌固在地下的悬臂箱形梁。在水平荷载作用下，不仅平行于荷载方向的腹板起作用，垂直于荷载方向的翼缘也参加工作。理想筒体在水平力作用下，截面保持为平面，而空腹筒体（又称为框筒）中腹板柱和翼缘柱的轴力分布均呈曲线分布（见图4-40），正应力在角柱较大，在中部逐渐减小，这种应力呈非线性分布的现象称为剪力滞后现象。这是由于翼缘框架中梁的剪切变形和梁、柱的弯曲变形所造成的。剪力滞后现象给筒体结构的内力分析带来了很多麻烦，使筒体结构不能按平截面假定进行内力计算。

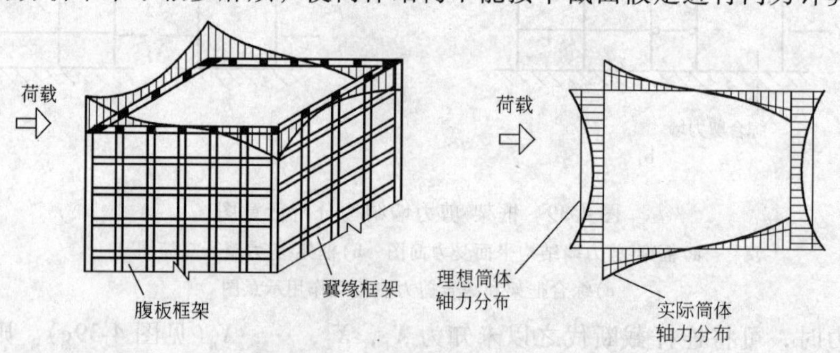

图4-40 筒体的受力特点

筒体结构是复杂的三维空间结构，因为杆件和节点数量众多，受力非常复杂。在实际工程中，一般借助于计算机来完成内力分析计算。目前筒体结构的计算方法有多种，如将筒体看成一空间杆件体系而采用的矩阵位移法、将筒体展开为平面框架来近似计算的展开平面框架法、将开洞筒体等效连续化后而采用的平面有限元、有限条法等。亦可采用简化的计算方法，解题思路是按平面内抗侧刚度相同的原则将开洞筒体或空腹筒体等效成一个由正交异性弹性板组成的无孔筒体，再用弹性力学的方法求解水平荷载作用下无孔筒体的内力和位移。具体算法可参考有关资料。

思考题

4-1　我国 JGJ3—2010《高层建筑混凝土结构技术规程》是如何界定高层建筑的？

4-2　与其他建筑结构比，高层建筑的受力特点有哪些？

4-3　为什么要限制高层建筑结构的层间侧移和结构顶点的最大加速度？

4-4　混凝土结构高层建筑的结构体系有哪些？其优点和适用范围是什么？

4-5　整截面墙、小开口墙、联肢墙和壁式框架的受力各有何特点？它们的内力计算方法有何不同？

4-6　在水平荷载作用下，剪力墙结构体系的变形类型是什么？

4-7　什么是剪力墙的等效抗弯刚度？如何计算？式中各符号的物理意义是什么？

4-8　各类剪力墙的分类条件是什么？这些条件的意义是什么？

4-9　联肢墙连续化方法的基本假定是什么？

4-10　联肢墙的内力分布和侧移变形曲线有什么特点？整体系数 α 对内力和变形有哪些影响？原因是什么？

4-11　剪力墙墙肢中一般配置哪几种钢筋？其作用是什么？

4-12　对错洞剪力墙应采取如何加强措施？

4-13　框架－剪力墙结构的内力分析步骤是什么？

习　题

某10层钢筋混凝土剪力墙尺寸如图4-41所示，尺寸单位为mm，混凝土强度等级C25，$E=2.8\times10^3\text{kN/m}^2$，受有均布水平荷载 $q=10\text{kN/m}$。要求：

1）判别剪力墙类型。

2）用相应公式计算连梁及墙肢内力。

3）计算顶点侧移。

4）绘制 V_b、N_1、M_1 的分布图。

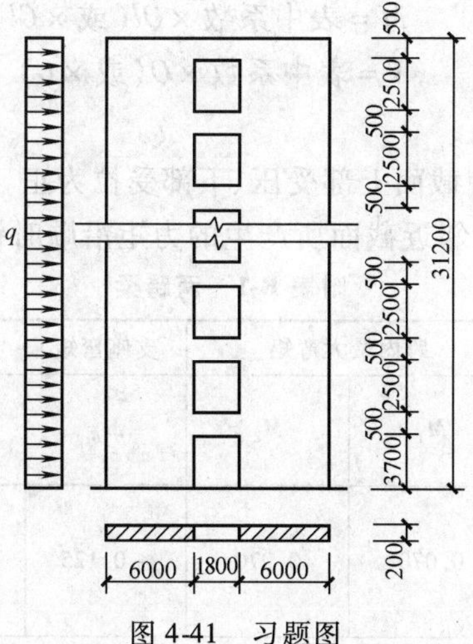

图4-41　习题图

附　录

附录 A　钢筋混凝土结构伸缩缝最大间距

（单位：m）

结构类别		室内或土中	露天
排架结构	装配式	100	70
框架结构	装配式	75	50
	现浇式	55	35
剪力墙结构	装配式	65	40
	现浇式	45	30
挡土墙、地下室墙壁等类结构	装配式	40	30
	现浇式	30	20

注：1. 装配整体式结构房屋的伸缩缝间距，可根据结构具体情况取表中装配式结构与现浇式结构之间的数值。

2. 框架-剪力墙结构或框架-核心筒结构房屋的伸缩缝间距，可根据结构的布置情况取表中框架结构和剪力墙结构之间的数值。

3. 当屋面板上部无保温或隔热措施时，框架结构、剪力墙结构的伸缩缝间距宜按表中露天栏的数值取用。

4. 现浇挑檐、雨罩等外露结构的局部伸缩缝间距不宜大于12m。

附录 B　等截面等跨连续梁在均布及集中荷载作用下的内力系数表

1. 在均布荷载作用下

$$M = \text{表中系数} \times ql^2 (\text{或} \times gl^2)$$
$$V = \text{表中系数} \times ql (\text{或} \times gl)$$

2. 在集中荷载作用下

$$M = \text{表中系数} \times Ql (\text{或} \times Gl)$$
$$V = \text{表中系数} \times Q (\text{或} \times G)$$

3. 内力正负号规定

M——使截面上部受压、下部受拉为正

V——对邻近截面所产生的力矩沿顺时针方向者为正

附表 B-1　两跨梁

荷载图	跨内最大弯矩		支座弯矩	剪力		
	M_1	M_2	M_B	V_A	V_B(左) V_B(右)	V_C
	0.070	0.070	−0.125	0.375	−0.625 0.625	−0.375

（续）

荷载图	跨内最大弯矩		支座弯矩	剪力		
	M_1	M_2	M_B	V_A	V_B(左) V_B(右)	V_C
 q; M_1 M_2	0.096	—	-0.063	0.437	-0.563 0.063	0.063
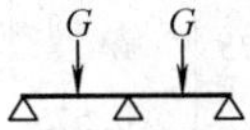 G G	0.156	0.156	-0.188	0.312	-0.688 0.688	-0.312
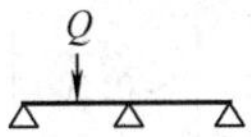 Q	0.203	—	-0.094	0.406	-0.594 0.094	0.094
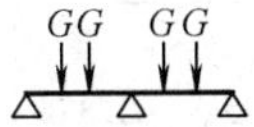 GG GG	0.222	0.222	-0.333	0.667	-1.333 1.333	-0.667
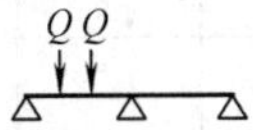 QQ	0.278	—	-0.167	0.833	-1.167 0.167	0.167

附表 B-2　三跨梁

荷载图	跨内最大弯矩		支座弯矩		剪力			
	M_1	M_2	M_B	M_C	V_A	V_B(左) V_B(右)	V_C(左) V_C(右)	V_D
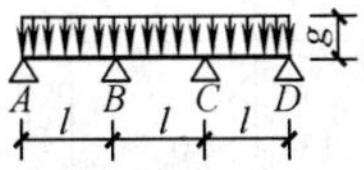 q; A B C D; l l l	0.080	0.025	-0.100	-0.100	0.400	-0.600 0.500	-0.500 0.600	-0.400
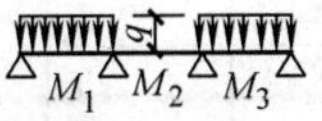 q; M_1 M_2 M_3	0.101	—	-0.050	-0.050	0.450	-0.550 0	0 0.550	-0.450
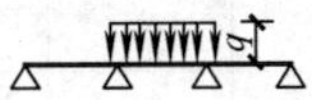 q	—	0.075	-0.050	-0.050	0.050	-0.050 0.500	-0.500 0.050	0.050
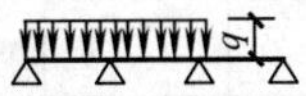 q	0.073	0.054	-0.117	-0.033	0.383	-0.617 0.583	-0.417 0.033	0.033
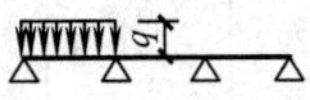 q	0.094	—	-0.067	0.017	0.433	-0.567 0.083	0.083 -0.017	-0.017

（续）

荷载图	跨内最大弯矩		支座弯矩		剪力			
	M_1	M_2	M_B	M_C	V_A	V_B(左) V_B(右)	V_C(左) V_C(右)	V_D
G G G	0.175	0.100	-0.150	-0.150	0.350	-0.650 0.500	-0.500 0.650	-0.350
Q Q	0.213	—	-0.075	-0.075	0.425	-0.575 0	0 0.575	-0.425
Q	—	0.175	-0.075	-0.075	-0.075	-0.075 0.500	-0.500 0.075	0.075
Q Q	0.162	0.137	-0.175	-0.050	0.325	-0.675 0.625	-0.375 0.050	0.050
Q	0.200	—	-0.100	0.025	0.400	-0.600 0.125	0.125 -0.025	-0.025
GG GG GG	0.244	0.067	-0.267	-0.267	0.733	-1.267 1.000	-1.000 1.267	-0.733
QQ QQ	0.289	—	-0.133	-0.133	0.866	-1.134 0	0 1.134	-0.866
QQ	—	0.200	-0.133	-0.133	-0.133	-0.133 1.000	-1.000 0.133	0.133
QQ QQ	0.229	0.170	-0.311	-0.089	0.689	-1.311 1.222	-0.778 0.089	0.089
QQ	0.274	—	0.178	0.044	0.822	-1.178 0.222	0.222 -0.044	-0.044

附表 B-3 四跨梁

荷载图	跨内最大弯矩				支座弯矩			剪力				
	M_1	M_2	M_3	M_4	M_B	M_C	M_D	V_A	V_B(左) V_B(右)	V_C(左) V_C(右)	V_D(左) V_D(右)	V_E
g; A B C D E; l l l l	0.077	0.036	0.036	0.077	-0.107	-0.071	-0.107	0.393	-0.607 0.536	-0.464 0.464	-0.536 0.607	-0.393
q; M_1 M_2 M_3 M_4	0.100	—	0.081	—	-0.054	-0.036	-0.054	0.446	-0.554 0.018	0.018 0.482	-0.518 0.054	0.054
q	0.072	0.061	—	0.098	-0.121	-0.018	-0.058	0.380	-0.620 0.603	-0.397 -0.040	-0.040 0.558	-0.442
q	—	0.056	0.056	—	-0.036	-0.107	-0.036	-0.036	-0.036 0.429	-0.571 0.571	-0.429 0.036	0.036
q	0.094	—	—	—	-0.067	0.018	-0.004	0.433	-0.567 0.085	0.085 -0.022	-0.022 0.004	0.004
q	—	0.071	—	—	-0.049	-0.054	0.013	-0.049	-0.049 0.496	-0.504 0.067	0.067 -0.013	-0.013
G G G G	0.169	0.116	0.116	0.169	-0.161	-0.107	-0.161	0.339	-0.661 0.554	-0.446 0.446	-0.554 0.661	-0.339

（续）

荷载图	跨内最大弯矩				支座弯矩			剪力				
	M_1	M_2	M_3	M_4	M_B	M_C	M_D	V_A	V_B(左) V_B(右)	V_C(左) V_C(右)	V_D(左) V_D(右)	V_E
Q Q	0.210	—	0.183	—	-0.080	-0.054	-0.080	0.420	-0.580 0.027	0.027 0.473	-0.527 0.080	0.080
Q Q Q	0.159	0.146	—	0.206	-0.181	-0.027	-0.087	0.319	-0.681 0.654	-0.346 -0.060	-0.060 0.587	-0.413
Q Q	—	0.142	0.142	—	-0.054	-0.161	-0.054	0.054	-0.054 0.393	-0.607 0.607	-0.393 0.054	0.054
Q	0.200	—	—	—	-0.100	-0.027	-0.007	0.400	-0.600 0.127	0.127 -0.033	-0.033 0.007	0.007
Q	—	0.173	—	—	-0.074	-0.080	0.020	-0.074	-0.074 0.493	-0.507 0.100	0.100 -0.020	-0.020
GG GG GG GG	0.238	0.111	0.111	0.238	-0.286	-0.191	-0.286	0.714	1.286 1.095	-0.905 0.905	-1.095 1.286	-0.714
QQ QQ	0.286	—	0.222	—	-0.413	-0.095	-0.143	0.857	-1.143 0.048	0.048 0.952	-1.048 0.143	0.143

（续）

荷载图	跨内最大弯矩				支座弯矩			剪力				
	M_1	M_2	M_3	M_4	M_B	M_C	M_D	V_A	V_B(左) V_B(右)	V_C(左) V_C(右)	V_D(左) V_D(右)	V_E
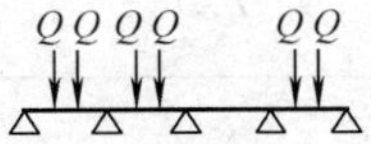	0.226	0.194	—	0.282	-0.321	-0.048	-0.155	0.679	-1.321 1.274	-0.726 -0.107	-0.107 1.155	-0.845
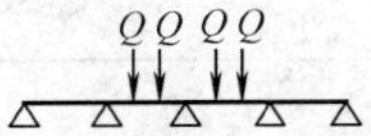	—	0.175	0.175	—	-0.095	-0.286	-0.095	-0.095	0.095 0.810	-1.190 1.190	-0.810 0.095	0.095
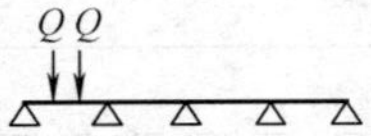	0.274	—	—	—	-0.178	0.048	-0.012	0.822	-1.178 0.226	0.226 -0.060	-0.060 0.012	0.012
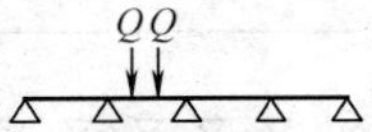	—	0.198	—	—	-0.131	-0.143	0.036	-0.131	-0.131 0.988	-1.012 0.178	0.178 -0.036	-0.036

附表 B-4　五跨梁

荷载图	跨内最大弯矩			支座弯矩				剪力					
	M_1	M_2	M_3	M_B	M_C	M_D	M_E	V_A	V_B(左) V_B(右)	V_C(左) V_C(右)	V_D(左) V_D(右)	V_E(左) V_E(右)	V_F
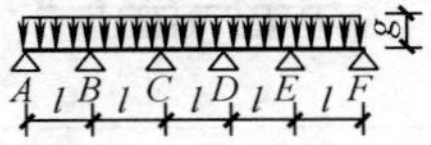	0.078	0.033	0.046	-0.105	-0.079	-0.079	-0.105	0.394	-0.606 0.526	-0.474 0.500	-0.500 0.474	-0.526 0.606	-0.394
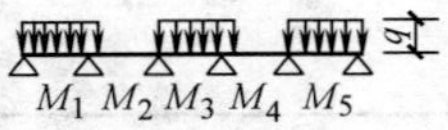	0.100	—	0.085	-0.053	-0.040	-0.040	-0.053	0.447	-0.553 0.013	0.013 0.500	-0.500 -0.013	-0.013 0.553	-0.447

（续）

荷载图	跨内最大弯矩			支座弯矩				剪力					
	M_1	M_2	M_3	M_B	M_C	M_D	M_E	V_A	V_B(左) V_B(右)	V_C(左) V_C(右)	V_D(左) V_D(右)	V_E(左) V_E(右)	V_F
	—	0.079	—	-0.053	-0.040	-0.040	-0.053	-0.053	-0.053 0.513	-0.487 0	0 0.487	-0.513 0.053	0.053
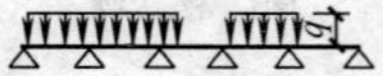	0.073	②0.059 0.078	—	-0.119	-0.022	-0.044	-0.051	0.380	-0.620 0.598	-0.402 -0.023	-0.023 0.493	-0.507 0.052	0.052
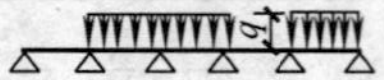	① - 0.098	0.055	0.064	-0.035	-0.111	-0.020	-0.057	0.035	0.035 0.424	0.576 0.591	-0.409 -0.037	-0.037 0.557	-0.443
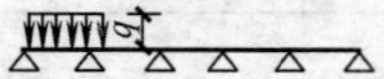	0.094	—	—	-0.067	0.018	-0.005	0.001	0.433	0.567 0.085	0.086 0.023	0.023 0.006	0.006 -0.001	0.001
	—	0.074	—	-0.049	-0.054	0.014	-0.004	0.019	-0.049 0.496	-0.505 0.068	0.068 -0.018	-0.018 0.004	0.004
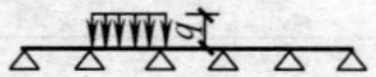	—	—	0.072	0.013	0.053	0.053	0.013	0.013	0.013 -0.066	-0.066 0.500	-0.500 0.066	0.066 -0.013	0.013
 G G G G G	0.171	0.112	0.132	-0.158	-0.118	-0.118	-0.158	0.342	-0.658 0.540	-0.460 0.500	-0.500 0.460	-0.540 0.658	-0.342
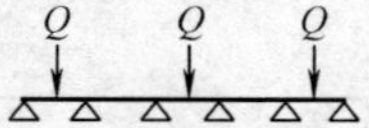 Q Q Q	0.211	—	0.191	-0.079	-0.059	-0.059	-0.079	0.421	-0.579 0.020	0.020 0.500	-0.500 -0.020	-0.020 0.579	-0.421

（续）

荷 载 图	跨内最大弯矩			支座弯矩				剪 力					
	M_1	M_2	M_3	M_B	M_C	M_D	M_E	V_A	V_B(左) V_B(右)	V_C(左) V_C(右)	V_D(左) V_D(右)	V_E(左) V_E(右)	V_F
Q Q	—	0.181	—	-0.079	-0.059	-0.059	-0.079	-0.079	-0.079 0.520	-0.480 0	0 0.480	-0.520 0.079	0.079
Q Q Q	0.160	②0.144 0.178	—	-0.179	-0.032	-0.066	-0.077	0.321	-0.679 0.647	-0.353 -0.034	-0.034 0.489	-0.511 0.077	0.077
Q Q Q	①- 0.207	0.140	0.151	-0.052	-0.167	-0.031	-0.086	-0.052	-0.052 0.385	-0.615 0.637	-0.636 -0.056	-0.056 0.586	-0.414
Q	0.200	—	—	-0.100	0.027	-0.007	0.002	0.400	-0.600 0.127	0.127 -0.031	-0.034 0.009	0.009 -0.002	-0.002
Q	—	0.173	—	-0.073	-0.081	0.022	-0.005	-0.073	-0.073 0.493	-0.507 0.102	0.102 -0.027	-0.027 0.005	0.005
Q	—	—	0.171	0.020	-0.079	-0.079	0.020	0.020	0.020 -0.099	-0.099 0.500	-0.500 0.099	0.090 -0.020	-0.020
GG GG GG GG GG	0.240	0.100	0.122	-0.281	-0.211	-0.211	-0.281	0.719	-1.281 1.070	-0.930 1.000	-1.000 0.930	1.070 1.281	-0.719

（续）

荷载图	跨内最大弯矩			支座弯矩				剪力					
	M_1	M_2	M_3	M_B	M_C	M_D	M_E	V_A	V_B(左) V_B(右)	V_C(左) V_C(右)	V_D(左) V_D(右)	V_E(左) V_E(右)	V_F
	0.287	—	0.228	-0.140	-0.105	-0.105	-0.140	0.860	-1.140 0.035	0.035 1.000	1.000 -0.035	-0.035 1.140	-0.860
	—	0.216	—	-0.140	-0.105	-0.105	-0.104	-0.104	-0.140 1.035	-0.965 0	0.000 0.960	-1.035 0.140	0.140
	0.227	②0.189/0.209	—	-0.319	-0.057	-0.118	-0.137	0.681	-1.319 1.262	-0.738 -0.061	-0.061 0.981	-1.019 0.137	0.137
	①—/0.282	0.172	0.198	-0.093	-0.297	-0.054	-0.153	-0.093	-0.093 0.796	-1.204 1.243	-0.757 -0.099	-0.099 1.153	-0.847
	0.274	—	—	-0.179	-0.048	-0.013	0.003	0.821	-1.179 0.227	0.227 -0.061	-0.061 0.016	0.016 -0.003	-0.003
	—	0.198	—	-0.131	-0.144	0.038	-0.010	-0.131	-0.131 0.987	-1.013 0.182	0.182 -0.048	-0.048 0.010	0.010
	—	—	0.193	0.035	-0.140	-0.140	0.035	0.035	0.035 -0.175	-0.175 1.000	-1.000 0.175	0.175 -0.035	-0.035

表中：①分子及分母分别为 M_1 及 M_5 的弯矩系数；②分子及分母分别为 M_3 及 M_4 的弯矩系数。

附录 C　双向板弯矩、挠度计算系数

符号说明

$$B_C = \frac{Eh^3}{12(1-\nu^2)}\text{（刚度）}$$

式中　E——弹性模量；

h——板厚；

ν——泊桑比。

f, f_{max}——分别为板中心点的挠度和最大挠度；

m_1, m_{1max}——分别为平行于 l_{01} 方向板中心点单位板宽内的弯矩和板跨内最大弯矩；

m_2, m_{2max}——分别为平行于 l_{02} 方向板中心点单位板宽内的弯矩和板跨内最大弯矩；

m_1'——固定边中点沿 l_{01} 方向单位板宽内的弯矩；

m_2'——固定边中点沿 l_{02} 方向单位板宽内的弯矩；

⊥⊥⊥⊥⊥⊥⊥⊥⊥⊥⊥⊥⊥⊥代表固定边；━━━━━代表简支边；

正负号的规定：

弯矩——使板的受荷面受压者为正；

挠度——变位方向与荷载方向相同者为正。

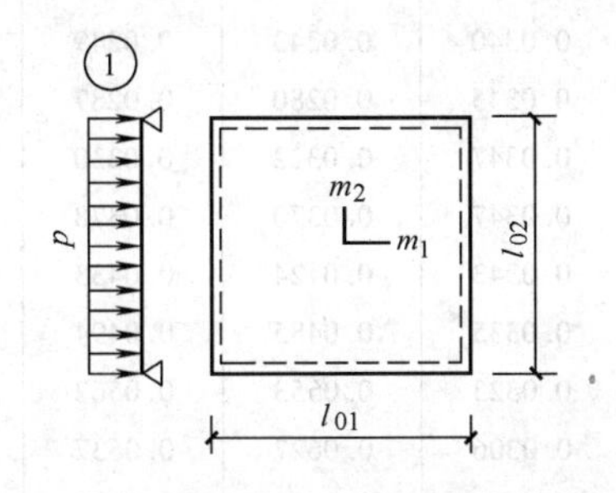

挠度 = 表中系数 × $\frac{pl^4}{B_C}$；

$\nu = 0$，弯矩 = 表中系数 × pl^2。

式中 l 取 l_{01} 和 l_{02} 中较小值。

附表 C-1　四边简支

l_{01}/l_{02}	f	m_1	m_2	l_{01}/l_{02}	f	m_1	m_2
0.50	0.01013	0.0965	0.0174	0.80	0.00603	0.0561	0.0334
0.55	0.00940	0.0892	0.0210	0.85	0.00547	0.0506	0.0348
0.60	0.00867	0.0820	0.0242	0.90	0.00496	0.0456	0.0358
0.65	0.00796	0.0750	0.0271	0.95	0.00449	0.0410	0.0364
0.70	0.00727	0.0683	0.0296	1.00	0.00406	0.0368	0.0368
0.75	0.00663	0.0620	0.0317				

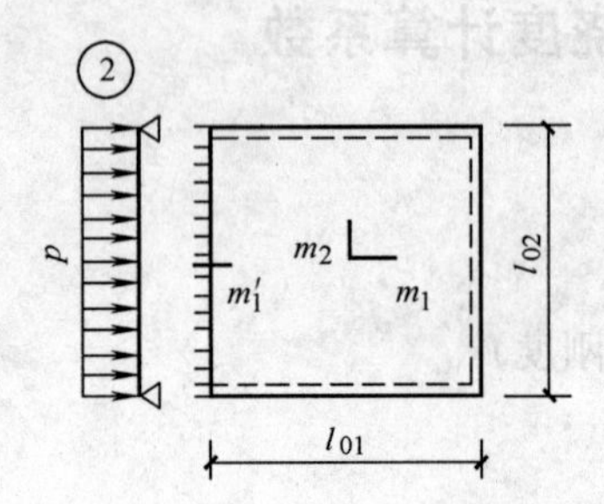

挠度 = 表中系数 × $\frac{pl^4}{B_C}$；

$\nu=0$，弯矩 = 表中系数 × pl^2；

式中 l 取 l_{01} 和 l_{02} 中较小值。

附表 C-2 三边简支一边固定

l_{01}/l_{02}	l_{02}/l_{01}	f	f_{max}	m_1	m_{1max}	m_2	m_{2max}	m_1'
0.50		0.00488	0.00504	0.0583	0.0646	0.0060	0.0063	-0.1212
0.55		0.00471	0.00492	0.0563	0.0618	0.0081	0.0087	-0.1187
0.60		0.00453	0.00472	0.0539	0.0589	0.0104	0.0111	-0.1158
0.65		0.00432	0.00448	0.0513	0.0559	0.0126	0.0133	-0.1124
0.70		0.00410	0.00422	0.0485	0.0529	0.0148	0.0154	-0.1087
0.75		0.00388	0.00399	0.0457	0.0496	0.0168	0.0174	-0.1048
0.80		0.00365	0.00376	0.0428	0.0463	0.0187	0.0193	-0.1007
0.85		0.00343	0.00352	0.0400	0.0431	0.0204	0.0211	-0.0965
0.90		0.00321	0.00329	0.0372	0.0400	0.0219	0.0226	-0.0922
0.95		0.00299	0.00306	0.0345	0.0369	0.0232	0.0239	-0.0880
1.00	1.00	0.00279	0.00285	0.0319	0.0340	0.0243	0.0249	-0.0839
	0.95	0.00316	0.00324	0.0324	0.0345	0.0280	0.0287	-0.0882
	0.90	0.00360	0.00368	0.0328	0.0347	0.0322	0.0330	-0.0926
	0.85	0.00409	0.00417	0.0329	0.0347	0.0370	0.0378	-0.0970
	0.80	0.00464	0.00473	0.0326	0.0343	0.0424	0.0433	-0.1014
	0.75	0.00526	0.00536	0.0319	0.0335	0.0485	0.0494	-0.1056
	0.70	0.00595	0.00605	0.0308	0.0323	0.0553	0.0562	-0.1096
	0.65	0.00670	0.00680	0.0291	0.0306	0.0627	0.0637	-0.1133
	0.60	0.00752	0.00762	0.0268	0.0289	0.0707	0.0717	-0.1166
	0.55	0.00838	0.00848	0.0239	0.0271	0.0792	0.0801	-0.1193
	0.50	0.00927	0.00935	0.0205	0.0249	0.0880	0.0888	-0.1215

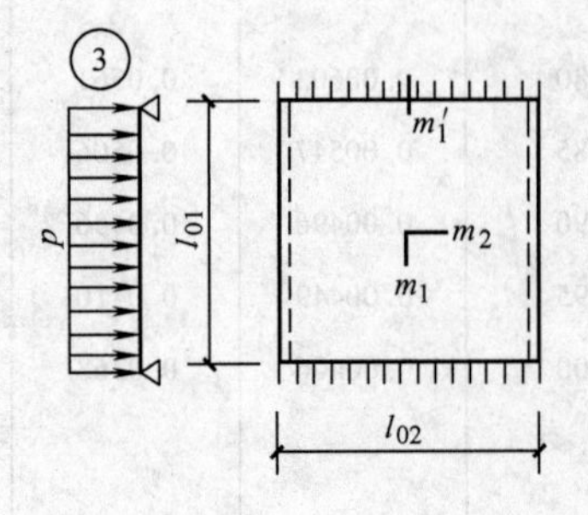

挠度 = 表中系数 × $\frac{pl^4}{B_C}$；

$\nu=0$，弯矩 = 表中系数 × pl^2；

式中 l 取 l_{01} 和 l_{02} 中较小值。

附表 C-3　对边简支、对边固定

l_{01}/l_{02}	l_{02}/l_{01}	f	m_1	m_2	m_1'
0.50		0.00261	0.0416	0.0017	-0.0843
0.55		0.00259	0.0410	0.0028	-0.0840
0.60		0.00255	0.0402	0.0042	-0.0834
0.65		0.00250	0.0392	0.0057	-0.0826
0.70		0.00243	0.0379	0.0072	-0.0814
0.75		0.00236	0.0366	0.0088	-0.0799
0.80		0.00228	0.0351	0.0103	-0.0782
0.85		0.00220	0.0335	0.0118	-0.0763
0.90		0.00211	0.0319	0.0133	-0.0743
0.95		0.00201	0.0302	0.0146	-0.0721
1.00	1.00	0.00192	0.0285	0.0158	-0.0698
	0.95	0.00223	0.0296	0.0189	-0.0746
	0.90	0.00260	0.0306	0.0224	-0.0797
	0.85	0.00303	0.0314	0.0266	-0.0850
	0.80	0.00354	0.0319	0.0316	-0.0904
	0.75	0.00413	0.0321	0.0374	-0.0959
	0.70	0.00482	0.0318	0.0441	-0.1013
	0.65	0.00560	0.0308	0.0518	-0.1066
	0.60	0.00647	0.0292	0.0604	-0.1114
	0.55	0.00743	0.0267	0.0698	-0.1156
	0.50	0.00844	0.0234	0.0798	-0.1191

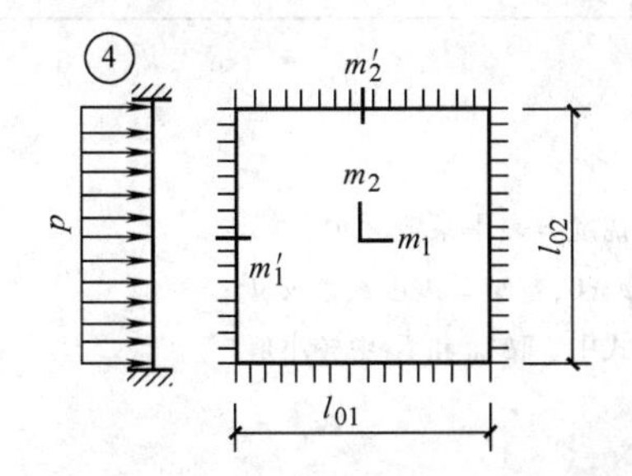

挠度 = 表中系数 × $\frac{pl_{01}^4}{B_C}$；

$\nu=0$，弯矩 = 表中系数 × pl_{01}^2；

这里 $l_{01} < l_{02}$。

附表 C-4　四边固定

l_{01}/l_{02}	f	m_1	m_2	m_1'	m_2'
0.50	0.00253	0.0400	0.0038	-0.0829	-0.0570
0.55	0.00246	0.0385	0.0056	-0.0814	-0.0571
0.60	0.00236	0.0367	0.0076	-0.0793	-0.0571
0.65	0.00224	0.0345	0.0095	-0.0766	-0.0571
0.70	0.00211	0.0321	0.0113	-0.0735	-0.0569
0.75	0.00197	0.0296	0.0130	-0.0701	-0.0565
0.80	0.00182	0.0271	0.0144	-0.0664	-0.0559
0.85	0.00168	0.0246	0.0156	-0.0626	-0.0551
0.90	0.00153	0.0221	0.0165	-0.0588	-0.0541
0.95	0.00140	0.0198	0.0172	-0.0550	-0.0528
1.00	0.00127	0.0176	0.0176	-0.0513	-0.0513

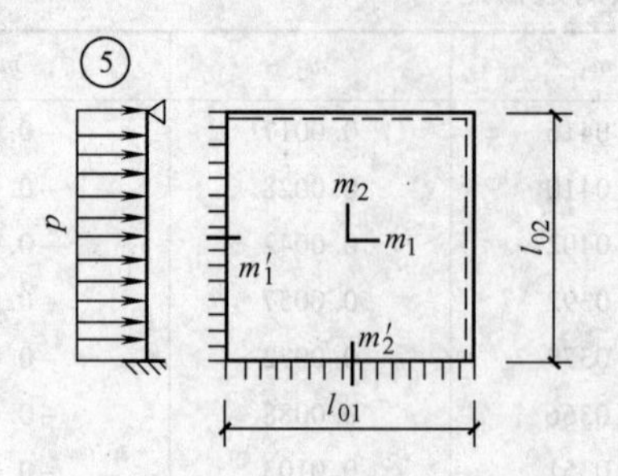

挠度 = 表中系数 × $\frac{pl_{01}^4}{B_C}$；

$\nu = 0$，弯矩 = 表中系数 × pl_{01}^2；

这里 $l_{01} < l_{02}$。

附表 C-5 邻边简支、邻边固定

l_{01}/l_{02}	f	f_{max}	m_1	m_{1max}	m_2	m_{2max}	m_1'	m_2'
0.50	0.00468	0.00471	0.0559	0.0562	0.0079	0.0135	-0.1179	-0.0786
0.55	0.00445	0.00454	0.0529	0.0530	0.0104	0.0153	-0.1140	-0.0785
0.60	0.00419	0.00429	0.0496	0.0498	0.0129	0.0169	-0.1095	-0.0782
0.65	0.00391	0.00399	0.0461	0.0465	0.0151	0.0183	-0.1045	-0.0777
0.70	0.00363	0.00368	0.0426	0.0432	0.0172	0.0195	-0.0992	-0.0770
0.75	0.00335	0.00340	0.0390	0.0396	0.0189	0.0206	-0.0938	-0.0760
0.80	0.00308	0.00313	0.0356	0.0361	0.0204	0.0218	-0.0883	-0.0748
0.85	0.00281	0.00286	0.0322	0.0328	0.0215	0.0229	-0.0829	-0.0733
0.90	0.00256	0.00261	0.0291	0.0297	0.0224	0.0238	-0.0776	-0.0716
0.95	0.00232	0.00237	0.0261	0.0267	0.0230	0.0244	-0.0726	-0.0698
1.00	0.00210	0.00215	0.0234	0.0240	0.0234	0.0249	-0.0677	-0.0677

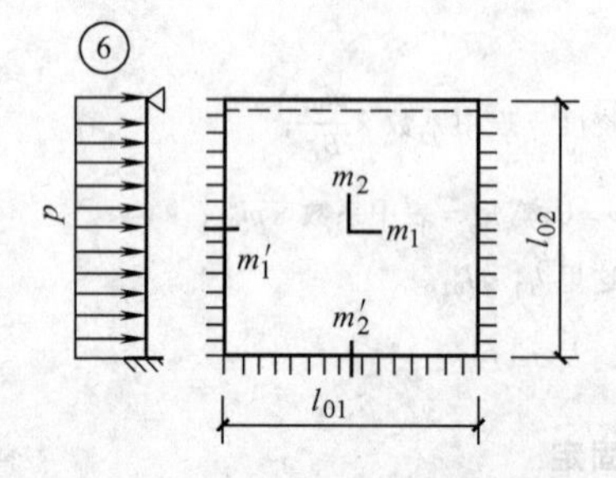

挠度 = 表中系数 × pl^4；

$\nu = 0$，弯矩 = 表中系数 × pl^2；

式中 l 取 l_{01} 和 l_{02} 中较小值。

附表 C-6 三边固定、一边简支

l_{01}/l_{02}	l_{02}/l_{01}	f	f_{max}	m_1	m_{1max}	m_2	m_{2max}	m_1'	m_2'
0.50		0.00257	0.00258	0.0408	0.0409	0.0028	0.0089	-0.0836	-0.0569
0.55		0.00252	0.00255	0.0398	0.0399	0.0042	0.0093	-0.0827	-0.0570
0.60		0.00245	0.00249	0.0384	0.0386	0.0059	0.0105	-0.0814	-0.0571
0.65		0.00237	0.00240	0.0368	0.0371	0.0076	0.0116	-0.0796	-0.0572
0.70		0.00227	0.00229	0.0350	0.0354	0.0093	0.0127	-0.0774	-0.0572
0.75		0.00216	0.00219	0.0331	0.0335	0.0109	0.0137	-0.0750	-0.0572
0.80		0.00205	0.00208	0.0310	0.0314	0.0124	0.0147	-0.0722	-0.0570
0.85		0.00193	0.00196	0.0289	0.0293	0.0138	0.0155	-0.0693	-0.0567
0.90		0.00181	0.00184	0.0268	0.0273	0.0159	0.0163	-0.0663	-0.0563
0.95		0.00169	0.00172	0.0247	0.0252	0.0160	0.0172	-0.0631	-0.0558

（续）

l_{01}/l_{02}	l_{02}/l_{01}	f	f_{max}	m_1	m_{1max}	m_2	m_{2max}	m_1'	m_2'
1.00	1.00	0.00157	0.00160	0.0227	0.0231	0.0168	0.0180	-0.0600	-0.0550
	0.95	0.00178	0.00182	0.0229	0.0234	0.0194	0.0207	-0.0629	-0.0599
	0.90	0.00201	0.00206	0.0228	0.0234	0.0223	0.0238	-0.0656	-0.0653
	0.85	0.00227	0.00233	0.0225	0.0231	0.0255	0.0273	-0.0683	-0.0711
	0.80	0.00256	0.00262	0.0219	0.0224	0.0290	0.0311	-0.0707	-0.0772
	0.75	0.00286	0.00294	0.0208	0.0214	0.0329	0.0354	-0.0729	-0.0837
	0.70	0.00319	0.00327	0.0194	0.0200	0.0370	0.0400	-0.0748	-0.0903
	0.65	0.00352	0.00365	0.0175	0.0182	0.0412	0.0446	-0.0762	-0.0970
	0.60	0.00386	0.00403	0.0153	0.0160	0.0454	0.0493	-0.0773	-0.1033
	0.55	0.00419	0.00437	0.0127	0.0133	0.0496	0.0541	-0.0780	-0.1093
	0.50	0.00449	0.00463	0.0099	0.0103	0.0534	0.0588	-0.0784	-0.1146

附录 D　5-50/5t 一般用途电动桥式起重机基本参数和尺寸系列（ZQ1—1962）

起重量 Q /t	跨度 L_k /m	尺寸				中级工作制（A_4，A_5）			
		宽度 B /mm	轮距 K /mm	轨顶以上高度 H /mm	轨道中心至端部距离 B_l /mm	最大轮压 F_{pmax} /t	最小轮压 F_{pmin} /t	起重机总质量 G /t	小车总质量 g /t
5	16.5	4650	3500	1870	230	7.6	3.1	16.4	2.0（单闸） 2.1（双闸）
	19.5	5150	4000			8.5	3.5	19.0	
	22.5					9.0	4.2	21.4	
	25.5	6400	5250			10.0	4.7	24.4	
	28.5					10.5	6.3	28.5	
10	16.5	5550	4400	2140	230	11.5	2.5	18.0	3.8（单闸） 3.9（双闸）
	19.5	5550	4400			12.0	3.2	20.3	
	22.5					12.5	4.7	22.4	
	25.5	6400	5250	2190		13.5	5.0	27.0	
	28.5					14.0	6.6	31.5	
15	16.5	5650	4400	2050	230	16.5	3.4	24.1	5.3（单闸） 5.5（双闸）
	19.5	5550		2140	260	17.0	4.8	25.5	
	22.5					18.5	5.8	31.6	
	25.5	6400	5250			19.5	6.0	38.0	
	28.5					21.0	6.8	40.0	

（续）

起重量 Q /t	跨度 L_k /m	尺寸 宽度 B /mm	轮距 K /mm	轨顶以上高度 H /mm	轨道中心至端部距离 B_l /mm	中级工作制（A_4，A_5） 最大轮压 F_{pmax} /t	最小轮压 F_{pmin} /t	起重机总质量 G /t	小车总质量 g /t
15/3	16.5	5650	4400	2050	230	16.5	3.5	25.0	6.9（单闸）7.4（双闸）
	19.5	5550				17.5	4.3	28.5	
	22.5					18.5	5.0	32.1	
	25.5	6400	5250	2150	260	19.5	6.0	36.0	
	28.5					21.0	6.8	40.5	
20/5	16.5	5650	4400	2200	230	19.5	3.0	25.0	7.5（单闸）7.8（双闸）
	19.5	5550				20.5	3.5	28.0	
	22.5					21.5	4.5	32.0	
	25.5	6400	5250	2300	260	23.0	5.3	30.5	
	28.5					24.0	6.5	41.0	
30/5	16.5	6050	4600	2600	260	27.0	5.0	34.0	11.7（单闸）11.8（双闸）
	19.5	6150	4800			28.0	6.5	36.5	
	22.5					29.0	7.0	42.0	
	25.5	6650	5250		300	31.0	7.8	47.5	
	28.5					32.0	8.8	51.5	
50/5	16.5	6350	4800	2700	300	39.5	7.5	44.0	14.0（单闸）14.5（双闸）
	19.5			2750		41.5	7.5	48.0	
	22.5					42.5	8.5	52.0	
	25.5	6800	5250			44.5	8.5	56.0	
	28.5					46.0	9.5	61.0	

注：1. 表列尺寸和质量均为该标准制造的最大限值。

2. 起重机总质量根据带双闸小车和封闭式操纵室质量求得。

3. 本表未包括重级工作制起重机，需要时可查（ZQ1-62）系列。

4. 本表质量单位为吨（t），使用时要折算成法定重力计算单位千牛顿（kN）。理应将表中值乘以9.81，为简化计，近似以表中值乘以10.0。

附录 E　规则框架承受均布及倒三角形分布水平力作用时反弯点的高度比

附表 E-1　规则框架承受倒三角形分布水平力作用时标准反弯点的高度比 y_0 值

m	n \ $\overline{K}$	0.1	0.2	0.3	0.4	0.5	0.6	0.7	0.8	0.9	1.0	2.0	3.0	4.0	5.0
1	1	0.80	0.75	0.70	0.65	0.65	0.60	0.60	0.60	0.60	0.55	0.55	0.55	0.55	0.55
2	2	0.50	0.45	0.40	0.40	0.40	0.40	0.40	0.40	0.40	0.45	0.45	0.45	0.45	0.50
	1	1.00	0.85	0.25	0.70	0.65	0.65	0.65	0.65	0.60	0.60	0.55	0.55	0.55	0.55
3	3	0.25	0.25	0.25	0.30	0.30	0.35	0.35	0.35	0.40	0.40	0.45	0.45	0.45	0.50
	2	0.60	0.50	0.50	0.50	0.50	0.45	0.45	0.45	0.45	0.45	0.50	0.50	0.55	0.50
	1	1.15	0.90	0.80	0.75	0.75	0.70	0.70	0.65	0.65	0.65	0.55	0.55	0.55	0.55
4	4	0.10	0.15	0.20	0.25	0.30	0.35	0.35	0.35	0.35	0.40	0.45	0.45	0.45	0.45
	3	0.35	0.35	0.35	0.40	0.40	0.40	0.40	0.45	0.45	0.45	0.50	0.50	0.50	0.50
	2	0.70	0.60	0.55	0.50	0.50	0.50	0.50	0.50	0.50	0.50	0.50	0.50	0.50	0.50
	1	1.20	0.95	0.85	0.80	0.75	0.70	0.70	0.65	0.65	0.65	0.55	0.55	0.55	0.55
5	5	-0.05	0.10	0.20	0.25	0.30	0.30	0.35	0.35	0.35	0.35	0.40	0.45	0.45	0.45
	4	0.20	0.25	0.35	0.35	0.40	0.40	0.40	0.40	0.45	0.45	0.45	0.50	0.50	0.50
	3	0.45	0.40	0.45	0.45	0.45	0.45	0.45	0.45	0.45	0.50	0.50	0.50	0.50	0.50
	2	0.75	0.60	0.55	0.55	0.55	0.50	0.50	0.50	0.50	0.50	0.50	0.50	0.50	0.50
	1	1.30	1.00	0.85	0.80	0.75	0.70	0.70	0.65	0.65	0.65	0.60	0.55	0.55	0.55
6	6	-0.15	0.05	0.15	0.20	0.25	0.30	0.30	0.35	0.35	0.35	0.40	0.45	0.45	0.45
	5	0.10	0.25	0.30	0.35	0.35	0.40	0.40	0.40	0.45	0.45	0.45	0.50	0.50	0.50
	4	0.30	0.35	0.40	0.40	0.45	0.45	0.45	0.45	0.45	0.45	0.50	0.50	0.50	0.50
	3	0.50	0.45	0.45	0.45	0.45	0.45	0.45	0.45	0.45	0.50	0.50	0.50	0.50	0.50
	2	0.80	0.65	0.55	0.55	0.55	0.55	0.50	0.50	0.50	0.50	0.50	0.50	0.50	0.50
	1	1.30	1.00	0.85	0.80	0.75	0.70	0.70	0.65	0.65	0.65	0.60	0.55	0.55	0.55
7	7	-0.20	0.05	0.15	0.20	0.25	0.30	0.30	0.35	0.35	0.35	0.45	0.45	0.45	0.45
	6	0.05	0.20	0.30	0.35	0.35	0.40	0.40	0.40	0.40	0.45	0.45	0.50	0.50	0.50
	5	0.20	0.30	0.35	0.40	0.40	0.45	0.45	0.45	0.45	0.45	0.50	0.50	0.50	0.50
	4	0.35	0.40	0.40	0.45	0.45	0.45	0.45	0.45	0.45	0.45	0.50	0.50	0.50	0.50
	3	0.55	0.50	0.50	0.50	0.50	0.50	0.50	0.50	0.50	0.50	0.50	0.50	0.50	0.50
	2	0.80	0.65	0.60	0.55	0.55	0.55	0.50	0.50	0.50	0.50	0.50	0.50	0.50	0.50
	1	1.30	1.00	0.90	0.80	0.75	0.70	0.70	0.70	0.65	0.65	0.60	0.55	0.55	0.55
8	8	-0.20	0.05	0.15	0.20	0.25	0.30	0.30	0.35	0.35	0.35	0.45	0.45	0.45	0.45
	7	0.00	0.20	0.30	0.35	0.35	0.40	0.40	0.40	0.40	0.45	0.50	0.50	0.50	0.50
	6	0.15	0.30	0.35	0.40	0.40	0.45	0.45	0.45	0.45	0.45	0.50	0.50	0.50	0.50
	5	0.30	0.35	0.40	0.45	0.45	0.45	0.45	0.45	0.45	0.45	0.50	0.50	0.50	0.50
	4	0.40	0.45	0.45	0.45	0.45	0.45	0.45	0.50	0.50	0.50	0.50	0.50	0.50	0.50
	3	0.60	0.50	0.50	0.50	0.50	0.50	0.50	0.50	0.50	0.50	0.50	0.50	0.50	0.50
	2	0.85	0.65	0.60	0.55	0.55	0.55	0.50	0.50	0.50	0.50	0.50	0.50	0.50	0.50
	1	1.30	1.00	0.90	0.80	0.75	0.70	0.70	0.70	0.65	0.65	0.60	0.55	0.55	0.55

（续）

m	n \ $\overline{K}$	0.1	0.2	0.3	0.4	0.5	0.6	0.7	0.8	0.9	1.0	2.0	3.0	4.0	5.0
9	9	−0.25	0.00	0.15	0.20	0.25	0.30	0.30	0.35	0.35	0.40	0.45	0.45	0.45	0.45
	8	−0.00	0.20	0.30	0.35	0.35	0.40	0.40	0.40	0.40	0.45	0.45	0.50	0.50	0.50
	7	0.15	0.30	0.35	0.40	0.40	0.45	0.45	0.45	0.45	0.45	0.50	0.50	0.50	0.50
	6	0.25	0.35	0.40	0.40	0.45	0.45	0.45	0.45	0.45	0.50	0.50	0.50	0.50	0.50
	5	0.35	0.40	0.45	0.45	0.45	0.45	0.45	0.45	0.50	0.50	0.50	0.50	0.50	0.50
	4	0.45	0.45	0.45	0.45	0.45	0.50	0.50	0.50	0.50	0.50	0.50	0.50	0.50	0.50
	3	0.60	0.50	0.50	0.50	0.50	0.50	0.50	0.50	0.50	0.50	0.50	0.50	0.50	0.50
	2	0.85	0.65	0.60	0.55	0.55	0.55	0.55	0.50	0.50	0.50	0.50	0.50	0.50	0.50
	1	1.35	1.00	0.90	0.80	0.75	0.75	0.70	0.70	0.65	0.65	0.60	0.55	0.55	0.55
10	10	−0.25	0.00	0.15	0.20	0.25	0.30	0.30	0.35	0.35	0.40	0.45	0.45	0.45	0.45
	9	−0.05	0.20	0.30	0.35	0.35	0.40	0.40	0.40	0.40	0.45	0.45	0.50	0.50	0.50
	8	0.10	0.30	0.35	0.40	0.40	0.40	0.45	0.45	0.45	0.45	0.50	0.50	0.50	0.50
	7	0.20	0.35	0.40	0.40	0.45	0.45	0.45	0.45	0.45	0.50	0.50	0.50	0.50	0.50
	6	0.30	0.40	0.40	0.45	0.45	0.45	0.45	0.45	0.45	0.50	0.50	0.50	0.50	0.50
	5	0.40	0.45	0.45	0.45	0.45	0.45	0.45	0.50	0.50	0.50	0.50	0.50	0.50	0.50
	4	0.50	0.45	0.45	0.45	0.50	0.50	0.50	0.50	0.50	0.50	0.50	0.50	0.50	0.50
	3	0.60	0.55	0.50	0.50	0.50	0.50	0.50	0.50	0.50	0.50	0.50	0.50	0.50	0.50
	2	0.85	0.65	0.60	0.55	0.55	0.55	0.55	0.50	0.50	0.50	0.50	0.50	0.50	0.50
	1	1.35	1.00	0.90	0.80	0.75	0.75	0.70	0.70	0.65	0.65	0.60	0.55	0.55	0.55
11	11	−0.25	0.00	0.15	0.20	0.25	0.30	0.30	0.30	0.35	0.35	0.45	0.45	0.45	0.45
	10	0.05	0.20	0.25	0.30	0.35	0.40	0.40	0.40	0.40	0.45	0.45	0.50	0.50	0.50
	9	0.10	0.30	0.35	0.40	0.40	0.40	0.45	0.45	0.45	0.45	0.50	0.50	0.50	0.50
	8	0.20	0.35	0.40	0.40	0.45	0.45	0.45	0.45	0.45	0.45	0.50	0.50	0.50	0.50
	7	0.25	0.40	0.40	0.45	0.45	0.45	0.45	0.45	0.45	0.50	0.50	0.50	0.50	0.50
	6	0.35	0.40	0.45	0.45	0.45	0.45	0.45	0.45	0.45	0.50	0.50	0.50	0.50	0.50
	5	0.40	0.44	0.45	0.45	0.45	0.50	0.50	0.50	0.50	0.50	0.50	0.50	0.50	0.50
	4	0.50	0.50	0.50	0.50	0.50	0.50	0.50	0.50	0.50	0.50	0.50	0.50	0.50	0.50
	3	0.65	0.55	0.50	0.50	0.50	0.50	0.50	0.50	0.50	0.50	0.50	0.50	0.50	0.50
	2	0.85	0.65	0.60	0.55	0.50	0.55	0.50	0.50	0.50	0.50	0.50	0.50	0.50	0.50
	1	1.35	1.50	0.90	0.80	0.75	0.75	0.70	0.70	0.65	0.65	0.60	0.55	0.55	0.55
12层以上	↓1	−0.30	0.00	0.15	0.20	0.25	0.30	0.30	0.30	0.35	0.35	0.40	0.45	0.45	0.45
	2	−0.10	0.20	0.25	0.30	0.35	0.40	0.40	0.40	0.40	0.40	0.45	0.45	0.45	0.50
	3	0.05	0.25	0.35	0.40	0.40	0.40	0.45	0.45	0.45	0.45	0.45	0.50	0.50	0.50
	4	0.15	0.30	0.40	0.40	0.45	0.45	0.45	0.45	0.45	0.45	0.45	0.50	0.50	0.50
	5	0.25	0.35	0.40	0.45	0.45	0.45	0.45	0.45	0.45	0.45	0.50	0.50	0.50	0.50
	6	0.30	0.40	0.40	0.45	0.45	0.45	0.45	0.45	0.45	0.45	0.50	0.50	0.50	0.50
	7	0.35	0.40	0.40	0.45	0.45	0.45	0.50	0.50	0.50	0.50	0.50	0.50	0.50	0.50
	8	0.35	0.45	0.45	0.45	0.50	0.50	0.50	0.50	0.50	0.50	0.50	0.50	0.50	0.50
	中间	0.45	0.45	0.45	0.45	0.50	0.50	0.50	0.50	0.50	0.50	0.50	0.50	0.50	0.50
	4	0.55	0.50	0.50	0.50	0.50	0.50	0.50	0.50	0.50	0.50	0.50	0.50	0.50	0.50
	3	0.65	0.55	0.50	0.50	0.50	0.50	0.50	0.50	0.50	0.50	0.50	0.50	0.50	0.50
	2	0.70	0.70	0.60	0.55	0.55	0.55	0.55	0.50	0.50	0.50	0.50	0.50	0.50	0.50
	↑1	1.35	1.05	0.90	0.80	0.75	0.75	0.70	0.70	0.65	0.65	0.60	0.55	0.55	0.55

附表 E-2　规则框架承受均布水平力作用时标准反弯点的高度比 y_0 值

m	n \ $\overline{K}$	0.1	0.2	0.3	0.4	0.5	0.6	0.7	0.8	0.9	1.0	2.0	3.0	4.0	5.0
1	1	0.80	0.75	0.70	0.65	0.65	0.60	0.60	0.60	0.60	0.55	0.55	0.55	0.55	0.55
2	2	0.45	0.40	0.35	0.35	0.35	0.35	0.40	0.40	0.40	0.40	0.45	0.45	0.45	0.45
	1	0.95	0.80	0.75	0.70	0.65	0.65	0.65	0.60	0.60	0.60	0.55	0.55	0.55	0.50
3	3	0.15	0.20	0.20	0.25	0.30	0.30	0.30	0.35	0.35	0.35	0.40	0.45	0.45	0.45
	2	0.55	0.50	0.45	0.45	0.45	0.45	0.45	0.45	0.45	0.45	0.45	0.50	0.50	0.50
	1	1.00	0.85	0.80	0.75	0.70	0.70	0.65	0.65	0.65	0.60	0.55	0.55	0.55	0.55
4	4	-0.05	0.05	0.15	0.20	0.25	0.30	0.30	0.35	0.35	0.35	0.40	0.45	0.45	0.45
	3	0.25	0.30	0.30	0.35	0.35	0.40	0.40	0.40	0.40	0.45	0.45	0.50	0.50	0.50
	2	0.65	0.55	0.50	0.50	0.45	0.45	0.45	0.45	0.45	0.45	0.50	0.50	0.50	0.50
	1	1.10	0.90	0.80	0.75	0.70	0.70	0.65	0.65	0.65	0.60	0.55	0.55	0.55	0.55
5	5	-0.20	0.00	0.15	0.20	0.25	0.30	0.30	0.30	0.35	0.35	0.40	0.45	0.45	0.45
	4	0.10	0.20	0.25	0.30	0.35	0.35	0.40	0.40	0.40	0.40	0.45	0.45	0.50	0.50
	3	0.40	0.40	0.40	0.40	0.40	0.45	0.45	0.45	0.45	0.45	0.50	0.50	0.50	0.50
	2	0.65	0.55	0.50	0.50	0.50	0.50	0.50	0.50	0.50	0.50	0.50	0.50	0.50	0.50
	1	1.20	0.95	0.80	0.75	0.75	0.70	0.70	0.65	0.65	0.65	0.55	0.55	0.55	0.55
6	6	-0.30	0.00	0.10	0.20	0.25	0.25	0.30	0.30	0.35	0.35	0.40	0.45	0.45	0.45
	5	0.00	0.20	0.25	0.30	0.35	0.35	0.40	0.40	0.40	0.40	0.45	0.45	0.50	0.50
	4	0.20	0.30	0.35	0.35	0.40	0.40	0.40	0.45	0.45	0.45	0.45	0.50	0.50	0.50
	3	0.40	0.40	0.40	0.45	0.45	0.45	0.45	0.45	0.45	0.45	0.50	0.50	0.50	0.50
	2	0.70	0.60	0.55	0.50	0.50	0.50	0.50	0.50	0.50	0.50	0.50	0.50	0.50	0.50
	1	1.20	0.95	0.85	0.80	0.75	0.70	0.70	0.65	0.65	0.65	0.55	0.55	0.55	0.55
7	7	-0.35	-0.05	0.10	0.20	0.20	0.25	0.30	0.30	0.35	0.35	0.40	0.45	0.45	0.45
	6	-0.10	0.15	0.25	0.30	0.35	0.35	0.35	0.40	0.40	0.40	0.45	0.45	0.50	0.50
	5	0.10	0.25	0.30	0.35	0.40	0.40	0.40	0.45	0.45	0.45	0.45	0.50	0.50	0.50
	4	0.30	0.35	0.40	0.40	0.40	0.45	0.45	0.45	0.45	0.45	0.50	0.50	0.50	0.50
	3	0.50	0.45	0.45	0.45	0.45	0.45	0.45	0.45	0.45	0.45	0.50	0.50	0.50	0.50
	2	0.75	0.60	0.55	0.50	0.50	0.50	0.50	0.50	0.50	0.50	0.50	0.50	0.50	0.50
	1	1.20	0.95	0.85	0.80	0.75	0.70	0.70	0.65	0.65	0.65	0.55	0.55	0.55	0.55
8	8	-0.35	-0.15	0.10	0.15	0.25	0.25	0.30	0.30	0.35	0.35	0.40	0.45	0.45	0.45
	7	-0.10	0.15	0.25	0.30	0.35	0.35	0.40	0.40	0.40	0.40	0.45	0.50	0.50	0.50
	6	0.05	0.25	0.30	0.35	0.40	0.40	0.40	0.45	0.45	0.45	0.45	0.50	0.50	0.50
	5	0.20	0.30	0.35	0.40	0.40	0.45	0.45	0.45	0.45	0.45	0.50	0.50	0.50	0.50
	4	0.35	0.40	0.40	0.45	0.45	0.45	0.45	0.45	0.45	0.45	0.50	0.50	0.50	0.50
	3	0.50	0.45	0.45	0.45	0.45	0.45	0.45	0.45	0.50	0.50	0.50	0.50	0.50	0.50
	2	0.75	0.60	0.55	0.55	0.50	0.50	0.50	0.50	0.50	0.50	0.50	0.50	0.50	0.50
	1	1.20	1.00	0.85	0.80	0.75	0.70	0.70	0.65	0.65	0.65	0.55	0.55	0.55	0.55

（续）

m	n \ $\overline{K}$	0.1	0.2	0.3	0.4	0.5	0.6	0.7	0.8	0.9	1.0	2.0	3.0	4.0	5.0
9	9	−0.40	−0.05	0.10	0.20	0.25	0.25	0.30	0.30	0.35	0.35	0.45	0.45	0.45	0.45
	8	−0.15	0.15	0.25	0.30	0.35	0.35	0.35	0.40	0.40	0.40	0.45	0.45	0.50	0.50
	7	0.05	0.25	0.30	0.35	0.40	0.40	0.40	0.45	0.45	0.45	0.45	0.50	0.50	0.50
	6	0.15	0.30	0.35	0.40	0.40	0.45	0.45	0.45	0.45	0.45	0.50	0.50	0.50	0.50
	5	0.25	0.35	0.40	0.40	0.45	0.45	0.45	0.45	0.45	0.45	0.50	0.50	0.50	0.50
	4	0.40	0.40	0.40	0.45	0.45	0.45	0.45	0.45	0.45	0.45	0.50	0.50	0.50	0.50
	3	0.55	0.45	0.45	0.45	0.45	0.45	0.45	0.45	0.50	0.50	0.50	0.50	0.50	0.50
	2	0.80	0.65	0.55	0.55	0.50	0.50	0.50	0.50	0.50	0.50	0.50	0.50	0.50	0.50
	1	1.20	1.00	0.85	0.80	0.70	0.70	0.70	0.65	0.65	0.65	0.55	0.55	0.55	0.55
10	10	−0.40	−0.05	0.10	0.20	0.25	0.30	0.30	0.30	0.35	0.35	0.40	0.45	0.45	0.45
	9	−0.15	0.15	0.25	0.30	0.35	0.35	0.40	0.40	0.40	0.40	0.45	0.45	0.50	0.50
	8	0.00	0.25	0.30	0.35	0.40	0.40	0.40	0.45	0.45	0.45	0.45	0.50	0.50	0.50
	7	0.10	0.30	0.35	0.40	0.40	0.45	0.45	0.45	0.45	0.45	0.50	0.50	0.50	0.50
	6	0.20	0.35	0.40	0.40	0.45	0.45	0.45	0.45	0.45	0.45	0.50	0.50	0.50	0.50
	5	0.30	0.40	0.40	0.45	0.45	0.45	0.45	0.45	0.45	0.45	0.50	0.50	0.50	0.50
	4	0.40	0.40	0.45	0.45	0.45	0.45	0.45	0.45	0.45	0.45	0.50	0.50	0.50	0.50
	3	0.55	0.50	0.45	0.45	0.45	0.50	0.50	0.50	0.50	0.50	0.50	0.50	0.50	0.50
	2	0.80	0.65	0.55	0.55	0.55	0.50	0.50	0.50	0.50	0.50	0.50	0.50	0.50	0.50
	1	1.30	1.00	0.85	0.80	0.75	0.70	0.70	0.65	0.65	0.65	0.60	0.55	0.55	0.55
11	11	−0.40	0.05	0.10	0.20	0.25	0.30	0.30	0.30	0.35	0.35	0.40	0.45	0.45	0.45
	10	−0.15	0.15	0.25	0.30	0.35	0.35	0.40	0.40	0.40	0.40	0.45	0.45	0.50	0.50
	9	0.00	0.25	0.30	0.35	0.40	0.40	0.40	0.45	0.45	0.45	0.45	0.50	0.50	0.50
	8	0.10	0.30	0.35	0.40	0.40	0.45	0.45	0.45	0.45	0.45	0.50	0.50	0.50	0.50
	7	0.20	0.35	0.40	0.45	0.45	0.45	0.45	0.45	0.45	0.45	0.50	0.50	0.50	0.50
	6	0.25	0.35	0.40	0.45	0.45	0.45	0.45	0.46	0.45	0.45	0.50	0.50	0.50	0.50
	5	0.35	0.40	0.40	0.45	0.45	0.45	0.45	0.45	0.45	0.50	0.50	0.50	0.50	0.50
	4	0.40	0.45	0.45	0.45	0.45	0.45	0.45	0.50	0.50	0.50	0.50	0.50	0.50	0.50
	3	0.55	0.50	0.50	0.50	0.50	0.50	0.50	0.50	0.50	0.50	0.50	0.50	0.50	0.50
	2	0.80	0.65	0.60	0.55	0.55	0.50	0.50	0.50	0.50	0.50	0.50	0.50	0.50	0.50
	1	1.30	1.00	0.85	0.80	0.75	0.70	0.70	0.65	0.65	0.65	0.60	0.55	0.55	0.55
12层以上	↓1	−0.40	−0.02	0.10	0.20	0.25	0.30	0.30	0.30	0.35	0.35	0.40	0.45	0.45	0.45
	2	−0.15	0.15	0.25	0.30	0.35	0.35	0.40	0.40	0.40	0.40	0.45	0.45	0.50	0.50
	3	0.00	0.25	0.30	0.35	0.40	0.40	0.40	0.45	0.45	0.45	0.50	0.50	0.50	0.50
	4	0.10	0.30	0.35	0.40	0.40	0.45	0.45	0.45	0.45	0.45	0.50	0.50	0.50	0.50
	5	0.20	0.35	0.40	0.40	0.45	0.45	0.45	0.45	0.45	0.45	0.50	0.50	0.50	0.50
	6	0.25	0.35	0.40	0.45	0.45	0.45	0.45	0.45	0.45	0.45	0.50	0.50	0.50	0.50
	7	0.30	0.40	0.40	0.45	0.45	0.45	0.45	0.45	0.50	0.50	0.50	0.50	0.50	0.50
	8	0.35	0.40	0.45	0.45	0.45	0.45	0.45	0.50	0.50	0.50	0.50	0.50	0.50	0.50
	中间	0.40	0.40	0.45	0.45	0.45	0.45	0.50	0.50	0.50	0.50	0.50	0.50	0.50	0.50
	4	0.45	0.45	0.45	0.45	0.50	0.50	0.50	0.50	0.50	0.50	0.50	0.50	0.50	0.50
	3	0.60	0.50	0.50	0.50	0.50	0.50	0.50	0.50	0.50	0.50	0.50	0.50	0.50	0.50
	2	0.80	0.65	0.60	0.55	0.55	0.50	0.50	0.50	0.50	0.50	0.50	0.50	0.50	0.50
	↑1	1.30	1.00	0.85	0.80	0.75	0.70	0.70	0.65	0.65	0.65	0.55	0.55	0.55	0.55

附表 E-3　上下层横梁线刚度比对 y_0 的修正值 y_1

α_1 \ $\overline{K}$	0.1	0.2	0.3	0.4	0.5	0.6	0.7	0.8	0.9	1.0	2.0	3.0	4.0	5.0
0.4	0.55	0.40	0.30	0.25	0.20	0.20	0.20	0.10	0.15	0.15	0.05	0.05	0.05	0.05
0.5	0.45	0.30	0.20	0.20	0.15	0.15	0.15	0.10	0.10	0.10	0.05	0.05	0.05	0.05
0.6	0.30	0.20	0.15	0.15	0.10	0.10	0.10	0.10	0.05	0.05	0.05	0.05	0	0
0.7	0.20	0.15	0.10	0.10	0.10	0.10	0.05	0.05	0.05	0.05	0.05	0	0	0
0.8	0.15	0.10	0.05	0.05	0.05	0.05	0.05	0.05	0.05	0	0	0	0	0
0.9	0.05	0.05	0.05	0.05	0	0	0	0	0	0	0	0	0	0

注：$\alpha_1 = \dfrac{i_1 + i_2}{i_3 + i_4}$，当 $i_1 + i_2 > i_3 + i_4$ 时，取 $\alpha_1 = \dfrac{i_3 + i_4}{i_1 + i_2}$，同时在查得 y_1 值前加负号“－”。$k = \dfrac{i_1 + i_2 + i_3 + i_4}{2i_c}$。$i_1$、$i_2$、$i_3$、$i_4$、$i_c$ 详见下图。

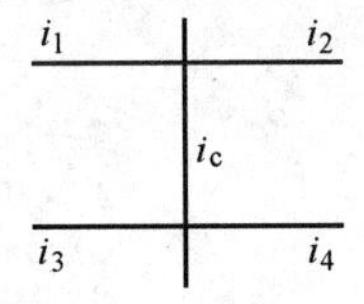

附表 E-4　上下层高变化对 y_0 的修正值 y_2 和 y_3

α_2	α_3 \ $\overline{K}$	0.1	0.2	0.3	0.4	0.5	0.6	0.7	0.8	0.9	1.0	2.0	3.0	4.0	5.0
2.0		0.25	0.15	0.15	0.10	0.10	0.10	0.10	0.10	0.05	0.05	0.05	0.05	0.0	0.0
1.8		0.20	0.15	0.10	0.10	0.10	0.05	0.05	0.05	0.05	0.05	0.05	0.0	0.0	0.0
1.6	0.4	0.15	0.10	0.10	0.05	0.05	0.05	0.05	0.05	0.05	0.05	0.0	0.0	0.0	0.0
1.4	0.6	0.10	0.05	0.05	0.05	0.05	0.05	0.05	0.05	0.05	0.0	0.0	0.0	0.0	0.0
1.2	0.8	0.05	0.05	0.05	0.0	0.0	0.0	0.0	0.0	0.0	0.0	0.0	0.0	0.0	0.0
1.0	1.0	0.0	0.0	0.0	0.0	0.0	0.0	0.0	0.0	0.0	0.0	0.0	0.0	0.0	0.0
0.8	1.2	-0.05	-0.05	-0.05	0.0	0.0	0.0	0.0	0.0	0.0	0.0	0.0	0.0	0.0	0.0
0.6	1.4	-0.10	-0.05	-0.05	-0.05	-0.05	-0.05	-0.05	-0.05	-0.05	0.0	0.0	0.0	0.0	0.0
0.4	1.6	-0.15	-0.10	-0.10	-0.05	-0.05	-0.05	-0.05	-0.05	-0.05	-0.05	0.0	0.0	0.0	0.0
	1.8	-0.20	-0.15	-0.10	-0.10	-0.10	-0.05	-0.05	-0.05	-0.05	-0.05	-0.05	0.0	0.0	0.0
	2.0	-0.25	-0.15	-0.15	-0.10	-0.10	-0.10	-0.10	-0.10	-0.05	-0.05	-0.05	-0.05	0.0	0.0

注：α_2 为上层层高与本层层高的比值；α_3 为下层层高与本层层高的比值。α_2、α_3 详见下图：

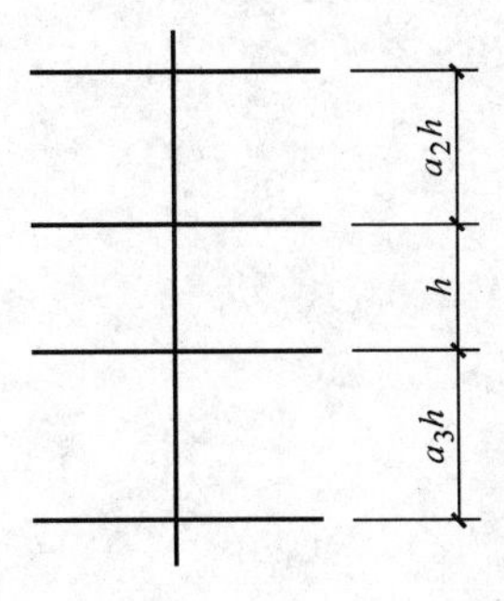

参考文献

[1] 程文瀼,颜德姮,康谷贻. 混凝土结构[M]. 北京:中国建筑工业出版社,2003.

[2] 东南大学,同济大学,天津大学. 混凝土结构[M]. 北京:中国建筑工业出版社,2003.

[3] 彭少民. 混凝土结构(下册)[M]. 2版. 武汉:武汉理工大学出版社,2004.

[4] 戴自强,赵彤,谢剑. 钢筋混凝土房屋结构[M]. 天津:天津大学出版社,2002.

[5] 周克荣,顾祥林,苏小卒. 混凝土结构设计[M]. 上海:同济大学出版社,2001.

[6] 宋天齐. 多高层建筑结构设计[M]. 重庆:重庆大学出版社,2001.

[7] 顾伯禄,顾燕. 处理超长建筑结构变形缝的设想和实践[J]. 江苏建筑,2008,121(4):20-22.

[8] 中华人民共和国住房和城乡建设部. GB 50010—2010 混凝土结构设计规范[S]. 北京:中国建筑工业出版社,2010.

[9] 中华人民共和国住房和城乡建设部. GB 50009—2012 建筑结构荷载规范[S]. 北京:中国建筑工业出版社,2012.